Supply Chain Management erfolgreich umsetzen

Springer
Berlin
Heidelberg
New York
Hongkong
London
Mailand
Paris
Tokio

Daniel Corsten
Christoph Gabriel

Supply Chain Management erfolgreich umsetzen

Grundlagen, Realisierung und Fallstudien

Zweite verbesserte Auflage
mit 108 Abbildungen
und 20 Tabellen

Springer

Professor Dr. Daniel Corsten
Kühne-Institut für Logistik
Universität St. Gallen (HSG)
Unterstrasse 16
CH-9000 St. Gallen

Dr. Christoph Gabriel
ITEC AG
Oberfeld 2
FL-9495 Triesen

ISBN 3-540-00586-2 2. Auflage
Springer-Verlag Berlin Heidelberg New York

ISBN 3-540-67525-6 1. Auflage
Springer-Verlag Berlin Heidelberg New York

Bibliografische Information Der Deutschen Bibliothek
Die Deutsche Bibliothek verzeichnet diese Publikation in der Deutschen Nationalbibliografie; detaillierte bibliografische Daten sind im Internet über *http://dnb.ddb.de* abrufbar.

Springer-Verlag ist ein Unternehmen von Springer Science+Business Media
springer.de

Umschlaggestaltung: Erich Kirchner, Heidelberg

SPIN 10915523 42/3130 – 5 4 3 2 1 0 – Gedruckt auf säurefreiem Papier

Vorwort

„Supply Chain Management failure
is the result of a mismatch design
or a poorly managed appropriate design."
[Bensaou 1999]

Bis vor kurzem betrachteten die meisten Manager ihre Supply Chains als gegeben und versuchten, sich im Tagesgeschäft so gut wie möglich damit zu arrangieren. Diese statische, passive und vor allem operative Sichtweise greift zu kurz. In unserer Terminologie bezeichnet Supply Chain Management die strategische Gestaltung der Wertschöpfungsströme. Im Rahmen dieses Buches wollen wir anhand ausführlicher Fallstudien namhafter Unternehmen Gestaltungshinweise für eine erfolgreiche Umsetzung von SCM aufzeigen.

Nach der guten Aufnahme, die die erste Auflage in kurzer Zeit gefunden hat, legen wir hier eine überarbeitete Fassung vor, die zusätzlich wesentliche Benchmarking-Methoden im SCM beschreibt sowie die steigende Relevanz des Themas „Supplier Relationship Management (SRM)" untersucht. Die erfolgreiche Umsetzung von SRM wird anhand einer ausführlichen Fallstudie des britischen Einzelhändlers Sainsbury's gezeigt. Dabei werden acht wesentliche Elemente für die erfolgreiche Implementierung von SRM abgeleitet. Damit soll der Praxisbezug dieses Buches weiter verstärkt werden.

Die zweite Auflage dieses Buches gliedert sich in drei Abschnitte. Zunächst werden die Grundlagen zum SCM erläutert. Nach einer kurzen Einleitung werden die Ursprünge, die Prinzipien, aktuelle Trends und Entwicklungen sowie Benchmarking-Methoden und empirische Ergebnisse vorgestellt. Anschließend zeigen ausführliche Fallstudien von DaimlerChrysler, Ford, Danzas, Hewlett-Packard, Osram, BASF, Merck, dm-drogeriemarkt, Sara Lee sowie Procter & Gamble, wie SCM in der Praxis erfolgreich umgesetzt wird. Im letzten Abschnitt werden die wichtigsten Erkenntnisse zusammengefasst sowie die Konsequenzen für die erfolgreiche Gestaltung unterschiedlicher Supply Chain Designs abgeleitet. Gleichzeitig wird auf der Basis empirischer Ergebnisse und zahlreicher Fallbeispiele der Einfluss der Internet-Technologie auf das SCM untersucht. Den Abschluss dieses Buches bildet das Thema „Supplier Relationship Management". Die Fallstudie von Sainsbury's zeigt, wie durch neue Kooperationsformen die Supply Chain optimiert werden kann.

Die Erkenntnisse zu diesem Buch entstanden im Rahmen von mehreren Forschungsprojekten zu den Themen SCM und E-Business, die wir seit dem Jahr 1998 mit Unternehmen wie 3M Deutschland, ABB, Audi, Balzers, BASF, Behr, BMW, Bosch, Bossard Holding, Coca-Cola, DaimlerChrysler, dm-drogeriemarkt, F.Hoffmann-La Roche, Henkel, Hewlett-Packard, Hilti, Kodak, Nestlé, Novartis,

Porsche, Procter&Gamble, Rewe, Sara Lee, Schott Glas, Siemens Mobile, Spar, The Swatch Group, Swisscom, Unilever sowie ZF-Friedrichshafen durchgeführt haben.

Wir danken folgenden Damen und Herren für Ihre wertvollen Anregungen und Diskussionen: Dr. Nicolae Bercea, Wolfgang Bildhauer, Daniel Bossard, Torsten Dehner, Rainer Dickert, Dr. Ulrich Eberhard, Dr. Hugo Eckseler, Leo Focketyn, Frank Glasbrenner, Christian Graeff, Günter Gressler, Rainer Guhl, Markus Happersberger, Dr. Roland Hofer, Dirk Jannausch, Sebastian Kahlmeyer, Heinz Kaiser, Dr. Ulf Kalmbach, Rainer Kriesten, Dr. Hans Kurth, Géraldine Lacourte, Artur Landwehr, Ulrich Minke, Dr. Peter Pfeilschifter, Dr. Thomas Pröll, Thomas Schnadt, Jochen Schneider, Dr. Thomas Wand, Dirk Wenzelburger sowie Ralf Zimmermann.

Vor allem aber danken wir den Autoren der Fallstudien, die ihre wertvolle Zeit für die Erstellung und Überarbeitung dieser hochwertigen Beispiele für die erfolgreiche Umsetzung von Supply Chain Management aufgewendet haben.

St. Gallen
Juni 2003

Daniel Corsten
Christoph Gabriel

Inhaltsverzeichnis

III. Gestaltung des Supply Chain Managements

Anhang

Teil I:
Grundlagen des Supply Chain Managements

I.1 Einführung

1 Neue Lösungsansätze in der Logistik

Zeit, Qualität und Kosten sind drei Erfolgsfaktoren, die über Erfolg oder Misserfolg von Unternehmen entscheiden können. Die Logistik beeinflusst diese Faktoren stark: Sie hat wesentlichen Anteil daran, dass den Kunden Produkte mit kundengerechter Funktionalität und Qualität zu marktgerechten Preisen und zum richtigen Zeitpunkt angeboten werden können. In vielen Unternehmen führen die Anforderungen durch Anteilseigner (Shareholder Value) oder Top-Management, Gewinne trotz eines rückläufigen Marktes weiter zu erhöhen, zu neuen Techniken und Lösungsansätzen im Bereich der Logistik. Bekannte Beispiele dieser Techniken sind Just-in-Time, Quick Response oder Efficient Consumer Response.

> Efficient Consumer Response (ECR) ist eine Initiative zwischen Markenartikelherstellern und Lebensmittelhändlern zur gemeinsamen, effizienten Gestaltung der Wertschöpfungskette mit Fokus auf den Verbrauchernutzen. Ziel ist es, durch gemeinsame Aktivitäten die Versorgungskette zu optimieren, um den Konsumenten ein Optimum an Qualität, Service und Produktvielfalt bieten zu können und ein ausgewogeneres Preis-/Leistungsverhältnis zu erreichen. Basierend auf der gemeinsamen Optimierung der gesamten Versorgungskette vom Rohstoff ins Regal stellt ECR eine radikale Veränderung der Zusammenarbeit zwischen Industrie und Handel dar. ECR wendet sich von der konfrontationsgeladenen Preisbetrachtung ab und sucht eine weitreichende Zusammenarbeit in den Bereichen Marketing, Einkauf, Verkauf, Logistik und Informationstechnologie. Somit können Lieferant und Einzelhändler gemeinsam Rationalisierungs- und Wachstumspotenziale erschließen, welche durch isolierte interne Maßnahmen nicht erreichbar wären. Das offizielle Motto von ECR Europe lautet: „Working together to fulfill consumer wishes better, faster and at less cost!" [vgl. Corsten/Pötzl 2000].

Diese neuen Geschäftsmodelle erforderten teilweise erhebliche Reengineering-Aufwendungen und verfolgen das Ziel, Unternehmen effizienter und reaktiver gegenüber Veränderungen am Markt zu machen. Diese Flexibilität war in der Vergangenheit oft nur über den Weg einer Verschlankung des Unternehmens („Downsizing") möglich. Aus Sicht des Managements bietet sich durch neue Lösungsansätze in der Logistik die Möglichkeit, einen komfortablen Trade-off zwischen Sortimentsbreite, Service, Verfügbarkeit und Kosten auszuhandeln und sich damit am Markt erfolgreich zu positionieren.

2 Wettbewerb zwischen Supply Chains

Der Wettbewerb verlagert sich zunehmend und findet weniger zwischen einzelnen Unternehmen, sondern vielmehr zwischen gesamten Wertschöpfungsketten („Supply Chains") statt [vgl. Christopher 1998, Lambert et al. 1998]. Anstelle lokaler und intern ausgerichteter Optimierungen gilt es, die gesamte, unternehmensübergreifende Wertkette im Sinne einer globalen Optimierung zu betrachten.

Effiziente Logistikketten werden zu einem entscheidenden Differenzierungsfaktor [vgl. Boutellier/Gabriel 1999, S. 66]: Im Handel, aber auch in vielen Commodity-Bereichen kann man sich heute kaum mehr über Produkte differenzieren, da die Unterschiede in der Produktqualität immer geringer werden. Bei technischen Produktinnovationen ist eine dauerhafte Differenzierung auch nicht mehr einfach: Reverse Engineering führt dazu, dass die Konkurrenz oft sehr rasch mit einem gleichwertigen Produkt nachziehen kann. Ein vermeintlich großer technischer Vorsprung ist dann mitunter doch nur noch von kurzer Dauer, wenn das Management der Supply Chain nicht stimmt.

> Die Gallus AG hat sich in Jahrzehnten harter Arbeit einen sehr hohen Weltmarktanteil erarbeitet und verfügt seit Jahren über eine Spitzenposition im Bereich Etikettierdruckmaschinen. Eine intensive Analyse der Auftragsabwicklung zeigte aber rasch, dass für jede neue Anlage über 200 Parameter erfasst werden mussten, eine Fehlerquelle, die mit den vielen Rückfragen, späten Änderungen in der Montage und fortlaufenden Lieferverzögerungen viele Kunden verärgerte. Das Marketingkonzept und das Produkt stimmte, aber die Logistikkette hatte Mühe, zu folgen.

Kunden erwarten heutzutage, dass Produkte nicht nur funktionieren, sondern dass das Unternehmen alle Prozesse auf den Kundennutzen ausrichtet. Die gesamte Auftragsabwicklung von der Qualität der Beschaffung, über die Schnelligkeit in der Produktion bis zur Pünktlichkeit in der Distribution, kurz gesagt, die gesamte Logistikkette muss flexibel im Dienste des Kunden stehen.

3 Aktives Management der Supply Chain

Bei Prozessrestrukturierungen reicht es nicht mehr aus, nur die internen Strukturen und Prozesse optimal zu gestalten. Aufgrund der zunehmenden Vernetzung mit Lieferanten, Vertriebspartnern und Kunden müssen Unternehmen daher bei ihren Optimierungen die gesamte Supply Chain berücksichtigen und gehen zunehmend auf ein aktives Management dieser Kette über. So können sie den Wunsch der Kunden nach einer großen Auswahl, geringen Kosten, guter Qualität und leichter Verfügbarkeit befriedigen.

IBM, Hersteller von Computerhardware, Software und Anbieter von Dienstleistungen, hat im Jahre 1999 eindrucksvoll gezeigt, welche Potenziale durch das effiziente Management der gesamten Wertschöpfungskette realisierbar sind. Die Produktionsstätten von IBM sind weltweit mit Tausenden von Lieferanten und Vertriebskanälen vernetzt. Aufgrund des verschärften Wettbewerbs, der rasanten technologischen Entwicklungen sowie des kontinuierlichen Preisverfalls in der Computerindustrie begann IBM zu Beginn der 90er-Jahre mit Prozessoptimierungen, um die Material- und Informationsflüsse neu zu gestalten. Neben der strategischen Festlegung des Supply Chain Designs standen insbesondere die Erhöhung der Kundenzufriedenheit sowie die Steigerung der Wettbewerbsfähigkeit im Mittelpunkt dieser Neustrukturierung mit dem Ziel, die Produkte schnell, zuverlässig und effizient auf den Markt zu bringen bei gleichzeitiger Optimierung der Lagerbestände. Durch die Optimierung der gesamten Supply Chain realisierte IBM im Jahre 1999 Einsparungen von über 750 Mio. US-Dollar [vgl. Lin et al. 2000].

Eine von Arthur D. Little im Jahre 1999 durchgeführte Studie, an der sich 245 europäische Industrieunternehmen beteiligten, zeigte, dass in Bezug auf die Implementierung von Supply Chain Management ein Großteil der befragten Unternehmen vor allem im organisatorischen Bereich erhebliche Schwachstellen aufweist und dadurch eine konsequente Umsetzung von Supply Chain Management behindert wird. Die größten Probleme betreffen Widerstände gegen Veränderungen, die Komplexität des Redesigns der Supply Chain, nicht adäquate Organisationsstrukturen, Zurückhaltung beim Austausch von Informationen an die Lieferanten und Kunden, unzureichende Verfügbarkeit und Qualität von Daten sowie eine schlechte Abstimmung der Ziele zwischen den einzelnen Funktionsbereichen innerhalb und zwischen Unternehmen [vgl. Arthur D. Little 1999, S. 26].

Bei Siemens Mobile, einem der führenden Hersteller von Mobiltelefonen, bedeutet Supply Chain Management die ganzheitliche Betrachtung der Prozessketten Material-, Informations- und Wertefluss. Bisher war die Aufbauorganisation stark funktional ausgerichtet. Die konkrete Umsetzung der Projektkonzeption des Supply Chain Managements in der Aufbau- und Ablauforganisation erfolgt seit Oktober 1999. Durch diese Restrukturierung und Neuorientierung war es möglich, die Prozesse im Bereich Mobile Phones ganzheitlich abzubilden. Der Veränderungsprozess diffundiert „Top-down" durch die unterschiedlichen Management Layer und wird von Schulungen und Informationsveranstaltungen aller Mitarbeiter begleitet. Gleichzeitig unterstützen insbesondere crossverlinkte Intranetsides, Mitarbeiterzeitschriften, Publikationen und Rundschreiben das Change Management. Siemens hat eine Aufbau- und Ablauforganisation geschaffen, die dem SCM-Gedanken folgend ausgerichtet ist. Die erforderliche IT-Landschaft wurde, den neuen Anforderungen entsprechend, erweitert und wird mit der Einführung der eSCM-Software „I2 Rhythm" vervollständigt. Das Projekt wird von internen und externen Beratern begleitet. Die Erfolgsmessung und –steuerung erfolgt unter Zuhilfenahme von Scorecards und anderen Controlling-Instrumenten.

4 Ursprünge des Supply Chain Managements

In den letzten vier Jahrzehnten hat sich das Bild der Logistik gravierend gewandelt. Während in den 60er-Jahren der Schwerpunkt auf Lager- und Transportoptimierungen lag, haben die 70er- und 80er-Jahre eine Ausweitung der Perspektive auf „Business Logistics“ als eigenständige akademische Disziplin gebracht [vgl. Bowersox/Closs 1996, Pfohl 1996, Göpfert 1998, Isermann 1998]. Im Kielwasser der „IT-Revolution“ hat sich das einzelunternehmensorientierte Logistikkonzept in einen Ansatz zur integrierten Betrachtung der gesamten Supply Chain gewandelt [vgl. Otto/Kotzab 2001].

Die Wurzeln von Supply Chain Management liegen in den USA. Seit den frühen 60er-Jahren ist durch die Arbeiten von Burbidge [1961] zum Materialfluss in der Versorgungskette und Forrester [1961] zum „klassischen“ Modell der Versorgungskette die Bedeutung unternehmensübergreifender Logistikkonzepte bekannt.

4.1 Abbau von Beständen

Anfang der 80er-Jahre prägen Beratungsunternehmen den Begriff Supply Chain Management (SCM). Die ersten Konzepte stehen im engen Zusammenhang mit dem ursprünglichen Materialmanagement innerhalb des Unternehmens [vgl. Cooper et al. 1997, S. 1]. Diese interne Sichtweise wird in weiteren Arbeiten auf eine externe Perspektive ausgeweitet. Im Mittelpunkt stehen Untersuchungen über die Auswirkungen des Bestandsmanagements in firmenübergreifenden Wertschöpfungsketten [vgl. Oliver/Webber 1982, Houlihan 1985, Jones/Riley 1985, Lee/Billington 1992, Cooper/Ellram 1993].

Jones/Riley [1985] untersuchen den Zusammenhang zwischen Beständen, Prognosen und Durchlaufzeiten und deren Auswirkungen auf das Management der Supply Chain. Eine optimale Bestandspolitik ist dabei abhängig vom Design der inner- und zwischenbetrieblichen Prozesse sowie von der Gestaltung der Geschäftsbeziehungen zwischen den Unternehmen in der Supply Chain.

Christopher [1992] diskutiert die Rolle der Logistik-Funktion hinsichtlich einem erfolgreichen Management der gesamten Wertschöpfungskette. Insbesondere analysiert er die effektive Verbindung von Markt, Produktionsprozess und Beschaffung der Unternehmen. Er fokussiert auf die Segmentierung verschiedener Situationen der Zusammenarbeit innerhalb der Wertschöpfungskette sowie des Managements der gesamten Supply Chain. Christopher prägt den Begriff des Wettbewerbs von unternehmensübergreifenden Wertschöpfungsketten.

4.2 Verkürzung der Durchlaufzeiten

Zu Beginn der 90er-Jahre steht die wachsende Bedeutung des Wettbewerbsvorteils „Zeit“ im Zentrum vieler Unternehmensentscheidungen [vgl. Stalk 1988, Stalk/Hout 1990]. Lieferzeit und Termintreue sind entscheidende Faktoren im Supply Chain Management. Dennoch sind Terminzusagen gegenüber dem Kunden in vielen Unternehmen unverbindlich und ungenau. Die zeitlichen Handlungsspielräume, Einflussfaktoren und Optimierungsmöglichkeiten in der Supply Chain sind oft nicht ausreichend erkannt. Ihre Nutzung zur Optimierung von Durchlaufzeiten, Verbesserung der Termintreue und Senkung der Kosten ist Aufgabe des „Time Based Managements“ (Zeitmanagements).

Time Based Management stellt die Zielgröße „Zeit“ (Entwicklungszeiten, Durchlaufzeiten, Lieferzeiten, etc.) in den Vordergrund der Betrachtung bei der Optimierung von unternehmensinternen und –externen Prozessen und Strukturen.

> Der Automobilhersteller Audi arbeitet bereits in der Konzeptphase eines Automobils eng mit den System- und Modullieferanten zusammen. Durch die bereichsübergreifende interne und externe Zusammenarbeit in Simultaneous-Engineering-Fachgruppen konnte die Entwicklungszeit eines Modells stark reduziert werden. Beim Audi 100 betrug sie rund 41 Monate, beim Audi A6 nur noch 24 Monate.

Die Verkürzung der Reaktionszeit einzelner Unternehmensprozesse hat erhebliche Auswirkungen auf alle anderen wettbewerbsrelevanten Differenzierungsmerkmale, wie z.B. Kosten, Service, Qualität und Image, die in ihrer Gesamtheit den Unternehmenserfolg ausmachen. Unternehmen, die ihren Erfolg am Markt auf Vorteile in der Reaktionszeit auf den Kundenwunsch zurückführen, gehören einer Generation von Unternehmen an, die andere Management- und Wettbewerbsansätze verfolgen [vgl. Stalk/Hout 1990]:

- Zeitaufwand wird als kritische Management- und Strategiegröße gesehen
- Reaktionsfähigkeit auf Kundenwünsche bestimmt den Grad und die Effizienz der Kundenbindung
- Innovationsgeschwindigkeit als Zielgröße für die Einführung von Neuprodukten vor den Wettbewerbern am Markt
- Ständige Anpassung der unternehmerischen Leistungssysteme an die attraktivsten Kundengruppen am Markt

Diese auf den Faktor „Zeit” fokussierte Strategie erfordert eine ganzheitliche Sichtweise auf die unternehmensinterne und -xterne Wertschöpfungskette. Voraussetzungen sind die Entwicklung einer flachen Organisationsstruktur, welche die interne Integration der einzelnen Funktionsbereiche erleichtert, übergeordnete Koordinationsmechanismen sowie die Synchronisation des Material- und Informationsflusses [vgl. Rich/Hines 1997, S. 210].

4.3 Anpassung des Produktdesigns

Mitte der 90er-Jahre erkannten viele Unternehmen, dass insbesondere das Produktdesign eine große Rolle im Supply Chain Management spielt. Eine exakte Analyse der Herstellungsprozesse eines Produktes sowie der verwendeten Komponenten erhöhen die Chancen der Reduktion der Bestände bei gleichzeitiger Verbesserung der Lieferbereitschaft [vgl. Lee 1996, S. 151]. Gerade die frühen Designphasen des Produktes besitzen einen wesentlichen Einfluss auf zukünftige Kosten, Qualität, Flexibilität sowie auf die Serviceeigenschaften der operativen Performance [vgl. Lee 1996, S. 152]. Lee und Billington [1992, 1993] definierten entsprechend das Konzept „Design for Supply Chain Management".

4.4 Gestaltung von Netzwerken

Lange sprach man von einer Logistikkette und implizierte damit eine sequenzielle Betrachtung. Diese ist der heutigen Realität und im Zuge der stark gestiegenen logistischen Komplexität nicht mehr angebracht. Seit Mitte der 90er-Jahre spricht man auch verstärkt vom „Value-Net", das die Logistikkette in Richtung einer stärkeren Vernetzung ablöst [vgl. Harland 1996]. Arntzen et al. [1995] charakterisieren eine Supply Chain als ein Netzwerk von Fähigkeiten mit verschiedenen Optionen des Material- und Informationsflusses. In der Regel existieren mehrere Lieferanten auf jeder Wertschöpfungsstufe. Dasselbe gilt für die Kunden sowie deren Kunden [vgl. Christopher 1998, S. 18]. Netzwerke stellen eine Organisationsform dar, die in besonderer Weise die gestiegene Komplexität der Austauschbeziehungen widerspiegelt. Unternehmensnetzwerke erfahren seit einigen Jahren erhebliches Interesse und werden vielfach als herausragende Organisationsform für die Zukunft gesehen [vgl. Hinterhuber/Levin 1994, S. 43, Windsperger 1995, S. 190.], da sie besonders geeignet erscheinen, eine rasche Anpassung an die Veränderungen der Unternehmensumwelt zu ermöglichen [vgl. Miles/Snow 1986, Jarillo 1993, S. 16 ff.].

4.5 Ausrichtung auf den Kunden

Seit Ende der 90er-Jahre spricht man auch verstärkt von „Demand Chain Management", um den Kundennutzen in den Vordergrund zu stellen. In vielen Fällen ist dieser Begriff angebrachter, da die Aktivitäten der gesamten Wertschöpfungskette von den Ereignissen am Markt bzw. der Kundennachfrage getrieben werden sollten, nicht von den Kapazitäten der Lieferanten [vgl. Vollmann/Cordon 1999]. Ausgangs- und Bezugspunkt der Unternehmensaktivitäten sind die Bedürfnisse der Kunden, die es gemeinsam in der Supply Chain zu erkennen und möglichst effizient zu erfüllen sind.

I.2 Prinzipien

1 Muster der Supply Chain Dynamik

Die Dynamik in komplexen Versorgungsketten kann im Allgemeinen durch zwei Muster erklärt werden. Diese treten in verschiedenen Branchen wie Werkzeugmaschinen, Personal Computer, Lebensmittel oder Dienstleistungen auf und weisen daher fast den Charakter von „Gesetzmäßigkeiten" auf [vgl. Fine 1999].

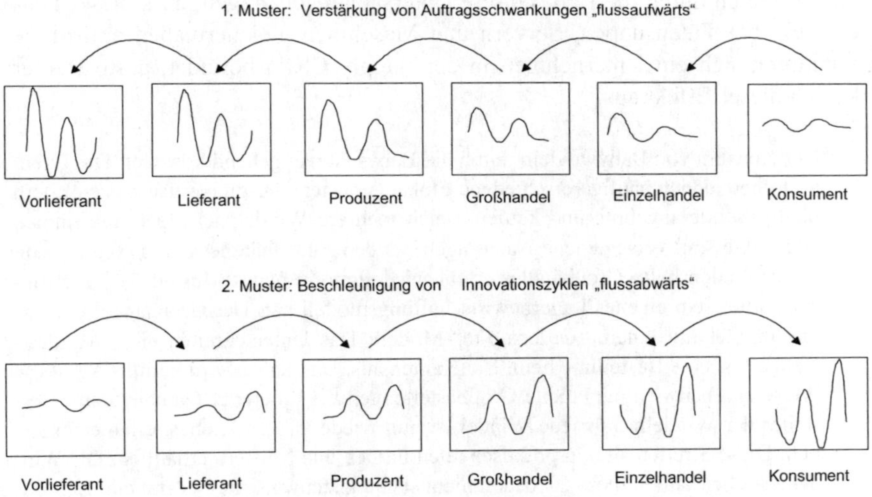

Abb. 1: Die Muster der Supply Chain Dynamik

1.1 Verstärkung von Auftragsschwankungen

Gemäß dem ersten „Muster" verstärken sich Auftragsschwankungen in Wertschöpfungsketten, je weiter man sich stromaufwärts in Richtung Rohstoff bewegt. Ein wesentliches Problem von unternehmensübergreifenden, mehrstufigen Supply Chains ist, dass Informationen in jeder Stufe der Kette, d.h., vom Kunden, über den Einzel- und Großhändler bis hin zum eigentlichen Hersteller der Waren verzögert, verändert und in vielen Fällen falsch interpretiert werden.

> Das beliebte Kinderspiel „Stille Post" ist ein treffendes Beispiel, um diese Situation in Supply Chains auf einfache Weise zu beschreiben. Durch Flüstern wird eine Nachricht bei jedem „Weitersagen" zum nächsten Mitglied unwillentlich verändert. Der Informationsgehalt beim Empfänger, dem letzten Glied der Kette, weist in der Regel mit dem ursprünglichen Signal kaum mehr Gemeinsamkeiten auf. Von der zeitgerechten und raschen Informationsübermittlung ganz zu schweigen.

Dieses Muster ist seit Jahrzehnten bekannt und wird auch als „Peitscheneffekt" bezeichnet [vgl. Lee et al. 1997a, Lee et al. 1997b]. Danach schaukeln sich leichte Schwankungen in der Endkonsumentennachfrage von 3 bis 5 Prozent über die Wertschöpfungskette bis zu den Rohstoffherstellern zu Ausschlägen von 30 bis 50 Prozent hoch. Bildlich verstanden verhält sich eine Supply Chain wie eine Peitsche. Der Konsument hält den Griff und durch eine leichte Bewegung mit dem Handgelenk schleudert er die Wertschöpfungskette vom Handel bis zum Rohstoffproduzenten durch die Luft. Unsere Untersuchungen zeigen, dass dieser Peitscheneffekt bei Tütensuppen, Servern und Maschinen gleichermaßen auftritt. Je weiter hinten sich ein Unternehmen in der Supply Chain befindet, desto stärker wirkt sich dieser Effekt aus.

> Der Konsum von Babywindeln durch die Babys ist weitgehend konstant. Die Eltern verfolgen jedoch häufig verschiedene Einkaufsmuster. Beispielsweise nutzen Eltern häufig Sonderangebote und kaufen gleich mehrere Windelpackungen auf einmal. Die Folge sind verschiedene Nachfragen bei den Einzelhändlern. Die Aggregation dieser Zahlen beim Großhändler ergibt wiederum ein neues Muster, da jeder Einzelhändler sein eigenes Lagerbewirtschaftungsmodell hat. Der Großhandel wiederum arbeitet mit einem „Order-up-to"-Modell: Das Unterschreiten einer Mindestmenge löst eine Bestellung beim Lieferanten aus. Das Lager wird gefüllt. Auf diese Weise ergeben sich punktuelle Großbestellungen bei Procter & Gamble, dem Hersteller der Windeln. Für jede Windel ist nun wiederum ein Klebestreifen erforderlich. Diese Streifen sind in praktisch allen Farben und Mustern erhältlich. Die Windelhersteller kaufen diese C-Artikel nicht selten kistenweise auf Vorrat ein. Bei 3M, dem Hersteller der Streifen, ergeben sich für die einzelnen Farb-Muster-Kombinationen chaotische Bestellmuster. Diese stimmen mit dem Verbrauchsverhalten durch die Babys absolut nicht mehr überein.

1.2 Beschleunigung von Innovationszyklen

Gemäß dem zweiten „Muster" beschleunigen sich Innovationszyklen in Wertschöpfungsketten wie bei einer Lawine, je weiter man sich stromabwärts von der Technologiequelle zur Anwendung beim Endkunden bewegt [vgl. Fine 1998, Mendelsohn/Pillai 1991].

Während beispielsweise der Innovationstakt bei Herstellern von Produktionsanlagen für die Halbleiterindustrie wie Nikon im Takt von 3 bis 6 Jahren schlägt, beträgt er beim Mikroprozessorspezialisten Intel nur noch 2 bis 4 Jahre. Bei Computerherstellern hat sich der Innovationstakt auf 6 bis 9 Monate reduziert. Bei den zahllosen Web-Applikationen schließlich ist der Innovationstakt auf wenige Wochen bis Monate gesunken. Diese Gesetzmäßigkeit konnte ebenfalls in verschiedenen Textil-, Automobil- und Nahrungsmittelketten nachgewiesen werden.

Um Supply Chain Management daher erfolgreich umzusetzen, sind branchen-, teilweise unternehmensspezifische Konzepte notwendig. Trotzdem gibt es einige Prinzipien die einen allgemeinen Charakter aufweisen (vgl. Abbildung 2).

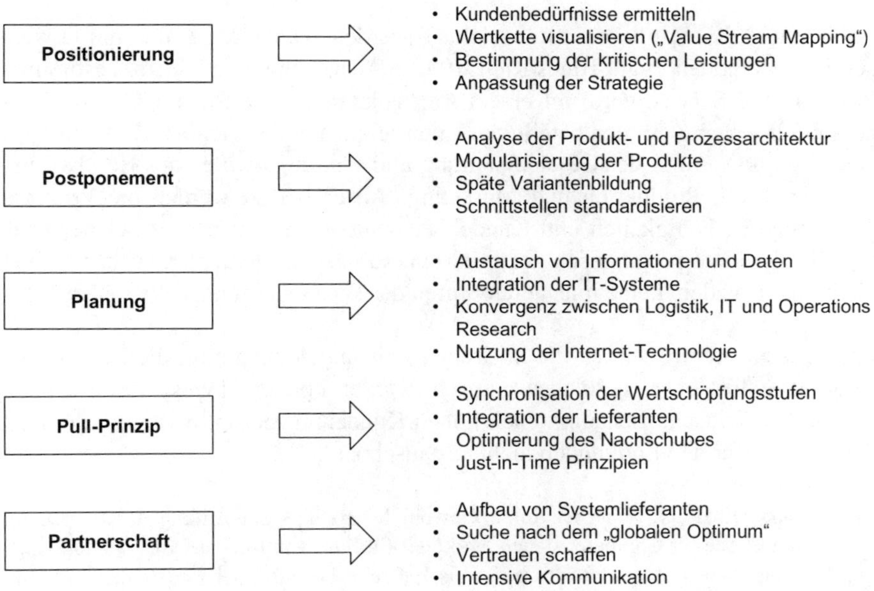

Abb. 2: Allgemeine Prinzipien im Supply Chain Management

2 Positionierung

Entscheidend für das Supply Chain Management ist das Verständnis der strategischen Positionierung. Die größte Macht in einer Supply Chain hat jenes Unternehmen, welches über alle Wertschöpfungsstufen hinweg den größten Kundenwert erbringt. Viele Unternehmen sind erstklassig in der Optimierung ihres Stückes in der Wertkette. Nur wenige Unternehmen kontrollieren jedoch die gesamte

Wertschöpfungskette. Diese haben sich an einem kritischen Knoten im Netzwerk positioniert und beeinflussen die ganze Kette. Um die eigene Positionierung zu verbessern, empfiehlt sich ein Vorgehen in vier Schritten [vgl. Corsten 2000].

Um zu ermitteln, welches die kritischen Leistungen in einer Wertschöpfungskette sind, müssen zunächst die Kundenbedürfnisse identifiziert werden. Dazu empfehlen sich regelmäßige Befragungen bei Kunden, Kunden-Kunden und vor allem bei Nicht-Kunden.

Für den Verpackungsmaschinenhersteller SIG Combibloc in Rheinhausen ist es beispielsweise sinnvoll, regelmäßige Erhebungen bei Endverbrauchern im Supermarkt durchzuführen, um die ultimativen Konsumentenbedürfnisse zu verstehen.

Dann muss die Wertkette aufgezeichnet werden. Dazu existieren mittlerweile gereifte Methoden [vgl. Hines/Rich 1997]. Ausgehend von einem bestimmten Produkt oder Service wird mit einem sogenannten "Value Stream Mapping" die gesamte Wertkette mit den beteiligten Unternehmen aufgezeichnet. Dies erfolgt in einem Workshop mit der Geschäftsleitung und Führungskräften aus Beschaffung, Logistik, F&E, Produktion und Marketing. Anschließend werden die Prozesse, Technologien, Fähigkeiten und Kundenbedürfnisse identifiziert. Entscheidend ist es, die Wertkette pragmatisch abzugrenzen, so dass die Komplexität handhabbar bleibt und trotzdem keine relevanten Stufen der Wertschöpfungskette fehlen.

Im nächsten Schritt werden die kritischen Leistungen bestimmt, die bereits Engpässe darstellen oder zu solchen gemacht werden können. Typischerweise bietet eine solche kritische Leistung einen hohen Kundennutzen und ist durch die hohe Sichtbarkeit für den Endkunden nicht austauschbar.

Beispielhaft ist sicherlich Intel. Obwohl Microchips am Anfang der Wertschöpfungskette für Computer stehen, wirkt der Einfluss von Intel auf alle vor- und nachgelagerten Stufen. Den Prozessor als kritische Leistung bei Endkunden zu verankern, ist das Ergebnis der langfristigen Kommunikationsstrategie „Intel Inside" und der meisterhaften Beherrschung der Mikroprozessor-Technologie.

Zuletzt wird die Strategie angepasst. Lange Zeit ging man davon aus, dass diejenige Stufe in einer Wertschöpfungskette die mächtigste ist, die über den Endkundenzugang verfügt. Als Beispiele wurden große Einzelhändler angeführt, die als „Schleusenwärter" den Zugang zum Endkundenmarkt für die Lieferanten abriegeln können. Aber innovative Unternehmen wie Ferrero oder Procter & Gamble bieten dem Handel immer wieder Paroli, indem sie den Endkonsumenten direkt ansprechen und damit für den entsprechenden Sog in der Suppy Chain sorgen. Auch in der Automobilindustrie wandert die Macht stromaufwärts zu den Zulieferern. Die Automobilkonzerne haben durch die Konzentration auf die falschen Kernkompetenzen Macht an die Systemlieferanten abgegeben, die nun mehr Einfluss über die Elektronik haben. Wenn die Baugruppen zudem für den Endkunden sichtbar sind, kann der Automobilhersteller seine Zulieferer kaum noch ausspielen. Daher haben Lieferanten wie Bosch bei der Elektronik aber auch Blaupunkt bei Radios und Recaro bei Sitzen mehr Macht als die anonymen Hersteller von Kunststoff-Stoßstangen, wie beispielsweise die Firma Rehau.

3 Postponement

Supply Chain Management fängt in der Forschung & Entwicklung an, denn die Produktarchitektur bestimmt über die Kosten der Beschaffung, Produktion, Montage und Distribution. Vor allem beeinflusst sie jedoch die Variantenvielfalt. Postponement bedeutet, die Variantenbildung möglichst spät zuzulassen, d.h., nahe an den Kunden zu verlagern [vgl. Feitzinger/Lee 1997, Van Hoek et al. 1998]. Jeder, der einmal seinen Fön oder Rasierapparat in einem fremden Land benutzen wollte, kennt das Problem verschiedener Netzstecker.

Hewlett-Packard musste aus dem gleichen Grund ihre Deskjet Printer bereits in der Fabrik in Asien mit dem Netzteil für das Empfängerland ausstatten. Die Bestandskosten für Halb- und Fertigfabrikate waren enorm. Heute werden generische Drucker mit modularer Produktarchitektur hergestellt und das regionale Verteilzentrum fügt das entsprechende Netzteil bei. Die totalen Kosten der Supply Chain sind um 5 % gesunken [vgl. Feitzinger/Lee 1997].

Dies kann zu radikalen Änderungen in der Produkt- und Prozessarchitektur führen. Je modularer Produkte und Prozesse aufgebaut sind, desto später kann die Variantenbildung erfolgen [vgl. Feitzinger/Lee 1997].

Der italienische Textilhersteller Benetton hatte in der Vergangenheit große Schwierigkeiten, die Modefarben für neue Kollektionen zu bestimmen. Die Gesamtnachfrage nach einem bestimmten Pullovertyp prognostizierte das Unternehmen in der Regel relativ exakt. Welche Farben jedoch besonders nachgefragt wurden, zeigte sich erst im Verlauf der Saison. Dann war es häufig bereits zu spät: Benetton konnte die gewünschte Ware nicht liefern oder beendete die Saison mit einer großen Menge unverkaufter Ware. Das Management reagierte darauf mit der Restrukturierung des Produktionsprozesses. Im Sinne von „Postponement" produziert das Unternehmen jetzt alle Pullover in farblosem Material und färbt sie erst im letzten Prozess-Schritt. Sogenannte Lead-Shops stellen der Zentrale online die Verkaufszahlen zur Verfügung. Über Hochrechnungen legt Benetton anschließend die Anteile der jeweiligen Farben fest. Das Unternehmen ist durch diese Maßnahme in der Lage, schneller auf Trends zu reagieren und die Kosten von Preisreduktionen und Lieferunfähigkeit deutlich zu reduzieren.

Ähnliche Konzepte findet man bei Fernsehgeräten. Ob der Kunde einen roten oder grünen Fernseher wünscht, es wird einfach eine andere Blende aufgesteckt. Der Fachhändler kann heute alle Farben sofort liefern.

Bei „Weißer Ware“ wie Waschmaschinen oder Kühlschränken von Bosch-Siemens oder Miele ist dies bereits lange Standard und bei Handies ist es gerade aktuell. Am weitesten geht das Postponement in der PC-Industrie, da dort auch das zweite Muster der Supply Chain Dynamik besonders zutrifft. Dort sind die Produkte so modular ausgelegt, dass sie auf Kundenwunsch und innerhalb weniger Stunden zusammengefügt werden können.

Die Server-Division von Hewlett-Packard definiert beispielsweise eine weitgehend standardisierte sogenannte „LCD-Box“ (Least Common Denominator), welche die Grundlage aller Produktvarianten einer Server-Familie bildet. Diese LCD-Box wird im Fall der Mittelklasse-Server lediglich um sechs konfigurierbare Teile sowie dem „Bottom-up“-Material ergänzt. Auch IBM definierte „Vanilla-Boxes“, mit denen das Unternehmen dasselbe Ziel wie Hewlett-Packard verfolgt. Die Bezeichnung „Vanilla“ ergab sich als Synonym der weißen Farbe der Box, die erst auf konkreten Kundenauftrag geändert wird.

In der Computerindustrie führt Postponement und Modularisierung in der Konsequenz zum Wandel von einer vertikalen zu einer horizontalen Branchenstruktur. In den 70er-Jahren waren Computerhersteller wie IBM, Wang, HP oder DEC vertikal integriert und stellten von Speicherchips bis Software alle Elemente eines Computersystems her. Heute steht die Produktarchitektur eines PC fest, das dominante Design ist jedem bekannt und die Schnittstellen definiert und standardisiert. Die Komponentenhersteller sind austauschbar und stehen mit wenigen Ausnahmen im horizontalen Wettbewerb untereinander. Oft wechselt mit jeder Produktgeneration die Marktführerschaft [vgl. Grove 1997].

4 Planung

Supply Chain Management setzt eine nahtlose Planung vom Rohstoff bis ins Regal voraus. Wenn die Planung zwischen den Wertschöpfungsstufen nicht abgestimmt ist, kommt es aufgrund des ersten Muster der Supply Chain Dynamik zum Peitscheneffekt.

Das Unternehmensplanspiel „The Beer Game“, welches vom Massachusettes Institute for Technology (MIT) entwickelt wurde, simuliert die Problematik der Koordination einer mehrstufigen Lieferkette vom Einzelhandel bis zur Brauerei auf eindrucksvolle Art und Weise. Jeder der Mitspieler einer Kette (Einzelhändler, Großhändler, Distributor, Fabrik) kommuniziert ausschließlich mit Hilfe von Aufträgen, um die vorgegebene Marktnachfrage bzw. den Bedarf seiner Mitspieler erfüllen zu können. Aufgrund von Verzögerungen der Lieferungen kommt es nach nur wenigen Runden schon zu erhöhten Aufträgen, die die Endnachfrage in ihrer Gesamtheit bei weitem übersteigen. Dies führt in der Folge zu einem chaotischen oder panischen Bestellverhalten aller Mitspieler. Die Durchführung dieses Planspieles empfiehlt sich besonders am Beginn von SCM-Projekten oder Schulungen.

Verursacht wird der Peitscheneffekt vor allem durch Fehlprognosen, Lieferengpässen, Variantenvielfalt und Aktionen. Lösungsansätze auf der Planungsseite zielen vor allem auf Informationsaustausch (vgl. Abbildung 3). Informationen werden in der Praxis häufig nur an den unmittelbaren Vorgänger oder Nachfolger in der Supply Chain weitergegeben. Und selbst in diesem Fall gilt eher das Hol- als das Bringprinzip [vgl. Boutellier/Corsten 1998].

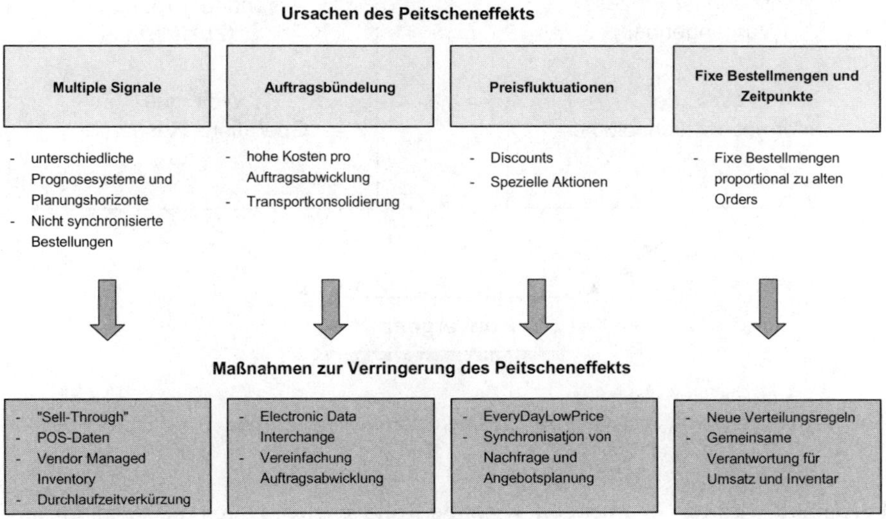

Abb. 3: Ursachen des Peitscheneffekts und Gegenmaßnahmen

Die entscheidende Entwicklung, um den Peitscheneffekt zu reduzieren, ist die Konvergenz von Logistik, Informationstechnologie und Operations Research (vgl. Abbildung 4). Vor der Entwicklung durchgängiger Informationssysteme stand man dem Peitscheneffekt machtlos gegenüber. Früher gab es effektiv keine IT-Lösung, die es erlaubt hätte, Informationen zwischen Unternehmen in nützlicher Form auszutauschen. Heute werden bestehende Enterprise-Resource-Planning-Systeme (ERP-Systeme) elektronisch verbunden, um Informationen und Daten ohne Systemunterbrüche zu übermitteln.

Dazu kommen alte und neue Berechnungsverfahren des Operations Research. Software-Hersteller wie SAP, i2 oder Manugistics beispielsweise verknüpfen diese Algorithmen mit modernen Benutzeroberflächen und stellen den Unternehmen integrierte Planungs- und Prognosesysteme zur Verfügung. Manche sprechen daher bereits von einer „Renaissance des Operations Research“.

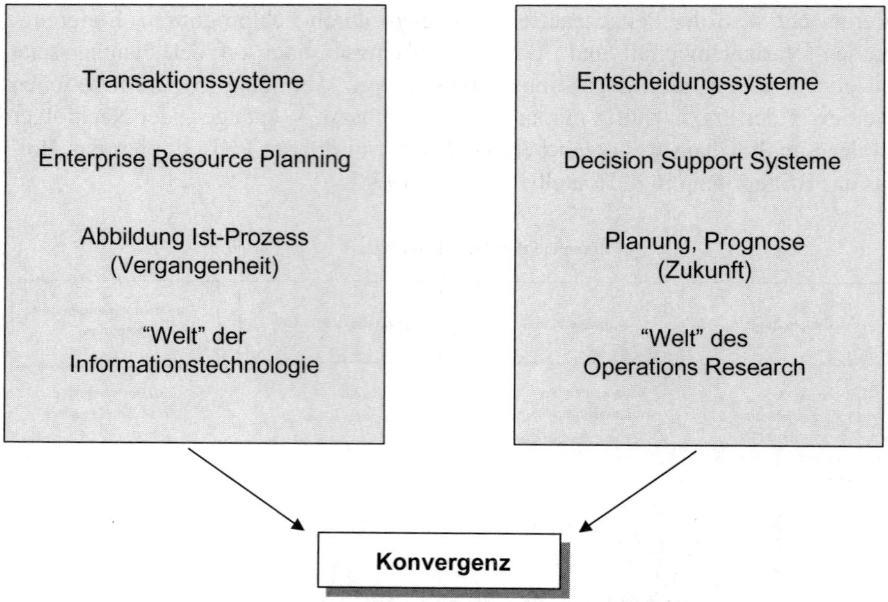

Abb. 4: Konvergenz zwischen Logistik, IT und Operations Research

In Zukunft wird das Internet eine wichtige Rolle spielen. Durch die standardisierten Schnittstellen und Protokolle wird der Datenaustausch zwischen verschiedenen Unternehmen vereinfacht.

5 Pull-Prinzip

Das Pull-Prinzip impliziert, dass kein Unternehmen stromaufwärts in einer Versorgungskette eine Leistung produzieren sollte, bevor sie ein Kunde stromabwärts anfordert [vgl. Womack/Jones 1997]. Das bedeutet, dass alle Aktivitäten auf Kundenwunsch ausgelöst werden und somit der Kunde die Versorgungskette zieht (vgl. Abbildung 5). Wie beim Dominospiel müssen alle Stufen so synchronisiert sein, dass im gleichen Takt genau die Menge nachgeliefert wird, die auch bestellt wurde. In vielen Versorgungsketten überwiegt aber noch das Push-Prinzip. Es wird Ware hinein gedrückt, bis die Lager von hinten bis vorne mit Ware zugestopft sind. In den USA beispielsweise betrug vor 1993 der Bestand an Trockensortiment über die gesamte Lebensmittelkette 78 Tage. Auch in der Automobilproduktion sah es lange Zeit nicht anders aus, wie die großen Mengen an vorproduzierten Automobilen vor den Montagewerken zeigten.

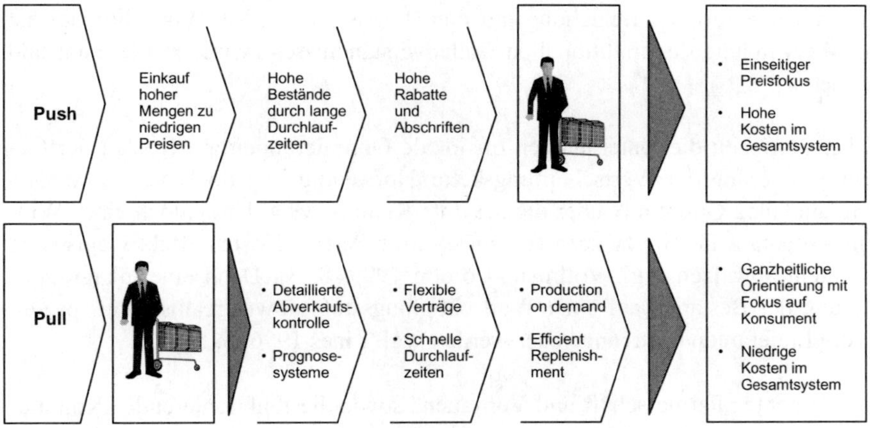

Abb. 5: Vom Push- zum Pull-Prinzip in der Konsumgüterindustrie

In der Automobilindustrie wurde jedoch bereits mit Just-in-Time-Prinzipien zwischen Montagewerk und Zulieferer ein erster Schritt gemacht. Die Bekleidungsindustrie führte Quick Response ein, um die kostspieligen Preisabschläge am Ende der Saison zu verringern. Unternehmen wie Benetton erhalten jetzt abends per Datenfernübertragung aus ausgewählten Verkaufsstellen artikelgenaue Abverkaufsinformationen. In der Fabrik liegen ungefärbte Pullover bereit, die nachfragegerecht eingefärbt werden.

Unternehmen wie Tesco, Wal-Mart oder dm-drogerie markt geben sogar die täglichen Abverkaufszahlen der Scanner-Kassen auf Extranet-Plattformen bekannt. Ihre Lieferanten können diese Daten abrufen, ihre Logistik optimieren und die Ware artikelgenau nachliefern. Manche Lebensmittelhändler träumen bereits davon, sich nicht nur auf der Basis von Verkaufspunkt-Daten (Point-of-Sale Daten) artikelgenau beliefern zu lassen, sondern die Lieferanten erst dann zu bezahlen, wenn die bestellte Ware wiederum über die Scanner-Kasse verkauft worden ist.

6 Partnerschaft

Das Management der gesamten Supply Chain bestimmt die Effektivität der Unternehmen auf jeder Stufe der Wertschöpfungskette. Die Beziehung zu den Kunden, Lieferanten und zu anderen Mitgliedern der Supply Chain wird für zahlreiche Unternehmen zu einem Schlüsselelement der Wettbewerbsfähigkeit. Im Idealfall beginnt diese Beziehung bereits mit dem gemeinsamen Design und der Konstruktion des Produktes und dauert über den gesamten Produktlebenszyklus an [vgl. Bassok et al. 1997, S. 2].

Basis einer derartigen Beziehung mit dem Fokus einer „Win-Win"-Situation ist die Überwindung des traditionellen Rollenverständnisses zwischen Lieferant und Kunde.

Bisher betrieben die Unternehmen oft lokale Optimierungen auf Kosten der Gesamtoptimierung der Wertschöpfungskette. Notwendig ist jedoch die Suche nach dem „globalen Optimum" über die gesamte Kette hinweg. Um jedoch eine „Win-Win"-Situation für alle zu schaffen, müssen die Partner Kosten effektiv einsparen und nicht abwälzen [vgl. Vollmann/Cordon 1999, S. 3]. Denn eine lokale Optimierung der Bestände auf einer Wertschöpfungsstufe downstreams kann speziell für die Lieferanten upstreams teuer werden [vgl. Lines 1996, S. 25].

Die Elemente „Partnerschaft und Vertrauen" sowie die funktionierende „Kommunikation" der für beide Seiten relevanten Daten bereiten den Unternehmen die größten Probleme [vgl. Schneckenburger 2000]. Das Grundproblem der Zusammenarbeit ist das mangelnde gegenseitige Vertrauen sowie die fehlende Bereitschaft zur Kooperation.

Häufig wurden in der Praxis lediglich solche Partnerschaften mit Lieferanten zu erfolgreichen Win-Win-Beziehungen, die weiter als reine Preisverhandlungen reichten [vgl. Sherden 1998, S. 253]. Für erfolgreiches Supply Chain Management sollten alle Funktionsbereiche und Aktoren in der Wertschöpfungskette kooperieren und harmonisch zusammenarbeiten. Die entscheidende Bedeutung der Kooperation funktionaler [vgl. Wheelwright/Sasser 1989] und funktionsübergreifender [vgl. Dean/Susman 1998] Teams ist nicht zuletzt bei Neuproduktentwicklungsprojekten entscheidend.

Insbesondere der Erfolg von Toyota wurde den engen Beziehungen zu deren Lieferanten, dem „partner model of supplier management", zugeschrieben [vgl. Womack et al. 1990, Womack/Jones 1994, Dyer et al. 1998, S. 51 ff., Spear/Bower 1999]. Chrysler folgte diesem Weg zu partnerschaftlichen Lieferantenbeziehungen. Partnerschaften sind jedoch nicht in allen Fällen die effektivste Lösung. Vielmehr ist eine genaue Segmentierung der Beziehungen der Kunden zu ihren Lieferanten erforderlich. Unternehmen sollten insbesondere darauf achten, dass eine Kooperation nicht unreflektiert zur vertikalen Integration führt. Denn generell bietet bereits eine enge Kooperation mit dem Lieferanten die Möglichkeit der gewünschten Konzentration auf die eigenen Kernkompetenzen. Erfolgreiche Beziehungen zu den Lieferanten zeichnen sich durch ein hohes Niveau eines gut koordinierten Informationsaustausches aus. Lieferant und Kunde realisieren spezifische Investitionen in Beziehungen, welche durch ein hohes Maß an gegenseitigem Vertrauen geprägt sind [vgl. Dyer et al. 1998, S. 58].

I.3 Entwicklungen und Trends

1 Veränderungen im Unternehmensumfeld

Möglichkeiten durch innovative Informations- und Kommunikationstechnologien (IuK-Technologien) wie das Internet, bestimmen das Umfeld der Unternehmen. In immer kürzeren Zyklen werden Produkte auf den Markt gebracht und teilweise wieder genommen. „Customizing" der Supply Chain Prozesse, Konzentration auf Kernkompetenzen und gleichzeitige Internationalisierung aller Unternehmensaktivitäten werden forciert (vgl. Abbildung 6).

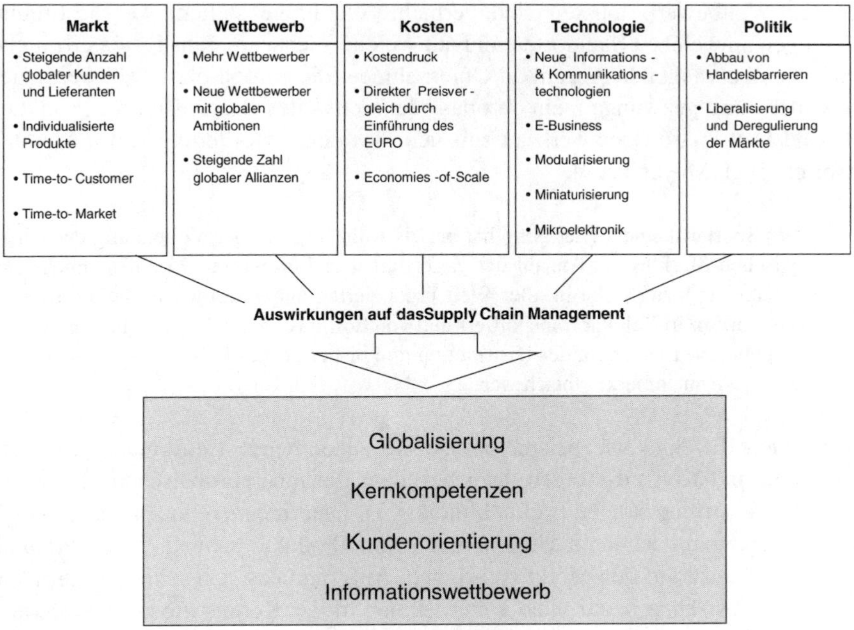

Abb. 6: Wettbewerbsumfeld und Auswirkungen auf das SCM

2 Globalisierung

Für global agierende Unternehmen wie Hewlett-Packard, DaimlerChrysler oder Wal-Mart ist das effiziente Management der weltweit ausgerichteten Wertschöpfungskette ein entscheidender Wettbewerbsvorteil. Im globalen Wettbewerbsumfeld werden die Karten ständig neu gemischt. Die Bedingungen werden härter. Die wichtigste Auswirkung der Globalisierung ist darin zu sehen, dass sie die Unternehmen sowohl mit mehr Gefahren als auch mit mehr Möglichkeiten konfrontiert. Gefahren insoweit, als das Umfeld instabiler und der Wettbewerb härter wird. Bei zunehmender Globalisierung des Wettbewerbs ist jeder der Konkurrent des anderen. Möglichkeiten insoweit, als immer mehr und immer größere Märkte entstehen [vgl. Kotter 1997, Christopher 1998].

Die Motivation, international oder global zu wachsen, liegt oft auf der Hand. Die Hauptargumente sind in der Erschließung neuer Märkte, im Erzielen von Skalenerträgen (Economies of Scale), in der Verlagerung unternehmerischer Aktivitäten in Länder mit besonders günstiger Kostenstruktur und in der weltweiten Rekrutierung talentierter Mitarbeiterinnen und Mitarbeiter zu suchen. Unternehmen im globalen Wettbewerb müssen sich vermehrt die Frage stellen, wer bestimmte Leistungen an welchen Standorten und auf welche Weise am günstigsten erbringen kann. Die überwiegende Anzahl an Unternehmen, die europa- bzw. weltweit agieren wollen, sind gezwungen, ein europa- oder weltweites Beschaffungs-, Produktions- und Distributionsnetzwerk aufzubauen, das den Anforderungen des Marktes entspricht [vgl. Mayer 1999].

> Der Sportartikelhersteller Nike hat bereits frühzeitig vor der Vollendung des europäischen Marktes die Anzahl der Lagerstätten in Europa von 25 auf nunmehr ein einziges reduziert. Die in aller Welt produzierten Güter werden in das Distributionszentrum in Belgien transportiert und von dort aus zu den Kunden in ganz Europa geliefert. Eine Form der Distribution, die bisher primär für den großen amerikanischen Binnenmarkt typisch war.

Auch andere Effekte, wie beispielsweise die zunehmende Entfernung zwischen Produktion und Konsum, tragen dazu bei, dass die innereuropäischen und weltweiten Warenströme steigen (vgl. Abbildung 7). Unternehmen nutzen zunehmend die Vernetzung mit anderen Unternehmen, um Produkte schnell, preiswert und kundenindividuell auf den Markt zu bringen. Aufgrund des sich schnell ändernden Marktumfeldes sehen heute viele Unternehmen in der Kooperation mit Lieferanten, Kunden oder sogar ehemaligen Konkurrenten eine Möglichkeit, dauerhaft ihre Marktposition auf- und auszubauen.

Wenn Unternehmen erst einmal neue Märkte erobert haben, setzen sie alles daran, sowohl die globale Integration als auch die lokale Verantwortung zu verwirklichen. Globale Integration nutzt Vorteile, weil das Gesamtunternehmen als integriertes Ganzes geführt und nicht als Summe einzelner Teile verstanden wird. Solche Vorteile können durch koordiniertes Sourcing oder durch gemeinsamen Einkauf erzielt werden, durch eine geschickte Aufteilung der Produktion auf Länder und Regionen, durch das Erzielen von Skalenerträgen mittels zentraler Forschung und Entwicklung sowie in der globalen Markenpolitik. Andere Vorteile stammen von der Ausrichtung an «best practices» und dem Einsatz von standardisierten Systemen und Methoden.

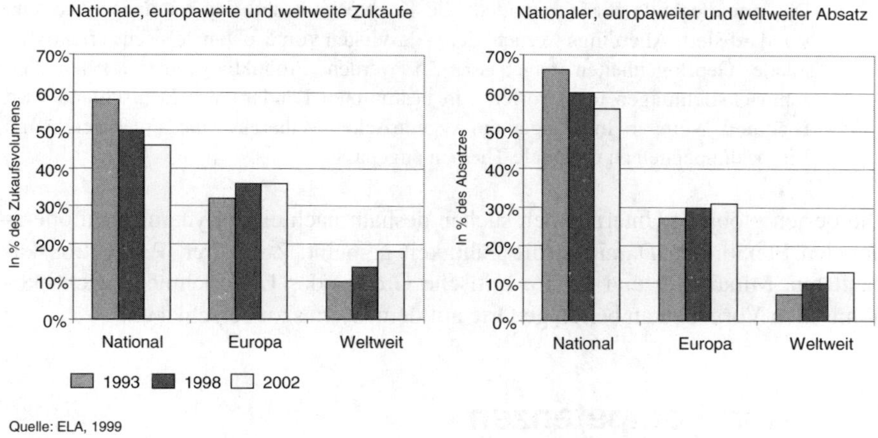

Abb. 7: Zunahme der grenzüberschreitenden und interkontinentalen Warenströme

Gleichzeitig reagieren die besten globalen Unternehmen dort, wo sie tätig sind, auf die lokalen Besonderheiten. Auch im vereinten Europa ist es oft erforderlich, dass Unternehmen aufgrund lokaler Unterschiede maßgeschneiderte und länderspezifische Produktversionen anbieten müssen, da die Kunden unterschiedliche Präferenzen aufweisen bzw. die Standards in den Ländern verschieden sind.

> Ein oft genanntes Beispiel sind die unterschiedlichen Präferenzen bei Waschmaschinen. Die Kunden in Frankreich bevorzugen Toplader Waschmaschinen, die Briten Frontlader. Während die deutschen Konsumenten hohe Schleuderdrehzahlen bevorzugen so werden in Italien langsamere Drehzahlen gewünscht. Zusätzlich gibt es Unterschiede in elektrischen Standards sowie bei Distributionskanälen. In Großbritannien wird ein Großteil der Waschmaschinen über nationale Vertriebsketten verkauft, die sich auf "Weiße Ware" spezialisiert haben. In Italien erfolgt der Verkauf über eine Vielzahl von kleinen Händlern. Die Herausforderung eines global agierenden Konzerns wie Whirlpool oder Bosch-Siemens Hausgeräte ist daher die Realisierung von Kostenvorteilen durch Standardisierung bei gleichzeitiger Beherrschung der Variantenvielzahl. Whirlpool und Bosch-Siemens reagieren auf diese Herausforderungen durch flexible Fertigungs- und Logistiksysteme.

Dieses Gleichgewicht zwischen globaler Koordination, Standardisierung und Integration sowie gleichzeitiger Anpassung an lokale Anforderungen durch Dezentralisierung, Spezialisierung und Gewähren von Entscheidungsfreiräumen zu finden, bleibt eine permanente Herausforderung, da die Kräfte, welche die Globalisierung und die lokalen Anforderungen bestimmen, sich konstant verändern [vgl. Deutsch/Diedrichs 1996].

McDonald's ist so erfolgreich, weil es nach einer globalen Standardformel operiert. Das grundlegende Businessmodell, die Kochtechnik und der Kundenservice sind standardisiert. Allerdings werden viele Aktivitäten von McDonald's sehr effektiv an lokale Gepflogenheiten angepasst. So werden Produktangebote lokalen Geschmacksrichtungen unterworfen - in bestimmten Ländern wie Deutschland wird Bier und Wein, in Indien gar ein vegetarischer Maharaja Mac angeboten - und Werbekampagnen an regionale Themen angepasst.

Die besten globalen Unternehmen suchen deshalb nach einer dynamischen operationalen Flexibilität. Damit ist die Fähigkeit gemeint, Zulieferer, Produktionskapazitäten, Mitarbeiter und andere kritische Größen des Unternehmens nach ökonomischen Vorgaben an beliebige Orte auf dem Globus zu verschieben.

3 Kernkompetenzen

Unabhängig von Produktionsverlagerungen aus Kostengründen oder wegen Absatzstrategien müssen sich Unternehmen auf ihre wettbewerbsentscheidenden Kernkompetenzen konzentrieren. Sie kombinieren erfolgreich ihre Ressourcen und richten sie systematisch auf die Kunden und den Markt aus. Das Beziehungsmanagement zu Externen – Lieferanten und Kunden – gewinnt stark an Bedeutung. Wer mit den besten Kunden und den leistungsfähigsten Lieferanten zusammenarbeitet und mit diesen Wertschöpfungspartnern gute Beziehungen pflegt, kann sich erhebliche Wettbewerbsvorteile verschaffen. Die gemeinsame Optimierung zwischenbetrieblicher Schnittstellen sowie die Steigerung der Wertschöpfung muss dabei das zentrale Thema sein, und nicht primär Preisverhandlungen oder Reklamationen.

Die Adidas-Salomon AG, Sportartikelhersteller mit Sitz in Herzogenaurach, treibt die Realisierung dieser Win-Win-Situationen voran. Sie geht „Strategische" Partnerschaften mit ihren „Core Suppliers" ein. Von diesen Partnerschaften verspricht man sich bei Adidas-Salomon:

- Kompetente, vertrauliche Produktentwicklungskapazitäten vor Ort
- „State of the Art"-Produktionsausstattung und –kompetenz
- Einhaltung von Termin- und Mengenzusagen
- Flexibilität in Produktion und Materialbeschaffung
- Möglichkeit der länderspezifischen Konfektionierung

Die meisten strategischen Überlegungen im Supply Chain Management beginnen deshalb mit der Festlegung des eigenen Wertschöpfungsanteils und damit der Aufgabenteilung zwischen Unternehmen und Lieferanten [vgl. Boutellier/Corsten 2000].

> Der amerikanische Autokonzern General Motors hatte früher das Ziel, alle Teile und Komponenten selbst zu fertigen. Heute ist die Dynamik der Märkte und das Spezialangebot so hoch, dass das Risiko von Fehlinvestitionen stark gestiegen ist. Die hohe Dynamik in der Automobilindustrie zwingt zum Outsourcen, das globale Spezialistenangebot macht es gleichzeitig möglich.

Die unweigerliche Folge ist eine markante Reduktion der Fertigungstiefen (vgl. Abbildung 8).

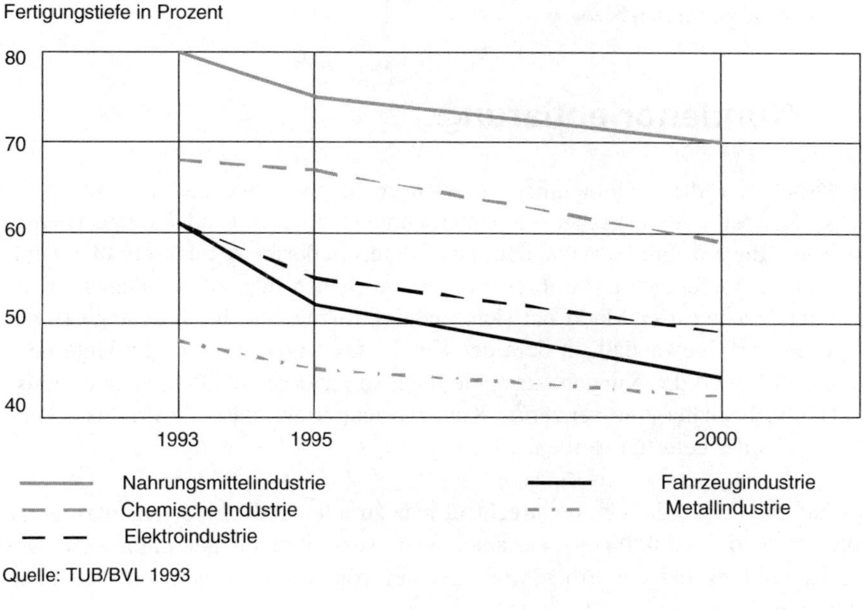

Abb. 8: Reduktion der Fertigungstiefe durch Fokus auf Kernkompetenzen

Dieser Trend hat sich in der Vergangenheit bestätigt: Hersteller kontrollieren heute immer kleinere Abschnitte der Wertschöpfungskette. Die Spezialisierung der Unternehmen auf ihre Kernkompetenzen und die darauf aufbauenden Make-or-buy Entscheide zeichnen dafür verantwortlich. In der Beschaffung sieht man diese Veränderungen sehr deutlich. Hat man früher vorwiegend Rohmaterial und Einzelteile für die Produktion eingekauft, geht der Trend heute stark in Richtung der Beschaffung von ganzen Baugruppen bzw. Modulen.

Auf den unterschiedlichsten Wertschöpfungsstufen müssen nun Produkte oder Leistungen externer Spezialisten eingebunden und entsprechende Lieferantenbeziehungen gemanagt werden. Wenn der Lieferant ganze Autotüren ausliefert, so muss jemand Design von Mechanik, Heizung, elektrischen Systemen, Sicherheit und modischer Gestaltung sorgfältig aufeinander abstimmen. Wechselseitige Abhängigkeiten von Kunden und Lieferanten nehmen zu, wenn man externe Spezialisten stärker in die Produktentwicklung einbindet.

Der Smart ist eines der deutlichsten Beispiele dafür, wie Unternehmen heute versuchen, ihre Fertigungstiefe zu senken. Die interne Wertschöpfung liegt unter 20 %. Das Unternehmen konzentriert sich gezielt auf einige wenige Kernfähigkeiten. Flexibilität, erhöhte Qualität und tiefe Kosten werden durch Vernetzung mit leistungsfähigen Lieferanten erreicht. Beim Smart wurde nicht nur die Fertigungstiefe, sondern auch die Entwicklungstiefe reduziert. Entwicklungsleistungen werden von externen Spezialisten bezogen.

4 Kundenorientierung

Der Druck auf die Unternehmen, kundenspezifische Lösungen zu erbringen, wächst. Kunden – Verbraucher wie Unternehmen – fordern Produkte und Dienstleistungen, die auf ihre individuellen, besonderen Bedürfnisse zugeschnitten sind. Sie erwarten Lieferzeiten, die ihren Produktionsplänen oder oft spontanen Wünschen entsprechen. Der Markt hat sich von einem Angebot- in einen aggressiven Nachfragemarkt gewandelt, in dem der Kunde das Sagen hat und die Unternehmen die Wünsche der Kunden, seien sie noch so außergewöhnlich, erfüllen müssen. Häufig bedeutet eine verstärkte Kundenorientierung, dass die Produkte kundenindividueller gefertigt werden.

Dies hat zur Folge, dass es regelrecht in nahezu allen Industriezweigen zu einer Explosion von Produkttypen, Varianten und Ausstattungen gekommen ist. Die Variantenbildung bei der Produktion verlangt von den Unternehmen eine hohe Flexibilität.

Adidas-Salomon kämpft mit einer im Sportartikel- und Textilbereich üblichen Saisonalität des Produktangebots. Die Mehrzahl der Lebenszyklen der Produkte sind extrem kurz und reichen von zwei bis sechs Monaten. Dies ist die Folge einer hohen Erneuerungsrate der Produkte. So sind 40 – 60 % einer Kollektion neue Produkte – und dies bei vier Kollektionen im Jahr.

Durch die Konzentration der Unternehmen auf ihre Kernkompetenzen und die damit verbundene Notwendigkeit zu vernetzten Kooperationen sind viele Unternehmen heute in der Lage, die Kundenanforderungen nach weitgehend individuellen Produkten zu erfüllen.

> Die PCs von Dell werden von privaten Anwendern und professionellen Nutzern sowohl bei Großunternehmen, Konzernen und Behörden sowie in kleinen Firmen eingesetzt. Um den individuellen Anforderungen dieser Kundengruppen gerecht zu werden, bietet das Unternehmen verschiedene Vertriebskanäle an. Großunternehmen, Konzerne und Behörden werden von Vertriebsbeauftragten persönlich betreut. Kleinere Firmen und Privatkunden hingegen können ihre Computer via Internet direkt bei Dell bestellen.

Kundenorientierung ist für die Unternehmen einer der wichtigsten Wettbewerbsfaktoren. Logistikleistungen beeinflussen maßgeblich die Kundenbindung und steuern diese durch den direkten oder indirekten Kontakt zum Kunden. Leider wird Kundenkontakt heute häufig noch als losgelöst von der Logistik angesehen, obwohl viele der enthaltenen Prozesse Schnittstellen mit Kunden aufweisen und mit ihren Ergebnissen Auswirkungen für den Käufer haben. Dies führt heute dazu, dass logistische Prozessketten nicht genügend am Kunden orientiert und somit nicht servicefreundlich ausgestaltet sind.

Über Jahre hinweg orientierten sich Supply Chains am Produktionskonzept, niedrigsten Stückkosten und dem Push-Prinzip. Verbesserungen konzentrierten sich gewöhnlich auf kürzere Durchlaufzeiten, auf das Verhältnis von Stück zu Zeit, so dass geringere Stückkosten das Ergebnis waren. Von den Gewinnen war stets ein Teil für Kapazitätsausweitungen aufzuwenden, so dass größere Stückzahlen zu immer niedrigeren Kosten produziert werden konnten. Das Vertriebskonzept war, diese Mengen zum Verbraucher zu „pushen". Bestände, die sich zwischen Produktion und Konsum ansammelten, wurden als Puffer in Lagerhäusern oder Distributionszentren vorgehalten, damit kontinuierlich „gepusht" werden konnte.

Die Bedeutung von Beständen sowie die Notwendigkeit, diese innerhalb der Wertschöpfungskette zu koordinieren, stellen auch heute noch viele Unternehmen vor große Herausforderungen. Auf der einen Seite muss die Versorgungssicherheit eines Unternehmens gewährleistet sein, um den Kunden die Produkte so schnell wie möglich zur Verfügung zu stellen. Auf der anderen Seite wächst der Druck, die Höhe der Bestände, und damit die Kapitalbindung, zu reduzieren.

> Der Konsumgüterkonzern Gillette meldete für das erste Quartal 2001 einen Gewinnrückgang um mehr als 29 Prozent. Als einen der Gründe nannte das Unternehmen den Abbau von aufgeblähten Lagerbeständen. Gillette leidet seit längerem darunter, dass Rasierer, Klingen und Batterien auf Halde produziert wurden. Aus diesem Grund lautet eine der großen Zielsetzungen für das Jahr 2001, die Lagerbestände bei den Händlern aggressiv abzubauen [vgl. Pelda 2001].

Die isolierte Optimierung dieser beiden strategischen Grundhaltungen beinhaltet ein Konfliktpotenzial. Eine Bestandsreduktion kann im Extremfall zu „Stockout"-Situationen, d.h., mangelnde Verfügbarkeit, führen.

Werden Unternehmen aufgrund fehlender Produkte lieferunfähig, gehen im Normalfall deren Marktanteil und nicht zuletzt deren Gewinne zurück. Eine wiederholte Lieferunfähigkeit führt in der Regel zum Verlust von Kunden an den Wettbewerb (vgl. Abbildung 9). Ein Produkt erhält schließlich seinen Wert erst dann, wenn es dem Kunden auch tatsächlich zur Verfügung steht [vgl. Boutellier/Gabriel 1999]. Gemeinsames Ziel von Marketing und Logistik ist daher die Verfügbarkeit der Leistungen. Der Kunde muss die gewünschte Leistung in einem vernünftigen Zeitrahmen erhalten.

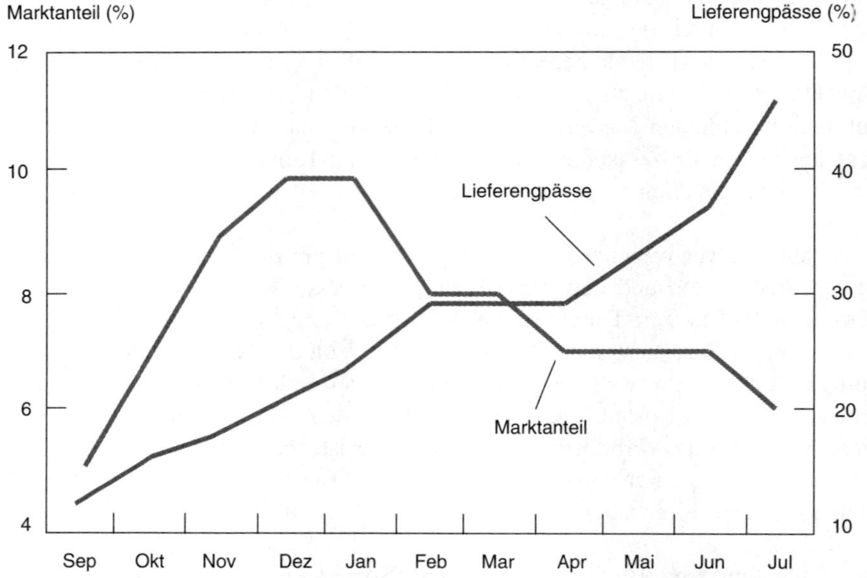

Abb. 9: Stockouts und Lieferengpässe sind teuer [vgl. Austin et al. 1997]

Problematisch ist die zunehmende Unsicherheit. Verspätete Lieferungen, Maschinenausfälle, stornierte Aufträge und andere Störungen führen dazu, dass oft überhöhte Bestände gehalten werden als eine Art Versicherung gegen die Unsicherheit des Liefersystems. Die mit der Bestandsbildung verbundenen Risiken für die Unternehmen gliedern sich in unterschiedliche Komponenten: Einerseits sind die traditionellen Lagerhaltungskosten durch Bereitstellung des physischen Lagerplatzes und die Opportunitätskosten für gebundenes Kapital zu berücksichtigen. Andererseits müssen Unternehmen zusätzlich die Kosten des Preisverfalls der Produkte sowie die fallenden Einstandspreise für Rohmaterialien und Halbfabrikate tragen. In vielen Fällen überschreiten die Kosten der Lagerhaltung sogar den Produktwert [vgl. Schneckenburger 2000, S. 12]. Produkte mit kurzem Lebenszyklus unterliegen diesem Risiko und den Kosten einer schnellen Alterung mit den korrespondierenden Kosten in besonderem Maße.

Mangelnde Verfügbarkeit sowie hohe Sicherheitsbestände in der Supply Chain sind in vielen Fällen auf eine suboptimale Koordination der Aktivitäten innerhalb des eigenen Unternehmens sowie zwischen den vor- und nachgelagerten Partnern in der Wertschöpfungskette zurück zu führen. Überbestände sowie die sich dadurch ergebende Unentschlossenheit des Managements resultieren oft in panikartigen Reaktionen, um die Bestandshöhe zu korrigieren – mit großem Einfluss auf Kosten und Kundenservice [vgl. Oliver/Webber 1984, S. 90]. Mit dem Übergang vom unternehmensweiten Push- zum durchgängigen Pull-Prinzip wird eine konsequente Kunden- und Serviceausrichtung der Wertschöpfungsketten sichergestellt.

Die Dell Computer Corporation entwickelt, produziert und vermarktet Computer auf Basis der direkten Kundenbetreuung. Dell stellt seine Systeme auftragsbezogen nach dem Fertigungsprinzip „Build-to-Order" her: Es wird nicht auf Lager produziert, erst nach Eingang der Bestellung erfolgt die Konfiguration der Systeme nach den individuellen Kundenwünschen. Damit ist das Unternehmen in der Lage, auch kundenspezifische Software, Hardware und Peripherieprodukte bereits ab Werk mit jedem neuen Dell–System auszuliefern. Eine elektronische Bestellung wird dabei direkt in das Warenwirtschaftssystem importiert und automatisch weitergeleitet.

Zudem sehen sich Unternehmen mit steigenden Anforderungen an die Verfügbarkeit von Produkten sowie der Forderung der Kunden nach zusätzlichen Dienstleistungen konfrontiert. Gerade in der Automobilindustrie ist die Anzahl der verschiedenen Varianten gravierend angestiegen. Vor allem deutsche Kunden erwarten, ihr „individuelles" Fahrzeug zu erhalten.

Diese Konzentration auf die Wünsche der Kunden hat beispielsweise bei DaimlerChrysler dazu geführt, dass alleine die Türinnenverkleidung bei der E-Klasse, die aus 36 Teilen besteht, von den Kunden in mehr als 1.800 verschiedenen Varianten bestellt werden kann.

Aber nicht nur in der Automobilindustrie kämpfen Unternehmen gegen eine immer größer werdende Anzahl von Varianten an. Noch vor wenigen Jahren sprach man in der Haushaltselektronik von „Weißer Ware". Mittlerweile können Kunden Kühlschränke in allen möglichen Farben kaufen.

Die Bosch-Siemens Hausgeräte GmbH hat sich in den vergangenen Jahren gezielt vom reinen Hersteller hochwertiger Gebrauchsgüter zum Anbieter von umfassenden Problemlösungen rund um das Kerngeschäftsfeld „Elektrische Hausgeräte" entwickelt. Gute Produkte allein genügen immer weniger, um in dem in vielen Bereichen gesättigten europäischen Hausgerätemarkt dauerhafte Wettbewerbsvorteile zu behaupten und auszubauen. Rund 20.000 Aufträge mit etwa 55.000 Positionen werden für mehr als 50.000 BSHG-Handelskunden in Europa täglich abgewickelt. Dabei können die Endverbraucher aus ca. 10.000 Gerätevarianten ihr Gerät oder ihr Geräteset auswählen.

Die Bereitschaft des Kunden, auf ein bestimmtes Produkt zu warten, ist abhängig von der Dringlichkeit seines Bedarfes, aber auch von branchenüblichen Lieferfristen, welche die Erwartungshaltung bezüglich der Verfügbarkeit beeinflussen. So erwartet beispielsweise jemand, der ein Kaufhaus besucht, dass das übliche Angebot in den Regalen verfügbar ist, während jemand, der ein neues, nach seinen Wünschen konfiguriertes Auto bestellt, bestimmte Lieferfristen in Kauf nimmt. Gerade in der Konsumgüterindustrie ist in den letzten Jahren bei den Konsumenten eine sinkende Markentreue zu beobachten. Immer mehr Verbraucher greifen zu „no-name"-Produkten oder Handelsmarken. Die Gefahr, dass Kunden auf derartige Substitutionsprodukte ausweichen, wenn das gewünschte Produkt nicht vorhanden ist, wird immer größer. Hohe Präsenz im Handel bzw. schnelle Warenverfügbarkeit werden immer wichtiger in einem Markt, der mehr und mehr vom Ersatzbedarf geprägt ist [vgl. Christopher 1998].

5 Informationswettbewerb

Die Informationsbereitschaft gewinnt als Differenzierungskriterium am Markt immer mehr an Bedeutung. Neben der Schaffung der organisatorischen Voraussetzungen und der Entwicklung entsprechender Einstellungen und Verhaltensweisen der beteiligten Akteure ist die Umsetzung einer integrierten Supply Chain eng mit den verfügbaren informationstechnischen Möglichkeiten verbunden: Ziel von modernen Informations- und Kommunikationstechnologien ist es, Daten über reale und prognostizierte Kundenbedarfe, verfügbare Bestände sowie Produktions- und Transportkapazitäten schnell und transparent zwischen den beteiligten Parntern innerhalb der Wertschöpfungskette auszutauschen. Ein durchgängiger Informationsfluss in der Supply Chain kann nur dann erreicht werden, wenn alle Beteiligten jederzeit einen gleichberechtigten Zugang zu den für sie relevanten und adäquat aufbereiteten Informationen haben.

Der Markt für IT-Systeme, die speziell für das Supply Chain Management relevant sind, kann in zwei Gruppen eingeteilt werden, die sich im wesentlichen aus der unterschiedlichen Herkunft der Software ableiten lassen [vgl. Pirron et al. 1998, S. 61, Walther 2001, S. 24, Prockl 2001, S. 70]:

- Schwerpunkt bilden die Anbieter integrierter Enterprise Resource Planning-(ERP-)-Systeme wie die Unternehmenssoftwarepakete R/3 der SAP AG, Baan mit Baan4 oder andere in den USA wie JD-Edwards und Peoplesoft. Diese Systeme zielen auf die integrierte Verwaltung unternehmensweiter Vorgänge wie Controlling, Finanzbuchhaltung, Einkauf, Materialwirtschaft, etc. ab. Als Transaktionssysteme sind sie vor allem auf die Abbildung des Ist-Zustandes und der Verwaltung von Vergangenheitsdaten ausgerichtet.

- Der zweiten Gruppe gehören die spezialisierten Anbieter von SCM-Sofware wie i2, Manugistics oder SAP an. Deren SCM-Lösungen können unter dem Begriff „Advanced Planning and Scheduling Systems" (APS-Systeme) zusammengefasst werden. Diese APS-Systeme sollen als spezifische SCM-Software die Schwächen von ERP-Systemen überwinden, wobei insbesondere eine unternehmensübergreifende Integration der beteiligten Partner in einer Supply Chain im Rahmen eines simultanen Planungsansatzes angestrebt wird. Diese Lösungen sind als Erweiterungen der Transaktionssysteme zu verstehen, da sie die Transaktionssysteme nicht vollständig ersetzen können, aber auf der Datenbasis dieser Systeme aufsetzen und operieren. SAP leitet beispielsweise durch die Nähe zum hauseigenen ERP-System R/3 einen expliziten Vorteil seines APS-Tools „APO" her. Vereinfacht dargestellt, „entnimmt" das APS die entsprechenden Daten aus dem ERP-System, führt davon abgekoppelt die entsprechenden Berechnungen durch und spielt anschließend die Ergebnisse als neue verwendete Vorgaben in das operative Transaktionssystem zurück.

Immer mehr Unternehmen nutzen das Internet als weltweit umspannendes Computernetzwerk zur Optimierung der inner- und zwischenbetrieblichen Kommunikationsstruktur [vgl. dazu insbesondere Kapitel III.4 – Internet und Supply Chain Management – in diesem Buch]. Die Kommunikation und Kooperation zwischen Unternehmen soll durch das Internet schneller, einfacher und billiger werden.

Unter Internet-Technologie versteht man die Nutzung neuer Informations- und Kommunikationstechnologien, die auf dem weltweit einheitlich standardisierten Internet-Protokoll (TCP-IP-Protokoll) beruhen. Dazu zählen neben Internet-Mail vor allem Web-EDI, Business Networking, elektronische Marktplätze sowie andere Internet-, Extranet- und Intranet-Applikationen.

Unternehmen erwarten sich vom Einsatz des Internets rechenbare Vorteile: Sinkende Beschaffungskosten, höhere Produktivität oder die Ausweitung des Marktanteils. Das Internet bietet insbesondere für Business-to-Business-(B2B-) Transaktionen eine Grundlage, auf der traditionelle Geschäftsprozesse völlig neu überdacht werden können. Die Zukunft liegt dabei in der intelligenten Verbindung von bestehenden Prozessen und Strukturen mit online-Aktivitäten.

Beim Automobilhersteller DaimlerChrysler werden seit Anfang des Jahres alle Geschäftsbereiche analysiert, vom Einkauf bis zur Forschung, um die Einsatzmöglichkeiten von E-Business zu erschließen. Ziel ist, durch die elektronische Abwicklung von Geschäftsprozessen die Produktivität zu erhöhen, die Arbeitsabläufe effizienter zu gestalten sowie die Kosten zu senken. Zudem sollen durch die Nutzung des Internets neue Geschäftsfelder aufgebaut werden. Dienstleistungen, die über das Web angeboten werden, sollen Wachstumspotenziale erschließen. DaimlerChrysler wählt bei seinem Weg ins Netz die solide Methode: Erst muss es am Back-End stimmen, d.h., erst müssen die internen Voraussetzungen geschaffen sein, bevor der Konzern mit E-Business-Aktivitäten richtig loslegt.

Die Nutzung von Internet-Mail und anderen neuen Kommunikationsmedien hat in den letzten Jahren zu einer extremen Beschleunigung der Geschäftsprozesse zwischen Unternehmen geführt. Im Vergleich zu den bereits bekannten Anbindungsmöglichkeiten von Kunden und Lieferanten, wie etwa über Electronic Data Interchange (EDI), bietet das Web-EDI neue Möglichkeiten zur effizienten Zusammenarbeit in der Supply Chain. Durch die Internet-Technologie besteht nun die Option, dass Supply Chain Partner auf alle Informationen jedes Partners auf eine relativ einfache, standardisierte Art und Weise zurückgreifen können. Dies alles gelingt jedoch nur dann, wenn auch die gesamte Implementierung erfolgreich durchgeführt wird.

In den meisten Projekten zeigt sich jedoch, dass die technische Implementierung nur die Spitze des Eisbergs ist. Mit dem Kauf und der Installation einer Software ist es nicht getan. Aufwendiger ist das Veränderungsmanagement der bestehenden Prozesse, Strukturen und vor allem der Mitarbeiter. Insbesondere in großen Unternehmen ist die Konsolidierung der in einzelnen Geschäftsbereichen meist unterschiedlichen Prozesse sehr mühsam.

Die Logistik ist einer der wichtigsten Bausteine dieser Veränderungen. Immer wieder wird verkannt, dass die Informationstechnologie oft mehr verspricht, als die Logistik ausführen kann. Programme gestatten die Aufspaltung von Prozessen in beliebige Teilschritte und können diese anschließend zu neuen Einheiten zusammenfügen. Der physische Materialfluss kommt da oft nicht mehr mit. Hierin liegt die Gefahr und gibt dem „Einfachmachen“ eine andere Bedeutung: Prozesse müssen einfach, durchdacht und überschaubar sein. Der Logistiker muss sich immer wieder vergewissern, wie jeder Schritt physisch abläuft. Sonderfälle müssen sorgfältig bedacht sein.

Viele Firmen haben in der ersten E-Business-Euphorie geglaubt, mit einer Webseite ausreichend im Netz vertreten zu sein. Anschließend wurden sie von der Auftragsflut überrascht und konnten die Aufträge nicht so abarbeiten, dass ihre Kunden zufrieden waren. Denn Kunden, die per Internet einkaufen, wollen die Ware sofort. Sind die nachgelagerten Prozesse nicht miteinander verknüpft, vergehen oft Wochen, bis die Ware eintrifft.

Die elektronischen Interaktionsmöglichkeiten werden dazu führen, dass Unternehmen ihre Lieferantenportfolios neu strukturieren. Einerseits erlauben die niedrigen Transaktionskosten mehr Flexibilität bei der Wahl des geeigneten Lieferanten. Andererseits lässt das Internet völlig neue Formen der Lieferantenintegration zu, die Unternehmen bisher wegen zu hoher Realisierungskosten erst gar nicht in Betracht zogen.

Die BASF ist bereits heute per Datenleitung mit etwa 200 Kunden und Lieferanten verbunden. Über diese Leitungen lässt sich zum Beispiel der Pegelstand im Chemikalientank des Kunden von Ludwigshafen aus ablesen, um rechtzeitig die nächste Füllung auf den Weg zu bringen. Bis Ende 2001 will die BASF 40 % ihres Umsatzes über solche elektronischen Geschäftsbeziehungen erwirtschaften, heute sind es 8 %. Gleichzeitig wird der konventionelle elektronische Datenaustausch nach und nach auf Internet-Technologie umgestellt. Software-Schnittstellen müssen harmonisiert und die Entscheidungswege bei Einkauf und Vertrieb verkürzt werden. Für BASF bedeutet E-Business die Chance, im großen BASF-Getriebe die einzelnen Zahnrädchen noch feiner aufeinander abzustimmen, hier und da an der Übersetzung etwas zu ändern.

E-Business erlaubt nun eine sehr viel kostengünstigere, flexiblere und auch intensivere Kooperation mit Geschäftspartnern. Diese umfasst beispielsweise virtuelle Entwicklungskooperationen zwischen verschiedenen Lieferanten oder die Möglichkeit, auftretende Fehler im Produktionsprozess jederzeit zu diagnostizieren und zu beheben.

I.4 Benchmarking und empirische Ergebnisse

1 Benchmarking in der Logistik

Was kann ein Automobilproduzent Anfang des 20. Jahrhunderts von einer Großschlachterei lernen? Sicher nicht, wie man Autos fachgerecht zerlegt, aber doch, wie man sie innerhalb des Werks transportiert: Die Schweine hingen an Haken und glitten auf einer Einschienenhängebahn von Arbeiter zu Arbeiter. Dieses Verfahren inspirierte Henry Ford nach einem Besuch der Großschlachterei, und er übertrug das Prinzip des Fließbandes auf seine Automobilproduktion - ein frühes Beispiel für branchenübergreifendes Benchmarking, von dem Ford wahrscheinlich gar nicht wusste, dass es Benchmarking ist [Siebert 1998].

Auch der Aufstieg der japanischen Industrie in den 60er-Jahren lässt sich teilweise auf Benchmarking zurückführen. Neben dem Vergleich mit den Besten und der Übernahme von westlichen Unternehmenspraktiken und Technologien erkannten die Japaner aber auch, dass blosses Nachahmen nicht zum Erfolg führt. Methoden, Praktiken und Prozesse müssen weiterentwickelt werden, um zum Erfolg zu führen. Als Beispiel kann man die Entwicklung des Kanban-Systems nennen, das durch das Studium amerikanischer Supermarktketten entstanden ist. Durch die Auffüllung der Regale war durch intelligente Adaption ein Lernen aus der Lebensmittelindustrie für die Automobilbranche möglich [Siebert 1998]. Pikanterweise hat erst die Automobilindustrie diese Technik zur Blüte gebracht. Daher übernimmt die Lebensmittelkette derzeit im Gegenzug im Rahmen der Efficient Consumer Response (ECR) Initiative wieder viele Prinzipien aus der Automobilindustrie [Jones 2001].

Der Begriff Benchmarking im eigentlichen Sinne wurde vom Unternehmen Xerox im Jahre 1979 geprägt. Seitdem wurde Benchmarking zuerst von Xerox, dann von anderen Unternehmen weiterentwickelt. Xerox stellte fest, dass die japanische Konkurrenz Kopierer zu einem Preis verkaufte, der unter den Produktionskosten von Xerox lag. Xerox startete daraufhin im Fertigungsbereich ein Benchmarking mit der Konkurrenz (Competitive Benchmarking). Die auf dem Markt befindlichen Kopierer wurden hinsichtlich Herstellungskosten, Design und anderer Merkmale studiert und analysiert. Aus diesem Vorgehen wurden neue radikale Ziele abgeleitet.

Auf Grund des Erfolges in der Fertigung bestimmte das Management, dass Benchmarking von allen Geschäftsbereichen durchzuführen sei. Für Xerox ist Benchmarking „die Suche nach den besten Praktiken der Branche, die zu hervorragender Leistung führen.“ Für Produkte wird dieses Vorgehen schon seit einiger Zeit angewendet, indem Erzeugnisse der Konkurrenz buchstäblich auseinander genommen und analysiert werden (sog. „Reverse Engineering“).

Dieselbe Methodik kann auch für Logistikprozesse angewendet werden. Zielsetzung ist dabei, durch den Vergleich ähnlicher Prozesse die eigenen im Unternehmen zu optimieren. Unabhängig von Wettbewerb und Branchengrenzen werden unternehmensinterne, bPrancheninterne aber auch branchenunabhängige Prozesse miteinander verglichen. Dabei werden Unterschiede, deren Ursachen sowie Möglichkeiten zur Verbesserung und Optimierung ermittelt. Das erste branchenunabhängige Benchmarking-Projekt wurde 1981 von der Firma L.L. Bean in den Bereichen Logistik und Distribution durchgeführt. Dies lieferte den endgültigen Beweis, dass Benchmarking auch auf andere Bereiche im Unternehmen übertragbar ist.

2 Ergebnisse einer Benchmarking-Studie

Als Teil von Benchmarking-Projekten werden häufig schriftliche Umfragen durchgeführt. Das Institut für Technologiemanagement an der Universität St. Gallen (HSG) hat im Jahr 1999 eine schriftliche Befragung zum Stand und zur erwartenden Entwicklung von Supply Chain Management im deutschsprachigen Raum durchgeführt, an der sich 90 Unternehmen aus Deutschland, Österreich, Liechtenstein und der Schweiz beteiligt haben. Die befragten Unternehmen gehören dabei unterschiedlichsten Branchen an (vgl. Abbildung 10).

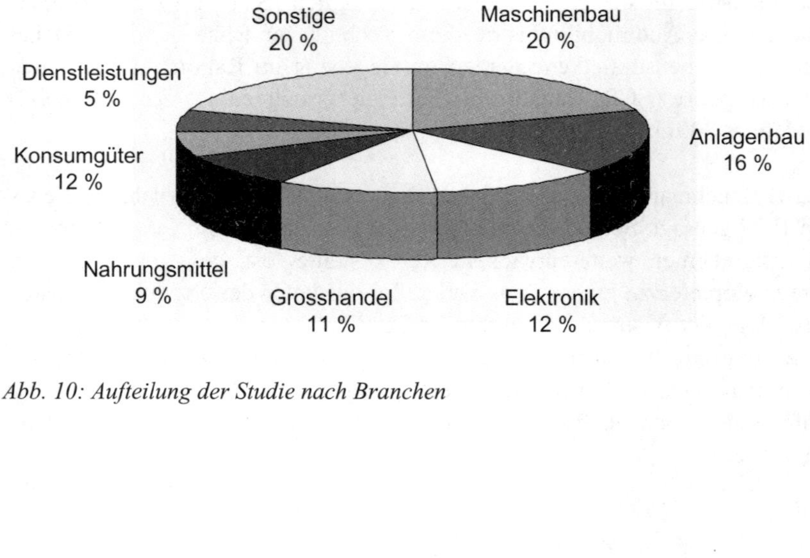

Abb. 10: Aufteilung der Studie nach Branchen

Hierzu wurde ein sechsseitiger Fragebogen an insgesamt 700 Unternehmen im deutschsprachigen Raum versendet, um den Stand und die Entwicklungstendenzen im Supply Chain Management zu erheben. Insgesamt konnten 90 Fragebögen verwertet werden, was einer Rücklaufquote von ca. 13 % entspricht. Die Teilnehmer wurden befragt, inwieweit sie ausgewählte Instrumente und Kennzahlen in der Leistungsbeschaffung, -erstellung und –distribution einsetzen. Die Entwicklungen der letzten Jahre zeigen, dass die Ergebnisse weiterhin aktuell sind.

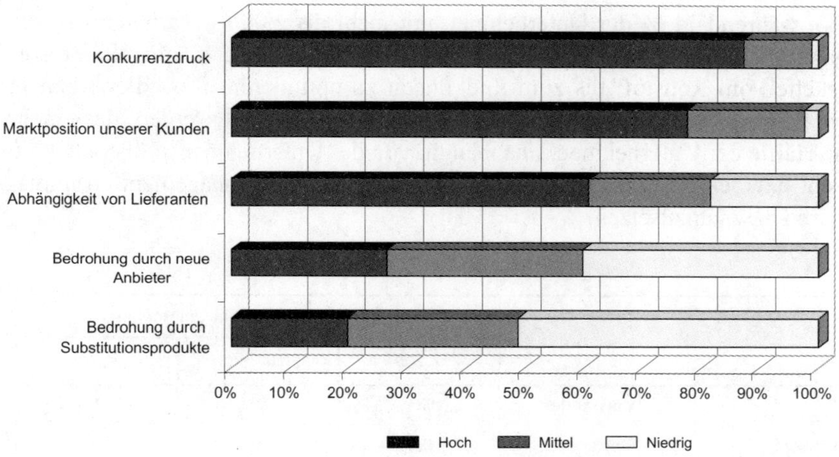

Abb. 11: Beurteilung des Unternehmensumfeldes durch die befragten Unternehmen

2.1 Stellenwert von Supply Chain Management

Die Bedeutung von Supply Chain Management hat Ende der 90er-Jahre in vielen Unternehmen stark zugenommen. Viele Unternehmen haben die Notwendigkeit erkannt, dass Potenziale erschlossen werden können, wenn die gesamte Wertschöpfungskette optimiert wird.

Supply Chain Management wird dabei nicht nur bei den „großen“ Unternehmen als erfolgversprechende Managementstrategie angesehen. Rund 50 % der Rückmeldungen kamen von Unternehmen mit weniger als 500 Mitarbeitern. Immer mehr mittelständische Betriebe erkennen, dass auch bei ihren Geschäften nicht nur die interne Restrukturierung, sondern vor allem die unternehmensübergreifende Optimierung der Wertschöpfungskette über wirtschaftlichen Erfolg und zukünftige Wettbewerbsfähigkeit entscheidet.

Tabelle 1 zeigt die Aktivitäten im Bereich SCM in Abhängigkeit der Unternehmensgröße. Die Aktivitäten beziehen sich dabei auf das Vorhandensein eines Konzeptes bzw. einer Strategie für die erfolgreiche Umsetzung von SCM, die Bestimmung eines Verantwortlichen bzw. eines Teams und die Einführung von Supply Chain Incentives.

Insbesondere Unternehmen mit weniger als 500 Mitarbeiter haben einen Verantwortlichen bestimmt, der sich im Unternehmen um SCM-Aktivitäten kümmert (64 %), während 71 % der Unternehmen mit mehr als 2.000 Mitarbeitern häufig ein ganzes funktions- und firmenübergreifendes Team einsetzt, um die Versorgungskette vom Rohstoff bis zum Endkunden zu optimieren. Dass die Arbeit in diesen Teams bereits fortgeschritten ist kann dadurch erklärt werden, dass mehr als die Hälfte der Unternehmen, unabhängig von der Unternehmensgröße, über ein Konzept bzw. eine Strategie verfügen, um Supply Chain Management zu implementieren bzw. umzusetzen.

		Anzahl der Mitarbeiter im Unternehmen		
		< 500	501 - 2000	> 2000
SC Konzept	**Vorhanden**	**53%**	**67%**	**71%**
	Geplant	13%	14%	6%
	Weder noch	34%	19%	23%
SC Verantwortlicher	**Vorhanden**	**64%**	**53%**	**59%**
	Geplant	5%	14%	18%
	Weder noch	31%	33%	23%
SC Team/Gruppe	**Vorhanden**	**53%**	**68%**	**69%**
	Geplant	13%	5%	8%
	Weder noch	34%	27%	23%
SC Bonus/Incentives	**Vorhanden**	**20%**	**5%**	**12%**
	Geplant	11%	14%	6%
	Weder noch	69%	82%	82%

Tab. 1: SCM-Aktivitäten in Abhängigkeit der Unternehmensgröße

2.2 Beschaffung

2.2.1 Einsatz von Instrumenten in der Beschaffung

Die strategische Bedeutung der Beschaffung hat in den vergangenen Jahren deutlich zugenommen. Viele Unternehmen haben ihre Leistungstiefe im Zuge einer stärkeren Spezialisierung reduziert. Der Trend in der Zusammenarbeit mit Lieferanten zielt heute in Richtung Systempartnerschaft. Jedes zweite Unternehmen dieser Studie beschäftigt sich intensiv mit dem Aufbau von Systemlieferanten. Im Rahmen von Partnerschaften übernehmen Lieferanten ein immer größeres Leistungsangebot, indem sie nicht nur einzelne Teile, sondern vermehrt ganze Systeme bzw. Module liefern. Darüber hinaus erfüllen sie Zusatzleistungen in Form von Just-in-Time-Anlieferung (42 %), Lagerhaltung (31 %), Informationsaustausch mit Vorlieferanten (27 %) sowie EDI-Anbindung (22 %).

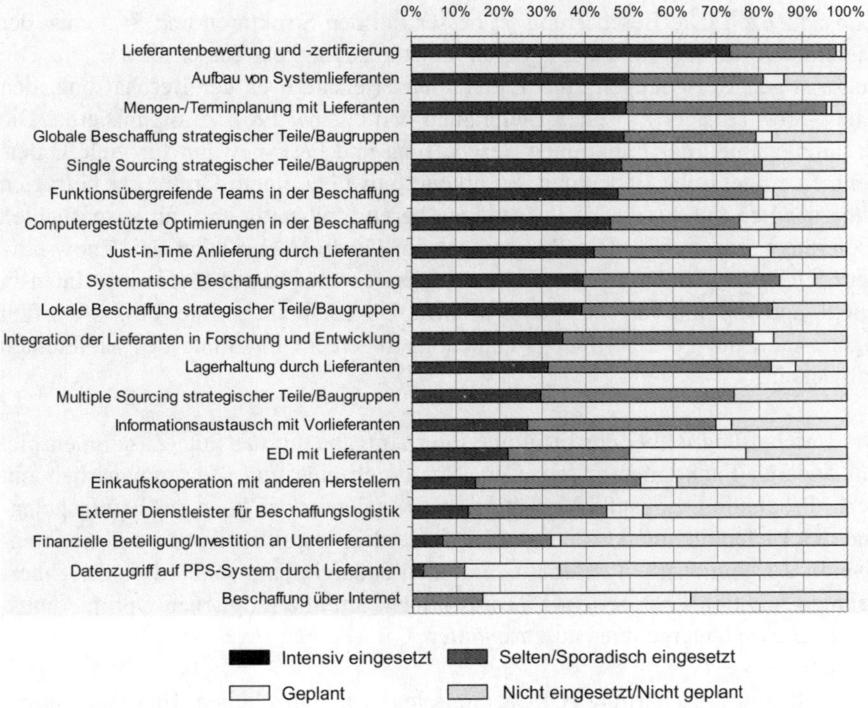

Abb. 12: Einsatz von Supply Chain Instrumenten in der Beschaffung

Bei den Anforderungen an Systempartner stehen vor allem Technologie- und Kundenkenntnisse, Integration mehrerer Technologien sowie komplementäre Stärken im Vordergrund. Die Wahl kompetenter Lieferanten, die Ausgestaltung der Lieferantenbeziehungen sowie die ständige Beurteilung und Überprüfung der Beziehungen spielen dabei eine entscheidende Rolle. So zeigt die Studie, dass bei über 70 % der befragten Unternehmen eine ständige Bewertung und Zertifizierung der Lieferanten durchgeführt wird.

Eine Partnerschaft benötigt Zeit zum Wachsen. Bis sich gemeinsame Ziele, Größenvorteile, Know-how-Austausch, gemeinsame Problemlösung und Kombination komplementärer Stärken positiv auswirken, vergehen häufig Jahre. Eine Partnerschaft kann daher nur mit einer begrenzten Anzahl von Lieferanten gepflegt werden. Unternehmen versuchen daher, Partnerschaften mit nur wenigen, häufig sogar bei bestimmten Beschaffungsgütern mit nur einem Lieferanten, aufzubauen. Knapp die Hälfte der Unternehmen entscheidet sich insbesondere bei strategischen Teilen bzw. Baugruppen für die „Single Source“-Strategie.

Für die Beschaffung hat der Trend zu Partnerschaften mit Lieferanten wesentliche Konsequenzen. Die Beschaffung ist besser mit den Strukturen und Systemen der Lieferanten vertraut und kann deren Leistungsfähigkeit besser beurteilen. Die langfristigen Beziehungen zum Lieferanten erleichtern es der Beschaffung, den Know-how-Transfer zwischen Lieferanten und eigener F&E zu organisieren. Die Zusammenarbeit der Funktionen Beschaffung und F&E gewinnt für viele Unternehmen strategische Bedeutung. So arbeitet etwa bei einem Drittel der befragten Unternehmen (34 %) die F&E-Abteilung bereits frühzeitig eng mit ausgesuchten Lieferanten zusammen. Die Beschaffung im Unternehmen kann das Know-how der Lieferanten nutzbar machen, wenn sie den Kontakt zu den Lieferanten intensiv pflegt und die interne Akzeptanz schafft. Da Lieferanten ihre Prozesse offen legen, kann die F&E fertigungs- und logistikgerecht im Sinne des Lieferanten entwickeln.

Die Beschaffung ist bei der Erfüllung ihrer Aufgabe auf das gute Zusammenspiel mit anderen Funktionen angewiesen. Nur durch eine gute Zusammenarbeit mit F&E, Produktion, Logistik, Marketing und Kundenservice kann das Erfolgspotenzial des Lieferantenmarktes ausgeschöpft werden. Dass der Trend zu einer intensiveren Zusammenarbeit zunimmt zeigt sich dadurch, dass rund 48 % der Unternehmen funktionsübergreifende Teams bilden, um alle möglichen Optimierungspotenziale im Unternehmen auszuschöpfen.

Die weltweite Beschaffung (Global Sourcing) von Einzelteilen, Baugruppen und Handelswaren erhält für 49 % der befragten Unternehmen ebenfalls eine wachsende Bedeutung. Einige Unternehmen versuchen, mit Global Sourcing über die reine Kostensenkung hinaus auch strategische Ziele zu erreichen.

Global Sourcing hilft, neue Märkte zu eröffnen und ermöglicht zudem den Zugang zu Technologien. Einige Unternehmen setzen Global Sourcing ein, um den Wettbewerb unter den Lieferanten zu beleben. Die bisherigen Lieferanten reagieren darauf oft mit eigenen weltweiten Beschaffungsinitiativen, um eigene Kostensenkungspotenziale auszuschöpfen.

Die Risiken der weltweiten Beschaffung dürfen allerdings nicht übersehen werden. Das Versorgungsrisiko steigt an, da größere Distanzen überwunden werden müssen. Unterschätzt wird häufig auch der logistische Aufwand. Andere Systeme (Zölle, Disposition, Transportmittel) und ein umfangreicheres Controlling sind in der Regel notwendig. Vor allem Qualitätsstandards bereiten vielen Unternehmen Probleme. Andere Sprachen, Mentalitäten, Normen und Einheiten erschweren die Definition einheitlicher Standards und das Verständnis für die Notwendigkeit zu deren Einhaltung. Eine systematische Beschaffungsmarktforschung ist in vielen Fällen sinnvoll. Rund 40 % der befragten Unternehmen informieren sich aktiv über die internationalen Märkte und Handelsbedingungen.

2.2.2 Einsatz von Kennzahlen in der Beschaffung

Grundlage eines erfolgreichen Aufbaus von Lieferanten ist eine umfassende Lieferantenbeurteilung. Je stärker die Vernetzung zwischen Hersteller und Lieferant, um so wichtiger wird der Auswahlprozess als Grundstein für eine spätere Zusammenarbeit. Lieferantenbewertungen klassifizieren die Lieferanten und geben Hinweise auf Verbesserungspotenziale bei bestehenden Beziehungen. Je nach Strategie der Zusammenarbeit, Abschöpfung oder Investition, variiert der Umfang der Beurteilung. Bei Abschöpfungsstrategien reicht in der Regel ein Angebotsvergleich. Partnerschaften hingegen erfordern eine umfassende Lieferantenbeurteilung. Die durchgeführte Umfrage zeigt, dass Einkäufer ihre Lieferanten überwiegend anhand der Kriterien Lieferzuverlässigkeit, Qualität und Einstandspreis aussuchen und beurteilen.

Fortschrittliche Unternehmen erkennen zunehmend, dass diese Kriterien nur einen kleinen Ausschnitt dessen widerspiegeln, was eine intensive Zusammenarbeit heute ausmacht. Jedes Unternehmen muss eigene, spezifische Kriterien erarbeiten. Nicht nur die Leistungsfähigkeit der Lieferanten, sondern die Leistung des Verbundes Abnehmer – Lieferant ist ausschlaggebend. Für das Verständnis und die Akzeptanz der Kennzahlen ist es wichtig, dass die Kennzahlen eindeutig und transparent definiert werden. Die Definition der Kennzahlen schließt dabei eine detaillierte Beschreibung, Ziel der Kennzahl, kritischer Wert, Informationsquellen, Vergleichsgrundlagen, Adressaten, Aggregationsstufen, Periodizität, Darstellungsform und Kommentare mit ein. Die Praxis zeigt auch, dass nur einfache und verständliche Kennzahlen einen reellen Nutzen bringen.

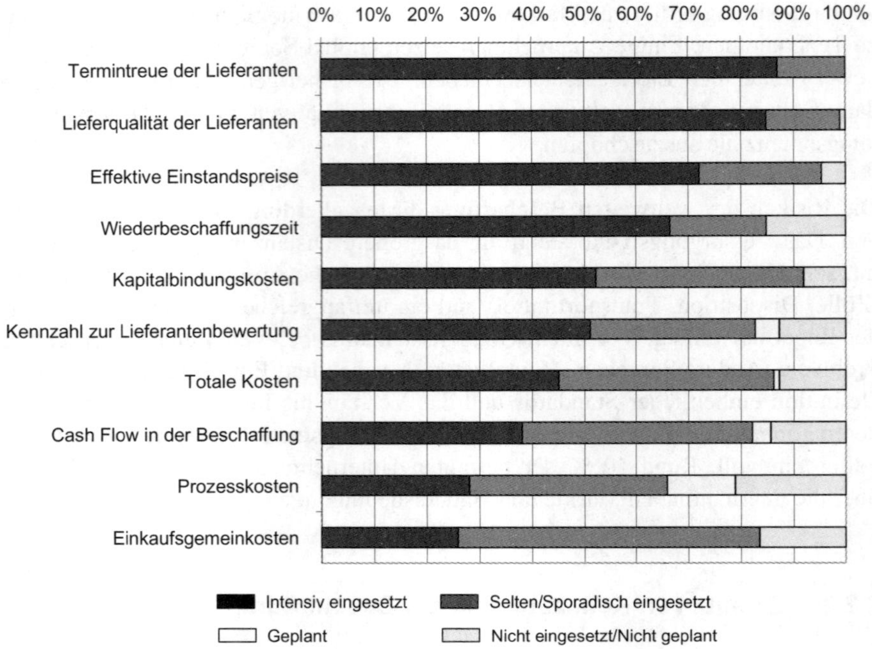

Abb. 13: Einsatz von Kennzahlen in der Beschaffung

2.3 Produktion

2.3.1 Einsatz von Instrumenten in der Produktion

Immer kleinere Stückzahlen, Variantenvielfalt, kürzere Lebenszyklen und die Wandlung in Käufermärkte machen kurze Reaktionszeiten und höchste Flexibilität in der Produktion zur Voraussetzung für Rentabilität.

Durch die stärkere Kundenorientierung ergibt sich ein exponentielles Wachstum der Produkt- und Variantenvielfalt. Zugleich verringern sich die Innovationszyklen und Entwicklungsprozesse. Die Folge unveränderlicher Produktionskapazitäten oder vorgehaltener Kapazität können bei Absatzveränderungen mangelnde Lieferfähigkeit oder Fehlinvestitionen sein. Die Produktionsprozesse im Unternehmen müssen so gestaltet sein, dass Kapazitätsanpassungen möglich sind.

Insbesondere bei der Einführung von Neuprodukten, bei Projektgeschäften sowie bei der Herstellung von saisonalen Produkten schwanken die Bedarfsstrukturen in einer Supply Chain ständig. Über die Hälfte der Unternehmen (59 %) setzen flexible Arbeitszeitmodelle ein, um derartige Bedarfsschwankungen auszugleichen.

In der heutigen Zeit ist es nicht nur wichtig, ein Produkt auf seine Qualitäten hin zu beurteilen, sondern auch, in welchem Umfang seine Erstellung die Umwelt belastet und wie viel an Ressourcen benötigt bzw. verbraucht wird. Das ist ein Punkt, der bei zunehmender Sensibilisierung der Bevölkerung einen immer höheren Stellenwert einnimmt. So steht bei über 52 % der befragten Unternehmen die umweltgerechte Produktgestaltung sowie Produktion im Vordergrund.

Der Differenzierungszwang gegenüber den Wettbewerbern führt dazu, potenziellen und bestehenden Kunden durch die hohe Kombinationsmöglichkeit der produktbezogenen Leistungen und der individuellen Erweiterbarkeit zusätzlichen Nutzen zu bieten. Dies kann durch Modularisierung der Produkte sowie Standardisierung der Produktionsprozesse erreicht werden.

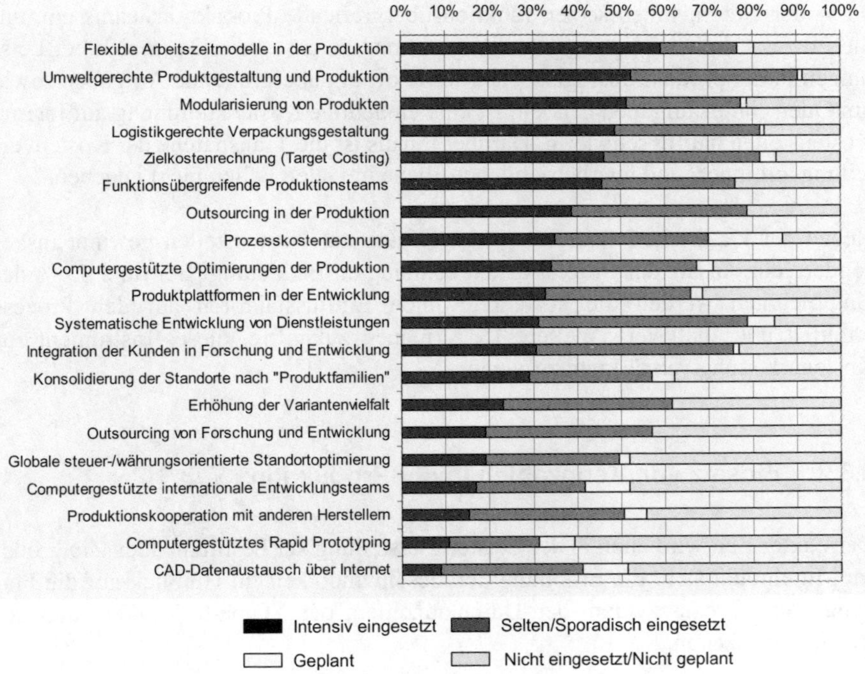

Abb. 14: Einsatz von Supply Chain Instrumenten in der Produktion

Über die Hälfte der Unternehmen (51 %) setzt die Strategie der Modularisierung von Produkten ein, um die zunehmende Komplexität zu reduzieren. Standardisierungsmaßnahmen sind dabei so auszulegen, dass Varianten aus einer möglichst geringen Anzahl unterschiedlicher variantenbestimmender Bausteine kombinierbar sind - bei gleichzeitig höchstmöglicher Anzahl vereinheitlichter und normierter Komponenten. Der Aufbau modularer Produktstrukturen ermöglicht darüber hinaus eine Verschiebung des Variantenbestimmungspunktes und der Bevorratungsebene an das Ende der Wertschöpfungskette [vgl. Baldwin/Clark 1998].

Die Integration der Kunden in Forschung und Entwicklung gewinnt ebenfalls zunehmend an Bedeutung. Bei 31 % der Unternehmen werden die Bedürfnisse und Wünsche der Kunden in die Entwicklung neuer Produkte berücksichtigt. So können durch enge Kooperationen Kundenwünsche besser befriedigt bzw. sogar antizipiert werden, da ein größeres Innovationspotenzial und eine breitere Basis an Kundeninformation zur Verfügung steht.

Genau so wie in der Beschaffung spielt auch bei der Leistungserstellung die enge Zusammenarbeit innerhalb des Unternehmens eine entscheidende Rolle. Über 46 % der Unternehmen setzen funktionsübergreifende Produktionsteams ein, um die Prozesse in der Leistungserstellung optimal zu gestalten. Da es sich bei Leistungen in der produktionslogistischen Kette oft um übergreifende Aufgaben sowie um Querschnittsaufgaben handelt, ist eine eindeutige Kostenzuordnung auf interne Kostenstellen häufig schwierig. Darüber hinaus ist die Transparenz der Kostenverteilung auf inner- und überbetrieblicher Ebene in vielen Fällen nicht gegeben.

Neben der klassischen Zuordnung von Kosten auf Kostenstellen gewinnt insbesondere der Ansatz der Prozesskostenrechnung an Bedeutung. Bei rund 53 % der Unternehmen werden die kostenrelevanten Einflussfaktoren auf den Prozess ermittelt und analysiert. Weitere 18 % planen zukünftig, dieses Instrument zur Kostenerfassung verstärkt einzusetzen.

2.3.2 Einsatz von Kennzahlen in der Produktion

Der Faktor Zeit wird auch in der Leistungserstellung zur bestimmenden Zielgröße: Im Mittelpunkt steht die Erhöhung der Geschwindigkeit im Hinblick auf die Planungs- und Prozesszyklen, der Durchlaufzeiten, der „Time-to-Market“ und der Bearbeitungszeiten.

Speziell die sogenannte „kundennahe“ Produktion erfordert eine hohe Flexibilität und kurze Durchlaufzeiten in den Produktionsbereichen. Die Messung der Einhaltung von fixierten Terminen steht bei rund 87 % der Unternehmen an vorderster Stelle.

Gleichzeitig wird auch die Durchlaufzeit in 61 % der Unternehmen regelmäßig gemessen. Verbesserungsmaßnahmen sind aber nicht erst im Fertigungsprozess, sondern bereits im Entstehungszyklus von Produkten, Strukturen und Prozessen zu suchen. In der Produktentwicklung werden die Weichen zur Optimierung von Durchlaufzeiten und Rüstzeiten gestellt.

Neben dem Faktor Zeit spielen in der Leistungserstellung auch Qualitäts- und Kostenaspekte eine entscheidende Rolle. Die Optimierung der Herstellkosten steht bei 72 % der Unternehmen im Vordergrund. Parallel dazu sind 68 % der befragten Unternehmen bestrebt, die Qualität der inner- und zwischenbetrieblichen Prozesse zu optimieren.

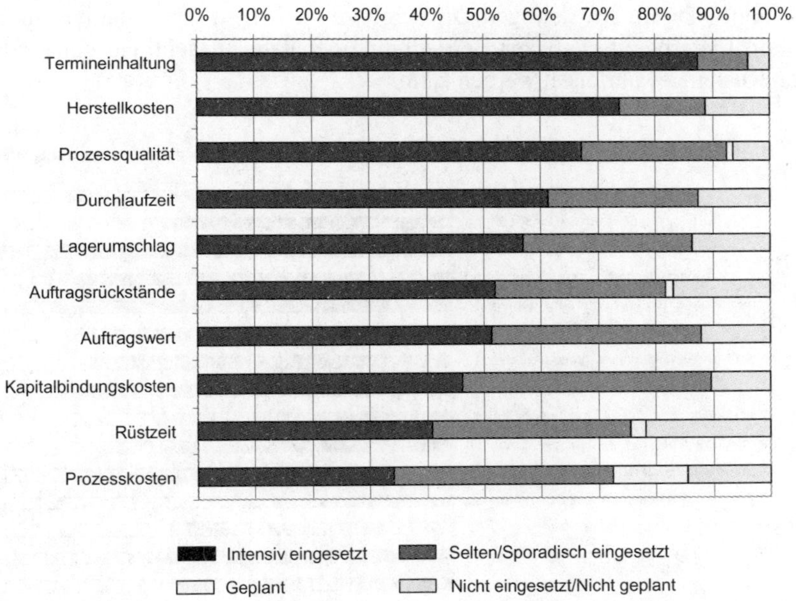

Abb. 15: Einsatz von Kennzahlen in der Produktion

2.4 Distribution

2.4.1 Einsatz von Instrumenten in der Distribution

Die Entwicklung der industriellen Märkte zu Käufermärkten haben für Unternehmen und für deren Produkte weitreichende Konsequenzen. Nur eine strikte Kundenorientierung und die Bereitstellung von Produkten und Dienstleistungen „Just-in-Time“ bieten die Möglichkeit, im Wettbewerb erfolgreich zu sein. Die Distributionslogistik hat die Aufgabe, Güter zum richtigen Zeitpunkt, in der richtigen Menge und Qualität, am richtigen Ort bereit zu stellen, so dass eine bestimmte, geforderte Lieferbereitschaft zur Befriedigung der Kundennachfrage unter minimalsten Kosten gewährleistet werden kann.

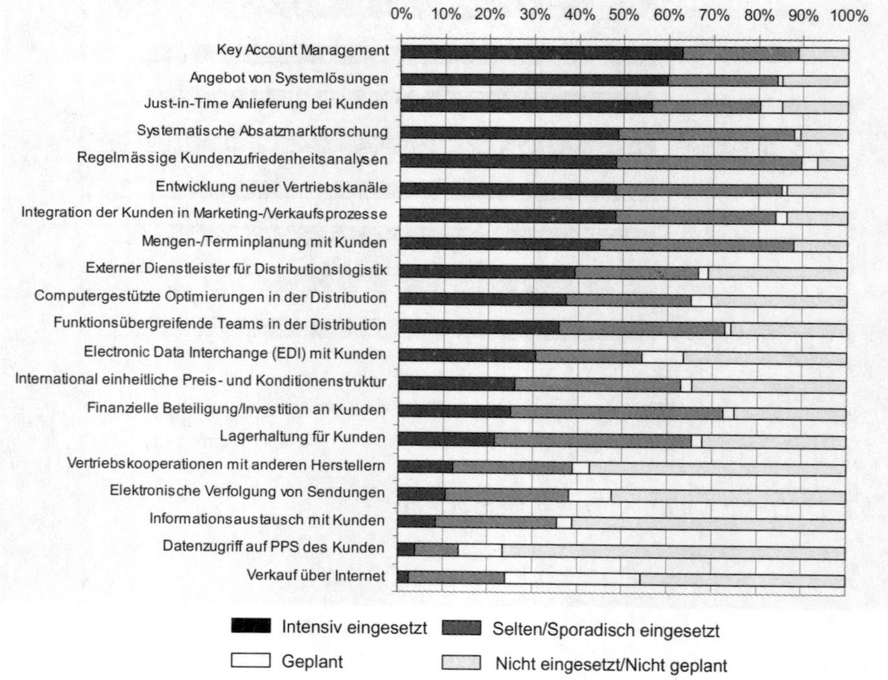

Abb. 16: Einsatz von Supply Chain Instrumenten in der Distribution

Die logistischen Leistungen müssen vom Marketing durch geeignete Instrumente unterstützt werden: Aktivitäten im Marketing und in der Logistik ergänzen sich gegenseitig. Logistische Leistungen können eine Differenzierung gegenüber den Wettbewerbern erzeugen, sofern sie einen für den Kunden wahrnehmbaren Nutzen darstellen. Insofern werden vom Marketing Anforderungen an die Gestaltung der logistischen Kette formuliert. So betreibt jedes zweite Unternehmen eine systematische Absatzmarktforschung (49 %) und regelmäßige Kundenzufriedenheitsanalysen (48 %), um die Entwicklungen am Absatzmarkt zu beobachten. Die Kenntnis über das Verhalten der Kunden unterstützt die Unternehmen, die ursprünglichen Ziele neu zu gewichten sowie neue Zielsetzungen im Hinblick auf die optimale Befriedigung der Kundenbedürfnisse zu formulieren.

Eine weitere Herausforderung an die Distributionslogistik resultiert aus der Zunahme der Absatzkanäle, in denen ein unterschiedlich hohes logistisches Leistungsniveau erwartet wird. Die Entscheidung über die Wahl der Anzahl verschiedener Distributionskanäle ist von vielen verschiedenen Faktoren abhängig, dazu gehören beispielsweise die Charakteristiken des Produkts sowie der Absatzmärkte und das eigene Know-how. Rund die Hälfte der befragten Unternehmen (48 %) plant, in Zukunft neue Vertriebskanäle zu entwickeln.

Nur wenige Unternehmen sind heute in der Lage oder sehen ihre Kernkompetenzen darin, in allen Distributionskanälen hohe logistische Leistungen allein zu erbringen. Vor diesem Hintergrund werden Kooperationen im Distributionskanal in den nächsten Jahren stark an Bedeutung gewinnen. Die Ergebnisse zeigen diesen Trend: 48 % der befragten Unternehmen strebt eine verstärkte Integration der Kunden und Vertriebspartner in die eigenen Marketing- und Verkaufsprozesse an. Gleichzeitig erfolgt zunehmend eine gemeinsame Mengen- und Terminplanung (44 %). Verstärkt wird die Zusammenarbeit durch Informationstechnologien (EDI mit Kunden, elektronische Verfolgung von Sendungen und in Zukunft auch durch die Internettechnologie).

Ein wichtiger Schritt in Hinblick auf eine effiziente, unternehmensübergreifende Zusammenarbeit wurde insbesondere in der Konsumgüterindustrie durch die „Efficient Consumer Response“-Initiative getan. Die Kooperation zwischen Hersteller und Handel bezieht sich dabei auf die gemeinsame Gestaltung der Produkte und Sortimente (Category Management), die Einführung neuer Produkte (Efficient Product Introduction), die Durchführung von Verkaufsförderungsmaßnahmen und die Optimierung der Logistik im Zusammenhang mit der effizienten Nachschubsteuerung (Replenishment).

2.4.2 Einsatz von Kennzahlen in der Distribution

In der Distribution stehen kurze Lieferzeiten sowie hohe Lieferqualität und Termintreue im Mittelpunkt. Flexibilität und Lieferbereitschaft lassen sich aufgrund der wachsenden Variantenvielfalt und bei diskontinuierlichen Nachfrageverhaltens nicht durch den Aufbau von Lagerbeständen erreichen, sondern müssen durch eine kundennahe Zulieferung mit kurzen Durchlauf- und Wiederbeschaffungszeiten sichergestellt werden. In der Distribution orientiert sich der Lieferservice in erster Linie an den Leistungsgrößen Liefertreue auf vereinbarten Liefertermin (78 %), Lieferfähigkeit auf Kundenwunschtermin (78 %), Lieferqualität (76 %), Kundenzufriedenheit (72 %) sowie Lieferzeit (71 %). Diese Kriterien werden von den meisten Unternehmen, die befragt wurden, in regelmäßigen Abständen erhoben (vgl. Abbildung 15).

Werden Maßnahmen ohne Fokussierung auf den Lieferservice lediglich zur Kostensenkung durchgeführt, so muss gewährleistet werden, dass der Lieferservice zumindest nicht schlechter wird. Die Veränderungen der Leistungsdimension in der Distributionslogistik spiegeln sich zudem in der zunehmenden Komplexität der Auftragsstruktur wider. Die Serviceleistung der Distributionslogistik besteht folglich darin, selbst Kleinstaufträge mit höchster Effizienz bei gleichzeitig hohem Niveau der Elemente des Lieferservice abzuwickeln.

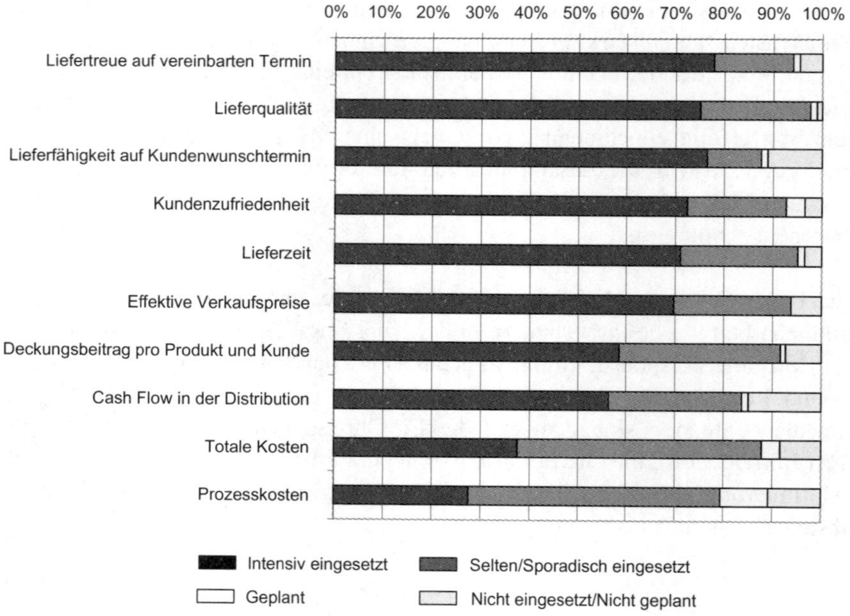

Abb. 17: Einsatz von Kennzahlen in der Distribution

3 Benchmarking Ansätze in der Logistik

Die Studie zeigt, dass das Management der Aktivitäten in einer Supply Chain komplex ist und ganzheitliche Methoden, Instrumente und Konzepte erfordert, deren Umsetzung jedoch mit einigen Schwierigkeiten verbunden ist. Die Nachfrage von Unternehmen aus unterschiedlichen Branchen an Vergleichsinformationen aus dem Bereich der Logistik ist deshalb groß. Aus diesem Grund versuchen unterschiedliche Organisatoren und Initiativen, Standards bzw. Modelle zu entwickeln, um eine bessere Vergleichbarkeit zwischen Unternehmen sowie ganzen Branchen zu erreichen. Außerdem wurden in den letzten Jahren immer wieder Umfragen und Studien in der Logistik durchgeführt. Ziel dieser Studien ist die Bestimmung des derzeitigen Entwicklungsstandes sowie die Identifikation der zukünftigen Trends und Entwicklungen.

3.1 SCOR-Modell

Das bekannteste Modell ist sicherlich das SCOR-Modell des Supply Chain Council (www.supply-chain.org). Dieses wurde 1996 als unabhängige gemeinnützige Vereinigung gegründet und verfolgt das Ziel, ein "ideales" Modell der Supply Chain zu entwickeln. Hierzu wurde von den SCC-Mitgliedern das Supply Chain Operations Reference Modell (SCOR-Modell) als ein standardisiertes Prozess-Referenzmodell der Supply Chain definiert und kontinuierlich weiterentwickelt. Mit dem SCOR-Modell soll eine einheitliche Beschreibung, Bewertung und Analyse von Supply Chains sowohl firmen- als auch branchenübergreifend möglich sein.

Das SCOR-Modell bietet einen vollständigen methodischen Rahmen mit den folgenden Elementen:

- Standardbeschreibungen der Elemente, aus denen sich die komplexen Prozesse der Supply Chain zusammensetzen.
- Messgrößen, die einen Vergleich der Prozessleistungen mit externen Bezugssystemen ermöglichen.
- Beschreibung der "Best-Practices" in Verbindung mit jedem Prozesselement.

3.2 Efficient Consumer Reponse (ECR)-Scorecard

Ein branchenspezifisches Logistik-Benchmarking Modell wurde als Global ECR-Scorecard im Rahmen der Efficient Consumer Response-Initiative entwickelt (www.globalscorecard.net). Die ECR-Scorecard stellt ein einheitliches Verfahren dar, welches den Implementierungsfortschritt von ECR-Praktiken in der Konsumgüterindustrie und in den Unternehmen misst.

Die Scorecard bietet eine wertvolle Hilfe für die Entwicklung von ECR Programmen und Initiativen im eigenen Unternehmen. Der Aufbau der Scorecard besteht aus 13 unterschiedlichen ECR-Konzepten, die wiederum in 4 sogenannten "Focus Areas" aufgeteilt sind: Demand Management, Supply Management, Enablers und Integrators. Ziel dieser einheitlichen Methodik ist nicht nur die Selbsteinschätzung im Hinblick auf den Status Quo im eigenen Unternehmen, sondern vor allem der Vergleich mit anderen Firmen.

Unternehmen, die wie Sainsbury's in England oder Procter & Gamble weltweit die ECR-Scorecard eingesetzt haben, konnten eine Reihe von Vorteilen erzielen. Diese hängen ab vom Umfang der Nutzung, dem Verständnis von ECR im Unternehmen sowie der geografischen Verbreitung [Corsten/Hofstetter 2000, Corsten/Kumar 2003].

3.3 European Logistics Association

Auch die European Logistics Association (www.elalog.org) führt regelmässig europaweite Studien zu den neuesten Trends und Entwicklungen in der Logistik durch. Die neueste Studie "Insight to Impact" [A.T. Kearney, ELA 1999], die in den Jahren 1998 und 1999 erarbeitet wurde, setzt einerseits die Reihe der Logistikstudien fort, die seit 1982 etwa alle fünf Jahre durchgeführt werden, andererseits geht sie über den Themenkreis der bisherigen Studien hinaus und beleuchtet neue Entwicklungen und Tendenzen für Versorgungsnetzwerke. Die Studie 1982 war im wesentlichen auf Logistikkosten ausgerichtet, 1987 stand die Produktivität im Zentrum und 1993 waren es Qualität und Zeit, die das Hauptthema darstellten. Die jüngste Studie konzentriert sich auf den Beitrag des Supply Chain Managements zum Unternehmenserfolg.

3.4 Center for Advanced Purchasing Studies (CAPS)

Das Center for Advanced Purchasing Studies (www.caps.org) ist eine Non-Profit-Organisation und arbeitet eng zusammen mit der National Association of Purchasing Management (NAPM) und dem Arizona State University College of Business. CAPS führt eigene Benchmarking Projekte speziell im Einkauf und Supply Management durch, die stark kenngrößenorientiert sind. Dazu verfügt CAPS über einen Satz von 21 Standardkenngrößen, die für alle Branchen relevant sind. In branchenspezifischen Benchmarking-Studien erhebt das CAPS neben den 21 Basiskenngrößen weitere spezifische Kennzahlen, die auf die Bedürfnisse der einzelnen Branchen zugeschnitten sind.

4 Konzept-Benchmarking in der Logistik

Es ist nicht zu übersehen, dass mit zunehmender Entfernung von der eigenen Branche und abnehmender Prozess- und Produktvergleichbarkeit traditionelles Benchmarking nicht mehr zum Erfolg führt. Vor allem die Vergleichbarkeit von Zahlen nimmt ab [Boutellier/Kobler 1996]. Die Suche nach dem "Benchmark" gleicht daher der Suche nach dem goldenen Gral. Was hingegen vergleichbar bleibt sind die Problemlösungsmethoden, vielfach sogar die grundlegenden Konzepte.

Das Konzept-Benchmarking nutzt bewusst die großen Unterschiede bei Prozessen, Produkten oder Leistungen verschiedener Branchen. Es findet ein Austausch über die Methoden zur Optimierung oder Einführung von „Successful-Practices" statt. Oft kommen dabei vollständige Projekte in Betracht, wobei diese sowohl abgeschlossen, aktuell oder erst geplant sein können. Viele „Successful-Practices" befinden sich oft erst in der Planungsphase. Im Zentrum des Interesses stehen die Details, die gesammelten Erfahrungen sowie der konkrete Umsetzungsprozess. In diesem Sinne handelt es sich um einen intensiven Erfahrungsaustausch und um Benchmarking von Veränderungsprozessen [Boutellier/Kobler 1996]. Dieser Ansatz ist vor allem in der Logistik sinnvoll, denn eine durchgängige Betrachtung und Planung der logistischen Prozesse erfordert vor allem das gemeinsame Verständnis der zugrundeliegenden Logistikprozesse bei allen Beteiligten. Kenngrössensysteme sind oft unternehmensspezifisch, keines ist wie das andere. Daher ist ein unternehmensübergreifender Vergleich schwierig.

Wichtige Erkenntnisse für das Logistik-Benchmarking liefert das Wissensmanagement [Boutellier, Corsten 1996]. Neues Wissen entsteht insbesondere durch die Interaktion von implizitem und explizitem Wissen in einem sozialen Prozess zwischen Menschen, Gruppen oder Organisationen. Explizites Wissen ist objektiv, rational, formal und kann leicht in Worten und Zahlen ausgedrückt werden.

Implizites Wissen ist subjektiv, persönlich, intuitiv, informell und kann nur schwer ausgedrückt oder geteilt werden. Als persönliche Fähigkeiten liegt es verborgen in den Mitarbeitern, Kunden und Lieferanten.

Es ist mittlerweile anerkannt, dass Wissen in vier aufeinander folgenden Phasen der Wissens-Umwandlung entsteht [Nonaka, Takeuchi 1995]. In der ersten Phase der Sozialisierung entsteht neues und implizites Wissen durch gemeinsame Erfahrungen und Erlebnisse. In der zweiten Phase wird das implizite Wissen mit Hilfe von Konzepten, Hypothesen oder Modellen durch Externalisierung in explizites Wissen überführt. Dies ist die zentrale Phase zur Wissensgenerierung, denn durch das Wechselspiel verschiedener Meinungen in Diskussionen entsteht neues, artikuliertes Wissen. Kombination ist die dritte Phase, in der explizites Wissen in das bestehende System von Informationen eingefügt wird. Explizites Wissen wird in Form von Dokumenten ausgetauscht und zu neuem Wissen kombiniert. Dieser Prozess entspricht der klassischen Informationsverarbeitung. In der vierten Phase der Internalisierung wird explizites Wissen durch gemeinsame "Mentale Modelle" und "Learning by Doing" in implizites Wissen und damit zu individuellen Fähigkeiten umgewandelt.

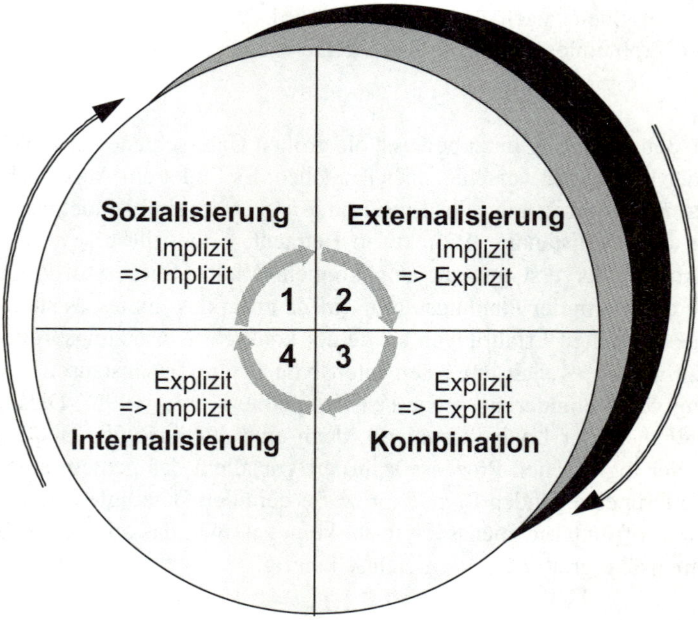

Abb. 18: Vier Phasen des Wissensaufbau [Nonaka, Takeuchi 1995]

Konzept-Benchmarking dient in diesem Sinne der Entstehung neuen Wissens. Der Erfahrungsaustausch soll zudem bestätigen, dass man auf dem richtigen Weg ist oder auch nicht. Aus diesem Grund arbeitet das Institut für Technologiemanagement (ITEM) der Universität St. Gallen (HSG) seit dem Jahr 1994/95 mit dem Konzept der sogenannten Benchmarking-Arbeitskreise. Inzwischen hat der Kompetenzbereich Supply Chain Management bereits zahlreiche Arbeitskreise zu unterschiedlichen Themenbereichen durchgeführt.

4.1 Gestaltungskonzept

Während einem Zeitraum von ungefähr 9 Monaten finden 6 ganztägige Meetings statt. Die Anzahl der teilnehmenden Firmen sowie auch die Größe der jeweiligen Delegationen ist beschränkt. Am Arbeitskreis nehmen 6 - 8 Unternehmen aus verschiedenen Branchen teil wobei jedes Unternehmen im Idealfall jeweils 2 - 3 Mitarbeiter entsendet. Erfahrungen haben gezeigt, dass sich kleinere Arbeitskreise durch eine hohe Gruppendynamik auszeichnen.

4.2 Planung und Konzeption

Entscheidend für einen erfolgreichen Arbeitskreis ist die Festlegung der Thematik sowie die richtige Auswahl der Partner. Neben einer einheitlichen Interessenlage muss die Ausgewogenheit des Angebotes und der Nachfrage im Hinblick auf „Successful Practices“ einzelner Teilnehmer gewährleistet sein. Bereits bei den Vorgesprächen werden die Stärken und Schwächen der potenziellen Partnerunternehmen identifiziert. Die „Successful Practices“ werden im Laufe des Arbeitskreises durch individuelle Interviews bei den Partnerunternehmen sowie strukturierten Fragebögen detailliert. Bei der Auswahl der Benchmarking Partner müssen einige wichtige Kriterien berücksichtigt werden:

- Wille zur Zusammenarbeit
- Ähnliche Größe der Benchmarking-Bereiche
- Ähnliche Rahmenbedingungen und Herausforderungen
- Firmenvertreter im Projekt auf vergleichbarer Hierarchiestufe
- Ähnlicher Stand der Organisationsentwicklung

4.3 Kickoff-Meeting

Die meisten Teilnehmer der Partnerfirmen sehen sich an diesem Tag zum ersten Mal. Durch kurze Präsentationen der wichtigsten Produkte, Märkte und Unternehmenszahlen wird das erste Eis gebrochen. Wichtiger ist allerdings das persönliche, gegenseitige Kennenlernen der Teilnehmer.

4.4 Arbeitskreis-Sitzungen

Die Arbeitskreissitzungen dauern jeweils den ganzen Tag. An diesen Sitzungen werden die identifizierten „Successful Practices“ im Plenum vorgetragen und detailliert kommuniziert. Ziel ist es, dass bei jeder Tagung zu wenigen Schwerpunktthemen die „Successful Practices“ dargelegt werden. Die einzelnen Veranstaltungen des Arbeitskreises wechseln von Mal zu Mal und finden bei den Teilnehmerfirmen statt. Dies bietet den Vorteil, die untersuchten Konzepte und Prozesse direkt vor Ort zu begutachten, zu hinterfragen und mit den Verantwortlichen zu diskutieren – „Successful Practices“ zum Anfassen.

4.5 Implementierung

Benchmarking-Projekte mit den primären Zielen des Konzeptaustausches und der Ideengenerierung können zu stark differierenden Umsetzungsmaßnahmen führen. Solche reichen von Mitarbeitertrainings bis hin zur Veränderung von Prozessabläufen. Meistens können während eines laufenden Arbeitskreises nur gerade erste Sofortmaßnahmen implementiert werden. Nach Abschluss des Arbeitskreises sollte sich das entsprechende Team zusammensetzen und mögliche, umfassendere Umsetzungen planen. Ziel sollten schnelle, erste Erfolge sein. Diese bestärken Betroffene und sind Voraussetzung für eine erfolgreiche Weiterführung von Benchmarking [Boutellier/Kobler 1996].

4.6 Erfolgsfaktoren

Der Erfolg eines Benchmarking-Arbeitskreises hängt von verschiedenen Faktoren ab, die in der folgenden Tabelle zusammengefasst sind.

Enabler	Barrieren
• Richtige Partner, gleiche Interessen • Ausgewogenheit zwischen Angebot und Nachfrage • Einbindung von Fachspezialisten • Lead Partner • Opinion Leader • Offenheit der Teilnehmer • Vertraulichkeit • Zusatzleistungen (Website)	• Wechselnde Teilnehmer • Entgleitung der Thematik • Falsche Erwartungshaltung • Zu große Anzahl an Teilnehmern • Unternehmen aus der gleichen Branche

Tab. 2: Enabler und Barrieren von Benchmarking-Arbeitskreisen

Teil II:
Fallstudien zum Supply Chain Management

II.1 DaimlerChrysler: Integrierte Beschaffungsnetzwerke

Dr.-Ing. Hartmut Graf, Stefan Putzlocher

1 DaimlerChrysler: Ein globales Unternehmen

Die DaimlerChrysler AG ist eines der führenden Automobil-, Transport- und Dienstleistungsunternehmen der Welt. Zu seinen Personenwagen-Marken zählen Mercedes-Benz, Chrysler, Jeep®, Dodge, smart und die Luxusmarke Maybach. Nutzfahrzeuge werden unter den Markennamen Mercedes-Benz, Freightliner, Sterling, Thomas Built Buses und Setra produziert. Die European Aeronautic Defence and Space Company (EADS) stellt Flugzeuge und weitere Produkte im Bereich Luft- und Raumfahrt her. Der Konzern ist zudem mit 37,3% an der MMC Mitsubishi Motors Corporation (MMC) beteiligt. Mit 372.470 Mitarbeitern erzielte die DaimlerChrysler AG im Geschäftsjahr 2001 einen Umsatz von rund 153 Mrd. Euro.

Nach dem Zusammenschluss des größten europäischen Industrieunternehmens Daimler-Benz mit der Chrysler Corporation, einem amerikanischen Automobilhersteller, im November 1998, besitzt DaimlerChrysler eine internationale Belegschaft, eine internationale Aktionärsbasis, eine weltweite Orientierung seiner Marken und eine globale Ausrichtung in die Zukunft.

1.1 Sindelfingen: Das große Pkw-Karosserie- und Montage-Werk

Sindelfingen, das größte Werk der DaimlerChrysler AG, wurde 1915 von der Daimler-Motoren-Gesellschaft als Fertigungsstätte für Flugzeuge und Flugmotoren gegründet. 1919 wurde in Sindelfingen mit der Fabrikation von Automobil-Karosserien begonnen. In Sindelfingen liegt der Schwerpunkt auf der S-, E-, und C-Klasse. Die Produktionskette des Werkes gliedert sich in die Bereiche Presswerk, Karosserie-Rohbau, Lackierung und Montage. Im Produktionsverbund werden aus Stuttgart-Untertürkheim Motoren, Getriebe und Achsen, aus weiteren Werken die Lenkungen, Innenausstattungsteile und weitere Kleinteile zugeliefert. Insbesondere mit dem Pkw-Werk Bremen steht Sindelfingen in einem engen Fertigungsverbund. Auch der Einkauf für die Marke Mercedes-Benz ist in Sindelfingen angesiedelt.

Im Mercedes Technology Center (MTC) befinden sich die Bereiche Design und Entwicklung. Der hohe Sicherheitsstandard der Mercedes-Benz-Fahrzeuge und ihre ausgereifte Qualität stehen hier auf dem Prüfstand: In Crash-Anlage, Dauerlaufprüfständen und „Klimakammer" werden Prototypen zur Serienreife entwickelt.

Mit einer Belegschaft von rund 35.500 Mitarbeitern und auf einer Fläche von fast 2 Mio. Quadratmetern wurden im Jahr 2002 über 470.000 Personenwagen der S-, E- und C-Klasse hergestellt. Zusätzlich arbeiten im MTC annähernd 9.000 Mitarbeiter an der Zukunft des Automobils. Die fertigen Automobile werden per Lkw und mit der Bahn zu ihren europäischen Bestimmungsorten oder per Schiffsverladung nach Übersee ausgeliefert. Darüber hinaus holen täglich ca. 450 Kunden ihren neuen Mercedes persönlich im Kundencenter in Sindelfingen ab.

1.2 Produktionsprogramm und flexible Produktion

Das Produktionsprogramm im Werk Sindelfingen umfasst drei Baureihen; von der C-Klasse über die E-Klasse bis hin zur S-Klasse in zahlreichen Motor- und Ausstattungsvarianten. Ziel ist es, jedem Kunden ein Fahrzeug nach seinen individuellen Wünschen anzubieten. In der Produktion erfordert dies einen erheblichen organisatorischen Aufwand: Jedes Teil muss zum richtigen Zeitpunkt am richtigen Ort für den Einbau in das jeweilige Fahrzeug bereitstehen.

Mit Hilfe modernster Informationstechnologie wird sichergestellt, dass die Fahrzeuge termingerecht und entsprechend der vom Kunden gewünschten Ausstattung die Montagebänder verlassen. Das Steuerungssystem "begleitet" exakt das vom Kunden bestellte Fahrzeug von der automatischen Auftragsabwicklung über die einzelnen Produktionsstufen bis hin zur Fakturierung.

Für die Pkw-Produktion werden täglich mehrere tausend Tonnen Material und baufertige Teile wie Stahlbleche, Lacke, Textilien, Kunststoffe, Fenster, elektrische Ausrüstungen oder Kühler benötigt. Das ganze Werk ist nach den Gesichtspunkten eines rationellen Fertigungs- und Materialflusses ausgelegt, wobei die Produktionsplanung und -steuerung eine flexible Produktion gewährleistet. Die Produktionsbereiche Presswerk, Rohbau, Lackierung und Montage sind in großen Gebäudekomplexen zusammengefasst und durch Förderanlagen sowie fahrerlose Transportsysteme miteinander verbunden.

2 Branchenüberblick

In der Automobilindustrie läuft derzeit weltweit eine Welle von Unternehmenszusammenschlüssen in Form von strategischen Allianzen, Kooperationen oder Fusionen. Waren es vor 10 Jahren noch etwa 20 unabhängige Automobilhersteller, so sind es heute noch 15 und Prognosen sagen voraus, dass im Jahr 2010 gerade noch 7-8 unabhängige Autohersteller, sogenannte Original Equipment Manufacturer (OEM), weltweit existieren werden. Auf der Seite der Automobilzulieferer sieht dieser Trend noch dramatischer aus: Von 30.000 Lieferanten in der ersten Stufe (1st tier supplier) im Jahre 1988 werden im Jahre 2010 nach Meinung von Experten nur noch rund 150 Systemintegratoren auf der ersten Lieferantenebene übrig bleiben. Allerdings bestehen viele der ursprünglichen Lieferanten weiter hinten in der Wertschöpfungskette weiter. Die zusammengehenden Unternehmen streben Synergieeffekte in der Marktdurchdringung, bei Innovationsprojekten und insbesondere in den Kosten für Beschaffung, Produktion und Vertrieb an. Kostenpotenziale lassen sich durch Skaleneffekte erschließen wenn es gelingt, wichtige Geschäftsprozesse in den Einzelunternehmen zu standardisieren und zu integrieren.

Der übergeordneten prozessorientierten Logistik kommt damit eine wachsende Bedeutung zu. Neben Produktinnovationen werden insbesondere „Time-to-Market", also die Zeitführerschaft bei der Markteinführung, sowie die Lieferzeit „Time-to-Customer" zukünftig zu entscheidenden Wettbewerbsfaktoren. Das Internet wird hierbei als Informationsmedium zu tiefgreifenden Veränderungen in allen Bereichen der Automobilindustrie führen. Nur derjenige wird erfolgreich im Wettbewerb bestehen können, der in der Lage ist, die Chancen der neuen Technologien für sich zu nutzen und diese schnell umzusetzen.

3 Prozessgestaltung in der Logistik

Käufer von Fahrzeugen im Premiumsegment erwarten individuell auf sie zugeschnittene Fahrzeuge. Das hat eine weiter steigende Typen- und Variantenvielfalt zur Folge, die vom Fahrzeugproduzenten beherrscht werden muss. So waren z.B. im Jahr 1998 statistisch gesehen nur 2,2 der rund 420.000 Fahrzeuge, die das Fahrzeugmontagewerk Sindelfingen verlassen haben, identisch. Aber nicht nur die Variantenbeherrschung ist ein Problem, sondern auch die erhöhten Anforderungen der Kunden im Premiumsegment hinsichtlich Liefertermintreue, Qualität und marktgerechten Preisen. Angesichts dieser Herausforderungen kommt der Logistik eine besondere Bedeutung zu, da sie als Querschnittsfunktion zur Steuerung der Informations- und Materialflüsse in den drei Hauptprozessketten Produktentstehung, Kundenauftragsabwicklung sowie Materialbeschaffung die wertschöpfenden Bereiche koordiniert und prozessorientiert integriert.

Um dieser Koordinations- und Integrationsfunktion gerecht zu werden, hat die Logistik im Werk Sindelfingen ein Business-Modell auf Basis der drei Hauptprozessketten entwickelt und eingeführt (vgl. Abbildung 19).

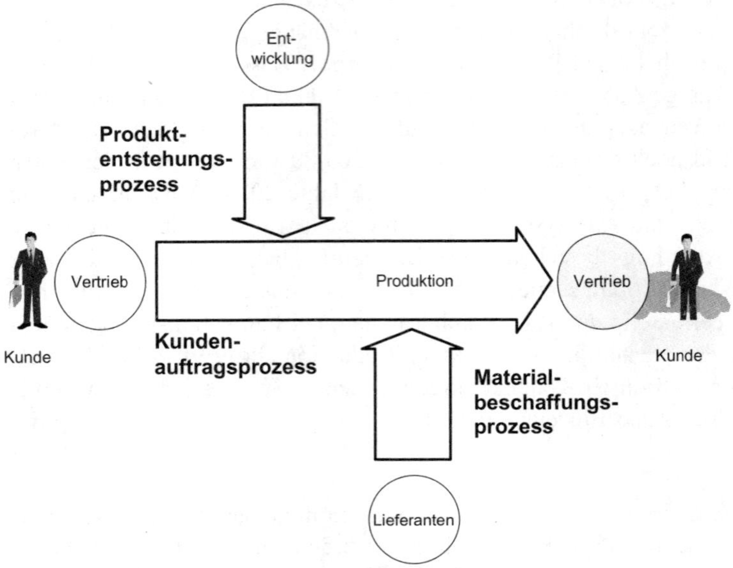

Abb. 19: Prozessorientiertes Business-Modell der Logistik

Ausgehend von diesem ganzheitlichen Business-Modell im Jahre 1995 folgte die logistische Strategie- und Prozessgestaltung einem Stufenplan (vgl. Abbildung 20).

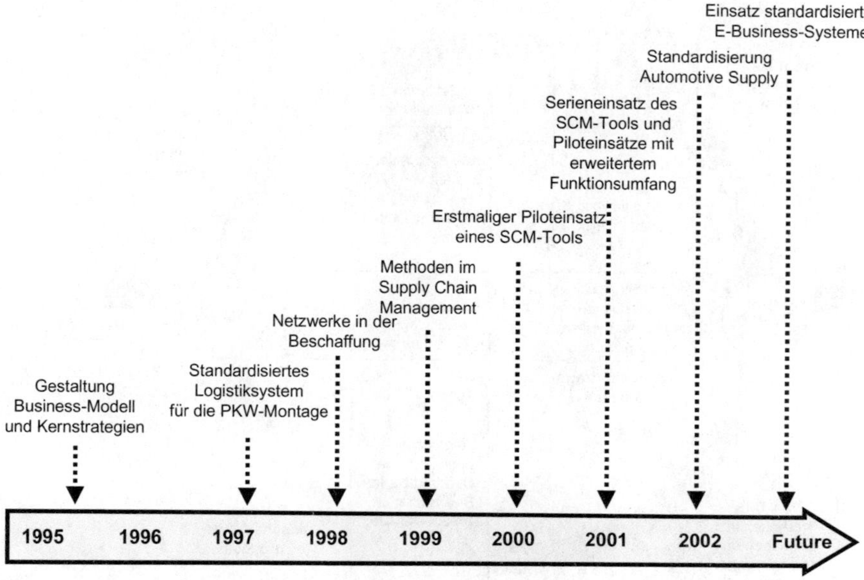

Abb. 20: Stufenplan der logistischen Strategie- und Prozessgestaltung

3.1 Kernstrategien der Logistik

Zunächst galt es, anhand des Business-Modells die logistischen Kernstrategien zu definieren und zuzuordnen. Hierzu wurden 8 Kernstrategien erarbeitet, die einheitlich dem operativen Zieldefinitions- und Zielvereinbarungsprozess zugrundegelegt werden (vgl. Abbildung 21).

3.1.1 Logistikgerechte Produkt- und Prozessgestaltung

Durch die Verringerung der Teile- und Variantenvielfalt sowie eine logistikgerechte Gestaltung von Teilen und Modulen wird der Logistikaufwand bereits in der Produktgestaltungsphase vermieden. Die frühzeitige Beteiligung der Logistik an der Prozessgestaltung sichert die Erschließung von Kostenpotenzialen in allen drei Kernprozessen und führt zu sicheren Abläufen in der Serie.

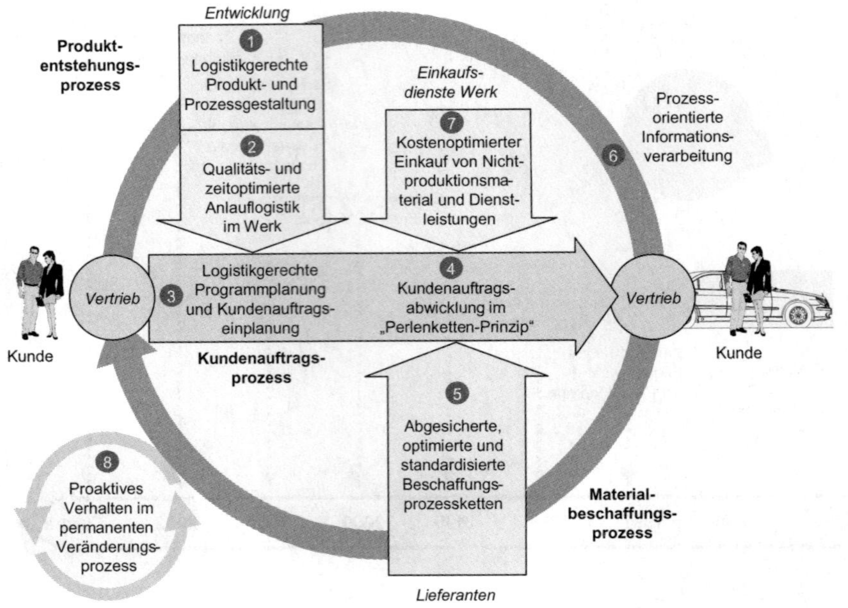

Abb. 21: Die Kernstrategien der Logistik

3.1.2 Qualitäts- und zeitoptimierte Anlauflogistik im Werk

Das zielgerichtete Zusammenspiel von Erzeugnisdokumentation, Einsatzsteuerung, Projektsteuerung, Anlauf- und Lieferantenmanagement sowie Anlaufdisposition in standardisierten Abläufen sichert ein Mercedes-Benz-konformes Development-System. Dieses System garantiert eine schnelle und termingerechte Anlauflogistik in der geforderten Qualität.

3.1.3 Logistikgerechte Programm- und Kundenauftragsplanung

Die konsequente Steigerung der Programmplanungsqualität im Spannungsfeld von Marktbedarfen, Produktionsressourcen sowie Lieferantenkapazitäten gewährleistet eine hohe Prognosegüte in der Teilebedarfsermittlung. Dies ist die Grundlage für die Optimierung aller nachgelagerten Planungs- und Steuerungsprozesse.

3.1.4 Kundenauftragsabwicklung und Fahrzeugsteuerung im „Perlenketten-Prinzip“

Die mit der Kundenauftragseinplanung festgelegte Reihenfolge der inhaltlich und terminlich fixierten Aufträge ist Vorgabe für die Steuerung der Fahrzeuge durch die Center Rohbau, Oberfläche und Montage im "Perlenketten-Prinzip“ und gewährleistet die termingerechte Ablieferung der Fahrzeuge an den Kunden in hoher Qualität.

3.1.5 Standardisierung der Beschaffungsprozessketten

Mit der Standardisierung der Beschaffungsketten wird die Produktionsversorgung unter Berücksichtigung der Fertigungs- und Beschaffungsprozesse beim Lieferanten abgesichert und unter Zeit- und Kostengesichtspunkten optimiert.

3.1.6 Prozessorientierte Informationsverarbeitung

Eine funktionsübergreifende Informationsverarbeitung in den Bereichen Logistikplanung, -steuerung und -controlling unterstützt den gesamten Logistikprozess optimal. Die prozessorientierte Informationsverarbeitung bildet die notwendige Grundlage für die kontinuierliche Steigerung der Logistikleistung in allen drei Kernprozessen.

3.1.7 Kostenoptimierter Einkauf von Nichtproduktionsmaterial und Dienstleistungen

Durch Optimierung der Beschaffungskosten für Nichtproduktionsmaterial und Dienstleistungen wird der Mehrwert durch Verbesserungen in den vier Handlungsfeldern Leistungsspektrum, Prozesse, Methoden/Tools und Struktur erhöht.

3.1.8 Proaktives Verhalten im permanenten Veränderungsprozess der Märkte, des Unternehmens und der Öffentlichkeit

Die frühzeitige Identifikation von Entwicklungstrends im Umfeld der Logistik zeigt Chancen und Risiken für die Weiterentwicklung der Geschäftsprozesse auf. Die hieraus erwachsenden Handlungsbedarfe werden rechtzeitig definiert und rasch umgesetzt. Die Basis für proaktives Verhalten sind dabei motivierte, interdisziplinär denkende Führungskräfte und Mitarbeiter, welche die gemeinsamen Ziele und Herausforderungen kennen und konsequent leben.

3.2 Drei Hauptprozessketten der Automobilproduktion

3.2.1 Produktentstehungsprozess

Integraler Bestandteil des Business-Modells der Logistik ist ein professionelles und konsequentes Anlaufmanagement, mit dem es gelingt, selbst äußerst komplexe Neuanläufe wie den der S-Klasse im Jahr 1998 mit über 40 Innovationen und rund 7.000 Neuteilen schnell und erfolgreich durchzuführen. Hauptbestandteile des Anlaufmanagements und Garanten für steile Anlaufkurven sind

- eine durchgängige Dokumentation der Teile von der Entwicklung bis zur Produktion,
- ein konsequentes Verfolgen von Sachnummer- und Versionsstandänderungen,
- ein „generalstabsmäßiges", bereichsübergreifendes Projektmanagement mit klaren Verantwortlichkeiten,
- eine umfassende Verfolgung der Reifegrade von Produkt und Produktion anhand von Messpunkten („Quality Gates"),
- ein weit im Vorfeld der Produktion beginnendes Lieferantenmanagement mit Lieferantenauditierung und Produktionsabnahmen.

Mit diesen Bausteinen des Anlaufmanagements unterstützt die Logistik maßgeblich das „Time-to-Market"-Ziel des Unternehmens, die Markteinführungszeit um mehr als 30 Prozent zu verkürzen.

3.2.2 Kundenauftragsprozess

Ebenso erfolgreich wie im Produktentstehungsprozess erweist sich die Koordinationsfunktion der Logistik im Kundenauftragsprozess. Dabei geht es darum, den Kundenauftrag schnellstmöglich im Montagewerk zu plazieren und auszuführen. Auch hier gilt es, die Komplexität der Variantenvielfalt zu beherrschen. So ergeben sich z.B. für die C-Klasse 96 baubare Grundvarianten aus einer Auswahl von 9 Motoren, 2 Lenkungen (Rechts- oder Linkslenker), 2 Getriebevarianten (Schalt- oder Automatikgetriebe) und 3 Ländervarianten. Eine wahre „Variantenexplosion" erfolgt dann, wenn der Kunde über die gewählte Grundvariante hinaus aus den frei wählbaren Optionen sein individuelles Fahrzeug zusammenstellt. Dabei hat er die Wahl zwischen 80 Sonderausstattungen, 14 Lackfarben, 5 Innenausstattungsfarben und 3 verschiedenen Sitzbezügen.

Das Spannungsfeld der Logistik liegt nun einerseits zwischen der Erfüllung der Lieferterminzusage an den Kunden und andererseits aus dem Abgleich des gesamten Auftragsbestandes mit den zur Verfügung stehenden Ressourcen im Rahmen eines sogenannten „Constraint-Managements". Ebenso ist die Steuerung der Fahrzeuge durch die Produktion, das Fahrzeug-Tracking und –Monitoring angesichts dieser enormen Komplexität nur durch ein effizientes Order-Management zu erreichen. Im Rahmen von strategischen Projekten wie „Global Ordering" nach dem Prinzip der Platzbuchung und der perlenkettenorientierten Fahrzeugproduktion leistet die Logistik einen aktiven Beitrag zur Erreichung des vordringlichsten Ziels im Kundenauftragsprozess, die „Order-to-Delivery"-Zeit - also die Zeitdauer vom Auftragseingang bis zur Auslieferung des Fahrzeugs an den Kunden - um beispielsweise 40 % zu verkürzen.

3.2.3 Materialbeschaffungsprozess

Die anspruchsvollen Ziele im Produktentstehungs- und Kundenauftragsprozess sind nur zu erreichen, wenn auch die Beschaffungsprozesse konsequent auf die Anforderungen der beiden ersten Hauptprozessketten ausgerichtet sind. Angesichts eines Teilespektrums von rund 20.000 Kaufteilen, die von ca. 1.000 1st-tier Lieferanten beschafft werden, ist das anzustrebende „Null-Fehlteile-Ziel" eine große Herausforderung für die Beschaffungslogistik. Das Management der Beschaffungsprozessketten hat vor diesem Hintergrund in den vergangenen Jahren erheblich an Bedeutung gewonnen und spielt im Business-Modell eines Fahrzeugmontagewerks eine zentrale Rolle. Die hohe Variantenvielfalt und die damit einhergehende große Anzahl von Teilen und Lieferanten in der Beschaffung erfordert differenzierte Beschaffungsstrategien, um die Beschaffungskomplexität in den Beschaffungsprozessketten zu beherrschen.

3.3 Standardisierte einstufige Beschaffungsprozesse

Auf Basis der genannten Anforderungen wurde ein standardisiertes Logistiksystem entwickelt, das nun schrittweise eingeführt wird. Basis dieses Logistiksystems ist die gezielte Zuordnung der Montageteile zum richtigen Belieferungsprozess. Untersuchungen zeigten, dass nur drei Grundprozesse notwendig sind, um allen Teilen eine optimale Belieferungsform zuzuordnen. Diese standardisierten Belieferungsformen bzw. –ketten unterscheiden sich in Just-in-Sequence, Just-in-Time sowie Supplier Managed Inventory.

3.3.1 Just-in-Sequence (JIS)

Diese Beschaffungsprozesskette eignet sich für komplexe, kundenindividuelle Module und Teileumfänge, die aufgrund ihrer hohen Varianz sequenz- und zeitpunktgenau am Einbauort anzuliefern sind. Mit dieser Belieferungsform lassen sich Bestände in der Beschaffungsprozesskette deutlich senken. Die informationstechnologische Steuerung der Kette ist allerdings sehr aufwendig. Gleichzeitig besteht das hohe Risiko eines Produktionsstillstands.

3.3.2 Just-in-Time (JIT)

Die Just-in-Time Belieferungskette ist geeignet für Teile mit geringer Varianz und hohem Volumen, die zeitnah produziert und lagerlos versorgt werden. Aus einem Versandpuffer des Lieferanten heraus werden Trailer sortenrein mit Teilen bestückt, die anschließend zum Kunden transportiert werden und an Andockstellen abgestellt werden. Diese Andockstellen befinden sich direkt an der Hallenwand der Montagegebäude in unmittelbarer Nähe des Verbauortes und ermöglichen die Versorgung der Montage aus dem sogenannten „Warehouse-on-Wheels“ heraus, wodurch sich Transport- und Laufwege erheblich verringern. Zudem ergibt sich eine geringere Kapitalbindung durch niedrige Bestände in der gesamten Prozesskette und ein hoher Materialumschlag bei relativ geringem Steuerungsaufwand. Allerdings ist eine hohe Prozessabsicherung in Produktion und Transport, ähnlich wie bei der Just-in-Sequence-Kette, erforderlich.

3.3.3 Supplier Managed Inventory (SMI)

Bei Teilen, die nur in Losgröße gefertigt werden können oder eine geringe Prognosefähigkeit besitzen, eignet sich die Belieferung in Form der einstufigen Lagerkette nach dem Prinzip des Supplier Managed Inventory. Merkmal dieser Belieferungsform ist, dass zwischen Lieferant und Kunde nur ein einziges Lager besteht, das im Idealfall vom Lieferanten oder von einem Logistik-Dienstleister betrieben wird. Bei produktionsnaher Lage des Lieferantenlagers sind Bedarfsveränderungen weniger versorgungskritisch, da aufgrund der hohen Verfügbarkeit selbst kurzfristige höhere Schwankungen des Bedarfs ausgeglichen werden können. Durch ein relativ einfaches Bestandsmanagement auf Basis von Mindestbeständen ist der Steuerungsaufwand minimiert. Durch die Bestandsverantwortung aus einer Hand hat der Lieferant die Chance, seine Losgrößen zu optimieren und Transportkosten einzusparen. Wesentliche Kosteneinsparungen entstehen entlang der gesamten Prozesskette durch die Vermeidung von Handlingsstufen.

Die derzeitige Zuordnung der Montageteile zu den Belieferungsformen am Beispiel der S-Klasse ist aus Abbildung 22 ersichtlich.

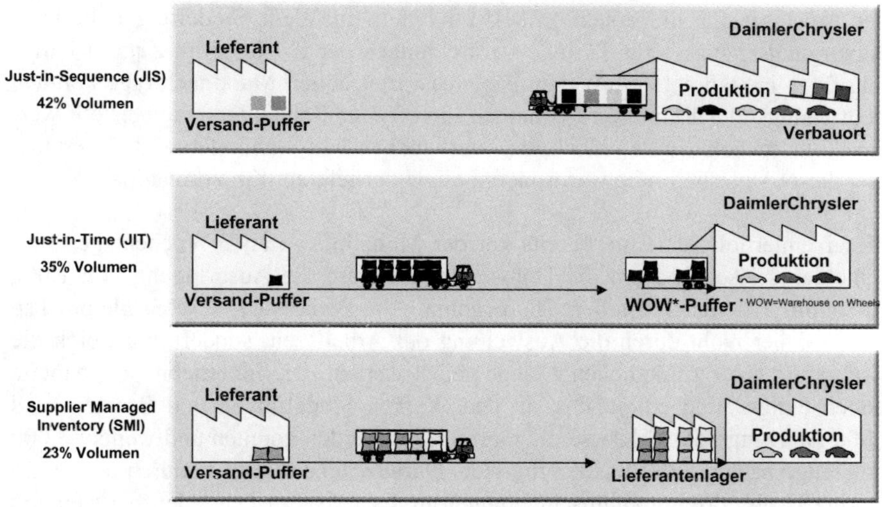

Abb. 22: Volumenmäßige Zuordnung der Teile zu den Standardbelieferungsformen

3.4 Beschaffungsnetzwerke: SCM bei DaimlerChrysler

Die Bedeutung einer übergeordneten prozessorientierten Logistik spiegelt sich im ganzheitlichen Ansatz des Supply Chain Managements (SCM) wider. Reichte es früher aus, die Beschaffungsprozessketten nur bis zum ersten Lieferanten (1st tier) zu betrachten, stellen globalisierter Materialeinkauf und die wachsende Vernetzung von Entwicklung und Produktion zwischen OEM und Lieferant neue Anforderungen an die Logistik als wertbeeinflussende und prozess-sichernde Querschnittsfunktion. Hinzu kommt, dass die Fahrzeughersteller wegen des sich verschärfenden Wettbewerbs auf Nachfrageschwankungen schneller reagieren müssen. Dies ist aber nur dann möglich, wenn Informationen über sich ändernde Bedarfe, Bestände und Kapazitäten synchron zwischen allen Beteiligten in den Beschaffungsnetzwerken ausgetauscht werden. Voraussetzungen für ein solches Supply Chain Management in Beschaffungsnetzwerken sind

- das grundsätzliche Wissen und Verständnis der Verhaltensweisen,
- die durchgängige Dokumentation,
- der gezielte Einsatz von Methoden und Werkzeugen,
- sowie die klare Regelung von Aufgaben, Kompetenzen und Verantwortung.

Den Auslöser für die ersten SCM-Aktivitäten im Werk Sindelfingen bildeten Versorgungsengpässe für Türinnenverkleidungen der C-Klasse im Zuge der Modellpflege im Jahre 1997. Wegen der unerwartet hohen Marktnachfrage konnten nicht genügend Türinnenverkleidungen vom Systemlieferanten bereitgestellt werden. Sehr schnell wurde jedoch klar, dass nicht der Systemlieferant der Verursacher dieser Unterlieferung war, sondern ein Unterlieferant für Vormaterial.

Dieser Unterlieferant hatte bereits vor der Modellpflege an 7 Wochentagen in 3 Schichten - also rund um die Uhr - gearbeitet, um die Ausbringung von 1.000 Teilen pro Tag sicherzustellen. Die Erhöhung des Bedarfs auf 1.500 Teile pro Tag konnte daher nicht durch die Ausweitung der Arbeitszeit, sondern nur durch die Installation einer zusätzlichen Anlage gelöst werden. Die Inbetriebnahme dauerte jedoch einige Wochen, so dass in den Werken Sindelfingen und Bremen rund 2.000 Fahrzeuge der C-Klasse nicht produziert werden konnten und weitere 3.000 Fahrzeuge nachgerüstet werden mussten. Darüber hinaus kam es durch notwendige kurzfristige Programmumschichtungen in der Folge zu Fehlteilen bei weiteren Modellen.

Aus der Erkenntnis, dass die Anwendung ausschließlich reaktiver Methoden in einstufigen Beschaffungsprozessketten nicht mehr ausreicht, um die Versorgungssicherheit der Fahrzeugmontage der Zukunft zu gewährleisten, wurde in unserem Hause das Projekt Supply Chain Management aufgesetzt. Ziel des Projektes ist es, proaktive Logistikmethoden für die Produktion in Beschaffungsnetzwerken von Morgen zu entwickeln. Hierzu wurde am Beispiel der Türinnenverkleidung der E-Klasse untersucht, wie Beschaffungsnetzwerke aussehen und wie sich solche Netzwerke anhand von Parametern beschreiben lassen.

In einer Datenaufnahme, dem sogenannten „Supply Chain Mapping", wurden zunächst die am Netzwerk beteiligten Lieferanten und gleichzeitig pro Lieferant wesentliche Prozessparameter wie Constraints, Kapazitäten, Bestände, Durchlaufzeiten, etc. ermittelt. Überraschend war, dass hinter dem Systemlieferanten rund 100 weitere, in mehreren Unterstufen tief gestaffelte, miteinander vernetzte Unterlieferanten standen (vgl. Abbildung 23).

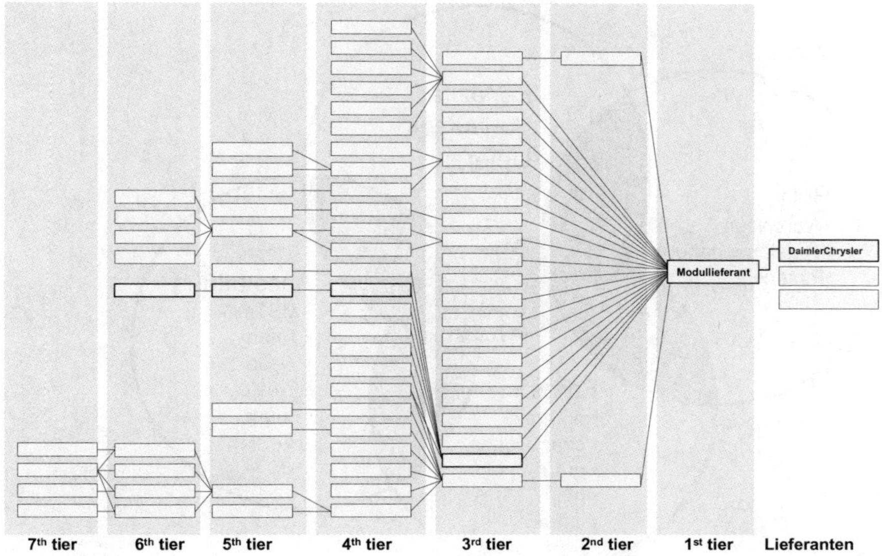

Abb. 23: Netzwerk Türinnenverkleidungen E-Klasse

Mit Hilfe einer Simulation gelang es, das dynamische Verhalten des Netzwerks „Türinnenverkleidung E-Klasse" darzustellen und zu analysieren. So konnten anhand eines Szenarioprozesses beispielsweise die Auswirkungen von Programmveränderungen auf die einzelnen Stationen des Netzwerks untersucht werden und mittels einer Sensitivitätsanalyse kritische Beschaffungsketten identifiziert werden.

Ein Ergebnis der Sensitivitätsanalyse war zum Beispiel, dass nur Lieferanten, bei denen zwei oder mehrere spezifische Merkmale zum Tragen kamen, als kritisch eingestuft werden mussten (vgl. Abbildung 24).

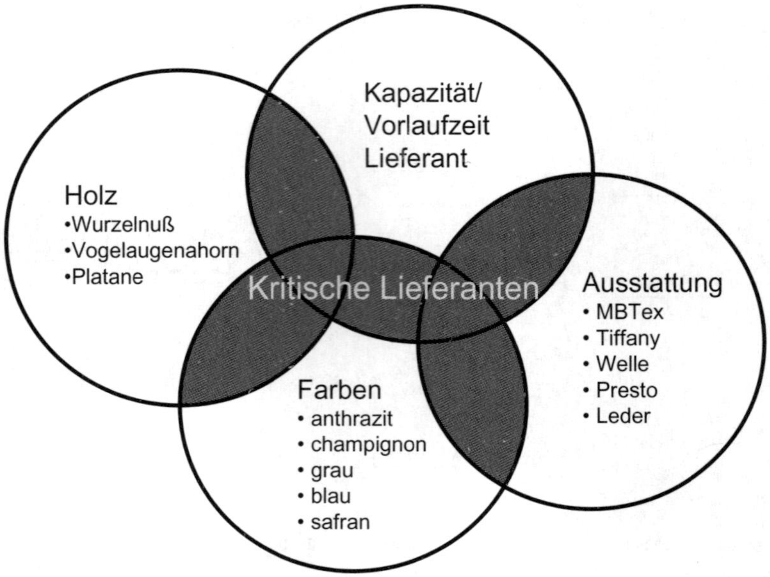

Abb. 24: Merkmalsausprägung für kritische Lieferanten der Türinnenverkleidung E-Klasse

4 Pilotprojekt: Information Control Tool für das globale Supply Chain Management

Als ein solcher „kritischer Ast" stellte sich in der Simulation und Sensitivitätsanalyse die Beschaffungskette für Türmittelfelder aus Leder heraus. Für ein Pilotprojekt wurde deshalb diese Prozesskette in enger Zusammenarbeit mit dem entsprechenden Systemlieferanten herausgegriffen. Die Standorte der Lieferanten am Anfang dieser Beschaffungskette liegen in Südafrika. Die Vorlaufzeit beträgt hier bis zu 60 Tage bezogen auf den Montageeinbau in Sindelfingen.

Mit einem internetbasierten Tool, dem Information Control Tool (IC-Tool), wird seit November 1999 die gesamte Prozesskette vom Kunden bis zum Unterlieferanten in der 6. Stufe transparent gemacht und visualisiert. Jeder Lieferant hat seitdem einen Überblick über die Bruttobedarfe, Bestände und Kapazitäten in der gesamten Beschaffungskette (vgl. Abbildung 25).

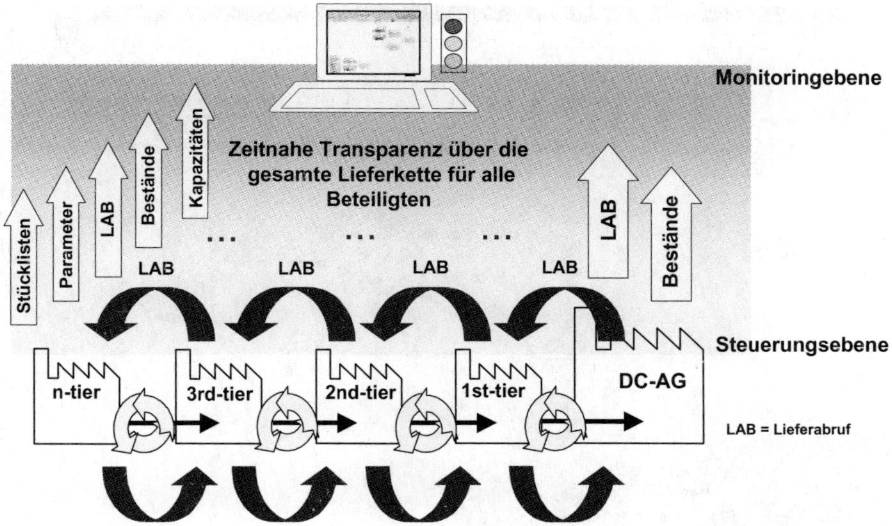

Abb. 25: Prinzipdarstellung des IC-Tool

Die Benutzeroberfläche des IC-Tools ist in Abbildung 26 dargestellt. Mit Hilfe einer „Ampelfunktion" werden sich anbahnende Lieferschwierigkeiten online sofort angezeigt und ermöglichen dem Systemlieferanten in seiner Gesamtverantwortung frühzeitig gemeinsam mit seinen Unterlieferanten Maßnahmen einzuleiten.

Integraler Bestandteil dieses Projektes ist eine ökonomische und ökologische Untersuchung, bei der die wichtigsten Einflussfaktoren und Stellhebel erfasst werden, die in einer prozesskettenübergreifenden Kosten-, Nutzen- und einer Öko-Analyse münden. Ebenso wird ein Beteiligungsmodell entwickelt, so dass alle Lieferanten von den gewonnenen Einsparungen profitieren. Einsparpotenziale in der Größenordnung von über 20 % der gesamten Logistikkosten entlang der gesamten Prozesskette sind in diesem Beispiel erreicht worden. Zudem lässt sich bereits heute abschätzen, dass 5 - 10 % der wichtigsten Beschaffungsprozessketten mit einem solchen SCM-Tool effizient gesteuert und damit erhebliche Potenziale erschlossen werden können.

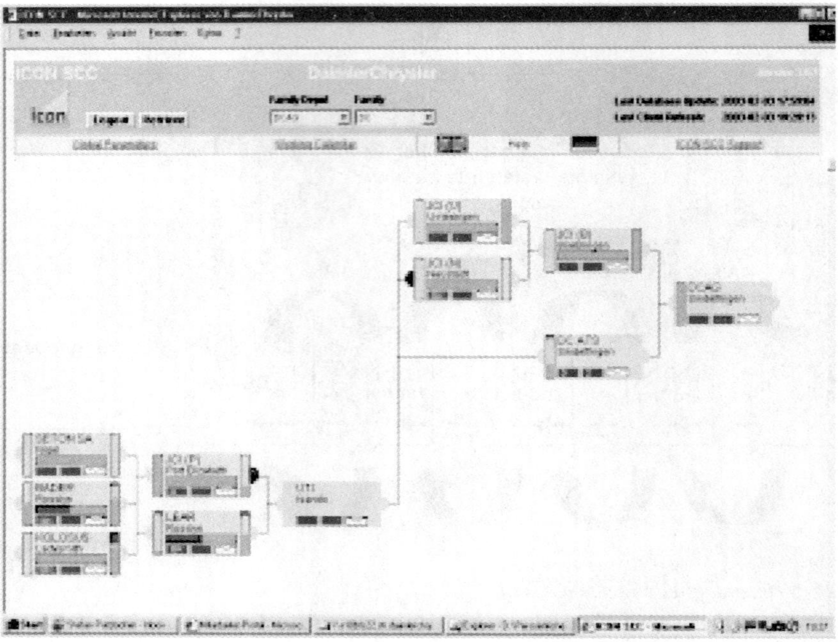

Abb. 26: Benutzeroberfläche des IC-Tool E-Klasse

Wegen des großen Erfolgs der Pilotanwendung in der Praxis wurden weitere Serieneinsätze in kritischen Beschaffungprozessketten gestartet und gleichzeitig die Erweiterung des Funktionsumfangs vorangetrieben. Die Erkenntnisse und praktischen Erfahrungen aus diesen Serieneinsätzen wurden in die Prozessgestaltung des Projektes Automotive Supply eingebracht, das die Plattform der logistischen Prozessoptimierung und -standardisierung in den großen Fahrzeugmontagewerken von Mercedes-Benz bildet. Somit wird gewährleistet, dass zukünftig allen Fahrzeugmontagewerken standardisierte SCM-Tools zur Verfügung stehen.

5 Zusammenfassung und Ausblick

Die beschriebene Pilotanwendung in der Praxis zeigt, dass ein Supply Chain Management als E-Business-System (B2B) über mehrere firmenübergreifende Wertschöpfungsstufen nicht nur eine Vision ist, sondern machbar und erfolgreich gestaltet werden kann. In einem nächsten Schritt wäre es möglich, diese übergreifenden Beschaffungsprozessketten mit einem ebenso internetgestützten Kundenauftragsprozess (B2C) zu koppeln, um so vom Kunden über das Unternehmen bis hin zum Lieferanten und Unterlieferanten eine durchgängige Supply Chain darzustellen.

Die Integration eines umfassenden Anlauf- und Änderungsmanagements sowie eines präventiven Qualitätscontrollings sind weitere Ausbaustufen des Supply Chain Managements, die durch das Internet erstmals flächendeckend und effizient dargestellt werden können.

Vor dem Hintergrund der fortschreitenden Internationalisierung und Globalisierung wird der unternehmensübergreifenden Betrachtung und ganzheitlichen Optimierung von Beschaffungsprozessen in Form des Supply Chain Managements erhebliche Bedeutung zukommen. Zusammen mit den innovativen E-Business-Technologien wird SCM in Zukunft ein wichtiger Erfolgsfaktor für die Sicherung und den Ausbau der Wettbewerbsfähigkeit von Unternehmen der Automobilindustrie unter globalen Marktbedingungen sein. Wegen des externen Wertschöpfungsanteils von rund 70 % ist es erforderlich, dass hierbei die Initiative nicht nur von den Automobilherstellern ausgeht, sondern die Lieferanten diese neue Aufgabenstellung im Sinne der Gestaltungs- und Durchführungskompetenz annehmen.

II.2 Ford: Lean Manufacturing und Supply

Peter Knorst

1 Ford Company: Ein globales Unternehmen

Die Ford Motor Company ist der zweitgrößte Automobilhersteller der Welt. Das Unternehmen erzielte im Jahr 2000 einen Umsatz von mehr als 170 Mrd. US-Dollar und beschäftigte weltweit rund 364.000 Mitarbeiter. Die gesamte Produktion beläuft sich auf jährlich über 7 Millionen Fahrzeuge. Zu den Automobilmarken der Ford Motor Company gehören Aston Martin, Ford, Jaguar, Land Rover, Lincoln, Mercury, Mazda sowie Volvo. Weltweit verfügt Ford über 154 Produktionsstätten wobei sich 36 davon in Europa befinden (vgl. Abbildung 27). Die Zentrale von Ford Europa befindet sich in Köln.

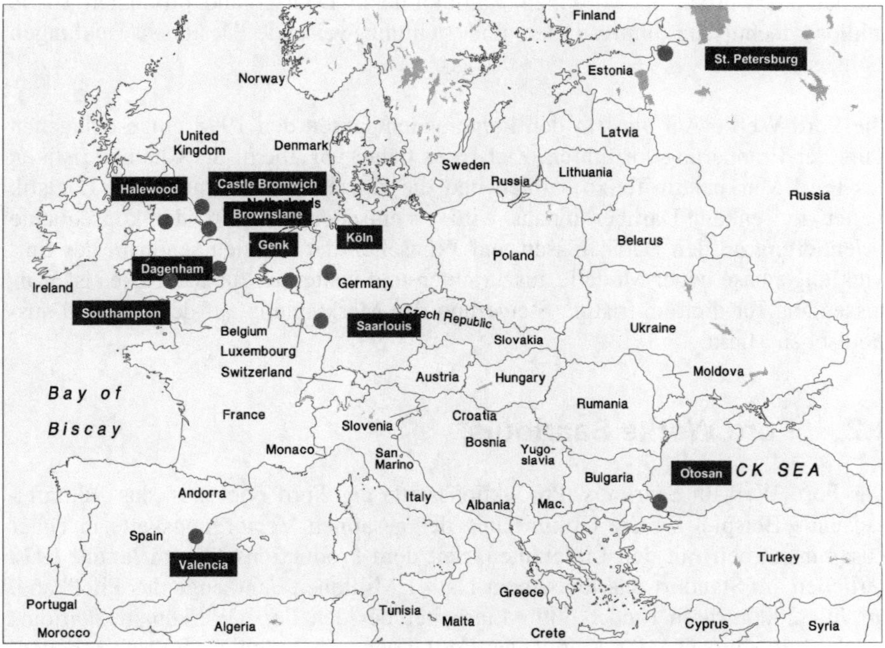

Abb. 27: Fertigungsstätten von Ford in Europa

In Zukunft wird Ford den Kunden praktisch sämtliche Dienstleistungen rund um das Automobil anbieten: Ford Credit ist die zweitgrößte Auto-Finanzierungsgesellschaft der Welt. Der Konzern integrierte den Autovermieter Hertz und seit 1999 auch die britische Servicekette Kwik-Fit (in Deutschland: Pit-Stop). Die Schnellwerkstätten will Ford in den nächsten Jahren zum größten Netz mit rund 5.000 Servicestationen ausbauen, gegenwärtig sind es 1.900.

In den nächsten fünf Jahren wird Ford in Europa 45 neue Fahrzeuge, Modellvarianten und Motoren auf den Markt bringen, im Durchschnitt also neun pro Jahr. So wurden im Jahr 1999 die neuen Modelle Ford Transit, Galaxy und Maverick vorgestellt sowie der komplett neu entwickelte Nachfolger des Ford Mondeo. Das Modell wird im hart umkämpften und extrem wichtigen Mittelklassesegment neue Maßstäbe setzen.

1.1 Ford Werke AG: Charakter stärken, Kosten senken, Kundenorientierung ausbauen

Ford befindet sich weltweit in einer historischen Phase des Wandels und davon ist auch die Ford Werke AG betroffen. Für Ford Deutschland war das Jahr 2000 ein Jubiläumsjahr. Das Unternehmen besteht seit 75 Jahren. In diesem Dreivierteljahrhundert wurden 30 Millionen Automobile in Deutschland produziert sowie zahllose technische Innovationen und richtungsweisende Designentwicklungen realisiert.

Die Ford-Werke AG wird in den kommenden Jahren den 1998 eingeschlagenen Kurs der Erneuerung fortführen. Ziel ist es dabei vor allem, die Charakteristiken des Ford Markenauftritts zu stärken und die Kosten für Fertigung und Logistik weiter zu senken. Darüber hinaus wird es entscheidend sein, die konsequente Orientierung an den Bedürfnissen und Wünschen der Kunden schon in der Entwicklungsphase neuer Modelle auszurichten und weiter auszubauen. Dies ist Voraussetzung für die langfristige Steigerung des Marktanteils auf dem in- und ausländischen Markt.

1.2 Ford Werke Saarlouis

Das Ford Werk in Saarlouis, Produktionsstätte des Ford Focus, ist das zukunftsweisende Beispiel für die Optimierung der gesamten Versorgungskette in enger Zusammenarbeit mit den Lieferanten. Seit dem Produktionsstart im Januar 1970 verließen am Standort Saarlouis mehr als 8,1 Millionen Fahrzeuge das Fließband. Im Juli 2000 waren rund 6.700 Mitarbeiter bei den Ford Werken in Saarlouis beschäftigt, die seit dem Anlauf des Ford Focus im 3-Schicht-Betrieb arbeiten. Das Umsatzvolumen beläuft sich auf ca. 6 Mrd. DM pro Jahr.

Das Werk in Saarlouis besteht aus den Produktionsbereichen Presswerk, Karosserie-Rohbau, Lackiererei, Montagewerk sowie einem Industriepark, in dem die wichtigsten Lieferanten direkt an die Montagelinien von Ford angekoppelt sind. Die Hauptkomponenten für die Herstellung eines Automobils werden im Rahmen eines Produktionsverbundes angeliefert. Aus den Werken in England und Spanien werden die Motoren, aus Frankreich die Getriebe, aus Düren und Wülfrath die Achsen und Lenkungen sowie aus Berlin die Kunststoffteile zugeliefert. Vor allem durch den 1998 offiziell in Betrieb genommenen Industriepark in unmittelbarer Nachbarschaft des Werkes erzielt das Unternehmen erhebliche Produktivitätsfortschritte (vgl. Tabelle 3).

	1996 (Escort)	**1998 (Focus)**	**2000 (Focus)**
• Anzahl der Zulieferer	500	290	200
• Anzahl der Produktionsteile	5.300	3.000	3.000
• Total Bestände in Mio. DM	30	20	17
• Materialbestand an der Linie	2 Tage	1 Tag	2 Std.
• Gesamtbestand in Tagen	2,6	1,9	1,7
• Materialversorgung nach dem Pull Prinzip	---------	10	100
• JIT-Anlieferung	40 %	60 %	65 %
• In-Sequence Anlieferung	5 %	20 %	30 %

Tab. 3: Wichtige Logistikkennzahlen des Werkes Saarlouis

Vom Industriepark aus werden mit Vorlaufzeiten von durchschnittlich 70 Minuten ganze Fahrzeugmodule nicht nur Just-in-Time, sondern auch Just-in-Sequence – also zur rechten Zeit und in exakter Baureihenfolge – ans Fließband geliefert. Insgesamt fertigen in Saarlouis auf einer Fläche von 50.000 m^2 zehn Lieferanten mit rund 1.200 Mitarbeitern komplexe Bauteile und Komponenten für den Focus, die dann per Elektrohängebahn über eine Brücke direkt in die Werkhallen von Ford gelangen. Dieses innovative Logistikkonzept ersetzt pro Tag mehr als 300 Lkw-Fahrten und spart Ford pro Jahr fünf Millionen Kilometer oder 1,5 Millionen Liter Dieseltreibstoff. Zudem gibt es anstelle von zuvor 500 Abholadressen in der Escort-Fertigung nur noch 220. Die Zahl der verwendeten Teile sank von 4.600 beim Escort auf 3.000 beim neuen Ford Focus. Ab dem Start des neuen Mittelklassemodells rollen täglich 1.780 Focus vom Band, d.h. alle 38 Sekunden ist ein neuer Ford Focus fertig. Die tägliche Materialanlieferung beträgt 50 Eisenbahnwaggons und 230 Lkw. Die Fertigungskomplexität beläuft sich auf 3.000 verschiedene Ausstattungsteile, 12 Außenfarben, links-/rechtsgesteuerte Fahrzeuge und 3 Karosserievarianten (3-/5-Türer, Turnier).

Die technische Maximalkapazität des Werkes beträgt beim 3-Türer 572, beim 5-Türer 890 und beim Turnier (Kombi) 850 Fahrzeuge. Unter dem Strich stieg die Effizienz des Werkes Saarlouis um 25 Prozent, womit der saarländische Standort erneut seine führende Position unter den weltweit produktivsten Automobilwerken unterstreicht.

1.3 Trends und Herausforderungen in der Automobilbranche

Der Wettbewerb in der Automobilindustrie ist durch sich rasch und permanent verändernde Marktbedingungen geprägt (vgl. Abbildung 28). Nur derjenige wird eine führende Position erringen und behaupten können, der durch ein Höchstmaß an Produktionsflexibilität neue Fahrzeugmodelle schnell in die Produktion bringen kann, um den Kundenwünschen gerecht zu werden.

Abb. 28: Die globalen Herausforderungen

Im Jahr 1986 waren noch 82 Prozent der Automobile im Mittelklassesegment angesiedelt, dem auch der Ford Focus angehört. Der Marktbereich für diese Mittelklasse wird immer enger. Es werden immer mehr Fahrzeuge in der Luxusklasse und im Kleinwagensegment von den Konsumenten nachgefragt (vgl. Abbildung 29). Ford bietet in der unteren Mittelklasse speziell den Focus und in der oberen Mittelklasse den Mondeo an. Zu den Kleinwagen gehören die Modelle Ford Fiesta und Ford Ka.

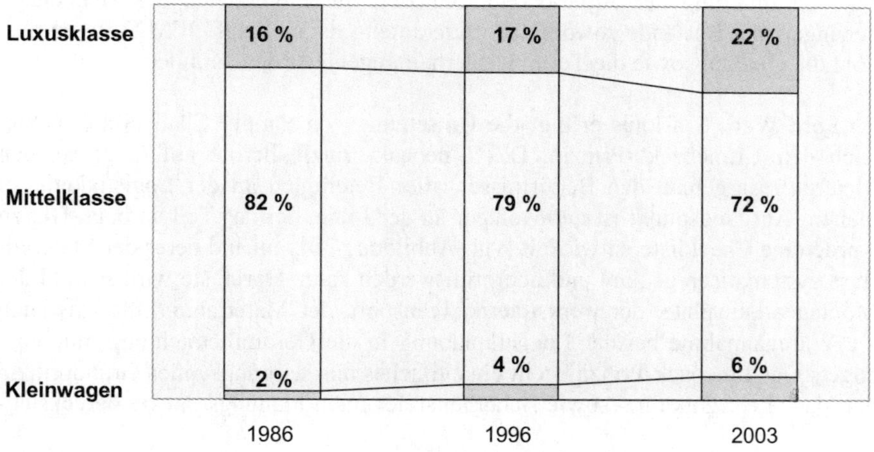

Abb. 29: Trends im Automobilgeschäft

2 Erfolgsfaktor Supply Chain Management

Der drastische Anstieg der Kundenspezifikationen führt zu einer erhöhten Fahrzeugkomplexität, die durch ein geschicktes Variantenmanagement und den Aufbau der Komplexität erst in den letzten Produktionsschritten aufgefangen wird. Der Schlüssel zum Erfolg als Antwort auf die Herausforderung der globalen Wettbewerbssituation in der Automobilindustrie liegt in Saarlouis in einer reibungslos funktionierenden Logistik, die eine flexible Reaktion auf Marktveränderungen, ein agiles Komplexitätsmanagement und kurze Lieferzeiten ermöglicht.

Die Logistik wird zum entscheidenden strategischen Wettbewerbsfaktor. Dabei ist die ganzheitliche, unternehmensübergreifende Betrachtung der Supply Chain einschließlich aller Lieferanten erforderlich. Die verschiedenen Unternehmen in der Supply Chain beschränken sich zunehmend auf ihre Kernkompetenzen: Der Lieferant auf die Produktion der Module und Teile, der Logistik-Dienstleister auf deren Transport und Bereitstellung und der Hersteller auf die Montage und Qualität des Fahrzeugs und dessen Distribution.

Die Strategie von Ford Saarlouis setzt auf Produktion in Partnerschaft mit werksnahen Lieferanten und Dienstleistern. Logistik-Innovationen und die Optimierung unternehmensübergreifender Prozesse wird im Rahmen einer neuen Arbeitsteilung mit externen Partnern zur logistischen Gemeinschaftsaufgabe und Gemeinschaftsleistung. Eine vernetzte Logistik als ganzheitlicher, prozessorientierter Ansatz entsteht und stellt alle Beteiligten vor neue Herauforderungen.

Eine Optimierung der Anlieferkette reduziert die Lieferzeiten des Herstellers, verringert die Bestände sowohl auf Lieferanten- als auch auf OEM-Seite und erhöht die Qualität sowie die Terminsicherheit gegenüber dem Kunden.

Im Ford Werk Saarlouis erfolgt die Umsetzung von Supply Chain Management nach dem „Lineback“-Prinzip. Das Lineback-Prinzip beruht auf der Idee, den Materialfluss gemäß den Bedürfnissen aller Beteiligten an der Logistikkette zu planen. Ausgangspunkt ist der Monteur an der Linie, der das Teil verbaut. Hierzu wurde eine Checkliste entwickelt (vgl. Abbildung 30), anhand derer der Materialfluss systematisch geplant und überprüft werden kann. Durch sie wird sowohl der Montagearbeitsplatz, der werksinterne Transport, der Materialumschlag als auch die Warenannahme bei der Logistikplanung in die Gesamtbetrachtung miteinbezogen. Das Lineback-Prinzip stellt ein einfaches und wirkungsvolles Grundprinzip dar, das alle ergonomie- sowie sicherheitsrelevanten Planungsaspekte berücksichtigt.

Die Aufbauorganisation im Ford Werk Saarlouis ist nach Prozessen strukturiert, wobei die ganzheitliche Betrachtung der Lieferkette für jedes Teil im Vordergrund steht. Die Prozesse beruhen auf KAIZEN, Continuous Improvement und der Waste Elimination mit besonderem Augenmerk auf die wertschöpfenden Anteile.

1. Wie soll das Teil verpackt sein?
2. Wie wird das Teil an der Linie bereitgestellt?
3. Sind dafür neue Regale oder Einrichtungen notwendig?
4. Wie wird das Teil am Verbauort wiederaufgefüllt?
5. Wieviel Sicherheitsbestand wird am Verbauort benötigt?
6. Wieviel Bestand soll maximal am Verbauort gelagert werden?
7. Wie hoch ist die Frequenz der Linienbestückung?

8. Wie soll das Teil an die Linie gebracht werden?
9. Welche Linienbelieferungsmethode soll angewendet werden? Soll das Teil In-Sequence geliefert werden?

10. Wo und wie soll das Teil gelagert werden?
11. Wie sind die min/max Bestände?
12. Wie und wo sollen die Dauerverpackungen gelagert werden?

13. Wo und wie kommt das Teil ins Werk?
14. Wie wird das Teil verladen?
15. Welche Andockstelle ist für dieses Teil zuständig?
16. In welchen Zeitfenster soll das Teil beim Lieferanten abgeholt und im Werk angeliefert werden?
17. Wie oft soll das Teil im Werk angeliefert werden?
18. LKW-Auslastung, Receiving, Vereinnahmungsmethode, Materialauszeichnung?

⇨ **Sind Sicherheits- und Ergonomieprinzipien berücksichtigt?**

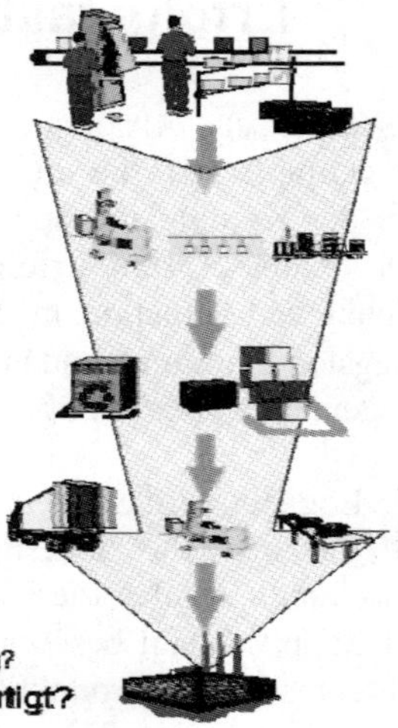

Abb. 30: Planung des Materialflusses nach dem "Lineback"-Prinzip

3 Lean Manufacturing durch internes und externes Supply Chain Re-Engineering

3.1 Ausgangslage

Der Produktionsanlauf des neuen Ford Focus im Jahr 1998 brachte dem Werk Saarlouis die Möglichkeit eines Umbruchs, einer Neuorganisation des gesamten Produktionskonzeptes. Neben den vielen Vorteilen einer 30-jährigen Erfahrung im Automobilbau bringt aber eine "Brown-Field"- gegenüber einer "Green-Field"-Planung auch einige Nachteile mit sich.

Das Lean Manufacturing Prinzip wurde konsequent werksweit umgesetzt. Das optimale Funktionieren einer „Schlanken Fertigung" setzt eine sorgfältige Planung, leistungsfähige Partner und eine Logistik mit innovativer Systematik, hoher Präzision und neuem Verantwortungsbewusstsein voraus. Die Einführung von SCM wurde durch den Europa-Direktor eingeleitet, der das Konzept über das Management bis hin zum Meister an der Linie vorangetrieben hat. Das Werk Saarlouis war schon in der Vergangenheit führend in der Anwendung und Einführung von neuen, modernen Methoden im Bereich der Logistik. Die ersten Just-in-Time-Ansätze realisierte Ford bereits Anfang der 80er-Jahre.

3.2 Die Fähigkeiten der Mitarbeiter im Mittelpunkt

Die gestiegenen Anforderungen hinsichtlich höherer Flexibilität, Sequenzanlieferung, reduzierter Materialbestände und Kostenreduzierung fordern von den Mitarbeitern erhöhte Prozesskompetenz, Verantwortungsbewusstsein sowie soziale Kompetenz. Wir wollen Mitarbeiter, die ihre Arbeitsumgebung eigenverantwortlich gestalten und damit eine "Verbesserungskultur" erzeugen, die nicht eine einmalige Optimierung zum Ziel hat, sondern die Verbesserung als kontinuierlichen Prozess versteht. Der Mitarbeiter soll die Möglichkeit erhalten, sich voll zu entfalten, wodurch eine größere Zufriedenheit des Mitarbeiters selbst erreicht werden soll. Die aktive Umgestaltung und Verbesserung der Arbeitsplätze erfolgt unter dem Fokus auf wertschöpfende Aktivitäten und Vermeidung von Verschwendung. Die Minimierung aller nicht-wertschöpfenden Tätigkeiten bei der Materialbereitstellung bedeutet aus logistischer Sicht die Reduzierung von unnötigen Materialumschlägen, Inventuren und Materialsuche sowie Vermeidung von "Papierkrieg".

Ein wesentliches Element der mitarbeiterzentrierten Prozessgestaltung ist die Gruppenarbeit. Die Gruppenarbeitskonzepte sind an sich nicht neu. Neu im Konzept Saarlouis ist aber die Ausrichtung der Gruppenarbeit auf die Logistik und die Einbeziehung der Industriepark-Partner. Die Mitarbeiter analysieren die Logistikprozesse von der Montagelinie ausgehend nach dem "Lineback"-Prinzip.

Die Logistik versteht sich hierbei als Dienstleister für die Montage als internen Kunden. In direkter Zusammenarbeit werden neue Konzepte erarbeitet. Dabei ist das Ziel nicht die Minimierung der Logistikabläufe an sich, sondern die Optimierung des Gesamtaufwands in der Produktion. Das kann durchaus zu einem Mehraufwand in der Logistik führen, wenn zum Beispiel eine sequenzgenaue Anlieferung seitens der Montage gefordert wird. Die Erweiterung des Prozessverständnisses innerhalb der Gruppenarbeit wird zudem durch eine gezielte Rotation der Logistikmitarbeiter in andere Bereiche gefördert.

Arbeitsprozesse werden durch die ausführenden Mitarbeiter gestaltet. Die Mitarbeiter in der Logistik weisen durch Schulungen ein hohes Kostenverständnis auf und können Kosten durch die Gestaltung ihrer Arbeitsabläufe selbst beeinflussen. Die Meinung der Mitarbeiter an der Linie ist auch bei Entscheidungsprozessen gefragt, welche Investitionen in welche Werkzeuge oder Einrichtungen getätigt werden. Die Ausbildung von Lehrlingen zu Logistikfachkräften und die berufsbegleitenden Qualifikationsmöglichkeiten sind weitere Maßnahmen die dazu führen, dass auch in Zukunft qualifizierte Mitarbeiter dem Werk Saarlouis zur Verfügung stehen.

3.3 Neue Initiativen und Konzepte in der Logistik

3.3.1 In-Line Vehicle Sequencing (ILVS)

Im Ford Werk Saarlouis wird die Baureihenfolge der Fahrzeuge sechs Tage im voraus festgelegt. Das ILVS steuert diesen Ablauf, indem Produktionsfenster von einer Stunde im Karosseriewerk und von zwei Stunden in der Lackiererei festgelegt sind. Anschließend gelangen die lackierten Karossen in eine Stapel- bzw. Sortieranlage, die vor der Montage die Sequenz wieder herstellt. Es wird zur Zeit eine Sequenzgenauigkeit von 98 % erreicht. Dieses System ist die Basis für die sequenzielle Materialanlieferung von internen und externen Lieferanten. Die Vorteile des ILVS sind:

- Optimierung der Linienauslastung
- Verbesserung der Qualität
- Verringerung der Bestände
- Erhöhte Fertigungsdisziplin
- Verbesserung der Lieferanteninformation
- Optimierter In-Plant Materialfluss
- Voraussetzung für die modulare Fertigung und Sequenzierung durch Lieferanten

3.3.2 Daily-Call In (DCI)

Die bisherige Planungsgrundlage war die monatliche Bedarfsschätzung für ein halbes Jahr im voraus, das bedeutet, die Lieferanten haben im Monatsschnitt geliefert. Heute sind alle Lieferanten über ein Client/Server-Netz mit dem Werk Saarlouis verbunden. Der Lieferant erhält mit dem sogenannten Daily-Call-In (DCI) einen zusätzlichen, täglichen Feinabruf mit Vorschau auf den Fahrzeugbauplan für die nächsten 12 Tage. Das DCI sagt dem Lieferant genau, welche Teile er in welchen Mengen zu liefern hat, d.h., der DCI macht die Produktionsschwankungen mit. Dadurch ist auch eine Verringerung der Bestände möglich. Das DCI dient allen Lieferanten, die sich in größerer Entfernung zum Werk befinden, als Produktions- bzw. Versandgrundlage.

3.3.3 Zeitfenster

Die Vermeidung von Spitzenzeiten, die bessere und planmäßigere Auslastung der Warenannahme, „fließendes" Material und die Reduzierung von Lkw-Standzeiten werden durch die Zuordnung von „Lkw-Zeitfenstern" für die Materialanlieferung von internen und externen Lieferanten erreicht.

Heute erfolgen über 95 % der Anlieferungen innerhalb des zugeordneten Zeitfensters. Die Erweiterung der Zeitfenster als Abholzeitfenster beim Lieferanten ist bereits in Bearbeitung, wobei die Koordination und Optimierung Aufgabe des Lead Logistics Partner (LLP) ist.

3.3.4 Lead Logistics Partner (LLP)

Der Lead Logistics Partner der Ford-Werke AG koordiniert die externe Logistik für verschiedene Ford-Standorte. Durch die Bündelung der Anlieferungsströme werden Synergien ausgeschöpft und die Transportplanung optimiert. Der LLP legt den Routenplan fest, nach dem das Material bei den unterschiedlichen Lieferanten abgeholt wird. Zu den Aufgaben des LLP gehören:

- Organisation und Abwicklung der Anlieferung vom Lieferanten ins Werk;
- Erstellung von Routeninformations- und Abholscheinen und das Weiterleiten an den Lieferanten zum Zwecke der Bestellung;
- Optimierung der Lieferrouten (direkte Anlieferung, Ladungskonsolidierung);
- Koordination der Anlieferung mit den Ford Werken, den Speditionen und den Lieferanten erfolgt pro-aktiv beim Abladen;

3.3.5 Ford Produktion System (FPS)

Die Vision des Ford Production Systems ist ein schlankes, flexibles und nach gleichem Muster aufgebautes Produktionssystem, welches durch eine Reihe von Prinzipien und Prozessen definiert ist (vgl. Abbildung 31). Fähige und eigenverantwortliche Mitarbeitergruppen lernen und arbeiten unter dem Aspekt der Arbeitssicherheit zusammen, um Produkte herzustellen und auszuliefern, die hinsichtlich Qualität, Kosten und Lieferzeit die Kundenerwartungen durchwegs übertreffen. Das Ziel des FPS ist der Aufbau einer vorhersagbaren und beständigen kundenorientierten Produktfolge in kürzester Zeit zu den niedrigsten Gesamtkosten und mit höchster Qualität.

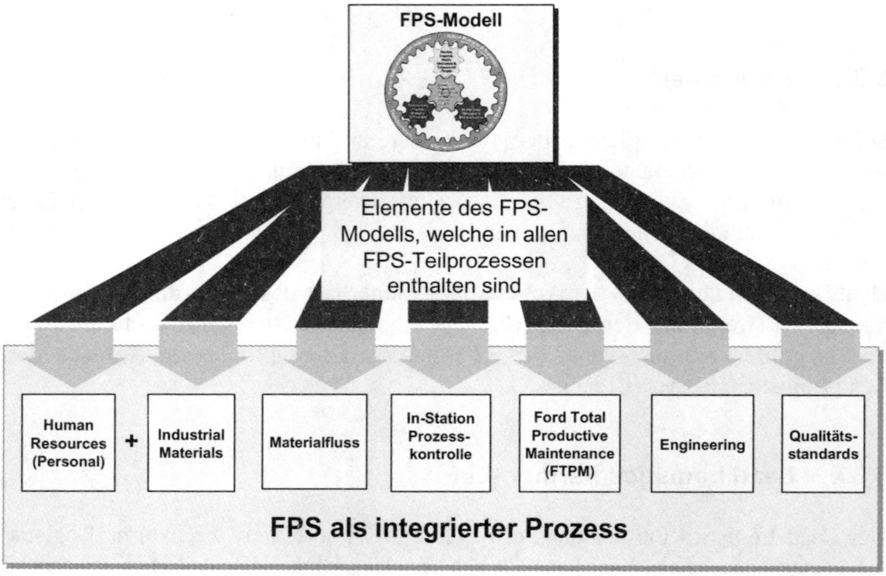

Abb. 31: Elemente des Ford Production Systems

3.4 Partnerschaftliche Kooperation mit Modullieferanten

Neben dem Sensibilisieren der Mitarbeiter, sich mit Neuerungen auseinander zu setzen, steht insbesondere die Bereitschaft im Vordergrund, Verantwortung an externe Partner zu übertragen und sich selbst auf seine eigenen Kernkompetenzen zu konzentrieren. Der klassische Supplier-Park beherbergt Lieferanten, die aus dem Industriepark komplette Module anliefern.

In der Modulstrategie vereinen sich strategische Ziele der Fertigung und der Logistik. Ziel der Fertigung ist es, durch Verschlankung der Fertigungsabläufe („Lean Manufacturing") die eigene Effektivität und Produktivität zu steigern. Ziel der Logistik ist die bestandsoptimierte, möglichst lagerlose Versorgung der Produktion im Sinne der Prinzipien „Just-in-Time" bzw. „Just-in-Sequence" bei gleichzeitiger Reduktion der Logistikkosten und Erhöhung der logistischen Performance. Für die Produktion des Ford Escort wurden alle Teile für den Modulzusammenbau von Ford auf Konsignationsbasis bereitgestellt.

Seit dem Anlauf des Ford Focus setzt die Ford-Werke AG auf das „Full Service Supplier"-Konzept (FSS-Konzept), bei dem die komplette Selbständigkeit und Produktverantwortung eines Systemlieferanten angestrebt wird. Dabei wird die unternehmerische Handlungsfreiheit des Lieferanten gefördert. Der FSS ist sowohl für Engineering und Entwicklung komplexer innovativer Systeme/Module als auch für die komplette Abwicklung der damit verbundenen Material- und Informationsströme verantwortlich.

Zur Zeit werden 6 der 11 Module durch Full Service Lieferanten hergestellt. Mit einem transparenten Produktionsprozess und klaren Schnittstellen ermöglicht das FSS-Konzept die In-Sequence-Produktion nach Standardlieferabruf unter der Berücksichtigung enger Zeitfenster. Prinzipiell wird dieses Konzept von den Zulieferern angestrebt. Zukünftige Entwicklungsstufen beinhalten jedoch unterschiedliche Dienstleistungsfunktionen, die für verschiedene Anwendungen zweckmäßig sind. Da die Umstellung von Konsignations- auf das FSS-Konzept für den Systemlieferanten prinzipiell einen bedeutenden Vorbereitungsaufwand darstellt, wurde die Umstellung schrittweise durchgeführt. Diese Systematik war eine der Grundlagen für die erfolgreiche Umsetzung des Logistikkonzepts.

Eine effiziente Zusammenarbeit von Werk und Lieferant wird neben dem konzeptionellen Ansatz entscheidend von der Koordination vor Ort und der organisatorischen Integration beeinflusst. Da die Industriepark-Lieferanten keine direkten Konkurrenten sind, gibt es eine hohe Kooperationsbereitschaft und einen offenen Erfahrungsaustausch der Systempartner untereinander und mit Ford. Kurze Kommunikationswege werden vielfältig genutzt: Abstimmungen bei den täglichen Qualitätszirkeln und monatlichen Treffen von Industrieparklieferanten sind an der Tagesordnung. Für die Entwicklung langfristiger Strategien ist ein Industriepark-Koordinator im Werk verantwortlich. Die Organisation ist prozessorientiert ausgerichtet.

Die Supply-Chain-Partner koordinieren ihre Aktivitäten entlang der Wertschöpfungsketten und innerhalb der Planungsprozesse. Die Zusammenarbeit findet unter anderem auch in der Logistikplanung oder Produktentwicklung in interdisziplinären Teams unter Beteiligung von Ford und seinen Zulieferern statt. Hierdurch ergibt sich eine organisatorische Vernetzung der Industriepark-Partner.

Durch eine direkte Telekommunikationsverbindung, das sogenannte "Rote Ford Telefon", funktioniert die Kommunikation zwischen Ford-Werk und Modullieferant problemlos. Die Reaktionszeiten bei eventuellen Qualitätsproblemen sind minimal. Der administrative Aufwand wird durch eine unbürokratische und papierlose Rechnungserstellung, die „Pay-On-Production Routine", wesentlich reduziert: Sobald ein fertiges Fahrzeug die Werkshalle verlässt, wird automatisch die Bezahlung der Industriepark-Lieferanten für die gelieferten Module ausgelöst. Um die Prinzipien der schlanken Produktion umzusetzen und gemeinsam Verbesserungspotenziale zu erschließen, werden auch die Weiterbildungsmaßnahmen in Zusammenarbeit mit den Modullieferanten organisiert und durchgeführt. Ein Beispiel ist die Schulung von Methoden einer schlanken Produktion oder die Ausbildung zur Logistikfachkraft, die einerseits im Ford-Werk und andererseits bei den Lieferanten im Industriepark durchgeführt wird. Die Ergebnisse der Umsetzung des Industrieparkmodells sind zusammenfassend:

- Verringerung der Fertigungstiefe im Werk;
- Bessere Qualität durch weniger Transport und Handhabung;
- Volle Kontrolle der Qualität durch Lieferanten;
- Kürzere Durchlaufzeiten;
- Nutzung der Kernkompetenzen der Lieferanten;
- Senkung der Gesamtkosten in der Lieferkette durch die reduzierten innerbetrieblichen Materialbestände, sowie Transport- und Verpackungskosten;
- Entlastung der Umwelt durch reduziertes Transport- und Verpackungsvolumen;
- Kürzere Kommunikationswege zwischen den Zulieferern und Ford;

3.5 Continuous Improvement

Der Erfolg des Logistikkonzepts am Standort Saarlouis wird anhand der Entwicklung der wichtigsten logistischen Kennzahlen deutlich. Dabei werden die Kennzahlen aus der Phase vor der Implementierung der Logistikkonzeption (Ford Escort/1997) jenen nach der Konzeptrealisierung (Modell Ford Focus/Ende 1999/Anfang 2000) gegenübergestellt (vgl. Abbildung 32).

Die Ergebnisse werden auch ständig auditiert. Die Auditierung des Systems läuft über ein formalisiertes Review- und Monitoringsystem ab, bei dem die Überprüfung der Kennzahlen in einer festgelegten Frequenz erfolgt. Danach werden, sofern erforderlich, entsprechende Abstellmaßnahmen eingeleitet.

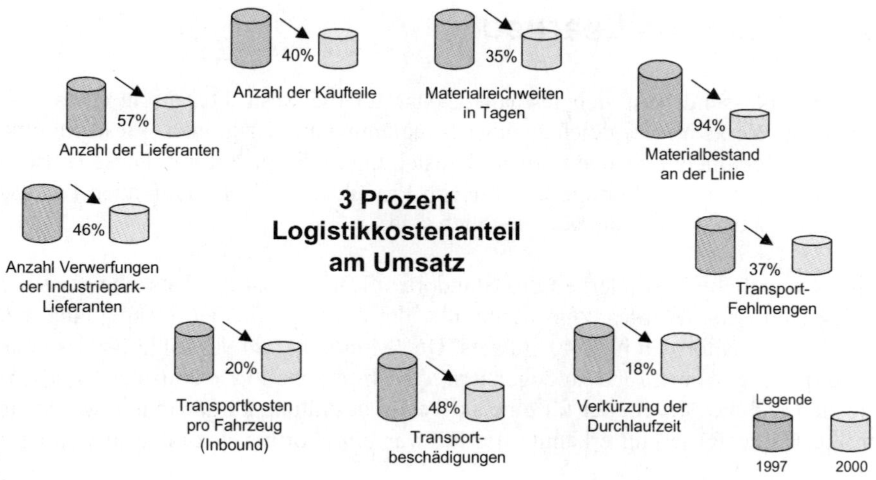

Abb. 32: Entwicklung wichtiger Logistikkennzahlen

4 Zusammenfassung und Ausblick

Das Logistikkonzept am Standort Saarlouis gilt als Musterlösung für den Konzern. Die zur Zeit im Aufbau befindlichen Supplier-Parks in Genk und Köln folgen in Struktur und Aufbau dem Beispiel Saarlouis.

Global gesehen ist die Gesamtlogistikkonzeption des Standortes Saarlouis in das Ford-Production-System eingebunden und gilt als Lean Academy, als Lernstätte für die gesamte, weltweite Ford-Organisation. Gleichwohl werden wir uns mit den erreichten Ergebnissen nicht zufrieden geben und das agile Logistiksystem Saarlouis kontinuierlich weiterentwickeln. Wesentliche Aspekte sind hierbei:

- Weitere Flexibilisierung der Produktion, um das produzierbare Fahrzeugspektrum zu erweitern;
- Durchführung von Maßnahmen, welche die gesamte Supply Chain betreffen, um den Zeitraum vom Eingang des Kundenauftrages bis zur Auslieferung drastisch zu reduzieren;
- Ansiedlung weiterer Lieferanten im Industriepark;
- Anlieferung komplexerer Module aus dem Industriepark;
- Ausbau der Nutzung von E-Business;

5 Lessons Learned

Zusammenfassend lässt sich festhalten, dass für die Restrukturierung eines vorhandenen Werks im Vergleich zu einer Neuplanung auf der grünen Wiese nur eine revolutionäre, nicht eine evolutionäre Umstellung, in Frage kommt. Diese Umstellung kann nur bei Einführung eines neuen Produktes, nicht im laufenden Prozess erfolgen, da die Aufwendungen erheblich sind.

Eine wesentliche Besonderheit des Standortes Saarlouis ist die Tatsache, dass die Belegschaft des Werkes zum Zeitpunkt der konzeptionellen Neuplanung ein Durchschnittsalter von über 40 aufwies. Den Mitarbeiter an der Linie für das neue Konzept zu gewinnen und zu begeistern, d.h., traditionelle Denkmuster zu durchbrechen und die Mitarbeiter für eine aktive Umgestaltung zu gewinnen, wurde als größte Herausforderung erkannt. Hierfür war ein enormer Trainingsaufwand erforderlich.

Die Verbesserung der Logistik erfolgt in Stufen, um eine Überforderung aller Beteiligten zu vermeiden. Der sukzessiven Umsetzung kleiner, stabiler Schritte wird eine höhere Bedeutung beigemessen als der Planung "aufsehenerregender" theoretischer Konzepte, die dann an der Realisierung scheitern. Die Verantwortlichen in der Logistik legen Prozesse fest, beschreiben, standardisieren und stabilisieren diese. Durch die ständige Überprüfung, Verbesserung und Stabilisierung wird eine kontinuierliche Effizienzsteigerung gewährleistet.

II.3 Danzas: Europäische Distributionsnetzwerke

Aribert Gerbode, Dr. Andreas Hunziker

1 Der Logistik-Dienstleister Danzas

Im Zuge der zunehmenden Industrialisierung des „Oberrheins" gründete Louis Ferdinand Danzas im Jahr 1815 das Familienunternehmen Danzas. Vom anfänglichen Familienbetrieb entwickelte sich das Unternehmen zu einem weltweit agierenden Speditions- und Logistik-Konzern, der bis in das Jahr 1999 selbständig blieb. Im März 1999 übernahm die Deutsche Post das Unternehmen mit dem Ziel, ihr eigenes Angebot (Paket, Brief und Bank) mit einem starken, international ausgerichteten Logistik-Dienstleister zu erweitern und zu ergänzen. Die heutige Organisation der Danzas AG mit Sitz in Basel in der Schweiz besteht aus den Geschäftseinheiten EUCA, INCO sowie SOLS, die einen Profit-Center ähnlichen Charakter aufweisen (vgl. Abbildung 33). Das Gesamtbild der Organisation wird durch die Serviceeinheiten Personal-, Finanz- und EDV-Dienstleistungen abgerundet.

Waren Anfang 1999 noch 16.000 Mitarbeiter bei Danzas beschäftigt, erhöhte sich die Anzahl aufgrund zusätzlicher Akquisitionen (Nedlloyd, ASG und Meadowsfreight) auf derzeit rund 43.000.

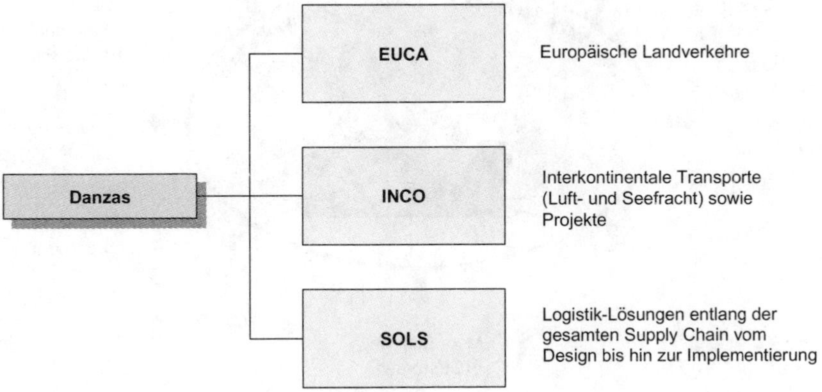

Abb. 33: Geschäftseinheiten der Danzas AG

Danzas ist heute in über 150 Ländern mit mehr als 800 Büros vertreten und bietet dort die gesamte Produktpalette eines modernen Logistik-Dienstleisters an. Das wesentliche Ziel des Konzerns ist ein internationales, integriertes und komplettes Serviceangebot anzubieten, welches aus den Dienstleistungen Paket, Brief, Logistik und Finanzen besteht. Der gesamte Konzern - Deutsche Post - ist auf das sogenannte „One-Stop-Shopping" ausgerichtet, auf welches alle Serviceeinheiten zielgerichtet hinarbeiten. Eine starke, strategisch ausgerichtete Informationstechnologie rundet das Leistungsangebot ab.

Im Jahre 1997 wurde eine neue Geschäftsstrategie für Danzas definiert, die das Ziel der Spezialisierung im Bereich der Logistik verfolgt. Auf Basis von zwei rein transportorientierten Geschäftseinheiten, die für alle Arten des Transports (Straße, Schiene, Land und See) zuständig sind, wurden zwei Logistikeinheiten geschaffen, die Lösungen für die Bereiche industrie- sowie verbrauchernahe Märkte entwickeln und implementieren (INSO = Industry Solutions und CONS = Consumer Solutions). Nach den Akquisitionen von Nedlloyd und ASG im Jahre 1999 wurden diese beiden Unternehmen in die heutige SOLS-Geschäftseinheit zusammengeführt. Ziel war, Synergien auszuschöpfen sowie den einheitlichen Marktauftritt zu verbessern. Der Tätigkeitsbereich dieser Geschäftseinheit betrifft hauptsächlich Aufgaben im Bereich Supply Chain Management und berührt alle Leistungen, die über den „normalen" Transport hinausgehen. Das nachfolgende SCM-Modell (vgl. Abbildung 34) zeigt eine Übersicht der heutigen Dienstleistungsbereiche (mit Ausnahme der grau unterlegten), die durch diese Geschäftseinheit abgedeckt werden.

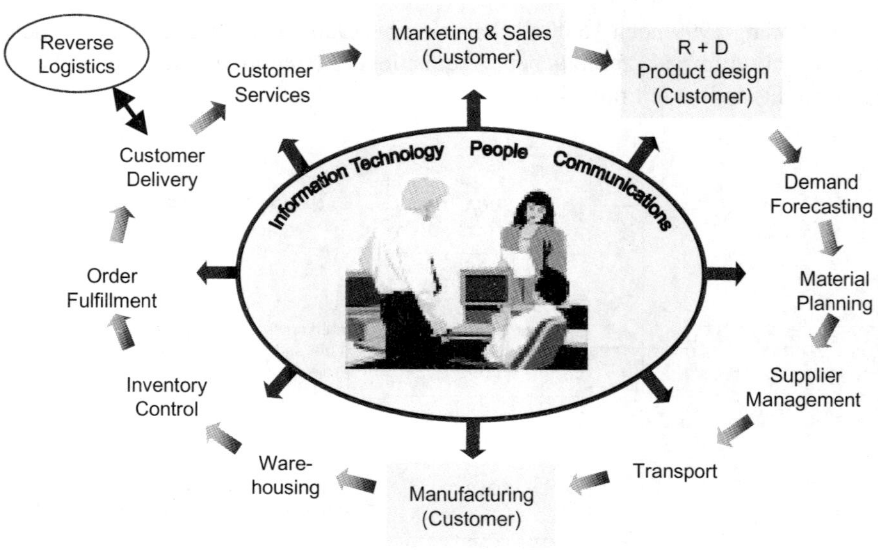

Abb. 34: SCM-Modell bei Danzas

2 Supply Chain Management – Neue Anforderungen an einen Dienstleister

2.1 Heutige und zukünftige Marktsituation

Das traditionelle Leistungsspektrum eines Logistik-Dienstleisters erstreckte sich in der Vergangenheit vorwiegend von der relativ einfachen Organisation eines Transports von Punkt A nach Punkt B bis hin zu einfachen Zusatzdienstleitungen. Zu den Kernleistungen zählten See- und Luftfracht, Sammelgut- bzw. Voll-Ladungsverkehr und Express-Transport, Schienen- und kombinierter Verkehr, Verzollung sowie Lagerhaltung und Lagerverwaltung. Diese Situation hat sich in den letzten Jahren stark verändert.

Die Konzentration auf Kernkompetenzen einerseits und die Notwendigkeit globaler Marktpräsenz andererseits stellen die Unternehmen vor neue Herausforderungen. Die Logistik-Dienstleister gewinnen in dem Maße an Bedeutung, in dem bei Industrie und Handel die Konzentration auf das jeweilige Kerngeschäft zunimmt – der Outsourcing-Anteil von Nicht-Kernfunktionen steigt. Zudem erfordert der Einfluss von neuen Konzepten wie Vendor Managed Inventory (VMI), Customer Managed Inventory (CMI) und Efficient Consumer Response (ECR) ein klares Ausrichten auf unternehmensübergreifende Prozesse und Managementaufgaben. Dies kann nur durch die Optimierung und Kostenreduktion mit Hilfe einer durchgängigen Transparenz des Waren- und des entsprechenden Informationsflusses erreicht werden. Aufgrund der verstärkten Integration der Informationsflüsse und der Arbeitsabläufe muss das Leistungsangebot eines modernen Dienstleisters in Zukunft ausgeweitet werden. Zu den zusätzlichen Diensten gehören:

- Supply Chain Analyse und Beratung;
- Consulting im Bereich der Logistik;
- Bestellauftragsverwaltung und –verfolgung;
- Qualitätsprüfungen;
- Sendungsverfolgung (Tracking and Tracing);
- Lieferantenkontrolle;
- Ver- und Umpacken der Produkte;
- Regalbestückung;
- Transportversicherung und –finanzierung;
- Virtuelles Warehousing;
- Übernahme von Merchandising und Call-Center-Funktionen;
- Finanzdienstleistungen;
- Lagerorganisation, -betrieb und –verwaltung;

Da die Realisierung dieser Zusatzleistungen entsprechende IT- und Kommunikationssysteme erfordert, werden die Anbieter kompletter Logistik-Leistungen in viel stärkerem Maße als bisher zu Anbietern von Logistik-Technologien, zu Informationssammel- und –verteilungsagenturen und damit zu Unternehmen, welche die komplexen Strukturen ihrer Kunden reduzieren bzw. beherrschbar machen.

Diese Neuausrichtung des Angebots erfordert wesentliche Veränderungen hinsichtlich Organisationsstruktur, Ausbildung des Personals (Skill Sets) sowie Optimierung der technischen Infrastruktur (EDV, technische Hilfsmittel wie Barcoding und GPS-Controlled-Movements).

Durch Kooperation, Integration und Synchronisation der Prozesse und Informationen, Workflow-Management und Kontrolle der Key Performance Indikatoren (KPIs) wird bei Danzas ein zielgerichtetes Leistungsangebot erreicht. Die logistischen Zielsetzungen der kommenden Jahre sind Effizienzsteigerung, Kostenreduktion, Verbesserung der Qualität, Soll-Ist-Vergleiche von Service Level Vereinbarungen sowie Erhöhung der Kundenzufriedenheit.

2.2 Organisatorische Veränderungen

Aufgrund der veränderten Marktsituation sowie der gestiegenen Anforderungen an einen modernen Logistik-Dienstleister musste bei Danzas zunächst die Organisationsstruktur neu überdacht werden. Die eindeutig ausgerichteten Geschäftseinheiten wurden dementsprechend mit hochqualifizierten Spezialisten (Logistiker, Spediteure und EDV-Fachleute) ergänzt.

Als wesentlicher Erfolgsfaktor erweist sich dabei das sogenannte Key Account Management, unter dessen Leitung aus dem gesamten Konzern heterogene Teams mit unterschiedlichen Kompetenzen (SCM, EDV, Transport, Lager, Zoll, u.a.) zusammengeführt werden, die spezifische Kundenlösungen erarbeiten und umsetzen. Unterstützung erhalten diese Teams aus dem Netz der dezentralen und kundennahen Kompetenzzentren sowie der lokalen operationellen Einheiten. Je nach Kundenanforderung werden die Projektteams dynamisch gebildet und den Aufgaben entsprechend eingesetzt.

Eine wichtige Rolle spielt bei der Zusammenarbeit zwischen Kunde und Lieferant (Dienstleister) die Kommunikation, die auf allen Ebenen entwickelt werden muss. Eine reibungslose Kommunikation garantiert optimale Kundennähe, hilft Wege kurz zu halten (mehr Aktion als Reaktion), vermeidet unnötige Administration und stellt sicher, dass die Kundenzufriedenheit erhöht wird.

2.3 Stellung der Informationstechnologie

Fachwissen, persönliche Kontakte, Beziehungen und logistische Komplettlösungen aus einer Hand („One-Stop-Shopping") sind längst nicht mehr genug. Der Markt erwartet heute auch die informationstechnische Anbindung und Lösungen, die eine Integration aller beteiligten Parteien (z. B. Kunde, Behörden und Banken) ermöglichen. Es gilt, Waren-, Informations- und Finanzflüsse zu integrieren und transparent zu verbinden. Entscheidend in diesem Zusammenhang ist die Bereitstellung einer Informationslogistik, welche die Information als Basis für die Entscheidungsfindung zum richtigen Zeitpunkt an den entsprechenden Ort transportiert. Der gegenseitige Datenaustausch für bestimmte Geschäftsvorfälle sowie die Abbildung bestimmter Geschäftsprozesse und deren Verarbeitungsregeln in den Applikationen sind wichtige Voraussetzungen, um qualitativ gute und schnelle Logistik-Dienstleistungen erbringen zu können.

2.4 Anforderungen an das Applikations-Portfolio des Logistikdienstleisters

Abbildung 35 zeigt das ideale Applikations-Portfolio eines Logistik-Dienstleisters. Im weiteren werden die einzelnen Applikationen kurz erläutert und auf die wesentlichen Punkte eingegangen.

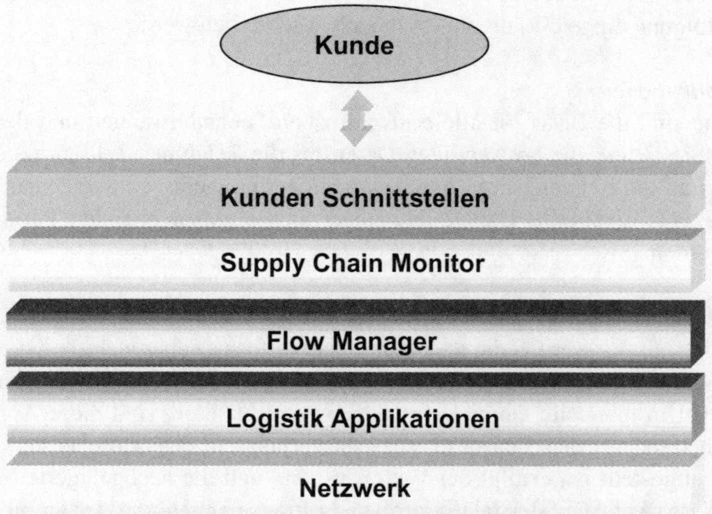

Abb. 35: Applikations-Portfolio eines Logistikdienstleisters

2.4.1 Netzwerk

Das Netzwerk ist das „Rückgrat" der Informationsverarbeitung, insbesondere für einen Logistik-Dienstleister, der weltweit agieren will. Die wesentlichen Anforderungen, die an das Netzwerk gestellt werden, sind:

- Weltweite Verfügbarkeit
- Verlässlichkeit
- Hoher Datendurchsatz (Bandbreite)
- Unterstützung internationaler Protokoll-Standards und Techniken (z. B. TCP/IP über Frame Relay oder ATM)
- Hohe Flexibilität bezüglich Leistung, Verbreitung und Erweiterbarkeit auf neue Technologien
- Wartungsfreundlichkeit und niedrige Kosten

Auf weltweiter Ebene gibt es zur Zeit nicht viele Telekomanbieter, welche die oben gestellten Anforderungen erfüllen. Eine sorgfältige Evaluation der Anbieter (z. B. AT&T, Sprint, Global One, etc.) ist für den Aufbau einer weltweiten Interconnectivity deshalb notwendig.

2.4.2 Logistikapplikationen

Logistikapplikationen werden in Transportapplikationen, Lagerverwaltung sowie Sendungsverfolgung eingeteilt, die im folgenden beschrieben werden.

Transportapplikationen
Diese Systeme sind die Basis für alle transportnahen Dienstleistungen und deren Abrechnung. Sie liefern die notwendigen Daten für die Sendungsverfolgung, das Management und die Leistungskontrolle sowie auch alle wichtigen Kundendaten, die mit Hilfe von Electronic Data Interchange an die entsprechenden Parteien übermittelt werden.

Lagerverwaltung
In der Lagerverwaltung werden die angekommenen Informationen verarbeitet und die notwendigen Arbeitsaufträge (Kommissionierung, Verpackung, Verladung, etc.) generiert. Um manuelle Doppelerfassungen zu reduzieren, sind diese Applikationen auch stark mit den Transportsystemen verbunden. Wenn die Ware verpackt und bereitgestellt ist, erfolgt der Warenausgang und die nachgelagerte Verteilung der Ware. Aufgrund der relativ großen Auftragsmengen und der geforderten zeitlich schnellen Reaktion, sind die Lagerverwaltungsapplikationen häufig sehr eng an die Systemumgebung des Kunden angebunden.

Sendungsverfolgung

Die Sendungsverfolgung dient der lückenlosen, zeitlichen und örtlichen Verfolgung des Warenstroms vom Ursprungsort (z. B. Lieferant) bis zum Empfänger. Mit Hilfe dieser Überwachung des Warenflusses haben sowohl Dienstleister als auch Kunde die Möglichkeit, in Ausnahmesituationen entsprechend zu reagieren, notwendige Entscheidungen zu treffen und Aktionen einzuleiten, um das Problem möglichst rasch zu beheben. Im Wesentlichen werden Informationen auf Sendungsebene verarbeitet und ausgetauscht. Aufgrund der unterschiedlichen Planungsdaten, die für den Logistikkunden relevant sind, geht der Trend klar in Richtung eines Austausches von detaillierteren Informationen wie Paket- und/oder Artikeldaten. Dies erfordert eine Anpassung seitens des Dienstleisters in Bezug auf operationelle Vorgänge sowie eine stärkere Integration der Logistikapplikationen und der Enterprise Resource Planning Systeme (ERP-Systeme) der Kunden.

Wesentliche Voraussetzungen für den reibungslosen Ablauf der Geschäftsprozesse sind die Synchronisation von Prozessen, Daten und Regeln sowie ein klar definiertes Handlungsprozedere im Falle von Ausnahme- bzw. Problemsituationen („Exception Handling"). In Abbildung 36 ist das Beispiel einer Systemkopplung dargestellt.

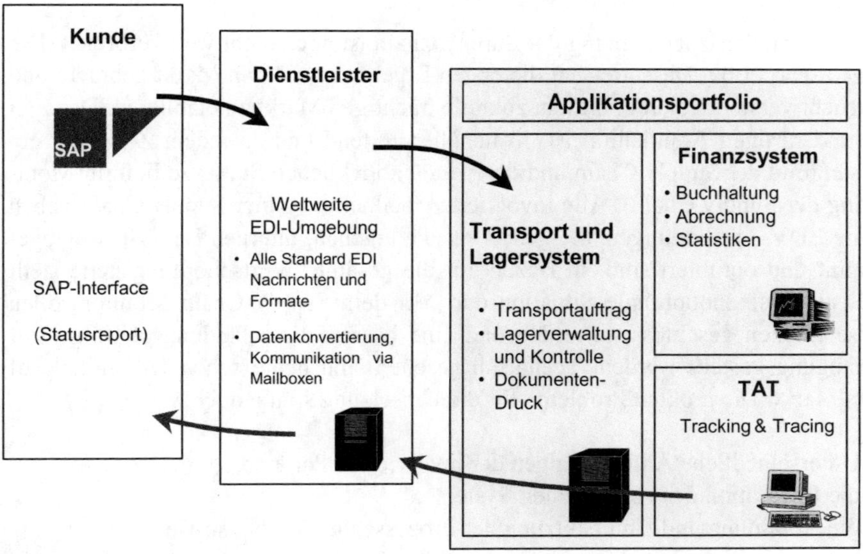

Abb. 36: Beispiel einer Systemkopplung zwischen Kunde und Dienstleister

2.4.3 Flow Manager

Um den unterschiedlichen Kundenanforderungen seitens der Logistik Rechnung zu tragen, werden üblicherweise Betriebsabläufe in Manuals beschrieben. Sie beinhalten die Arbeitsschritte sowie deren Regeln und Aktionen, die für den betreffenden Kunden erbracht werden müssen. Angesichts der Vielfältigkeit der Prozesse und der Anzahl der Kunden ist dies eine mühsame Angelegenheit, die eine Menge Risiken hinsichtlich der Servicequalität in sich birgt.

Aus diesem Grund wird verstärkt nach EDV-Lösungen (Flowmanager) gesucht, die diese Abläufe unterstützen und den Benutzer der Systeme pro-aktiv durch die Prozesse führt. Anhand eindeutig definierter und erfasster Parameter werden die einzelnen Arbeitsschritte überwacht. Ein weiterer wichtiger Bestandteil des Systems ist die Ergebniskontrolle, welche die Soll- und Ist-Werte miteinander vergleicht. Mit diesen Managementinformationen kann der Qualitätsstandard gezielt überprüft und korrigiert werden. Diese Informationen sind der wesentliche Bestandteil des Value Based Managements, das in Großfirmen immer mehr zum Einsatz kommt.

2.4.4 Supply Chain Monitor

Diese Form der Überwachung der Supply Chain ist noch nicht weit verbreitet. Die kanadische Firma Descartes hat die ersten Ergebnisse auf den Markt gebracht und versucht verstärkt, sich in diesem zukunftsträchtigen Markt zu etablieren. Das Ziel einer derartigen Applikation ist, firmenübergreifend und zu jedem Zeitpunkt ein Gesamtbild der Supply Chain und deren augenblicklichen Status zu liefern (Monitoring der Supply Chain). Alle involvierten Teilnehmer einer Supply Chain haben heute EDV-Anwendungen, die genau auf die eigenen, internen Bedürfnisse abgestimmt und optimiert sind. In Bezug auf die gesamte Wertschöpfungskette stellt dies nur eine suboptimale Situation dar. Mit dem Supply Chain Monitor sollen diese Lücken geschlossen werden und eine bessere Entscheidungsplattform zur Verfügung gestellt werden. Technisch gesehen sind heute schon Hilfsmittel auf dem Markt. Die größten Probleme für die Umsetzung sind jedoch:

- Unterschiedliche Anforderungen der involvierten Parteien,
- die Integration der vorhandenen Systeme,
- die Abbildung und Unterstützung der Prozesse und Regeln sowie
- unterschiedliche Datenformate und Strukturen.

Im Hinblick auf die zukünftige Marktentwicklung, die durch eine weitere Auslagerung kernfremder Leistungen (Outsourcing) gekennzeichnet ist, wird eine solche Applikation viele Vorteile bezüglich Synergieeffekte und Effizienzsteigerung bringen.

2.4.5 Kundenschnittstellen

Electronic Data Interchange wurde Anfang der 80er-Jahre als neues Medium der Kommunikation zwischen Geschäftspartnern vorgestellt, sukzessive eingeführt und im Markt verbreitet. Bei Großkunden ist dies heute die eingesetzte Technologie, um Daten auf unterschiedlichsten Ebenen auszutauschen. Für international tätige Unternehmen im Bereich der Logistik ist EDI ein absolutes Muss. Der Markt verlangt hier eine hohe Bandbreite an technischen Möglichkeiten, um eine elektronische Anbindung zu erstellen. Abbildung 37 zeigt das Drei-Ebenen-Konzept einer weltweiten EDI Umgebung.

In kleinen und mittleren Unternehmen (KMU) werden heute größtenteils noch manuelle Schnittstellen (Fax, Brief oder Telex) zur Datenkommunikation eingesetzt. Der Grund für den geringen Einsatz von EDI liegt hautpsächlich in der Komplexität der notwendigen Infrastruktur und in der Scheu vor hohen Investitionen. Folgende Vorteile ergeben sich durch eine EDI-Infrastruktur:

- Produktivitätssteigerung durch den Wegfall von Doppelerfassungen
- Bessere Entscheidungsgrundlage durch die dadurch erst mögliche Informationslogistik
- Schnellere und flexiblere Reaktionsfähigkeit
- EDI ist die Voraussetzung für eine „Value Chain Integration"

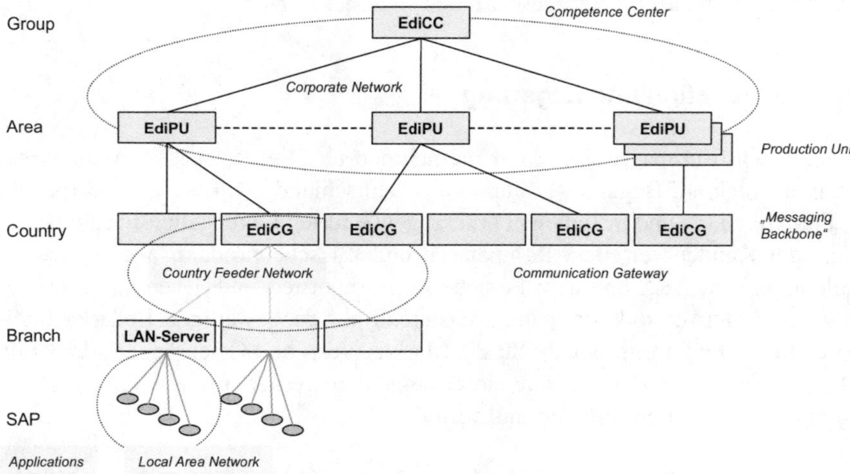

Abb. 37: Das Drei-Ebenen-Konzept einer EDI Umgebung

3 Aufbau eines effizienten, europäischen Distributionsnetzwerkes

3.1 Ausgangssituation

Im folgenden Projekt wurde die Supply Chain einer europäischen Tochtergesellschaft eines amerikanischen Konzerns untersucht, welcher zu den größten Lieferanten von diversen Komponenten für die Automobilindustrie zählt. Mit folgenden Vorgaben durch den Kunden wurde Danzas beauftragt, die bestehende Supply Chain zu analysieren, Lösungsvorschläge zu erarbeiten und schließlich umzusetzen:

- Kleine Gewinnmargen im Automobilsektor fordern Kostenreduktionen in allen Bereichen der Supply Chain
- Reduktion der Lagerbestände
- Standardisierung und Integration der Prozesse mit entsprechender informationstechnischer Unterstützung
- Konsolidierung der heutigen Supply Chain
- Verstärktes Wachstum in Osteuropa
- Wachsende Globalisierung der Produktion beeinflusst die lokale Produktion in Europa und deren Warenfluss
- Konzentration auf das Kerngeschäft des Unternehmens

3.1.1 Produktion und Lagerung

Innerhalb von Europa verfügt das Unternehmen über insgesamt 12 Produktionsstätten, die sich auf England (2 Standorte), Deutschland (2), Belgien (2), Spanien (2), Frankreich (3) und in Italien (1) mit angegliederten Lagerstätten für die Belieferung der Kunden verteilen. Rohmaterial und Zwischenprodukte werden hauptsächlich aus den USA und dem Fernen Osten importiert und dezentral an die jeweils definierten Produktionsstätten, basierend auf der jeweiligen Bedarfssituation, geliefert. Die Fertigprodukte für die Märkte West- und Osteuropa, Südamerika und spezielle, international agierende Großkunden werden aus den 12 genannten Lagerstandorten kommissioniert und verteilt.

Die Steuerung der Produktionseinheiten erfolgt im Wesentlichen am europäischen Hauptsitz der Firma. Dort werden die Masterpläne erstellt (MRP) und auf die einzelnen Produktionsstätten verteilt. Diese führen wiederum die Feinplanung für den lokalen Bereich durch und treffen die notwendigen Aktionen und Entscheidungen.

3.1.2 Warenfluss

Innerhalb der heutigen Lieferkette gibt es unkoordinierte, suboptimale Warenbewegungen zwischen Produktion, Lagerstätten und Kunden (vgl. Abbildung 38). Die Transporte werden von ungefähr 140 Dienstleistern europaweit durchgeführt. Alleine die Optimierung dieser Situation birgt immense Kosteneinsparungen, die auch klar als Zielsetzung für das Projekt formuliert wurden.

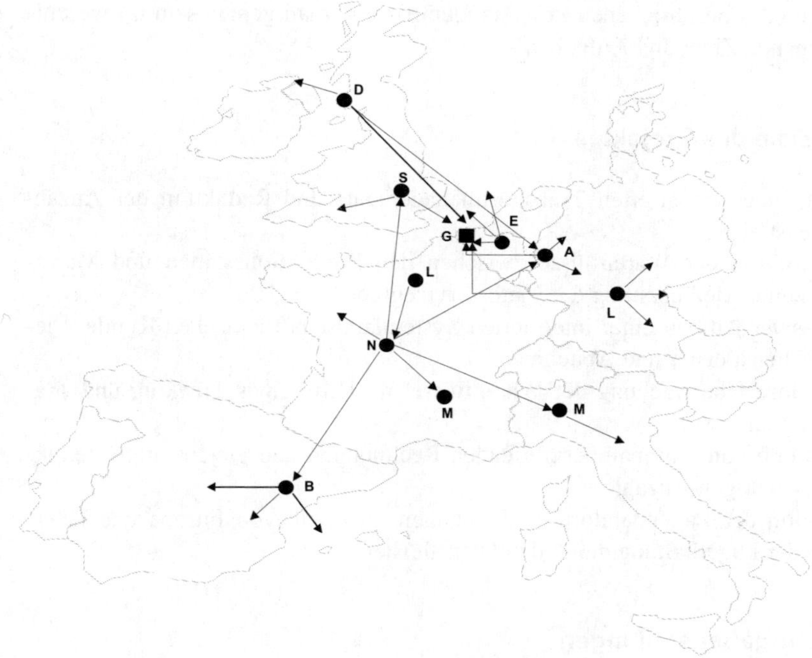

Abb. 38: Unkoordinierte, suboptimale Warenbewegungen

3.1.3 Informationstechnologie und Verarbeitungsprozesse

Aus informationstechnischer Sicht sind die Produktionsstätten mit dem MRP-System „BPCS“ auf der Plattform „AS400“ ausgerüstet. Diese Software wird zur Produktionsplanung, Lager- und Auftragsverwaltung sowie für den Finanzbereich eingesetzt. Die dezentralen Systeme sind über ein spezielles Datennetz verbunden und tauschen über regelmäßige Batchjobs die Informationen aus. Die jeweiligen lokalen Lagerbestände, Produktionspläne und Bedarfsmengen werden in der Zentrale zusammengeführt (Masterplan) und für die weitere Planung verwendet.

Externe Kunden und Lieferanten sind teilweise über EDI angebunden. Mit Hilfe von EDIFACT-Nachrichten werden Auftrags- und Rechnungsdaten ausgetauscht. Der EDI-Teil (Nachrichtenverwaltung, Entwicklung und Konvertierung) wird durch den Servicelieferanten EDS ausgeführt und abgedeckt.

3.2 Ziele und Aufgaben

Im Rahmen des beschriebenen Projekts identifizierte man gemeinsam im wesentlichen folgende Ziele und Aufgaben.

3.2.1 Ziele des Projektes

- Aufbau eines integrierten Transportmanagements und Reduktion der Anzahl der Dienstleister
- Neudefinition der Warenflüsse zwischen den Produktionsstätten und Marktplätzen unter Beibehaltung der Lieferservicegrade
- Sukzessiver Aufbau einer integrierten Systemlandschaft zwischen Kunde, Lieferant, Dienstleister und Abnehmer
- Lückenlose Überwachung der Warenflüsse mit Hilfe eines Tracking und Tracing Systems
- Einführung von regionalübergreifenden Rechnungen und gleichzeitige Reduktion der heutigen Anzahl
- Reduktion der Lagerstandorte und -mengen innerhalb von Europa und Übernahme der Lagerhaltung durch den Dienstleister

3.2.2 Aufgabenstellungen

- Analyse der heutigen Supply Chain bezüglich ihrer Dimension und Leistungs-Charakteristik
- Ausarbeitung von Lösungskonzepten für die Lagerung und der Transporte
- Definition und Umsetzung der neuen Prozesse
- Definition und Einführung eindeutiger Leistungsmessverfahren und Key Performance Indikatoren (KPI's) für die Serviceerbringung
- Aufbau einer lückenlosen Sendungsverfolgung vom Abgangs- zum Lieferort
- Integration der vorhandenen EDV-Systeme
- Einsatz eines neuen Lagerverwaltungssystems zur kompletten automatischen Abwicklung und Kontrolle des Lagers

3.3 Lösungsvorschläge

Die folgenden Szenarien ergaben sich aus den Ergebnissen der Ist-Analyse und dem Abwägen der möglicherweise erreichbaren Effizienzsteigerung und Optimierung der Abläufe (vgl. Tabelle 4).

Analysierter Fall	**Beschreibung**
Standard	▪ Keine Änderung der Supply Chain und deren Abläufe ▪ Transport durch einen einzigen integrierten Anbieter in Europa durchgeführt. ▪ 48-Stunden Europaservices
Danzas Lösung 1	▪ Gent wird als „Fast & Slow" Lager für Europa betrieben – weite Lieferungen ▪ Coventry und Lyon operieren als „fast-moving-product" Lagerstandorte für ihre spezifischen Märkte ▪ 48-Stunden Europaservices
Danzas Lösung 2	▪ Gent läuft als kombiniertes „fast-moving-product" Lager für Nordeuropa ▪ Der neue Betrieb in Lyon bedient Südeuropa mit fast-moving Produkten ▪ 48-Stunden Services für normale Lieferungen und 24-Stunden für Express-Lieferungen
Danzas Lösung 3	▪ Ein einziges Lager für alle Produkte in Brüssel/Belgien, das alle europäischen Märkte bedient ▪ 48-Stunden Services für normale Lieferungen und 24-Stunden für Express-Lieferungen

Tab. 4: Lösungsvorschläge aufgrund der Ist-Analyse

Aufgrund der heutigen Kundenanforderungen bezüglich Ressourcen, Organisation und Prozessen sowie den erarbeiteten Ergebnissen entschied man sich für das „Lösungsszenario 1".

Voraussetzungen für die erfolgreiche Umsetzung war der Aufbau von 3 Produktions- und Distributionslagerstandorten für den gesamten europäischen Markt, die Zuordnung und Aufteilung der Produkte entsprechend ihrer zeitlichen und mengenabhängigen logistischen Charakteristika auf die jeweiligen Lagerstandorte, die Neudefinition der Abläufe und Verantwortungen sowie die Integration der Warenbewegungen in ein bestehendes Netzwerk des Logistik-Dienstleisters.

Diese Lösung entsprach am besten den vorgegebenen Aufgabenstellungen durch den Kunden und wurde als die am schnellsten umsetzbare Variante beurteilt. Nach erfolgreicher Realisierung dieses Lösungsszenarios werden die anderen von Danzas vorgeschlagenen Lösungen nochmals überdacht um weitere Optimierungspotenziale zu überprüfen.

3.4 Die neue Supply Chain

Abbildung 39 zeigt die gewünschte Verteilung der Produkte und der Warenströme des Kunden. Beim Erstellen des Lösungsszenarios wurde darauf geachtet, dass die bestmögliche Nutzung der vorhandenen Infrastruktur des Logistik-Dienstleisters und des Kunden, die Konzentration der Warenabnehmer und der Produktion, die Beibehaltung bzw. Verbesserung der gewünschten Service Levels und die optimale Verteilung der Produkte mit den Anforderungen des Kunden überein stimmten.

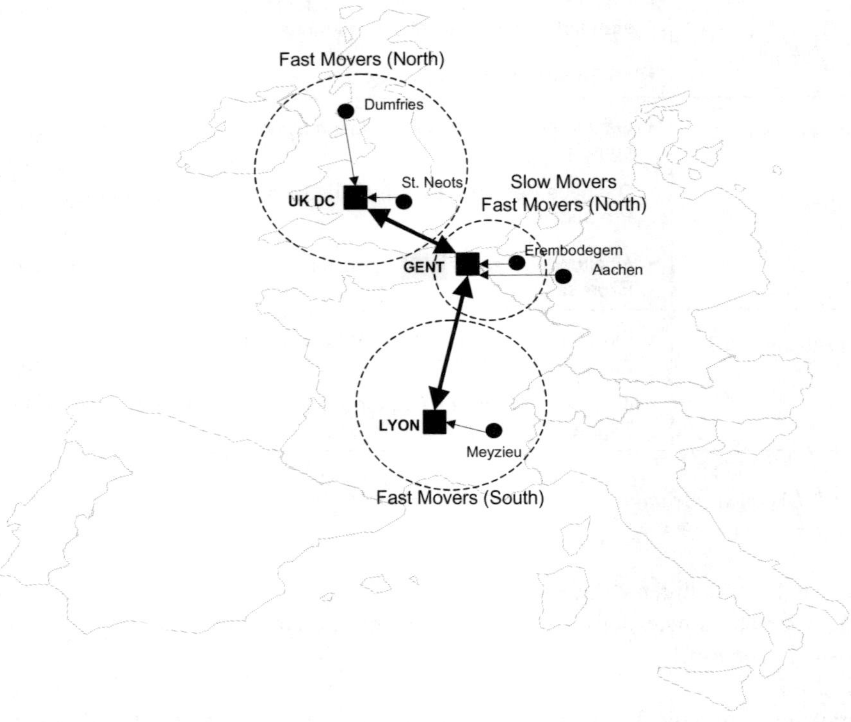

Abb. 39: Geplante Supply Chain und Aufteilung der Produkte

3.4.1 Transportlösung

Die angestrebte Lösung basiert auf einer integrierten Nutzung der verschiedenen Transportmodi und den unterschiedlichen "Service Levels", die für die jeweiligen Modi angeboten werden. Die Luft- und Seefracht zu den Überseedestinationen wird von Danzas Inter Continental Freight Operations (INCO) abgewickelt. Die Bahn- und Straßentransporte von der Danzas European Cargo Business Unit in Form von Voll- oder Teilladungsverkehr. Die Deutsche Post deckt schließlich den Paketdienst ab. Das Transportnetzwerk wurde unter der Berücksichtigung folgender Zielsetzungen definiert und umgesetzt:

- Einhaltung der Liefergrade
- Große Flexibilität
- Maximale Transportzeit innerhalb Europa beträgt 48 Stunden

Die optimierten Fahrtlinien, die angepeilten Leadtimes zwischen den einzelnen Prozess-Schritten und die Häufigkeiten zwischen den Lager- und Produktionsstätten sind in Abbildung 40 dargestellt. Die Zahlen in den Kästchen zeigen die Anzahl der wöchentlichen Bewegungen zwischen den beiden angegebenen Zielpunkten.

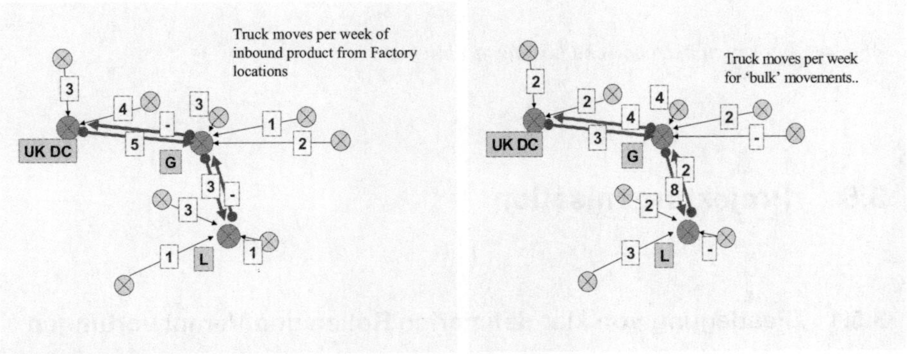

Abb. 40: Optimierte Fahrtlinien, Leadtimes und Häufigkeiten

3.4.2 Informationstechnische Lösungsarchitektur

Die erfolgreiche Integration der unterschiedlichen Systemlandschaften ist einer der Erfolgsfaktoren für den reibungslosen und zeitgerechten Ablauf der Dienstleistungen sowie für die Realisierung der erwarteten Einsparungen und Optimierungspotenziale. Weitere wichtige Faktoren der technischen Lösung sind die Synchronisation der Geschäftsprozesse sowie die Abbildung gewisser Geschäftsregeln innerhalb der Applikationen. Diese enge „Verzahnung" der Systeme erfordert eine große Flexibilität und Anpassungsfähigkeit der Applikationsarchitektur.

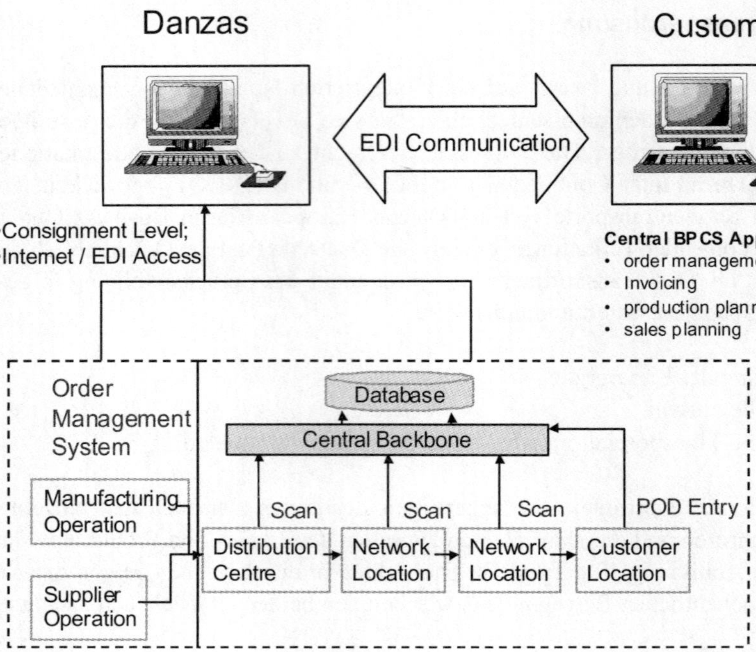

Abb. 41: Informationstechnische Lösungsarchitektur

3.5 Projektorganisation

3.5.1 Festlegung von klar definierten Rollen und Verantwortungen

Mit Hilfe einer strikten Projektorganisation und der Festlegung von klar definierten Rollen und Verantwortungen wird sichergestellt, dass eine enge Kooperation und Zusammenarbeit gewährleistet ist (vgl. Tabelle 5). Neben den positionsbezogenen Aufgaben (Personalführung, Ergebniskontrolle, Budgetverantwortung, etc.) werden hier die wichtigsten zusätzlichen Verantwortungsbereiche genannt. Aufgrund der länder- und organisationsübergreifenden Verantwortung und Zusammenarbeit spielen sie eine wesentliche Rolle für das erfolgreiche Umsetzen des Lösungsszenarios und deren Betrieb.

Wer	Aufgaben
Global Account Manager	• Account Management • Problemlösung • Strategische Weiterentwicklung und Ausrichtung
European Transport Coordinator	• Identifikation von Konsolidierungs- und Integrationsmöglichkeiten • Kundenservice und KPI Reporting • Lösung von operationellen Problemen • Verantwortung über die täglichen Geschäftsabläufe
Project Manager	• Einführung der Lagerverwaltungs- und Lagerkontrollapplikation • Management des Change Prozesses • Management der „täglichen Abläufe" • Reporting
Site Transport Co-ordinators	• Management aller Kontakte und Auskunft über die länderweiten Warenbewegungen • Lokales Problemmanagement und deren Lösung • Planung der täglichen Transporte, Lagerprozesse und Verteilung
Warehouse Manager	• Lagermanagement und Transportabwicklung • Initialisierung und Überwachung des Change Prozesses

Tab. 5: Rollenverteilung und Verantwortungen

3.5.2 Phasenweise Implementierung

Aus Gründen der Machbarkeit und Übersichtlichkeit hat man sich entschlossen, das Projekt in verschiedene Phasen einzuteilen und durchzuführen. Die Abbildung 42 zeigt die Einführungsphasen für die drei Lagerstätten, die Gesamteuropa bedienen werden. Jede Phase wurde mit klaren Zielen und sogenannten „Deliverables" (Meilenstein-Dokumente) definiert, für die gesondert der Zeit- und Investitionsaufwand geschätzt wurde. Diese Vorgehensweise ermöglichte ein übersichtliches und effizientes Projektmanagement, was im wesentlichen zum Erfolg beigetragen hat.

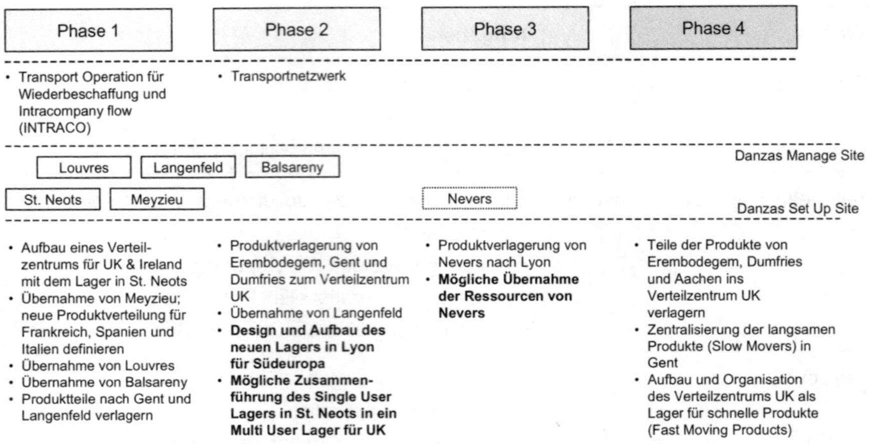

Abb. 42: Phasenweise Implementierung

3.5.3 Einsatz von Key Performance Indicators (KPIs) und Einführung eines Management Reporting Systems

Die Überwachung und Verbesserung der Leistung erfolgt mit Hilfe von klar definierten, projektbezogenen Key Performance Indikatoren und durch den Einsatz eines Management Reporting Systems, das sich im Wesentlichen auf die zwei Bereiche „Operationelle Leistung" sowie „Service Level" bezieht (vgl. Tabelle 6).

Operationelle Leistung	**Service Level**
• Totale Kosten pro Periode.	• On-time Lieferung
• Volumen / Pakete bewegt	• On-time Abholung vom Verteilzentrum
• Gesamt KM transportiert	• Beschädigung und Verlust
• Kosten pro Einheit	• Wertschöpfung durch Danzas
• Kosten pro KG	• Kommissionierungszeit
• Kosten pro KM	• Anzahl falsch kommissionierter Ware

Tab. 6: Key Performance Indicators

4 Zusammenfassung und Ausblick

Durch die gemeinsam mit dem Kunden entwickelte neue Lösung konnten zahlreiche Verbesserungen auf drei unterschiedlichen Ebenen bzw. Bereichen (lokale, länderspezifische und europäische Verbesserungen) erzielt werden (vgl. Abbildung 43). Im Mittelpunkt steht die Optimierung der Warenbewegungen sowie die Konsolidierung von Ladungen. Gleichzeitig konnten höhere Synergieeffekte durch die gemeinsame bzw. optimierte Nutzung von Ressourcen erzielt werden. Durch den Einsatz von Key Performance Indikatoren sowie die Einführung eines Management Reporting Systems war es nun möglich, die Kosten sowie die Einflussfaktoren zu visualisieren.

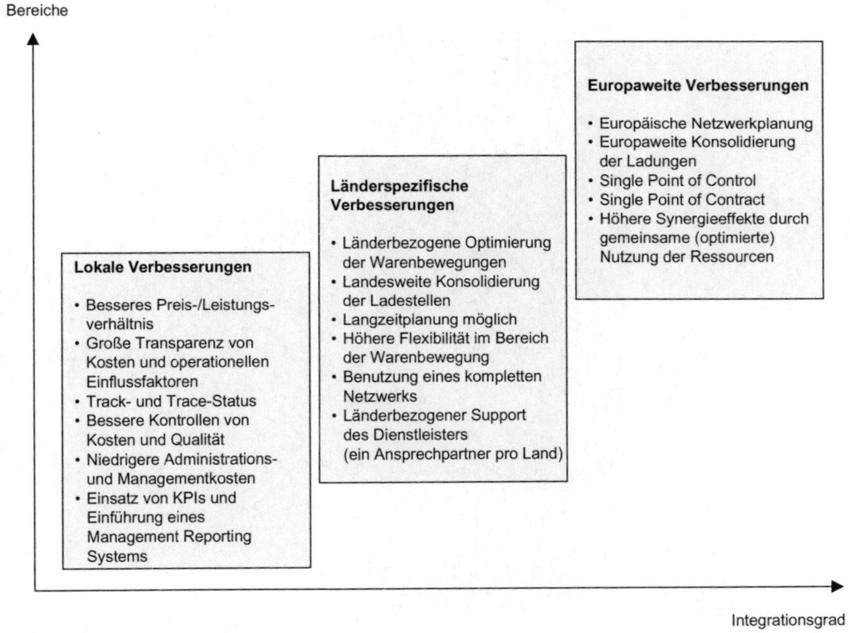

Abb. 43: Verbesserungen auf drei unterschiedlichen Ebenen

Im Rahmen der Ist-Analyse hat man bereits die Weiterentwicklung und Verbesserung der Supply Chain betrachtet. Dazu hat man Erfahrungswerte und Entwicklungstrends aus anderen Industrien, insbesondere aus der Elektronik- und Konsumgüterindustrie, einfließen lassen. Zunächst wurde die Einführung von Vendor Managed Inventory Konzepten überprüft. Basierend auf dem Efficient Customer Response (ECR) Konzept werden die Lagerbestände entweder die Supply Chain „downstreams" (zum Kunden) oder „upstreams" (zum Lieferanten) verlagert. Dies ermöglicht kurze, effiziente Wege zum Markt und eine stärkere Konzentration auf das eigentliche Kerngeschäft.

Zudem wird in Zukunft auch verstärkt die Anwendung der Internettechnologie ins Auge gefasst. Bei viele Unternehmen wird der Verkauf von Produkten über eine WEB-Lösung stattfinden. Aufgrund der Anbindung an Lager- und Produktionsinformationen erhält der Käufer direkte Auskunft über die Warenverfügbarkeit und deren Lieferzeit. Voraussetzung für diese Lösung ist die Einbindung des Logistik-Dienstleisters, der mit Hilfe seiner Applikationen den Informationsbedarf in Bezug auf Transportzeiten und Kosten befriedigt.

II.4 Hewlett-Packard: Schnelle Fabrik

Heinz Schmid

1 Das Unternehmen Hewlett-Packard

Hewlett-Packard (HP) ist ein führender Anbieter von Produkten, Technologien, Lösungen und Dienstleistungen für Endanwender und Unternehmen. Das Angebot der neuen HP umfasst Lösungen für die Bereiche IT-Infrastruktur, Personal Computing, Drucken & Bildbearbeitung sowie Zugangsgeräte zum Internet und IT-Services. Das europaweite Vertriebsnetz umfasst mehr als 140 Niederlassungen in 28 Ländern, davon 16 in Deutschland. Ferner sind acht Fertigungsstätten und fünf Zentren für Forschung & Entwicklung in Europa angesiedelt. Über 5.000 System-, Lösungs-, Vertriebs- und Servicepartner vermarkten die mehr als 20.000 Produkte von HP in allen Ländern Europas. Die Produkte, Lösungen und Dienstleistungen finden vielfältig in Wirtschaft, Industrie, Wissenschaft, Behörden und Verwaltung sowie im Gesundheits- und Bildungswesen Einsatz. Die Bandbreite der Produkte reicht von Computern, Peripheriegeräten, Druckern, Netzwerkprodukten und Software- sowie Speicher-Lösungen bis hin zum Taschenrechner. Dieses Produktspektrum wird durch ein breites Angebot an kundenorientierten Dienstleistungen ergänzt. Im Mai 2002 fusionierte HP auf weltweiter Ebene mit dem Computerhersteller Compaq. Nach dem Start des neuen Unternehmens am 7. Mai 2002 ist HP noch stärker am Markt positioniert. Mit einem erweiterten Lösungsangebot, einer gestärkten Innovationsfähigkeit und dem Ausbau der Technologieführerschaft kann HP den Anforderungen der Kunden in Zukunft noch besser gerecht werden. Beim Lösungsangebot spielen eine größere Auswahl an Produkten und Vertriebskanälen sowie die größere Flexibilität, Stabilität und Sicherheit bei möglichst niedrigen "Cost-of-Ownership" eine entscheidende Rolle. Das fusionierte Unternehmen erzielte im Geschäftsjahr 2001 weltweit einen gemeinsamen Umsatz von ca. 81,7 Mrd. US-Dollar und beschäftigte weltweit 145.000 Mitarbeiter.

1.1 Hewlett-Packard in Deutschland

Mit der Gründung der ersten Auslandstochter, der Hewlett-Packard GmbH in Böblingen, hat HP im Jahre 1959 den Schritt über den Atlantik gewagt. Das fusionierte Unternehmen in Deutschland ist international: Über 8.000 Mitarbeiter aus setzen sich kompetent für ihre Kunden ein. Das neue Unternehmen HP ist in Deutschland zweitgrößter PC- und Notebook-Anbieter, größter Anbieter für

Industrie Standard Server, SAP-Lösungen, Storage Area Networks und HP Open View. HP ist seit Jahren Marktführer im Druckerbereich. Die folgenden Ausführungen beziehen sich auf die Firma HP vor der Fusion mit der Firma Compaq.

1.2 Computer Systems Distribution Europe (CSDE)

Für den Unternehmensbereich Computersysteme der Hewlett-Packard GmbH widmet sich CSDE der Fertigung und Auslieferung von Computersystemen in den geografischen Bereichen Europa, Mittlerer Osten und Südafrika. Die Bestellungen für diese Computersysteme werden ab Werk über ein entsprechendes logistisches Netzwerk direkt an die Endkunden ausgeliefert. Die hier betrachteten Computersysteme bestehen aus den eigentlichen Rechnern, Servern mit einem UNIX Betriebssystem oder Workstations mit UNIX oder Windows-NT Betriebssystemen sowie den für den geplanten Einsatz notwendigen Peripherieprodukten (z.B. Massenspeicher). CSDE liefert komplette Lösungen: Zu den Rechnern werden entsprechend der Bestellung des Kunden Massenspeicher, I/O-Geräte und weiteres Zubehör sowie die Datenträger für die mitgelieferte Software gefertigt bzw. zusammengestellt und ausgeliefert.

Das Angebot in diesem Bereich umfasst derzeit etwa 2.000 verschiedene Produkte, die in jeweils unterschiedlichen Konfigurationen bestellt werden. Besonders im europäischen Markt sind die vielfältigen Varianten, die sich alleine schon aus den lokalen Sprachen ergeben, ein wesentlicher Gesichtspunkt. Insgesamt entsteht eine enorme Vielfalt (mehr als 10.000 Varianten), wodurch sich eine reine Auftragsfertigung der bestellten Lösungen zwingend ergibt. Eine Auslieferung aus einem Fertigwarenlager wäre keine wirtschaftliche Alternative. Ein weiteres wesentliches Merkmal sind die kurzen Produktlebenszyklen, die in vielen Fällen nur einige Monate betragen.

1.3 Weltweiter Fertigungsverbund

CSDE arbeitet als Teil eines weltweit agierenden Verbundes von Fabriken und Distributionszentren dieses Unternehmensbereiches von Hewlett-Packard. Die einzelnen Zentren haben jeweils eine geografische Zuordnung und beliefern die dortigen Märkte mit dem gleichen Produktportfolio. Die Beschaffung der dafür notwendigen Materialien und Vorprodukte erfolgt aus jeweils weltweit gemeinsam genutzten Lieferketten. Die Lieferanten sind über entsprechende Lieferverträge gebunden. Die einzelnen Werke haben die Verantwortung für ihre jeweilige operationale Abwicklung der Materialbestellungen. Die Rechnersysteme werden ausschließlich in den USA entwickelt. Die Einführung von neuen Produkten in die Fertigung der jeweiligen Werke erfolgt in einer sehr sorgfältig aufeinander abgestimmten Weise um sicherzustellen, dass die neu eingeführten Produkte am Tag der Einführung weltweit die gleichen Lieferbedingungen (z.B. Lieferzeiten) haben.

2 Neue strategische Ausrichtung

2.1 Die Situation in der ersten Hälfte der 90er Jahre

Der Bereich der europäischen Computerfertigung von Hewlett-Packard für die genannten Produktfamilien befindet sich seit dem Ende der 60er-Jahre in Böblingen. Die im Laufe der Zeit entstandene Fertigungstiefe erstreckte sich von einer Metallfertigung für Gehäuseteile, über logistische Dienstleistungen für den internen Warenverkehr und die Bestückung von Leiterplatten bis hin zur Herstellung von technisch sehr komplexen Leiterplatten.

Zu Beginn der 90er-Jahre war diese Organisation noch ausgeprägt an internen Gegebenheiten orientiert. Die Verantwortung für eine von einem Kunden bestellte Lösung bezog sich lediglich auf die lokal gefertigte Teillösung – der Rechner als solcher - und endete nach dem Fertigungsprozess mit dem Verladen auf den Lastwagen des Spediteurs. Die anderen Teile, die zu den bestellten Kunden-Lösungen gehörten, wurden von anderen Werken von Hewlett-Packard, vorwiegend aus den USA, geliefert. Diese Importe sammelten sich in den einzelnen europäischen Ländern in speziell eingerichteten Lägern und Umschlagspunkten. Dort trafen sie auf die Waren, die aus dem Werk in Böblingen kamen. Die Fähigkeiten zur genauen zeitlichen und logistischen Koordination waren sehr unterentwickelt. Sobald eine Lieferung in einem dieser Umschlagläger vollständig war, wurde die Auslieferung an den lokalen Kunden veranlasst. Danach erfolgte die Rechnungsstellung an den Kunden. In Europa gab es etwa 16 dieser lokalen Umschlagspunkte.

Auf dem Weltmarkt kamen die zu erzielenden Preise für Computerlösungen immer mehr unter Wettbewerbsdruck, nicht zuletzt als Folge der Offenheit der Systeme. Gleichzeitig wurden die Erwartungen der Kunden an den Lieferservice, vorwiegend in Bezug auf die Lieferzeiten und die Lieferpünktlichkeit, immer anspruchsvoller. Auf der obersten Ebene des Unternehmensbereiches wurde zunehmend die Frage gestellt, ob eine Weiterführung dieser Konstellation in Europa und die grundsätzliche geografische Aufteilung dieser Aktivitäten langfristig sinnvoll ist. Eine der alternativen Überlegungen war eine Konzentration aller diesbezüglichen Fertigungs- und Konfigurationstätigkeiten an einer einzigen Stelle, womöglich noch verknüpft mit Kosten- bzw. Steuervorteilen für das Unternehmen.

Aus dieser Situation heraus begann sich im Herbst 1994 bei CSDE ein kleines Team aus Führungskräften und Mitarbeitern mit der Frage nach den Alternativen für die Computerfertigung am Standort Böblingen zu beschäftigten. Ein wichtiger Bestandteil dieser Arbeit war die kontinuierliche Abstimmung der Vorgehensweise mit den entsprechenden Geschäftseinheiten in den USA. Das erklärte Ziel des lokalen Teams war, die für den Geschäftserfolg in Europa wesentlichen Fertigungs- und Distributionsaktivitäten zu erhalten und langfristig durch entsprechende Kompetenz bei CSDE abzusichern. Dieses Team war davon überzeugt, dass hier ein wichtiger und nachhaltiger Kundennutzen erzeugt werden kann, der in der Lage ist, mögliche andere Standortnachteile aufzuwiegen. Diese Aufgabe erforderte einerseits, sich über die langfristige Ausrichtung klar zu werden und andererseits, schon sehr kurzfristig erste Erfolge in der schlüssigen Umsetzung dieser Strategien zu erzielen.

2.2 Vom Push- zum Pull-Prinzip

Grundlage der Diskussionen und Überlegungen war die Orientierung am Kunden. Konkrete Umfragen und ein Vergleich mit den Aktivitäten der in diesem Markt konkurrierenden Unternehmen zeigte, dass der wichtigste Ansatzpunkt im Bereich der Lieferpünktlichkeit (Präzision) und der Lieferzeiten (Schnelligkeit) bei wesentlich günstigeren Kosten liegt.[1]

Aus dieser Betrachtungsweise entwickelte sich unmittelbar die grundlegende neue Ausrichtung. Abbildung 44 zeigt als horizontale Linie die für HP typischen Abschnitte der Lieferkette. Das zunächst wesentliche Ereignis ist das Eintreffen einer Kundenbestellung. Wegen der hohen Variantenvielfalt erfolgt dies vor dem Beginn der kundenspezifischen Montage bzw. Konfiguration der bestellten Lösung. Die Alternative, die Kundenaufträge aus einem Fertigwarenlager unmittelbar zu bedienen, wurde ansatzweise untersucht, hat sich aber recht schnell als nicht wirtschaftlich durchführbar erwiesen.

Der Punkt, an dem die Kundenbestellung auf diese Lieferkette trifft, ist von großer Bedeutung und teilt sie in einen „rechten" Abschnitt, in dem einem Kundenauftrag folgend gearbeitet wird und in einen „linken" Abschnitt, der durch einen Plan getrieben ist. Die für uns wichtigen Schlussfolgerungen waren:

1. Alle Fähigkeiten, die dazu beitragen, den kundenspezifischen Teil der Lieferkette schnell und präzise für eine gegebene Kundenbestellung durchlaufen zu können, müssen von diesem Zeitpunkt an als Kernkompetenzen dieser Organisation angesehen und entwickelt werden. Selbstverständlich müssen die daraus abgeleiteten Aktivitäten unter konkurrenzfähigen Kosten ermöglicht werden.

2. Die Anlieferung einer Bestellung beim Endkunden muss vollständig, direkt und aus einer Hand erfolgen.

[1] Die konkrete Messung der gesamten Abwicklungszeit von dem Tag, an dem ein Kunde HP zur Lieferung eines Rechners beauftragte, bis zu dem Zeitpunkt, an dem dieser Rechner beim Kunden angeliefert wurde, betrug im Durchschnitt 60 Arbeitstage. Darin ist die Durchlaufzeit in der Fertigung selbst von ca. 12–15 Tagen und eine durchschnittliche Verweildauer in den dezentralen Auslieferungslägern von rund 15 Tagen enthalten.

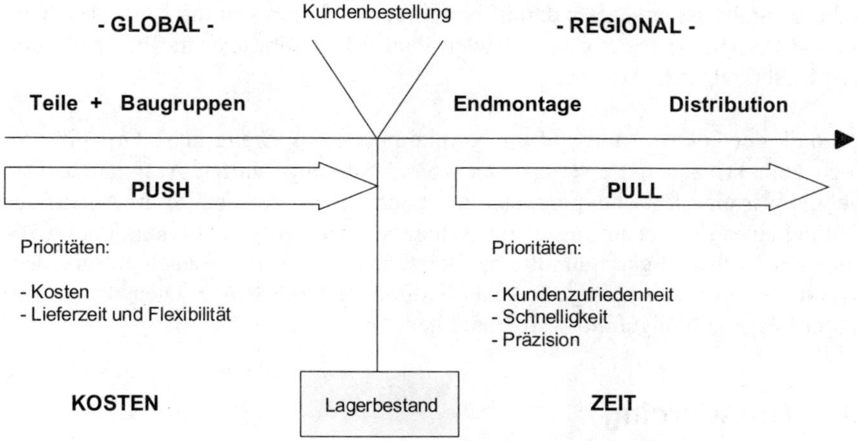

Abb. 44 : Strategische Ausrichtung

Der kundenspezifische Teil der Lieferkette wird in seinem Materialfluss aus einem Lagerbestand an generischen Teilen und Baugruppen gespeist. Auf diesen Lagerbestand wird zugegriffen, sobald eine Kundenbestellung eingetroffen ist, die sofort ausgeliefert werden soll.[2] Eine Kundenbestellung zieht das Material im sogenannten „Pull-Prinzip" durch den kundenspezifischen Teil der Lieferkette. Dieses Materiallager wird durch die Lieferanten der davor liegenden Lieferkette wieder aufgefüllt. Da die eine Lieferung auslösenden Bestellungen durch einen Plan getrieben werden, sprechen wir hier vom „Push-Prinzip". Die Verfügbarkeit der Teile dieses Materialbestandes hat deshalb eine grundsätzliche Bedeutung. Über die Höhe des Bestandes muss versucht werden, die Schwankungen des Auftragseingangs und die grundsätzlichen Vorhersageungenauigkeiten auszugleichen. Da die Höhe der Bestände natürlich auch betriebswirtschaftlichen Randbedingungen unterliegt, ist diese Aufgabe eine große Herausforderung an das Management des plangetriebenen Teils der Lieferkette.

Während der kundenspezifische Teil der Lieferkette, bei dem alle Tätigkeiten immer einem konkreten Kundenauftrag zugeordnet sind, in den geografischen Regionen stattfinden muss, da er dem strategischen Prinzip der Zeitminimierung folgt, ist der plangetriebene Teil dieser Lieferkette auf die globalen Materialversorgungsmärkte ausgerichtet. Zum Zeitpunkt der Definition dieser Strategie wurde für diesen Teil das strategische Prinzip der Kostenminimierung festgelegt.

[2] Etwa 80 % bis 90 % aller Kundenbestellungen verlangen eine sofortige Lieferung. Dieser Anteil ist weitgehend unabhängig von der Größe bzw. Komplexität des bestellten Rechnersystems.

An dieser Stelle ist nochmals darauf hinzuweisen, dass bis in die Mitte der 90er-Jahre die Computerfertigung von Hewlett-Packard in Böblingen auf beiden Seiten dieser Lieferkette sehr aktiv war.

Die Logik der Fokussierung auf die Kernkompetenzen zwang diese Organisation jedoch zum kritischen Bewerten aller von ihr durchgeführten Aktivitäten. Das Ergebnis war eine Entscheidung, sich nur noch auf die Abschnitte im Ablauf der Erfüllung eines Kundenauftrages zu beschränken, die der Schnelligkeit, der Qualität und der Vollständigkeit unmittelbar dienten. Damit war aber auch entschieden, dass die anderen notwendigen Abläufe durch entsprechende Dienstleistungen fremder Firmen durchgeführt werden mußten.

2.3 Outsourcing

Wie bei der Beschreibung der Situation in der ersten Hälfte der 90er- Jahre schon erwähnt, bestanden im plangetriebenen Teil der Lieferkette eigene Fertigungsaktivitäten am Standort Böblingen, welche die lokalen Werke[3] mit entsprechenden Materialien versorgten. Im einzelnen handelte es sich um folgende Bereiche:

- Metallfertigung zur Herstellung von Blechteilen und Gehäusen
- Logistikdienstleistungen (Lager und Materialtransport)
- Bestückung von Leiterplatten mit elektronischen Bauteilen
- Herstellung von technisch komplexen Leiterplatten.

Diese Bereiche waren zunehmendem Konkurrenzdruck durch die wachsende Industrie der sogenannten „Contract Manufacturers" ausgesetzt. Diese Firmen entwickelten ihre professionellen Fertigungsdienstleistungen in einem sehr schnellen Tempo, vorwiegend durch entsprechende Akquisitionen.

Ein weiterer wesentlicher Gesichtspunkt war der notwendige hohe Investitionsbedarf in die jeweils neuesten Fertigungstechnologien, die in kurzen Zeitabständen erforderlich wurden. Aufgrund der vorhersehbaren, dafür nicht ausreichenden Auslastung, war keine betriebswirtschaftliche Rentabilität der Investitionen in neue Technologien absehbar.

In Übereinstimmung mit der grundlegenden weltweiten Strategie von Hewlett-Packard wurde beschlossen, diese Bereiche durch Outsourcing in neue Hände zu geben. Noch im Jahr 1995 erfolgten Betriebsübergänge für die o.a. ersten drei Bereiche. Die Herstellung der Leiterplatten ging 1998 in den Besitz einer anderen Firma über.

---

[3] Zusätzlich zum Werk der Computerfertigung gab es damals noch weitere Werke im Bereich der Messtechnik, Analytische Messtechnik und Medizinelektronik. Diese Bereiche gehören seit dem 1. November 1999 zur Firma Agilent Technologies.

Nach einer angemessenen Übergangsphase war Hewlett-Packard vertraglich nicht mehr gebunden, Waren oder Dienstleistungen von diesen Firmen zu kaufen. Das wesentliche gemeinsame Kriterium dieser Betriebsübergänge war das Ziel, eine übernehmende Firma zu finden, die langfristig in der Lage ist, am Standort Böblingen oder der näheren Umgebung die übergegangenen Arbeitsplätze zu sichern, indem sie sich erfolgreich am Markt positioniert und behauptet. Aus der heutigen Sicht darf dies als gelungen angesehen werden. Die heutige Summe der Mitarbeiter, die bei diesen Firmen an den damals aus den Betriebsübergängen entstandenen Standorten beschäftigt sind, übertrifft die Zahl der von Hewlett-Packard übergegangenen Arbeitsplätze um etwa das Vierfache.

2.4 Die Standortwahl

Nachdem akzeptiert war, dass die vollständige und schnelle Lieferung an die Kunden unverzichtbar war, wurden die Überlegungen in Bezug auf Standortalternativen beendet. Abbildung 45 zeigt den beibehaltenen Standort etwa im geografischen Zentrum Mitteleuropas. Die Auslieferung erfolgt nach der Auflösung der Zwischenlager in den einzelnen Ländern direkt vom Werk an die Lieferadresse des Endkunden bzw. Wiederverkäufers.

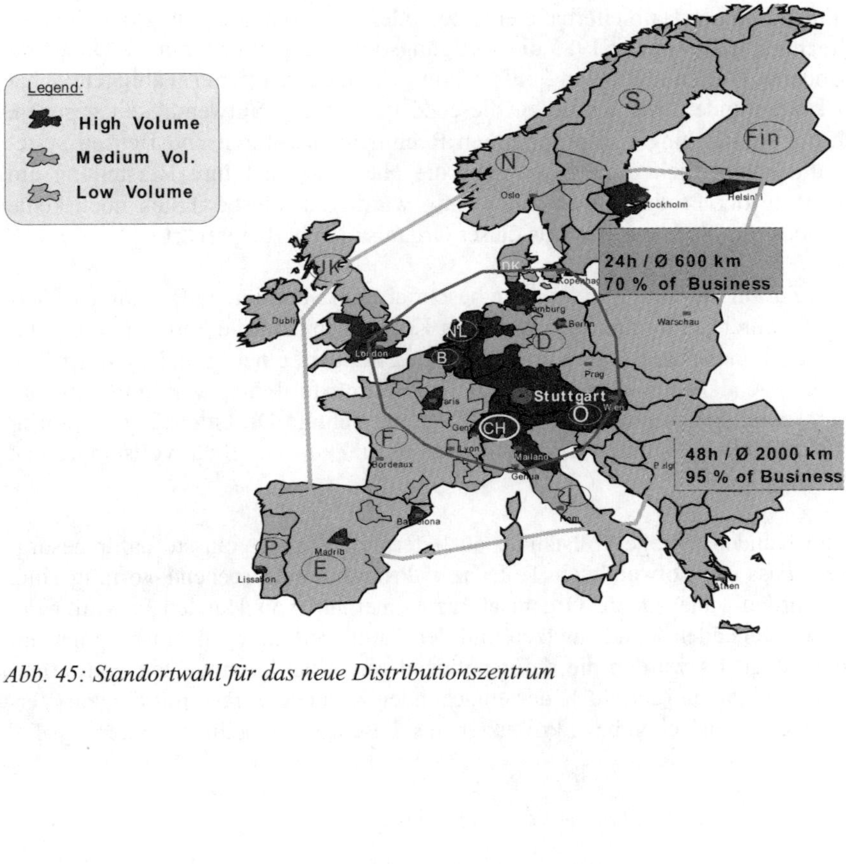

Abb. 45: Standortwahl für das neue Distributionszentrum

Aufgrund der geografischen Situation ist es möglich, das Gebiet, in dem rund 70 % der Umsätze getätigt werden, innerhalb von 24 Stunden Transportzeit abzudecken. Um das Gebiet zu erreichen, in dem ca. 95 % der Umsätze gebucht werden, sind 48 Stunden Transportzeit erforderlich. Der Transport und die Auslieferung erfolgt durch ein Speditionsnetzwerk, das unter der Regie dieses Werkes arbeitet. Der jeweilige Standort bzw. Status der Lieferungen ist durch entsprechende EDV-Technologien zu jedem Zeitpunkt verfügbar.

2.5 Von der Fertigung zur Dienstleistung

Die gewählte strategische Ausrichtung hatte sehr nachhaltige Auswirkungen auf die Mitarbeiter von CSDE. Dabei ging es nicht um Themen wie Arbeitsplatzsicherheit, obwohl subjektiv in dieser Phase durchaus Unsicherheit empfunden wurde, da eine grundlegende Standortverlagerung ebenfalls diskutiert wurde.

Die fundamentale Veränderung liegt im Selbstverständnis der Organisation. Über viele Jahre war CSDE (und die organisatorischen Vorläufer) als reine Fertigung aufgetreten und nur in diesem Kontext gefordert worden. Lange Zeit war die strategische Kooperation mit anderen Unternehmensbereichen nicht im Bereich des normal Üblichen oder Selbstverständlichen. Die Kundenorientierung wurde nicht intensiv entwickelt. Durch technologische Entwicklungen, wie z.B. die Integration von Funktionen in Halbleiterbauelementen oder die Modularisierung des Designs der Rechner, hat zwar seit 1985 die Fertigungstiefe stetig abgenommen. Die damit verbundene Weiterentwicklung in Richtung kundenorientierter Fähigkeiten hat nicht stattgefunden. Sie wurde zu dieser Zeit nicht als Notwendigkeit gesehen. Auch die Abwendung von proprietären Rechnerarchitekturen und Betriebssystemen, die letztendlich dazu führt, dass die Hardware und ihre Herstellung am Markterfolg der Produkte weniger wichtig wurde, hat diesbezüglich noch keine Trendwende im Selbstverständnis dieser Organisation herbeigeführt.

Erst im Zusammenhang mit der oben beschriebenen Situation zu Beginn der 90er-Jahre, die durchaus in ihrer unmittelbaren Konsequenz auf die Fertigungsaktivitäten als Bedrohung empfunden wurde, ist es gelungen, einen grundlegenden Prozess des Nachdenkens einzuleiten. Als neue Herausforderung wurde es jetzt akzeptiert, eine umfassende und für den Kunden wichtige Dienstleistung zu erbringen: Die Erfüllung seines Auftrages in kürzester Zeit, pünktlich, vollständig und ohne Fehler.

Um die Kundenaufträge vollständig ausliefern zu können, musste dafür gesorgt werden, dass die notwendigen Teile bzw. Produkte entsprechend vorrätig sind. Dazu wurden viele andere Organisationen innerhalb von Hewlett-Packard vom daraus entstehenden Kundennutzen und den damit verbundenen Einsparpotenzialen überzeugt. Es wurden die dafür notwendigen Abläufe entwickelt und aufgebaut. Heute können rund 90 % der eingehenden Kundenaufträge mit den zur Verfügung stehenden Teilen bzw. Produkten aus diesem Werk bedient werden.

Die Importe, vorwiegend aus den USA, die den restlichen Anteil abdecken, gehen über dieses Werk und werden mit dem dort bearbeiteten Teil des Kundenauftrages zusammen ausgeliefert. Hier wird eine der wichtigsten Veränderungen in dieser Organisation deutlich: Der Blick auf das Ganze, d.h., alle Abläufe von Anfang bis Ende sowie in ihrem konkreten Nutzen für den Kunden erfassen und schnell umsetzen.

Es wurde erkannt, dass es notwendig ist, die bekannte „Silo"-Mentalität und Denkweise durch übergreifende und kundenorientierte Ansätze zu überwinden. Einer der wesentlichen Schritte wurde die Messung der zeitlichen Abläufe und ihrer Pünktlichkeit. Für die Durchlaufzeit eines Kundenauftrages und die Pünktlichkeit der Ablieferung wurden Ziele gesetzt. Die ganze Organisation unterwarf sich nach und nach diesen Messgrößen. Es wurden Arbeitsgruppen gebildet, die bereichsübergreifend nach den Ursachen für Abweichungen suchten und diese, wo immer möglich, durch geeignete Veränderungen beseitigten. Hierbei zeigte sich, dass schnellere Abläufe in der Regel auch kostengünstiger sind. Vor allem fielen schnell unnötige Wartezeiten auf, die eliminiert werden konnten.

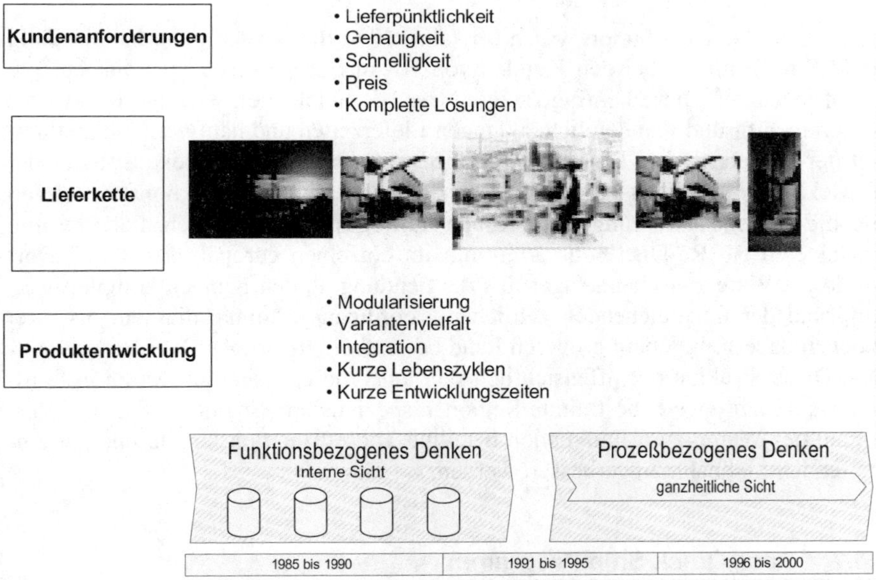

Abb. 46: Die Herausforderung: Prozesse ganzheitlich erfassen

Es wurden aber auch die Grenzen der über viele Jahre gewachsenen Arbeitsumgebung sehr deutlich sichtbar. So war der Materialfluss vom Wareneingang bis zur Verladung der fertigen Kundenlösung über etwa acht verschiedene Gebäude im Großraum Stuttgart verteilt. Jedes dieser Gebäude war für sich mit einem Wareneingang und Warenausgang versehen. Die Fertigung und der Versand waren beispielsweise etwa 40 km voneinander entfernt. Auch die Systemumgebung war stark segmentiert. Das System zur Auftragsabwicklung hatte zum Beispiel keine Verbindung mit dem Materialwirtschaftssystem. Der Ablauf der einzelnen Verarbeitungsprozesse war vorherrschend im Batch-Betrieb, meistens über Nacht. Die neuesten Daten im System waren also immer erst am nächsten Tag sichtbar.

2.6 Zukunftsweisende Investitionen

Im Jahre 1995 wurde, der oben erläuterten Strategie folgend, die Initiative für zwei wesentliche Investitionen ergriffen: Es fiel die Entscheidung, die IT-Architektur grundlegend zu erneuern. Die ersten Untersuchungen für eine Fabrik, in der alle Materialbewegungen „unter einem Dach" stattfinden konnten, starteten. Darüber hinaus fing man unverzüglich damit an, die beste Struktur der Distributionslogistik nachhaltig zu verbessern.

2.6.1 Neuordnung der Distributionslogistik vom Werk zum Kunden

Im Bereich der Distribution waren im Jahre 1994 die Kosten unverhältnismäßig hoch. Eine Umfrage bei den Kunden von HP in Europa ergab eine ausgeprägte Unzufriedenheit. Diese Umfrage zeigte, dass HP Gefahr lief, wichtige Kunden zu verlieren, aufgrund von deutlich zu langen Lieferzeiten und häufiger Unpünktlichkeit der Anlieferungen. Diese Performance war durch die komplexe Struktur der Abwicklung in der Logistik vorgegeben. Die einzelnen Produktionsstätten von HP, die an der Ausführung eines Kundenauftrages beteiligt waren, lieferten ihre Produkte in ein Re-Distributionszentrum im einzelnen europäischen Land. Dort wurde die Ware zwischengelagert bis die Sendung an den Kunden komplett war. Aufgrund der unzureichenden zeitlichen Koordination konnte dies ein bis zwei Wochen dauern. In jedem größeren Land bestand ein derartiges Distributionszentrum. Diese Struktur war offensichtlich sehr aufwendig. Insgesamt waren in Europa etwa 40 auf jeweils bestimmte Regionen spezialisierte Speditionen an der Verteilung der Waren zum Endkunden beteiligt. Diese Situation konnte nur mit eingreifenden Maßnahmen verbessert werden.

2.6.2 Das „Quick Ship Programm"

Ein erster Schritt in diese Richtung war die Zusammenfassung der Produkte einer europäischen Kundenbestellung, an der mehrere weltweite HP-Werke beteiligt waren, bei CSDE. Gleichzeitig galt das Ziel, die Lieferzeiten deutlich zu verkürzen. Eine genaue Analyse des von den europäischen Kunden bestellten Produktportfolios (Rechner, Speicher, Peripherie, Zubehör, etc.) zeigte, dass es möglich war, mit etwa 15 % des gesamten Portfolios die vollständige Abdeckung einer Kundenbestellung in 80 bis 90 % der Fälle zu erreichen.

Damit ergab sich die Möglichkeit, ohne übermäßige Erhöhung der Warenbestände, diese Produkte als Fertigprodukte bei CSDE zwischen zu lagern und zusammen mit den gefertigten Produkten auszuliefern.

Die zwischengelagerten Produkte erforderten keine kundenspezifische Konfigurierbarkeit. Es wurden die entsprechenden Planungs- und Wiederbeschaffungsprozesse mit den beteiligten Werken vereinbart und implementiert. Dadurch waren diese Teile eines Kundenauftrages sofort verfügbar und mussten nicht erst nach dem Eintreffen des Auftrages bei HP mit entsprechenden Lieferzeiten in den anderen Werken bestellt und importiert werden. Diese Vorgehensweise ist heute noch aktuell und hat sehr zur nachhaltigen Verkürzung der Lieferzeit für einen Kundenauftrag und zu dessen vollständiger Auslieferung aus „einer Hand" beigetragen.

2.6.3 Das neue Auslieferungsnetzwerk

Die zweite Maßnahme war die Neuordnung des logistischen Netzwerkes in Europa, die zeitgleich mit der Einführung des „Quick Ship Programms" stattfand. Von 1996 bis 1998 wurden die Re-Distributionszentren in den einzelnen Ländern schrittweise aufgelöst. Die Voraussetzung dazu war, dass entsprechende paneuropäische Speditionen in der Lage waren, die Sendungen vom Werk in Böblingen an jede Kundenadresse in Europa direkt zu liefern (vgl. Abbildung 47).

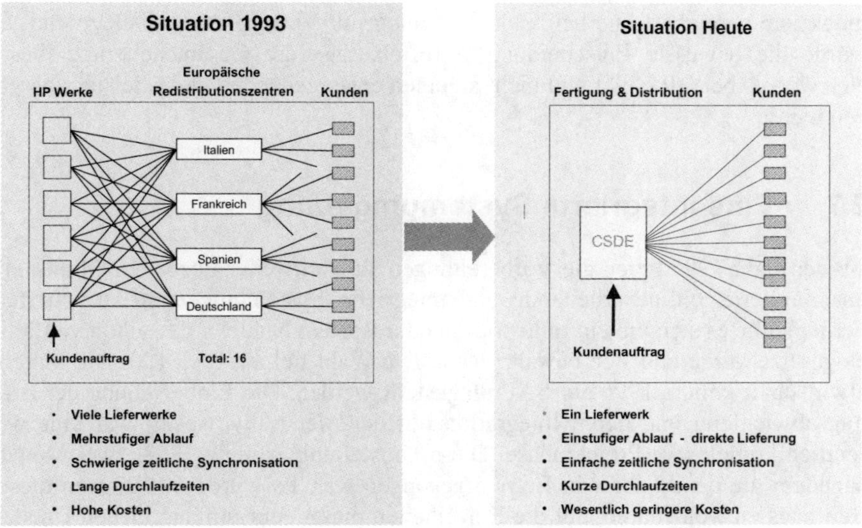

Abb.47: Neuordnung der europäischen Logistik

Im Rahmen dieses Projektes wurden folgende Zielsetzungen verfolgt:

- Verkürzung der Durchlaufzeiten;
- Pünktlichkeit in jeder Stufe des Prozesse;
- Einheitlichkeit der Prozesse in den verschiedenen Ländern;
- Verfolgbarkeit der Waren und Einführung des „Proof of Delivery" mit Technologien, die auf dem Internet basieren;
- Reduktion der Kosten;

Eine logische Folge dieser Zielsetzungen war es, die Zusammenarbeit mit den beteiligten Speditionen auf eine völlig neue Grundlage zu stellen. Dabei wurde auch ihre Anzahl stark reduziert. Heute arbeitet HP in diesem Segment noch mit acht auf die großen europäischen Regionen spezialisierten Speditionsunternehmen erfolgreich zusammen. Dieser Erfolg wurde durch einen entsprechenden organisatorischen Rahmen ermöglicht bzw. unterstützt. Es wurde bei HP eine europäisch orientierte Logistikgruppe aufgebaut, die durch lokale Präsenz in den Regionen und durch hervorragende Kompetenz dieses Projekt durchführte. Die gesamten Abläufe und ihre Steuerungen wurden überall in Europa vereinheitlicht. Dementsprechend wurde in EDV-Infrastruktur und Technologie investiert. Die Entwicklung dieser Prozesse wurde wesentlich von HP geleistet und vorangetrieben. Die einheitlichen Verfahren ermöglichten die Leistungen im Einzelnen zu messen und ohne Problem zu vergleichen. Diese Fähigkeit hat sich als ein sehr nachhaltig wirkender kritischer Faktor herausgestellt. In den Verträgen mit den beteiligten Unternehmen wurden gemeinsam mit diesen Unternehmen entsprechende Leistungsziele vereinbart, die bei Nichterreichung mit Vertragsstrafen belegt sind. Es wurde die bewusste Entscheidung getroffen, dass die Gesamtsteuerung dieses Netzwerkes bei HP bleibt und nicht an einen entsprechenden Dienstleister übergeben wurde.

2.7 Eine integrierte Systemumgebung

Ab dem Jahr 1995 liefen die Vorbereitungen auf weltweiter Ebene, eine transaktionsorientierte, online arbeitende und integrierte Systemumgebung zu schaffen. Ferner sollte es sich um ein Industrie-Standardsystem handeln, das schon vielfältig eingesetzt wurde und sich bewährt hatte. Die Wahl fiel auf SAP R/3. Die Materialwirtschaft konnte 1996 auf SAP umgestellt werden. Die Einbeziehung der Auftragsabwicklung und deren Integration mit der Materialwirtschaft war eine wesentlich komplexere Projektphase. Diese Umstellung erfolgte 1998, zwei Monate nachdem die neue Fabrik in Betrieb gegangen war. Es würde im Rahmen dieses Beitrages zu weit führen, auf die Einzelheiten dieser sehr umfangreichen Umstellung näher einzugehen. Es sei hier nur noch vermerkt, dass die Fertigungssteuerung, die wir für diese Anforderungen selbst entwickelt haben, vollständig mit SAP vernetzt und integriert ist. Logisch arbeiten beide Teilsysteme als eine Einheit, die „automatisch" dafür sorgt, dass jeder Kundenauftrag so schnell als möglich bearbeitet und vollständig ausgeliefert werden kann.

3 Die Schnelle Fabrik

Aus den schon erwähnten Gedankengängen heraus hat sich im Frühjahr 1995 der Gedanke entwickelt, die auf verschiedene Gebäude verteilten Fertigungs- und Logistikaktivitäten unter einem Dach zusammenzufassen.

Die Erarbeitung des grundlegenden Konzeptes erfolgte durch eine Arbeitsgruppe, die sich aus Mitarbeitern und Führungskräften zusammensetzte. Es erschien uns als sehr wichtig, diese grundlegenden Überlegungen, die das Ziel hatten, die seither gewohnten Abläufe radikal in Frage zu stellen, innerhalb der Organisation zu entwickeln, die langfristig in diesem neuen Arbeitsumfeld arbeiten wird. Nur bei der Konzeption des Lagers und dessen Anbindung an die Fertigung wurde ein externer Experte miteinbezogen, da keine ausreichende eigene Erfahrung vorhanden war. Um die Bedeutung des Faktors Zeit für alle Abläufe besonders herauszustellen, lief das Projekt unter der Bezeichnung „One Shift Factory". Damit sollte zum Ausdruck gebracht werden, dass ein Kundenauftrag innerhalb einer Arbeitsschicht fertiggestellt und zur Auslieferung bereit sein sollte.

Zuerst wurde im Großraum Stuttgart nach einer geeigneten Immobilie gesucht. Es hat sich jedoch bald gezeigt, dass ein Gebäude, das diesen spezifischen Erfordernissen entspricht, nicht zur Verfügung stand. Die weitere Planung hatte dann das Ziel, ein Konzept für eine neu zu errichtende Fabrik zu erstellen.

Nachdem ein Ablaufkonzept für die neue Fabrik weitgehend entwickelt war, wurden die Gebäudeplaner und Architekten einbezogen. Gemeinsam wurde nun der planerische Entwurf für das Gebäude erarbeitet. In dieser Phase war es vorteilhaft, dass die Arbeitsgruppe aus Mitarbeitern und Führungskräften sich bereits viel Kompetenz erarbeitet hatte. So waren die unausweichbaren Diskussionen um die Priorität der Ablaufplanung über die Gebäudeplanung bzw. umgekehrt und die Erarbeitung der erforderlichen Kompromisse zügig zu führen und zu entscheiden. Diese intensive Zusammenarbeit, in den weiteren Phasen unter Einbeziehung der ausführenden Firmen, hat sich bis zur Inbetriebnahme sehr bewährt.

3.1 Ziele und deren Umsetzung

Es wurden drei wesentliche Zielsetzungen entwickelt:

1. Drastische Reduzierung der Durchlaufzeiten
2. Ausgeprägte Fähigkeit zur schnellen Anpassung an veränderte Bedingungen
3. Effiziente Kostenstrukturen

Die Reduzierung der Durchlaufzeiten in den Materialflüssen und Fertigungsabläufen bezog sich auf eine Durchlaufzeit im Jahr 1995 von etwa 8 bis 10 Arbeitstagen. Angestrebt wurde eine Durchlaufzeit von einem Tag und wo immer möglich von einer Schicht.

Durch die neue Gebäudekonzeption, alles unter einem Dach abzuwickeln, entfielen die vorherigen Transportzeiten zwischen den einzelnen Gebäuden. Dadurch wurde etwa die Hälfte der erforderlichen Reduzierung erzielt. Die weitere Planung an der Ablaufkonzeption basierte auf folgenden Konzepten:

- Parallele statt sequenzielle Bearbeitung der einzelnen Arbeitsaufträge, die zu einem Kundenauftrag gehören.
- Eliminierung von Wartezeiten.
- Eliminierung von Arbeitsgängen, die keinen Kundennutzen erbringen.

Die Forderung zur schnellen Anpassung an die sich rasch verändernden Bedingungen enthält mehrere Komponenten. Im kurzfristigen Bereich bezieht sie sich auf die Schwankungen des Auftragseingangs von Tag zu Tag. Im mittelfristigen Bereich stehen die Anpassungen an neue Produkte und geänderte Produkte bzw. Abläufe im Vordergrund. Langfristiger ist die Ausnutzung der gegebenen Halle aufgrund von Geschäftsschwankungen zu sehen.

Für jede dieser Rahmenbedingungen mussten Lösungen gefunden werden. Ein wichtiges Merkmal dieser Anlage ist, dass die notwendigen Betriebseinrichtungen nicht sehr kapitalintensiv sind. Dies ermöglichte es, die Einrichtungen eher großzügig zu planen und auszustatten, so dass hier ein ausreichender Spielraum für Auslastungsschwankungen nach oben besteht. Die kurzfristige Anpassung im Tagesbereich erfolgt über ein dafür entwickeltes Arbeitszeitmodell für die hier beschäftigten Mitarbeiter. Es wurde zusammen mit den betroffenen Mitarbeitern und dem Betriebsrat entwickelt, erprobt und eingeführt. Dieses Modell basiert auf einer vereinbarten Jahresarbeitszeit je Mitarbeiter und bestimmten Regeln in Bezug auf Vorarbeit bzw. Nacharbeit, Vorlauf der Ankündigung von Sonderschichten, etc. Der normale Betrieb läuft über 10 Schichten pro Woche, kann aber nach Bedarf innerhalb von wenigen Tagen stufenweise bis auf 18 Schichten pro Woche hochgefahren werden.

Die laufenden Anpassungen an neue oder geänderte Produkte werden durch die Konzeption von Fertigungsmodulen erleichtert. Diese Module haben generische Schnittstellen (Informations- und Materialfluss) zu ihrer Umgebung, die langfristig konstant bleiben. Die notwendigen Änderungen finden also innerhalb der betroffenen Module statt, so dass die Umgebung davon nicht betroffen ist. Durch Verwendung von Betriebseinrichtungen, die einfach und standardisiert sind, wird dies noch unterstützt. Wir haben bewusst dort auf Automatisierung verzichtet, wo diese Änderungen häufig stattfinden. Es hat sich gezeigt, dass in diesem Umfeld langfristig gut ausgebildete und motivierte Mitarbeiter einer denkbaren Automatisierungsstrategie in allen Aspekten überlegen sind.

Die langfristigen Schwankungen des Geschäftsvolumens können durch eine stufenweise Erweiterung der Betriebsfläche, bis hin zu einer Verdoppelung, am gleichen Standort realisiert werden. Im ersten Ausbau des Gebäudes wurden ca. 25 % der Fläche noch nicht durch CSDE genutzt, sondern untervermietet.

In den ersten zwei Jahren des Betriebs stieg der Flächenbedarf, so dass im Frühjahr 2000 nur noch rund 10 % der Fläche untervermietet waren. Im Ergebnis brachten diese Leitgedanken für die Planung der einzelnen Abläufe in der Fabrik eine wesentliche Steigerung der Effizienz, die sich dann in stark reduzierten operationalen Kosten niederschlug.

3.2 Intensive Zusammenarbeit mit Fremdfirmen

Ein weiteres Grundprinzip der Arbeitsteilung im Rahmen der neuen strategischen Ausrichtung war, dass Hewlett-Packard in den Abläufen nur noch dort die eigenen Ressourcen einsetzt, wo es unmittelbar um die Erfüllung des Kundenauftrags und um solche Tätigkeiten geht, die durch ihre Eigenschaften als kritisch für die Kundenzufriedenheit angesehen wurden. Demzufolge wurde die gesamte Materiallogistik in der Fabrik (Kommissionierung von Zubehörteilen, Herstellung der Handbücher und Versand) an Fremdfirmen vergeben. Diese Abläufe sind in die Gesamtabläufe voll integriert und folgen den gleichen Grundprinzipien nach Schnelligkeit und Pünktlichkeit. Hewlett-Packard konzentriert sich auf die Konfiguration, den Test mit dem Laden der Software und die Systemintegration der hier gebauten Rechner.

Beispielsweise betreibt eine der Fremdfirmen eine Druckerei für die Handbücher. Diese werden erst bei konkretem Bedarf für einen Kundenauftrag gedruckt und als Buch fertiggestellt (Print-on-Demand). Dieses Verfahren hat gegenüber dem konventionellen Druck in größeren Losen zwei wesentliche Vorteile, obwohl es im Stückpreis teurer ist als im Vergleich zu großen Losen: Zum einen wird bei jedem Buch immer die neueste Version hergestellt, da jedesmal die Daten von der Datenbank gelesen werden und diese immer auf dem neuesten Stand sind. Zum anderen kann immer die Version in der vom Kunden bestellten Sprache hergestellt werden. HP unterstützt in Europa mehr als ein Dutzend verschiedener Sprachen. Es gibt kein Dispositionsverfahren das in der Lage ist, für die konventionelle Druckweise in größeren Losen, die mit langen Lieferzeiten behaftet ist, immer die zutreffende Kombination der Sprache zu planen. Bevor Print-on-Demand eingeführt wurde, hatte HP jedes Jahr nicht mehr brauchbare Handbücher im Wert von einer Million Dollar zu verschrotten. Das war neben dem hohen finanziellen Aufwand auch vor dem Hintergrund des Umweltschutzes nicht mehr zu vertreten.

3.3 Organisation des Materialflusses

Aus den oben erläuterten Leitgedanken haben sich drei prinzipielle Strukturen entwickelt:

1. Wareneingang und Lager
2. Verarbeitungsprozesse
3. Transport der Fertigwaren zum Versand (bei CSDE auch „Autobahn“ genannt)

Der grundsätzliche Materialfluss ist vom Wareneingang im Süden des Gebäudes über den sich daran anschließenden Lagerbereich weiter nach Norden durch die einzelnen Prozessmodule. Am Ende der Prozessmodule befinden sich die „Auffahrten" zur „Autobahn", die nun alle fertig verpackten Teile eines Kundenauftrags nach Osten in den Versandbereich transportiert. Insgesamt wurde darauf geachtet, dass das Material immer den kürzesten Weg nimmt. Zwischen den einzelnen Fertigungsmodulen sind Querverbindungen möglich (vgl. Abbildung 48).

Damit ergab sich für die Gebäudekonzeption der Vorteil, dass die Lkw-Anfahrt an den Wareneingang und Versand nur an der Süd- und Ostseite des Gebäudes erforderlich wurde. Die Nord- und Westseite wurde dann für die Anfahrt der Pkws der Mitarbeiter und deren Zugang ins Gebäude vorgesehen. Beide Verkehrsarten sind damit voneinander getrennt und kreuzen sich nicht. Die Zufahrt der Lkws auf das Betriebsgelände erfolgt von Süden, die Zufahrt der Mitarbeiter von Nordosten.

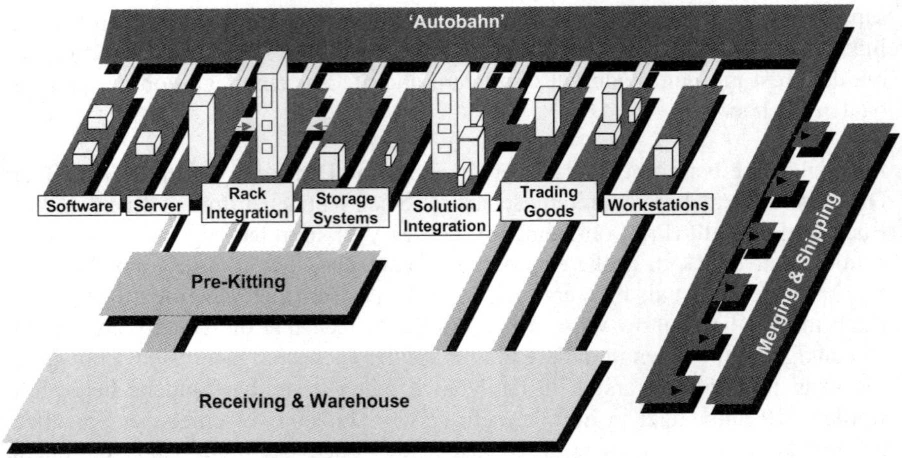

Abb. 48: Ablauforganisation der neuen Fabrik

3.4 Prinzipien der Fertigungssteuerung

Um in der erforderlichen Schnelligkeit Kundenaufträge bedienen zu können, ist CSDE dazu übergegangen, jeden Auftrag in zusammengehörige Teile aufzuteilen und jedes Teil gleichzeitig zu bearbeiten. Typischerweise teilt sich ein durchschnittlicher Auftrag in etwa zehn einzelne Fertigungsaufträge auf. Das von CSDE entwickelte System der Fertigungssteuerung übernimmt von SAP die Daten des Kundenauftrags und ist in der Lage, die hier abgebildete Logik zu erkennen.

Daraus werden die einzelnen Fertigungsaufträge generiert und den einzelnen Fertigungsmodulen zugewiesen. Jeder dieser Fertigungsaufträge hat seine eigene Bearbeitungszeit. Der Zusammenbau und Test eines Servers braucht beispielsweise länger als die Zusammenstellung des Zubehörs (Tastatur, Maus, Netzkabel, Handbücher, etc.). Die Fertigungssteuerung kennt diese Durchlaufzeiten und berechnet den Startzeitpunkt für jeden Fertigungsauftrag. Aus der Versandadresse und dem gewünschten Liefertermin wird der Abfahrtstermin für den Lkw bestimmt. Von diesem Termin aus wird, wie oben beschrieben, der Startzeitpunkt jedes Fertigungsauftrages berechnet. Natürlich enthält diese Berechnung angemessene Puffer, um bei nicht allzu großen Abweichungen doch noch pünktlich versenden zu können.

An jedem Arbeitsplatz wird an einem Bildschirm dem Mitarbeiter die Warteschlange der abzuarbeitenden Fertigungsaufträge angezeigt. Durch die „Ampelfarben" grün, gelb und rot wird in einfacher Weise die Dringlichkeit signalisiert. Der Mitarbeiter bestätigt die Erledigung eines Fertigungsauftrages. Darüber hinaus sind auch summarische Darstellungen der jeweiligen Situation möglich. Die Mitarbeiter im Bereich Auftragsbearbeitung können sich jederzeit über den aktuellen Stand einzelner Kundenaufträge informieren.

4 Zusammenfassung, Ergebnisse und Ausblick

„Supply Chain Management ist ein Ansatz, bei dem Güter- und Informationsflüsse über die gesamte Logistikkette hinweg betrachtet werden, um sie so zu optimieren, dass sie den Kunden zufrieden stellen." So lautet eine der vielen Definitionen von Supply Chain Management. In der Praxis dürfte es nur selten möglich sein, wirklich die ganze Lieferkette umfassend und durchgängig in einem kurzen Zeitraum zu bearbeiten. Die notwendigen Veränderungen sind in der Regel sehr umfassend und betreffen nicht nur die Prozesse als solche, sondern meist auch die Art und Weise wie die Arbeit der Mitarbeiter erfolgt. Häufig müssen Haltungen und Verhalten weitgehend verändert werden. Das ist nur mit einem entsprechenden Führungsstil nachhaltig umsetzbar und benötigt seine Zeit. Ebenso muss in der Regel auch die Arbeitsbeziehung zu Lieferanten und gegebenenfalls auch zu Dienstleistern verändert werden. Hierzu ist es erforderlich, diese Firmen vom Sinn und Zweck zu überzeugen und in den Prozess der Veränderungen mit einzubeziehen. Dabei kam es im vorliegenden Fall auch zum Austausch von Lieferanten bzw. von Dienstleistern, da die Zielsetzungen nicht erreichbar gewesen wären.

Während der Festlegung der strategischen Ausrichtung wurde erkannt, dass eine ganzheitliche Betrachtung der Supply Chains erforderlich ist. Aus praktischen Erwägungen und der bewussten Betrachtung der mit den geplanten Veränderungen einhergehenden potenziellen Risiken wurden Schwerpunkte gesetzt.

Wie in den vorhergehenden Ausführungen dargestellt, war der Schwerpunkt unserer Projekte und Maßnahmen die Beschleunigung des physischen Warenflusses in der Fabrik und bis zum Kunden. Durch die Einführung von SAP zur Steuerung der Abläufe bzw. zur Materialplanung und Disposition in der Fabrik wurde der Informationsfluss nur in diesem Abschnitt der Supply Chain wesentlich verändert. Die Reihenfolge der zeitlichen Durchführung dieser Projekte ist in Abbildung 49 dargestellt.

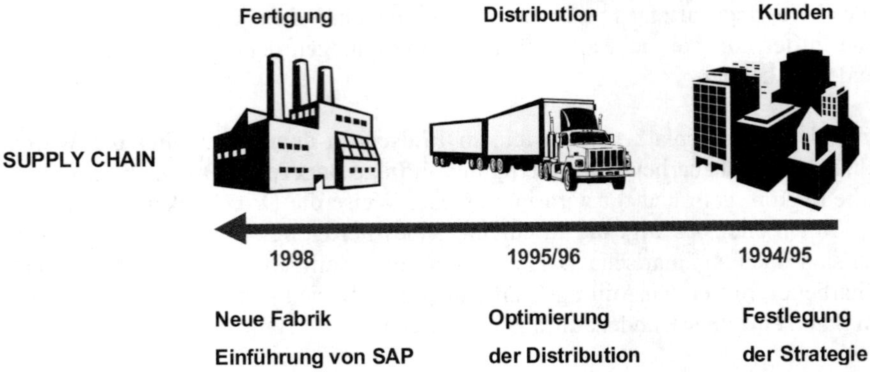

Abb. 49: Die Vorgehensweise von HP-CSDE

Die Arbeit begann damit, die Auslieferung der Waren vom Werk zu den Kunden in Europa neu zu organisieren. Danach wurde gleichzeitig an der Einführung von SAP und an der Konzeption und Realisierung der neuen Fabrik gearbeitet. Zwei Monate nach der Inbetriebnahme der Fabrik wurde der letzte größere Teil von SAP erfolgreich eingeführt und damit die seitherigen EDV-Systeme abgelöst. Beide Projekte in einem so kurzen Abstand erfolgreich zu realisieren war eine sehr große Herausforderung für die gesamte Organisation, die ja gleichzeitig das Tagesgeschäft bewältigen musste. Es ist CSDE gelungen, dass in dieser kritischen Phase kein Kundenauftrag aufgrund dieser Projekte gegenüber dem vereinbarten Termin verzögert ausgeliefert wurde.

In der Organisation der Projekte hat CSDE sehr viel Wert darauf gelegt, dass die strategisch wichtigen Teile von unseren eigenen Experten entwickelt und bearbeitet wurden. Eine Organisation muss sich die Fähigkeit erarbeiten, solche neuen Systeme und Prozesse auch selbst langfristig zu beherrschen. Berater wurden nur für ganz spezielle Fragen und Aufgabenstellungen hinzugezogen, aber immer so, dass das notwendige Wissen gleichzeitig in die eigene Organisation übertragen wurde. Rückblickend kann festgestellt werden, dass die von CSDE eingeleitete und konsequent über viele Jahre verfolgte neue strategische Ausrichtung die erwarteten Ergebnisse übertroffen hat. Die operationalen Ausgaben, die beim Betrieb dieser Fabrik anfallen, sind drastisch gesunken.

In der gleichen Größenordnung konnten die Distributionskosten durch die Konsolidierung und Zentralisierung der Versandaktivitäten reduziert werden. Die wichtigste Veränderung war die Verkürzung der Durchlaufzeiten (vgl. Abbildung 50). Die mit dieser Vorgehensweise erreichte Reduzierung um etwa den Faktor 10 wurde am Beginn der Überlegungen (1995) nicht für möglich gehalten. Seit dem Herbst 1999 werden durchschnittlich 70 % der im Werk eintreffenden Kundenaufträge, bei denen eine sofortige Lieferung gewünscht ist, innerhalb von 24 Stunden fertiggestellt.

Während der Arbeit an den hier dargestellten Themen hat sich in der Organisation das historische Selbstverständnis einer ausschließlichen Fertigung verloren. Es ist heute durch eine ausgeprägte Kundenorientierung und Dienstleistungsmentalität ersetzt worden. Es ist weitgehend selbstverständlich geworden Abläufe ganzheitlich von Anfang bis Ende zu betrachten. Die hier beschriebenen Projekte und Veränderungen sind abgeschlossen. Entsprechend der Definition von Supply Chain Management ist aber noch ein wesentlicher Teil unserer Lieferketten nicht an die neuen Gegebenheiten und Herausforderungen angepasst worden. Der Anteil an Kundenaufträgen, der noch nicht so schnell bedient werden kann, ist durchaus noch zu hoch. Die Palette der Ursachen dafür liegt jedoch nicht im Bereich der Fertigungsprozesse oder der Distribution, sondern in der noch nicht ausreichenden Fähigkeit, Material genau zu disponieren und immer rechtzeitig in Bezug auf Menge und Zusammensetzung verfügbar zu haben.

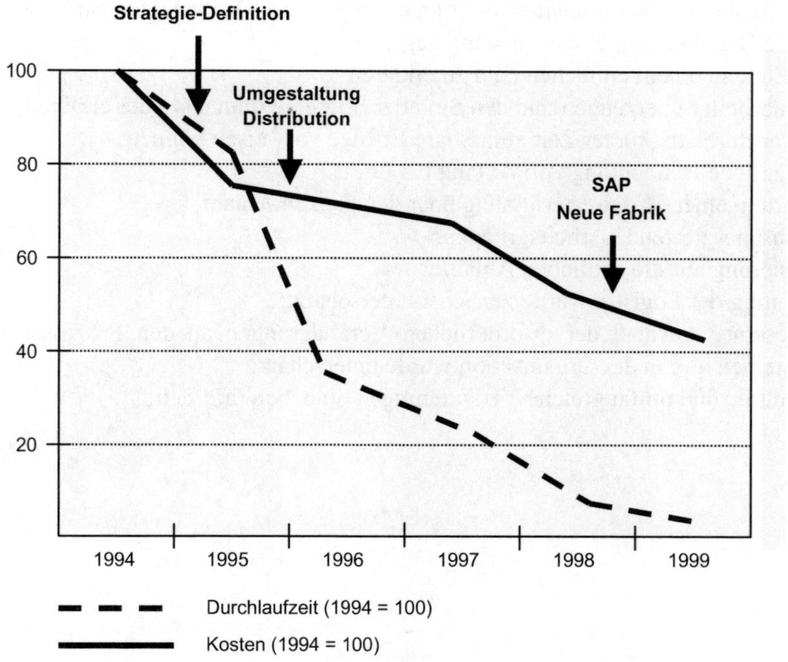

Abb. 50 : Operationale Kosten und Durchlaufzeit 1994 – 1999

Daraus folgt die nächste Herausforderung für diese Organisation. Unter Berücksichtigung der betriebswirtschaftlichen Randbedingungen (Höhe der Bestände und der Kosten) müssen Verfahren entwickelt werden, die es ermöglichen, die notwendigen Teile immer dann zur Verfügung zu haben, wenn der nächste Kundenauftrag bedient werden soll.

Die derzeitige Situation ist im wesentlichen dadurch gekennzeichnet, dass CSDE wegen der langen Vorlaufzeiten für die Planungen und die langen Lieferzeiten für die Baugruppen und Teile, zu einem sehr frühen Zeitpunkt gezwungen ist, Annahmen zu treffen, wann welcher Kundenauftrag mit welchem Inhalt eintreffen wird. In diesem Ablauf liegt sehr viel Unsicherheit, die traditionell durch entsprechende Pufferbestände kompensiert wurden. Hier bietet sich eine Fortschreibung der seitherigen strategischen Ausrichtung in dieses Segment der Supply Chain hinein an.

Der Schlüssel zum Erfolg wird die Fähigkeit sein, diese Durchlaufzeiten und Lieferzeiten signifikant zu verkürzen und damit Unsicherheiten aus dem gesamten Supply Chain Management System zu nehmen.

5 Lessons Learned

- Nachhaltiges und konsequentes Verfolgen einer einmal festgelegten Strategie über alle Bereiche und Funktionen hinweg;
- Klare Ziele in einem einfachen Bild zu erklären;
- Die Mitarbeiter überzeugen und den Sinn der Strategie immer wieder erklären;
- Schon nach relativ kurzer Zeit anfassbare Erfolge vorweisen können;
- Ganzheitliche Betrachtung von Anfang bis Ende;
- Einführung einer Messwerterfassung über den ganzen Ablauf;
- Bereichsübergreifende Arbeitsgruppen;
- Fokussierung auf die zeitlichen Abläufe;
- Der Beitrag der Logistik wurde zunächst unterschätzt;
- Das gesamte Ausmaß der erforderlichen Veränderungen an den Prozessen, IT-Systemen und in der Organisation wurde unterschätzt;
- Nachhaltige und umfangreiche Veränderungen brauchen ihre Zeit;

II.5 OSRAM: Postponement und Lieferantenanbindung

Burckhardt Bohm, Reinhard Meiler

1 Besseres Licht für mehr Lebensqualität

Das Unternehmen OSRAM - ein Tochterunternehmen der Siemens AG - konzentriert sich auf die Produktion und den Vertrieb von Lichtquellen. Im Geschäftsjahr 2000/01 betrug der Umsatz weltweit 4,5 Mrd. Euro was einer Steigerung von 5 % gegenüber dem Vorjahr entspricht. Das Ergebnisniveau (EBITA - Earnings before Interest, Taxes and Amortization of goodwill) wurde mit 462 Mio. Euro weiter verbessert. Damit hat OSRAM seinen Erfolgskurs der letzten Jahre fortgesetzt.

OSRAM ist einer der drei größten Lampenhersteller der Welt und hat in den letzten 10 Jahren seine internationale Präsenz sukzessive ausgebaut. Die Unternehmensgeschichte von OSRAM ist von Expansion geprägt: durch Innovationskraft und den Eintritt in neue Regionalmärkte. Der entscheidende Schritt zum Global Player wurde im Jahre 1993 mit der Akquisition der Sylvania in den Bereichen Automotive weltweit sowie im Bereich Allgemeinbeleuchtung für Nordamerika, Kanada und Mexiko unternommen.

Von wichtiger strategischer Bedeutung ist das am 1. Januar 1999 gegründete Joint Venture für optoelektronische Halbleiter mit dem Siemens-Bereich Halbleiter, jetzt Osram Semiconductors, an dem OSRAM mehrheitlich beteiligt ist. Einen wichtigen Beitrag zum internationalen Geschäftsausbau leisten zudem ein Joint Venture mit der Toshiba Lighting & Technology Corporation in Japan sowie der Ausbau der OSRAM E-Business-Strategie.

Heute ist OSRAM ein Global Player mit einer guten Position in allen regionalen Märkten und beliefert Kunden in über 140 Ländern mit 59 eigenen Gesellschaften und Vertriebsstützpunkten sowie weiteren lokalen Agenten. In 18 Ländern unterhält OSRAM 54 Fabrikationsstätten und beschäftigt weltweit mehr als 34.000 Mitarbeiter, die sich etwa dem Produktionsvolumen entsprechend auf die einzelnen Regionen verteilen (vgl. Abbildung 51).

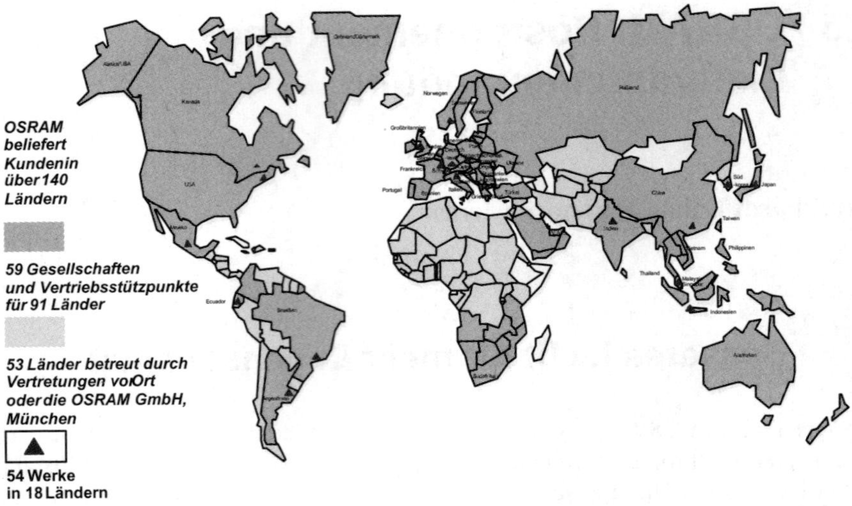

Abb. 51: Osram-Standorte weltweit

Obwohl OSRAM der größte Autolampenhersteller der Welt ist, liegt der Umsatzschwerpunkt mit 53 % in der Sparte Allgemeinbeleuchtung (vgl. Abbildung 52). Das Unternehmen ist als Hersteller für Massenprodukte geprägt von einer hohen Innovationsrate, die durch starke Diversifikation bei relativ wenigen technischen Typen gekennzeichnet ist. Das Sortiment besteht aus mehr als 8.000 Artikeln, von denen etwa 5.500 lagermäßig geführt werden. Die Kundenstruktur umfasst ungefähr 50.000 Kunden in Europa.

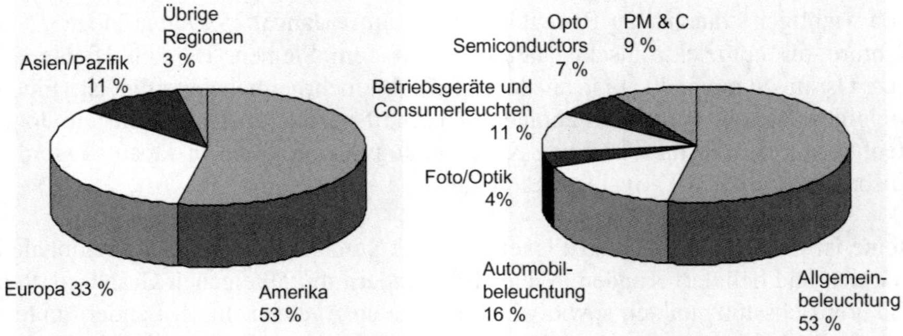

Abb. 52: Umsatz weltweit nach Absatzmärkten und Sparten

OSRAM sieht sein Unternehmensziel darin, „besseres Licht für mehr Lebensqualität“ zu erzeugen und hat sich in seinem Unternehmensleitbild neben anderen Zielen vor allem der Mitarbeiterorientierung und der Kundenorientierung verschrieben. Im Rahmen der weitergehenden Vision 2005 verfolgt OSRAM folgende Zielsetzungen: Kundenorientierung, Totale Qualität, globale Präsenz, Kostenführerschaft, Innovationen und motivierte Mitarbeiter.

2 Entwicklungen im logistischen Umfeld

Der Lampenmarkt in Europa ist in starkem Maße gesättigt und wird von den drei größten Anbietern (OSRAM, Philips und General Electric) weitgehend dominiert. Allerdings kämpfen auch immer mehr Nischenanbieter und Konkurrenten aus Billiglohnländern um Marktanteile. So wird beispielsweise der Markt für „Halogen- und Energiesparlampen“ bereits mehrheitlich von Nischenanbietern, insbesondere aus Asien, dominiert. Gleichzeitig besteht die Gefahr von Imitationen. Marktpotenziale befinden sich in Osteuropa und es gibt einen sehr großen Markt in Asien. OSRAM baut diesen Zukunftsmarkt sukzessive aus. Dies erfordert allerdings ein Überdenken der logistischen Prozesse sowie hohe Investitionen in Produktionsstätten, da es aufgrund der räumlichen Entfernung wenig Sinn macht, insbesondere den ostasiatischen Markt von Europa aus zu betreuen. So wurden in den letzten Jahren neue Fertigungsstätten in Korea, China, Indien und Indonesien errichtet. Die Märkte in Osteuropa stellen neue Herausforderungen an die Logistik und bedingen neue Strukturen. Zu überlegen war, ob neue Lager einzurichten waren oder direkte Kundenbelieferung vorgezogen werden sollte. Erst nach einem ausreichenden Volumen in der jeweiligen Region wurde ein eigenes Lager eingerichtet, das vorwiegend von einem Dienstleister betrieben wird. Für die Übergangszeit und bei großen Volumina wird weiterhin die direkte Belieferung gewählt.

Das Umfeld der neu zu strukturierenden Gesellschaften zeigte komplexe Problemstellungen. Zunächst waren die internen Abläufe einschließlich der EDV-Strukturen zu gestalten, die fehlende Infrastruktur zu schaffen und die Anbindung der Kunden aufzubauen. Zur Definition der logistischen Anforderungen waren die Bedürfnisse der Kunden festzustellen, die sich ebenfalls in einem neuen Umfeld bewegen und ihre Anforderungen noch nicht im Detail kannten. Intensive Analysen waren erforderlich, um den für den jeweiligen Kunden richtigen Ansatz zu finden. OSRAM wendet sich mit seinen Massenprodukten der Konsumgüterindustrie über den Handel als Mittler an einen nahezu anonymen Käufermarkt, in dem der Erfolg im Wesentlichen durch die Produktqualität (Brenndauer, Lebensdauer, Design, etc.) und insbesondere den Lieferservice bestimmt wird. An allen deutschen Standorten sowie in Frankreich und Italien läuft inzwischen das Projekt „Kontinuierliche Selbstbewertung“, welches Verbesserungspotenziale aufzeigen soll. Ziel ist es dabei, Optimierungsmöglichkeiten aufgrund von Best-Practice-Lösungen auszuschöpfen, um die Kundenerwartungen bestmöglich zu erfüllen.

Oberstes Ziel von OSRAM für die Zukunft ist die dauerhafte Steigerung des Unternehmenswertes. Zur Erreichung dieses anspruchsvollen Vorhabens wird OSRAM seine Weltmarktposition festigen, indem das Geschäft in den neu erschlossenen Regionalmärkten weiter ausgebaut und die Strukturen in den Stammwerken optimiert werden. OSRAM wird die Produktivität deutlich durch weitere Rationalisierungsmaßnahmen und Optimierungen in der Fertigung verbessern.

3 Supply Chain Management

OSRAM versteht unter Supply Chain Management (SCM) die kundenorientierte Gestaltung, Lenkung und Steuerung der unternehmensinternen und -externen Wertschöpfungskette. Im Rahmen von zahlreichen Euro-Logistik-Projekten wurde zunächst die Distribution neu überdacht und die Warenverteilprozesse optimiert. Dieser Teil wird mittlerweile bei OSRAM beherrscht.

Die Herausforderung und ein großes Potenzial liegen darin, die Vorerzeugnisse sowie Verpackungen von den Lieferanten rechtzeitig zu erhalten. Aus diesem Grund liegt der Schwerpunkt im Moment im Inbound-Bereich, d.h., die Integration bzw. die Optimierung der Material- und Informationsflüsse an der Schnittstelle zwischen dem eigenen Unternehmen und den Lieferanten, damit die Endprodukte rechtzeitig bereitgestellt werden können. Ziel ist hierbei die vollständige Belieferung ab einem OSRAM-Distributionscenter bei minimalen Beständen. In diesem Bereich wurden auch die ersten Pilotprojekte, zunächst mit einer Sparte, initiiert. Die Zielsetzungen wurden dabei klar definiert:

- Verbesserung des Kundenservice und Verstärkung der Kundenorientierung
- Optimierung der Effizienz und Transparenz der logistischen Kernprozesse
- Optimierung der Warenverfügbarkeit in der gesamten logistischen Kette
- Durchgängige Kommunikation und Koordination in der Logistikkette

3.1 Kundenservice und Kundenorientierung

Direkte Kunden von OSRAM sind nicht die Endverbraucher, sondern es findet eine Unterteilung in 3 unterschiedliche Kundenkategorien statt.

3.1.1 Selbstbedienungshandel (SBH)

Das kennzeichnende Element für die Belieferung des SBH ist ein definiertes Typenband, das beim Lieferanten gelistet sein muss. Wegen der fehlenden Lagermöglichkeit sind die erteilten Aufträge umgehend zu beliefern, da andernfalls leere Regalfächer zu erwarten sind. Aus diesem Grund wird vom SBH eine hohe Liefersicherheit gefordert, die sich innerhalb der vereinbarten Bestellvorlaufzeit bewegt. Um diese Sicherheit zu gewährleisten, wird von der Logistik regelmäßig die Warenverfügbarkeit der gelisteten Produkte geprüft und bei drohenden Engpässen sofortige Nachlieferung bzw. Produktion veranlasst. In der Kommunikation mit den zuliefernden Werken wurde eine Frühwarnliste geschaffen, die Engpässe verhindern soll.

3.1.2 Fachhandel (Groß- und Einzelhandel)

Der Fachhandel zeichnet sich durch ein umfassendes Typenband und ein gut sortiertes Lager aus. Der Bestellrhythmus erfolgt in regelmäßigen Abständen, die jedoch vom Dispositionsverhalten und der Bestandsentwicklung des Kunden abhängen. Der Lieferdruck ist in der Regel geringer als im SBH, da neben der Versorgungssicherheit aus dem Lager auch meist ein Lieferant eingeschaltet werden kann, der in der Lage ist, entstehende Lücken aufzufüllen. Der Bestellvorlauf ist normalerweise länger als im SBH. Die Sicherstellung wird auch in diesem Kanal mit Frühwarnliste und täglicher Nachdisposition gewährleistet.

3.1.3 OEM (Original Equipment Manufacturer)

Das Absatzverhalten im OEM-Markt ist durch die Produktionsabläufe der Kunden bestimmt und deshalb gut und langfristig prognostizierbar. Die Anforderungen der Kunden hinsichtlich der Liefertreue sind aufgrund der Gefahr von Maschinenstillständen durch das Fehlen des Vorerzeugnisses Lampe sehr hoch. Das Typenband ist beschränkt.

3.2 Effizienz und Transparenz der logistischen Kernprozesse

In der Vergangenheit herrschte auch bei OSRAM ein starkes Bereichsdenken. Die Logistik hatte ihre Logistikkennzahlen optimiert und war somit u.a. für die Bestände verantwortlich. Der Vertrieb wurde am Umsatz gemessen. Im Einkauf standen vor allem Preisverhandlungen mit den Lieferanten im Vordergrund. Die Fertigung versuchte, ein gutes Fertigungsergebnis zu erbringen, d.h., eine möglichst hohe Auslastung der Fertigungseinrichtungen. Vor drei Jahren hat OSRAM begonnen, diese nicht kundenorientierte Situation zu verändern. Ein entscheidender erster Schritt war die Neustrukturierung der Organisation. Das Unternehmen wurde in Sparten aufgeteilt. Aus dem großen Unternehmen wurden mehrere kleine, die von Spartenleitern geführt werden. Diese haben die volle Verantwortung für das operative Geschehen, sie sind sozusagen „Unternehmer im Unternehmen“. Mit dieser neuen Organisation ist es der Geschäftsführung möglich, das gesamte operative Geschäft ausschließlich über die Sparten zu steuern.

Das nächste Ziel von OSRAM war, die Transparenz der Abläufe und Prozesse zu erhöhen. Zunächst galt es, die unternehmensübergreifenden Ist-Prozesse im Rahmen einer detaillierten Analyse aufzuzeigen. Dabei wurde im Prinzip ein internes Benchmarking durchgeführt, d.h., es wurden nicht nur die Abläufe im Stammhaus, sondern auch diejenigen in den Beteiligungsgesellschaften analysiert. Dabei stellte sich heraus, dass die Planungs-, Dispositions- und Steuerungsprozesse oft unterschiedlich gestaltet sind. Die übergreifenden Prozesse wurden dann in Teilprozesse zerlegt mit dem Ziel, die Kernprozesse sowie die Schwachstellen zu identifizieren. Im Anschluss daran wurden für diese Kernprozesse Szenarien gebildet und Verbesserungsmaßnahmen abgeleitet (vgl. Abbildung 53).

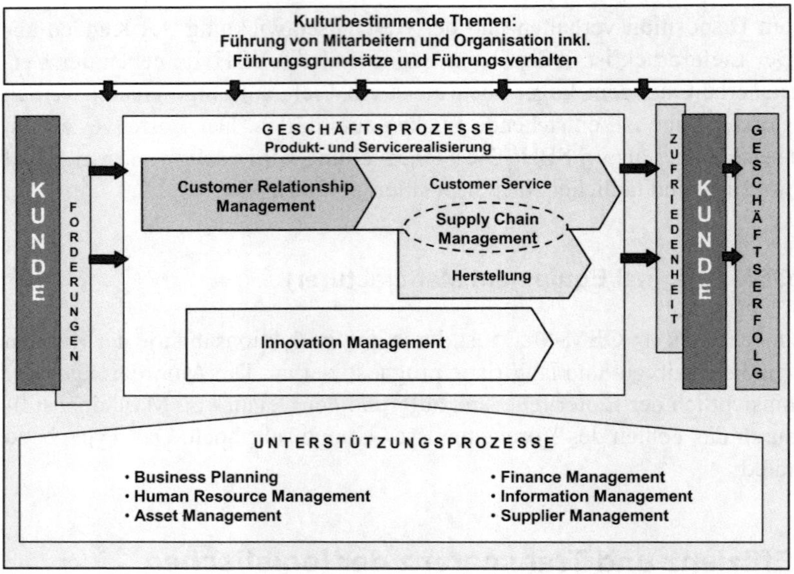

Abb. 53: Kernprozesse bei Osram

3.3 Optimierung der Warenverfügbarkeit

Die Situation auf dem Lampenmarkt ist geprägt von einer hohen Produktvielfalt verbunden mit einer schwer überschaubaren Marktentwicklung. Diverse Untersuchungen hinsichtlich des Abnahmeverhaltens der Kunden zeigten, dass etwa 20 % der Produkte eine Schwankungsbreite von +/- 50 % um den Mittelwert haben. Der Rest der Produkte, also 80 %, schwankt sogar bis zu 250 % um den Mittelwert. Dabei wird im planungstechnischen Sinne nicht von den technischen Produkten, also der Glühlampe im eigentlichen Sinne, gesprochen. Im Normalfall ist die Glühlampe mit einem Stempel versehen und verpackt. Die große Anzahl der Varianten- bzw. Typenvielfalt stammt deshalb aus der „Konfektionierung" des Produkts im Sinne zusätzlicher eigener Marken, eigener Verpackungen sowie eigener

Präsentationsformen der Verpackung im Regal (1er-, 2er-, 3er- und 5er-Faltschachteln, Multipack, Schrumpfpacks, etc.). Für die Planungsaktivitäten handelt es sich dabei immer um einzelne Produkte (vgl. Abbildung 54).

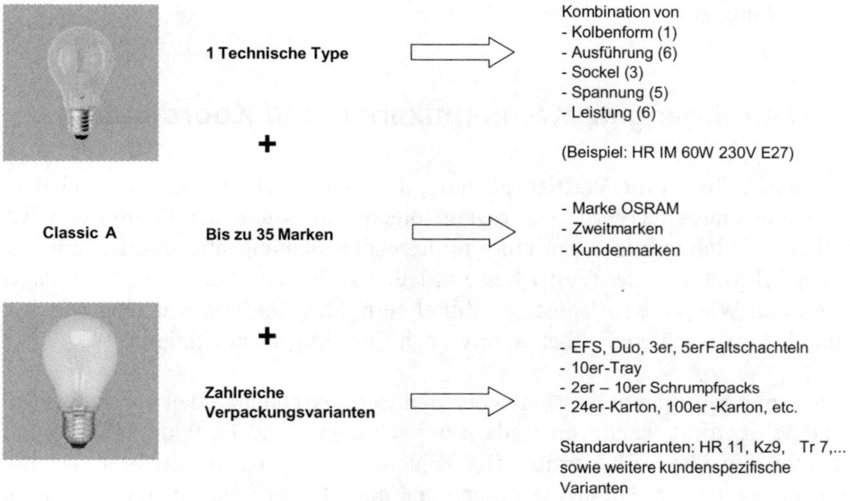

Abb. 54: Variantenvielfalt am Beispiel der Glühlampe „Classic A“

Der Bedarf für das eigentliche technische Produkt, die Glühlampe selbst, ist relativ konstant und gut planbar. Die große Herausforderung für OSRAM ist deshalb ein intelligentes Variantenmanagement, da nicht nur das technische Produkt „Glühlampe“, sondern das endverpackte Produkt von den Kunden gefordert wird. Die einzelnen Werke verlangen einen relativ langen Zeitvorlauf für die Planung, für die Beschaffung der Materialien, für die Einrichtung der Kapazität sowie für die Personalbeschaffung. Allerdings wird OSRAM dieser Zeitvorlauf von Kundenseite nicht eingeräumt.

Diese Situation bedeutet für OSRAM, dass der Absatz von endverpackten Produkten hauptsächlich prognosegestützt geplant werden muss. Die Endprodukte werden auf der Basis von Prognosen auf Lager produziert. Ziel ist dabei ein nachfragenahes „Make-to-Stock“, so dass die gefertigten und gelagerten Artikel möglichst vollständig von den Kunden abgenommen wurden. Diese Planung und Prognose auf das Endprodukt erhöht zwangsläufig die Gefahr von Fehlprognosen. Die Folgen sind einerseits hohe Lagerbestände an nicht verkauften Produkten und andererseits können Out-of-Stock-Situationen eintreten, die sich direkt auf den Lieferservice von OSRAM negativ auswirken. Diese Planungs- und Prognosesituation wird zusätzlich durch Sonderangebote und Aktionen des Handels sowie durch saisonale Schwankungen verschärft. Diese Schwankungen betragen zwischen Saison (Herbst bis Frühjahr) und Nichtsaison im günstigsten Falle 1:2, im Extremfall bis zu 1:5.

Allerdings kann diese Situation nicht nur durch eine ordentliche Planung verbessert werden. Nachhaltige Verbesserungen können nur dann erreicht werden, wenn es OSRAM gelingt, die Beschaffungszeiträume und dabei insbesondere die Produktionszyklen zu verkürzen, um von einem Make-to-Stock zu einem Make-to-Order zu gelangen.

3.4 Durchgängige Kommunikation und Koordination

Die Grundlage bildet die Vertriebsplanung, die als Budgetvorgabe am Geschäftsjahresanfang erarbeitet wird. Zur regelmäßigen Anpassung der Planwerte wird monatlich die Planung in Form einer roulierenden Planung überarbeitet, um die neuesten Erkenntnisse des Vertriebes einfließen zu lassen. Auf dieser Grundlage wird mit den Werken bzw. sonstigen Zulieferern die geforderte Kapazität vereinbart und in einem späteren Arbeitsschritt nach Einzeltypen spezifiziert.

Die Liefermengen orientieren sich neben den Bedarfszahlen an den vorgegebenen Bestandzielen, die anhand von Bedarfsentwicklungen und Fertigungsablieferungen regelmäßig überprüft werden. Bei Fehlentwicklung ist die Zulieferung entsprechend anzupassen. Diese Verfolgung und die erforderliche Anpassung erfolgt in gemeinsamer Verantwortung mit den Werken, die zusammen mit der Logistik die Verantwortung für Bestand und Lieferservice haben.

4 Effizientes SCM durch Postponement

4.1 Ausgangssituation

OSRAM führte im Jahre 1999 bereits zum 3. Male eine Kundenbefragung über die verschiedenen Sparten und Absatzkanäle bei mehr als 2.500 Kunden in Europa durch. Dabei wurde jeweils die Beurteilung im Vergleich zum besten Wettbewerber abgefragt, um die Position des Unternehmens in den einzelnen Leistungsbereichen erkennen zu können. Allgemein zeigte sich, dass OSRAM in der Kundenbetrachtung einen deutlichen Vorsprung in der Produktqualität (anerkannt gut bereits zum 3. Mal) aufzuweisen hat, jedoch in der Servicequalität sich vom Wettbewerb nicht wesentlich unterscheidet. Wenn auch bereits einige Verbesserungen erreicht werden konnten, kann der erzielte Wert dem Anspruch "best of class" nicht gerecht werden.

Als wesentlicher Ansatzpunkt zur Verbesserung des Marktanteils und der Kundenzufriedenheit zeigt sich neben dem Preis/Leistungs-Verhältnis noch immer die Servicequalität. Die Servicequalität kommt am stärksten im Lieferservicegrad zum Ausdruck, d.h. in der Warenbereitstellung zum Kundenwunschtermin.

Diese Messung wird bei Osram täglich hinsichtlich verschiedener Kriterien durchgeführt und verfolgt. Die besondere Problematik bildet hierbei das Erfordernis, die Kundenanforderungen durch einen mengenmäßig ausreichenden und typenmäßig wohl sortierten Bestand abdecken zu können. Die Beschaffungszeiten in den Werken sind in der Regel weitaus länger als von Kundenseite an Lieferzeit eingeräumt wird. Die Fertigung erfolgt, wie bereits angedeutet, nach dem Prinzip "Make-to-Stock" und war als "Make-to-Order" bisher nicht umsetzbar.

Produziert wurde an verkoppelten Fertigungslinien, die jeweils ein Produkt in der kundenspezifischen Endverpackung erzeugen. Die Verkaufsplanung von OSRAM zeigte sich aufgrund der hohen Varianz im Nachfrageverhalten als sehr instabil. Da alle bisherigen Bemühungen zur Verbesserung der Prognosen nur eine begrenzte Verbesserung der Warenbereitstellung ermöglichten, war OSRAM gehalten, nach anderen Möglichkeiten zu suchen. Die Anforderung lag in einer flexiblen Anpassung der Fertigung an das Nachfrageverhalten des Marktes, dem bisher nur mit relativ langen Reaktionszeiten gefolgt werden konnte.

Die Grundanforderungen beziehen sich dabei im Wesentlichen auf zwei Ausprägungen:

1. Typenanpassung innerhalb der vereinbarten Fertigungsmenge bei hoher Diversifikation

2. Mengenanpassungen aufgrund hoher Nachfrageschwankungen (Aktionen und Promotionen)

Alle bisher in diesem Zusammenhang erreichten graduellen Verbesserungen konnten nicht zufriedenstellen und veranlassten OSRAM, nachhaltige Erfolge anzustreben.

4.2 Projektauftrag

Bedingt durch die starke Dominanz einzelner Warengruppen am Lieferserviceanteil wurde der Untersuchungsumfang auf die am stärksten hieran beteiligte Warengruppe (Allgebrauchslampe) eingegrenzt, jedoch in diesem Bereich umfassend auf die wesentlichen an dem Prozess beteiligten Funktionen ausgedehnt. Zu betrachten waren also alle Kettenglieder zur Optimierung der Supply Chain vom Lieferanten bis zur Warenbereitstellung für den Endkunden im Hinblick auf die Verbesserung des Lieferservice und der Kundenzufriedenheit.

Die wesentlichen Projektziele sind:

- Steigerung des Lieferservicegrades
- Bestandsreduzierung bzw. Erhöhung des Lagerumschlagfaktors
- Hohe Flexibilität in der Fertigung hinsichtlich Mengen und Typen

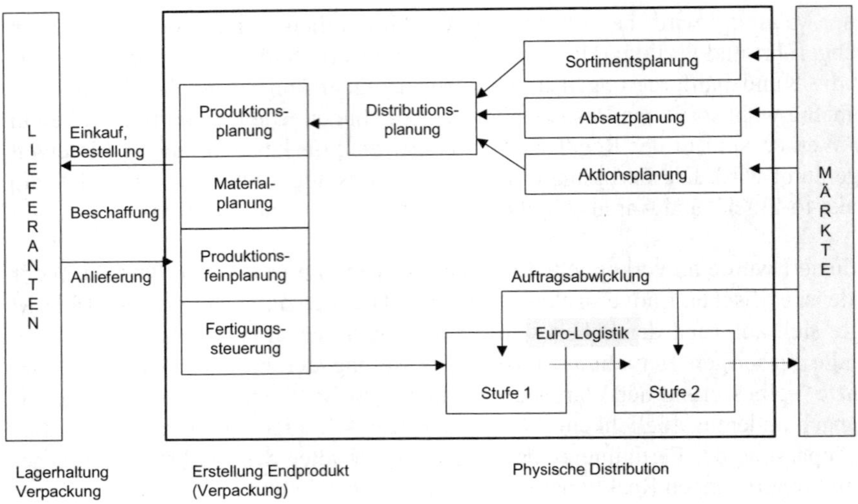

Abb. 55: Untersuchungsbereich, schematisch dargestellt

Die Kunden fordern die vollständige Belieferung ihrer Bestellungen, die sich entweder auf die Kataloginhalte oder die vereinbarten Listungen (Definition der vom Kunden ausgewählten OSRAM-Artikel) für bestimmte Produkte stützen. Alle hierbei als Lagertypen definierten Erzeugnisse werden ohne Lieferzeitverzögerungen erwartet. Dabei gibt es keine Einschränkung hinsichtlich der benötigten Menge. Soweit der Kunde spezifisch für ihn hergestellte Erzeugnisse fordert, ist dies bereits in der Listung berücksichtigt. Alle Waren sind aus diesem Grund in der gegenwärtigen Situation am Lager zu führen und aufgrund eventuell vorliegender Planungen oder eigens erstellter Prognosen zu beschaffen. Zur Sicherstellung des Kundenbedarfs wird ein definiertes Lager (auch für Kundenmarken) gehalten, mit dem der regelmäßig auftretende durchschnittliche Bedarf abgedeckt werden kann. Unerwartet eintreffende große Auftragszahlen führen aufgrund der langen Vorlaufzeiten der Werke zu Engpässen, wohingegen eine unerwartet geringe Anzahl an Bestellungen zu unerwünscht hohen Lagerreichweiten führt. Die geschilderte Problematik erforderte nachhaltige Abhilfe.

Aufgrund der Anforderungen aus der Materialbeschaffung fordern die Werke eine auf der Beschaffungszeit für Vorerzeugnisse beruhende Vorlaufzeit. Diese dient insbesondere auch der Generierung und Festlegung von Fertigungsaufträgen für das verkaufsfähige Endprodukt. Probleme entstehen jedoch aus der Tatsache, dass diese Vorlaufzeiten sehr viel kürzer sind als die für Kundenbestellungen geltenden Vorlaufzeiten. Dies bedingt eine, von wenigen Ausnahmen abgesehen, prognosegestützte Generierung von Fertigungsaufträgen. Erst wenn es gelingt, die Vorlaufzeiten der Fertigung deutlich zu verkürzen, ist eine sichere – weil nicht mehr lediglich auf Prognosen beruhende – Fertigung und Belieferung der Kunden zu gewährleisten.

Nach umfangreichen Analysen, Befragungen und wirtschaftlichen Betrachtungen zeigten sich die Schwerpunkte zur Verkürzung der Vorlaufzeit für Endprodukte und zur schnellen Anpassung der Fertigungsmengen an den Markt. Das Team gelangte zu folgenden Vorschlägen, die im Einzelnen noch näher erläutert werden:

- Strukturelle Veränderung der Fertigung durch Entkopplung der Verpackung zur Verkürzung der Vorlaufzeit für Endprodukte
- Optimierter Lieferantenmix und Lieferantenanbindung für Verpackungsmaterial zur Sicherstellung des benötigten Materials
- Entwicklung von Arbeitszeitmodellen zur flexiblen Anpassung der Fertigungsmengen an die Marktnachfrage
- Systemgestaltung zur Abwicklung der neu gestalteten Prozesse

Zur Durchführung dieses SCM-Projekts wurde von der Geschäftsführung ein Projektteam installiert, das sich aus Mitarbeitern aller betroffenen Fachabteilungen zusammensetzt (vgl. Abbildung 56). Die Arbeit selbst erfolgt in diversen Einzelteams. Die erarbeiteten Vorschläge erwiesen sich als zielführend und wirtschaftlich und wurden im Rahmen eines Geschäftsführungsbeschlusses zur Realisierung genehmigt. Über den Fortschritt des Realisierungsprojektes wird seitdem in monatlichen Lenkungsausschuss-Meetings unter Mitwirkung der Geschäftsführung berichtet.

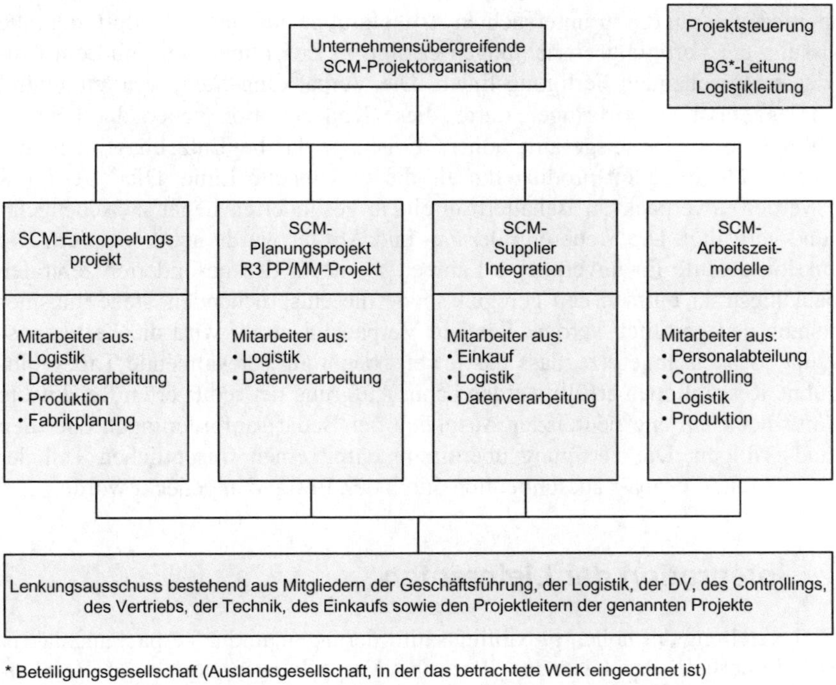

Abb. 56: SCM-Projektorganisation

4.3 Entkopplung des Fertigungs- und Verpackungsprozesses

Die Entkopplung, d.h., die Zweiteilung von Fertigungs- und Verpackungsprozess, folgt dem Gedanken, dass durch eine spätest mögliche Festlegung auf das Endprodukt (Postponement) die größtmögliche Flexibilität gegeben ist und dem Gedanken "Make-to-Order" ein großes Stück nähergekommen wird. Das Ziel ist, die Wiederbeschaffungszeit um ca. 80 % gegenüber der verkoppelten Fertigung zu reduzieren.

Die Realisierung dieses Vorhabens bedeutet jedoch eine vollständige technische Neuausrichtung der Fertigungseinrichtungen. Die bisher verkoppelten Verpackungstrakte werden abgetrennt und in einer gesonderten Verpackungsfabrik zusammengefasst aufgestellt. Das technische Erzeugnis einer "GU-Lampe" (GU = gestempelt und unverpackt) wird als Hauptlagerstufe eingelagert und der Bestand an verpackten Lampen deutlich reduziert. Die Anzahl an Varianten konnte durch diese Maßnahmen auf 15 % des ursprünglichen Wertes reduziert werden. Diese Entkopplung bedingt jedoch eine strukturelle Veränderung im Fertigungsprozess, im Materialfluss, in der Lagerhaltung sowie in der Disposition und erfordert eine zweistufige Planung für "GU-Lampen" sowie für Fertigerzeugnisse.

Begleitet wird dieser Strukturwandel durch die vorgesehene Konzentration der Lampenfertigung in dieser untersuchten Artikelgruppe auf einen Standort, d.h., die Anpassung der Fertigungseinrichtungen erfolgt im Zusammenhang mit dem Umzug der entsprechenden Fertigungslinien. Die Verpackungstrakte werden zentral zusammengefasst und erbringen durch diese Konzentration neben der höheren Flexibilität noch eine insgesamt höhere Leistung, da die Einzelmaschinen mit höherer Geschwindigkeit produzieren als die verkoppelte Linie. Die "GU-Lampen" werden unverpackt in Behältern in einem gesonderten Lager zwischengelagert und verwaltet. Die Steuerung der Zu- und Abfuhr wurde neu konzipiert. Die Produktionsabläufe für unverpackte Lampen sowie für den gesonderten zentralen Verpackungstrakt müssen neu geregelt sowie die entsprechenden Steuerungsmechanismen neu gestaltet werden. Für den Verpackungstrakt wird die Fertigungskapazität so hoch angesetzt, dass das jeweils benötigte schwankende Tagesvolumen ohne Restriktionen erfüllt werden kann. Aufgrund der reduzierten Reichweite kann nur noch ein eng begrenzter Ausgleich der Bedarfsanforderungen über den Bestand erfolgen. Die Fertigung übernimmt damit einen wesentlichen Teil der Pufferfunktion, die zuvor ausschließlich durch den Bestand abgedeckt wurde.

4.4 Integration der Lieferanten

Zur Sicherstellung der hohen Flexibilitätsanforderungen an die Verpackungsfabrik ist es erforderlich, das besonders kritische Verpackungsmaterial mit Beschaffungszeiten von ungefähr 3 - 4 Wochen ständig verfügbar zu haben.

Um diesem Ziel nach tagesgenauer Bereitstellung, Just-in-time-Prinzip (JIT), von Fertigerzeugnissen folgen zu können, ist es notwendig, den Lieferanten in die Prozesse von OSRAM zu integrieren. Diese Zusammenarbeit erfordert zunächst, dass gemeinsam mit dem Lieferanten ein durchgängiger Planungs- und Steuerungsprozess entwickelt wird. Nachdem die Lieferanten in die Informationskette einbezogen wurden, liegt ein weiterer Schwerpunkt darin, einen Großteil der Lagerung und Bestandskontrolle auf den künftigen Lieferanten zu übertragen (Supplier Managed Inventory). Um die bestehenden Möglichkeiten zur Prognose aufgrund der vereinbarten Kapazität für einzelne Artikelgruppen nutzen zu können, wurde der Lieferantenmix dem neuen Konzept angepasst (vgl. Abbildung 57).

Bisher war die Stoßrichtung des Einkaufs, die Lieferanten nach Großserientypen und Kleinmengen zu differenzieren, um den jeweils besten Preis zu erzielen. In Zukunft werden die Lieferanten nach Produktgruppen aufgeteilt, um den schwankenden Anforderungen nach Haupt- und Nebentypen flexibel folgen zu können.

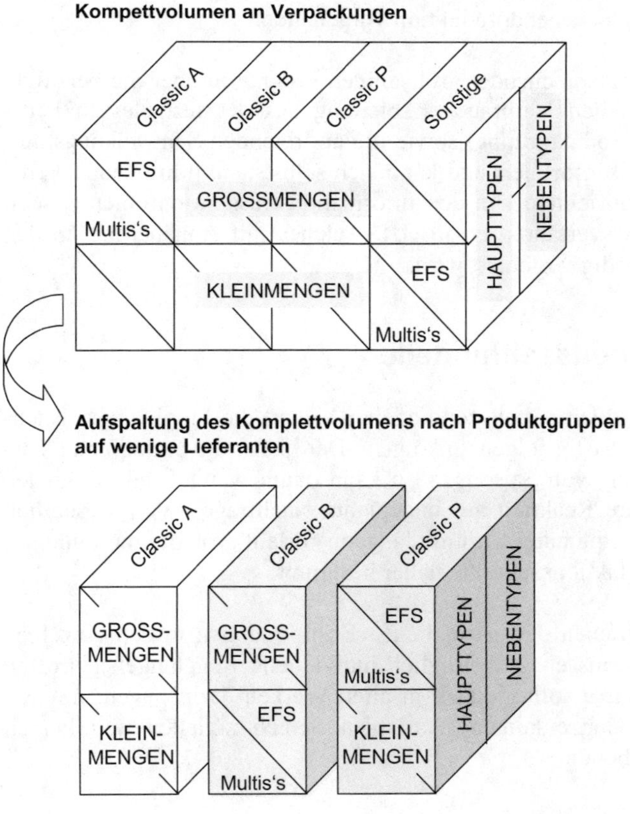

Abb. 57: Neukonzeption des Lieferantenmix

Die Vorteile dieser Aufspaltung des Komplettvolumens auf wenige Lieferanten sind:

- Flexibilität zwischen Haupt- und Nebentypen
- Flexibilität zwischen Klein- und Großmengen
- Flexibilität zwischen Verpackungstypen (Einzelfaltschachteln - EFS, Multi's)
- Ausgleich von Schwankungen in den Dimensionen
- Erleichterung der Lagerhaltung bei OSRAM und den Lieferanten
- Gute Planbarkeit
- Mengenbündelung

Als Ziel ist vorgesehen, mit dem Lieferanten ein definiertes Verpackungsmateriallager zu vereinbaren, welches nach Entnahme innerhalb einer bestimmten Frist aufzufüllen ist und im geplanten Endzustand vom Lieferanten selbst überwacht und gesteuert wird. Die Anlieferung an den Verbrauchsstandort muss innerhalb von 24 Stunden möglich sein. Tägliche Anlieferung im benötigten Umfang wird vorausgesetzt. Die Lagerung im Werk wird auf wenige Tage begrenzt, jedoch wird der Vorrat für die Wochenendproduktion vorgehalten.

Der Lieferant wird mit entsprechenden frühzeitigen Prognosen über die benötigte Kapazität und den aktuellen Verbrauch (Ableitung aus der festgelegten Fertigungskapazität für die Produktgruppe) sowie die auftretenden Schwankungsbreiten (Saison/Nebensaison) informiert und kann sich selbstständig mit seiner Fertigungskapazität darauf einrichten. Um den Informationsfluss zu optimieren, wird ein roulierendes Planungsverfahren eingesetzt, welches mit Annäherung an den Verbrauchszeitpunkt ständig verfeinert wird.

4.5 Flexible Arbeitszeitmodelle

Die Einführung von flexiblen Arbeitszeitmodellen sichert die Möglichkeit, Nachfrageschwankungen kurzfristig folgen zu können. Der bisher unvermeidliche Vorratsaufbau zur Abdeckung von Saisonspitzen kann damit weitgehend vermieden werden. Die unmittelbare Reaktion auf ungeplante Nachfragen wird wesentlich erleichtert. Die Arbeitszeitplanung wird mit langem Vorlauf grob definiert und mit Annäherung an den Produktionszeitraum näher bestimmt.

Abhängig von den tariflichen und gesetzlichen Bestimmungen in den einzelnen Ländern und Regionen müssen grundsätzlich individuelle Regelungen getroffen werden. Der Grundgedanke sollte jedoch in allen Werken darin liegen, mit Arbeitszeitkonten (auch Langzeitkonten), variablen Schichtmodellen und kurzen Anpassungsfristen zu arbeiten.

4.6 Systemgestaltung

Der neu konzipierte Produktionsablauf erfordert eine Anpassung, besser Neugestaltung, der Planungs- und Steuerungssysteme, die sowohl der Anforderung nach langfristiger Kapazitätsplanung als auch der kurzfristigen Beschaffungs- und Warenfluss-Steuerung Rechnung trägt und die gesamte Versorgungskette abbildet. Das Planungsmodell sieht ein roulierendes Verfahren vor, das mit Annäherung an den Produktionszeitraum zunehmend differenziert wird (vgl. Abbildung 58). Das Planungsraster, die Vorlaufzeiten sowie die Planungshäufigkeit werden dem Produktionszyklus angepasst. Im Zuge der begleitenden Fertigungsverlagerung und der bereits erwähnten Konzentration auf einen Standort werden die bestehenden Systeme erneuert.

Die Neugestaltung der Systemlandschaft muss die Anbindung der technischen Systeme von Fertigung und Lager, die Schnittstellen zu den unterlagerten Steuerungen und die Kommunikation zu den dezentralen Funktionen der Lieferanten sowie der zentralen Systeme ermöglichen. Besonders kritisch ist in diesem Zusammenhang die Harmonisierung mit dem Zeitplan der Fertigungskonzentration, damit nach Umsetzung und Aufbau der Fertigungseinrichtungen keine unerwünschte Störung auftritt. Damit ist für die Realisierung der Systeme ein äußerst enger Zeitrahmen mit einem bereits fixierten Endpunkt gesetzt.

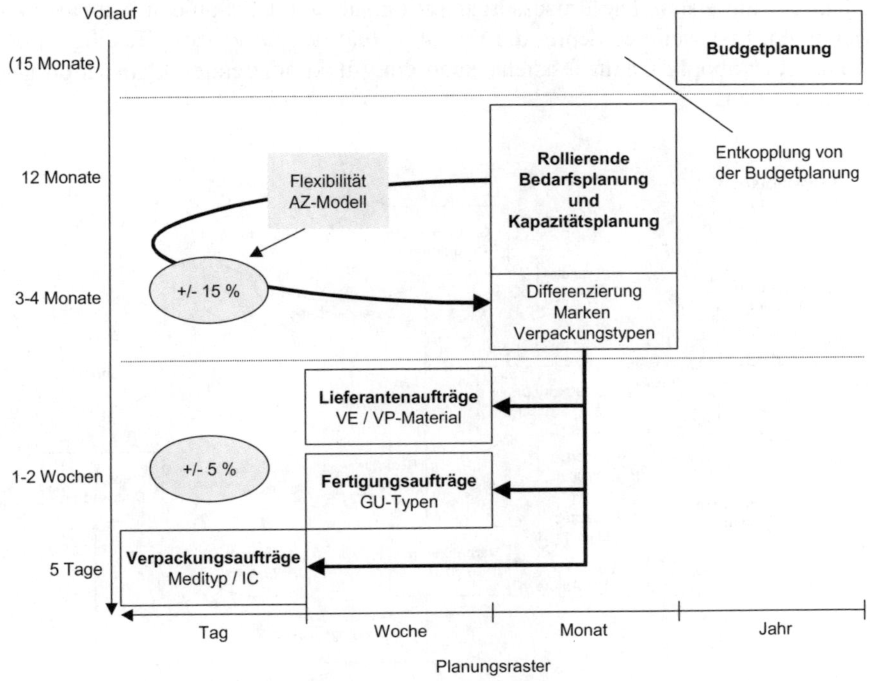

Abb. 58: Planungsmodell bei OSRAM

Um diesem hochgesteckten Ziel folgen zu können wurde entschieden, die im Hause bereits verwendete Standardsoftware SAP/R3 für die Steuerung im Werk einzusetzen. Für die Zwecke der Vertriebsplanung und langfristig auch für den Einsatz im Bereich der Fertigungssteuerung wurde für das System APO von SAP entschieden, das auf der Basis von SAP/R3 weitergehende und detaillierte Planungen ermöglicht.

4.7 Organisation und Verantwortlichkeiten

Die Organisationsziele wurden im Hinblick auf den Supply Chain Gedanken neu definiert. Die Einzelziele der an dem Prozess beteiligten Organisationseinheiten müssen sich künftig dem Gesamtziel unterordnen. Die heute je Funktionskreis vereinbarten und verfolgten Teilziele sind künftig neu zu gestalten und zu definieren, um eine Optimierung in einem integrierten Zielsystem zu erreichen. Da der gesamte Geschäftsprozess komplex und insgesamt kaum beherrschbar erscheint, wurden die wesentlichen beherrschbar erscheinenden Teilprozesse definiert.

Die sich unmittelbar beeinflussenden Prozesse sind in diesem Zusammenhang das Kundenmanagement und die Herstellung. Die ergänzenden Prozesse setzen die Ziele und messen den Geschäftserfolg. Im Rahmen dieser Teilprozesse gilt es, die entsprechenden Organisationsformen zu finden, die einen möglichst reibungslosen Ablauf gewährleisten. Die Prozessorganisation hat sich dabei an den Aufgaben zu orientieren. Erst wenn eindeutig die Funktionalität der am Prozess Beteiligten im Rahmen der Supply Chain feststeht, kann eine funktionierende Organisation gefunden werden.

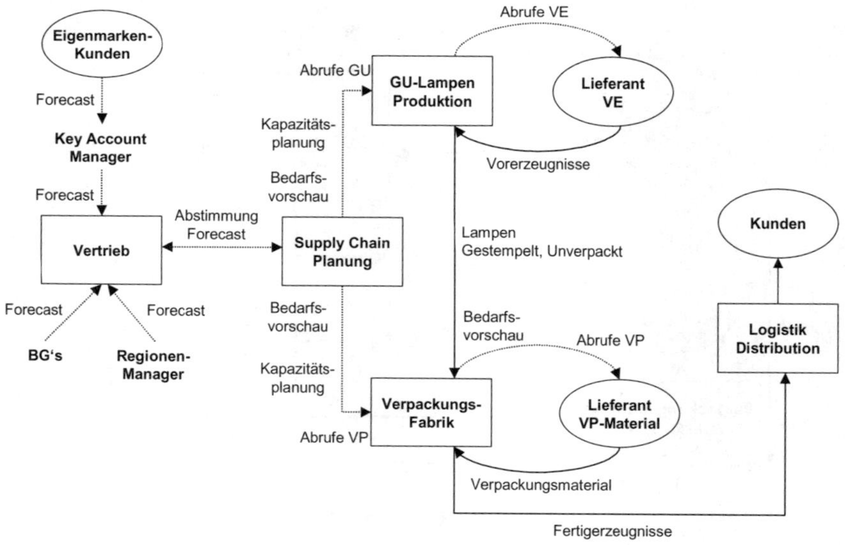

Abb. 59: Prozess-Schema der Versorgungskette

5 Zusammenfassung und Ausblick

Die hier dargestellten Ansätze zur Gestaltung des Supply Chain Managements lassen erkennen, dass dem Leitbild des Unternehmens nach Kundenorientierung folgend Strukturverschiebungen in erheblichem Ausmaß erforderlich sind, um die Realisierung zu ermöglichen.

Die Projektarbeit hat jedoch gezeigt, dass damit auch wirtschaftliche Ergebnisse verbunden sind, die es ebenfalls abzuschöpfen gilt. Verbesserte Lieferbereitschaft, flexible Produktion, verkürzte Wiederbeschaffungszeiten und reduzierte Lagerbestände sind mit einem verbesserten Auftragsabwicklungs- und Fertigungsprozess erreichbar.

Die Einzelziele der Fertigung wie hohe Fertigungsauslastung, Ausschuss, Produktivität bzw. der Logistik nach geringen Transportkosten müssen dem Gesamtziel nach Kundenorientierung und Lieferqualität untergeordnet werden. Mit einer angepassten Organisation, neu geordneten Abläufen und Prozessen sowie den begleitenden Systemen wird der Supply Chain Gedanke in die Praxis umgesetzt.

6 Lessons Learned

Die Abläufe sind hoch komplex und zur Sicherstellung der neuen Anforderungen in weitem Umfang neu zu gestalten. Dabei zeigen sich in einigen Bereichen Widerstände gegen die entstehenden Neuerungen und das Bestreben im alten Zustand festhalten zu wollen. Hier ist erhebliche Überzeugungsarbeit zu leisten und die erforderliche Aufbruchstimmung zu erzeugen.

Die Organisation ist in vielen Bereichen anzupassen, um den neuen Strukturen gerecht zu werden. Schwierig ist es, die Chancen für die neuen Aufgaben erkennbar zu machen und die Notwendigkeit der Umstrukturierungen zu verdeutlichen und sie in geeigneter Form in eine neue Organisation einzubetten (Change Management). Die Einbindung der Lieferanten in den gesamten Ablauf erfordert zusätzliche Kommunikationswege, die vollständig neu aufzubauen und in Kooperation mit gegenseitigem Vertrauen (z.B. Datensicherheit) zu gestalten sind. Die EDV-Abläufe sind der Gestaltung der Prozesse mit erheblichem Aufwand anzupassen. E-Commerce-Lösungen wurden in diesem Projekt noch nicht einbezogen.

Die besondere Problematik in diesem Projekt besteht in der hohen Vielfalt der zeitlich und inhaltlich aufeinander abzustimmenden Prozesse, die sich in informationstechnischen Abläufen, maschineller Ausgestaltung und der entsprechenden Organisation widerspiegeln.

II.6 BASF: Materialmanagement und Nachschubsteuerung

Dr. Angela Stieglitz, Klaus Strefling, Thomas Meurer

1 Das Unternehmen BASF

1.1 Globalisierungsstrategie der BASF-Gruppe

Die BASF gehört zu den weltweit führenden Unternehmen der chemischen Industrie. Im Jahr 1865 zur Produktion von Teerfarben gegründet, reicht die heutige Produktpalette von Erdgas, Öl, Petrochemikalien und innovativen Zwischenprodukten bis hin zu hochveredelten Chemikalien und Pflanzenschutzmitteln. Die BASF-Gruppe mit weltweit mehr als 100.000 Beschäftigten besteht im Kern aus der BASF Aktiengesellschaft sowie aus weiteren über 100 Tochter- und Beteiligungsgesellschaften. Lokale und regionale Vertriebsgesellschaften unterhalten Geschäftsbeziehungen zu Kunden in 170 Ländern der Erde, die von Produktionsstätten in 39 Ländern weltweit versorgt werden. Im Rahmen der Globalisierungsstrategie der BASF kommt dem weltweiten Produktionsnetz von großen Verbundstandorten eine besondere Bedeutung zu. Neben dem größten Chemiekomplex in Ludwigshafen am Rhein, gleichzeitig Stammwerk und Sitz der Unternehmensleitung, betreibt die BASF weitere große Produktionsverbundstandorte in Europa und Nordamerika. In Süd- und Mittelamerika befinden sich Anlagen im Aufbau, ebenso in der Wachstumsregion Asien (vgl. Abbildung 60).

Die BASF-Gruppe erwirtschaftete im Geschäftsjahr 2001 einen Umsatz von rund 32,5 Mrd. Euro. Europa bildet dabei mit einem Umsatzanteil von rd. 55 % den Heimatmarkt der BASF. In Nordamerika wird die konsequente Etablierung in der Spitze der Chemieunternehmen verfolgt, während in Südamerika ein jährliches Wachstum von 6 % angestrebt wird. Bis zum Jahr 2010 soll der Marktanteil in Asien von einem auf zwei Prozent verdoppelt werden.

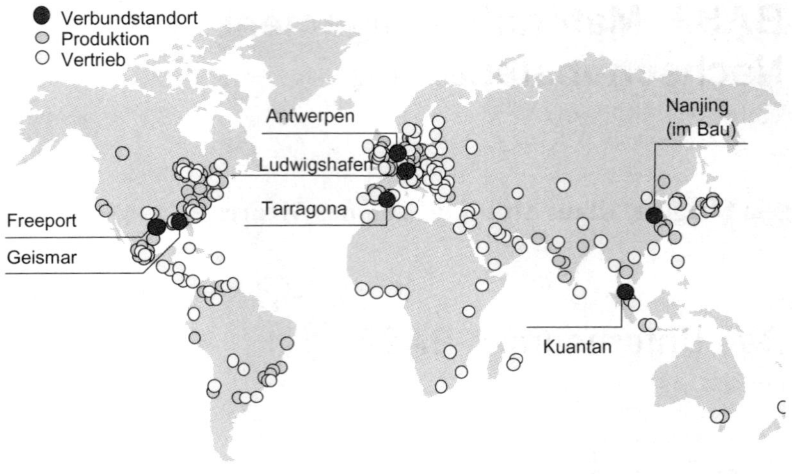

Abb. 60: Weltweite Produktions- und Vertriebsstandorte der BASF-Gruppe

Das Verbundprinzip ist eine der tragenden Stärken der BASF und im Laufe der historischen Entwicklung zu einem Leitprinzip der Unternehmensentwicklung geworden. An einem solchen integrierten Produktionsstandort werden ausgehend von wenigen chemischen Basisrohstoffen über mehrere Wertschöpfungsstufen, die über Stoffströme und Energieaustausch vielfältig miteinander verbunden sind, zunächst 200 wichtige chemische Grund- und Zwischenprodukte hergestellt.

Chemikalien	Petrochemische Grundprodukte, Weichmacher, Leime und Harze, Elektronikchemikalien, Amine, Diole, Zwischenprodukte für Farben, Fasern oder die Feinchemie
Kunststoffe und Fasern	Styrol, Kunststoffe auf Styrol-Basis, Schaumstoffe, Konstruktionswerkstoffe, Polyole, Isocyanate, Polyurethan-Systeme und Spezialelastomere, Faservorprodukte. Fasern auf Polyamidbasis (Nylon)
Veredelungsprodukte	Textil- und Lederchemikalien, Pigmente, Rohstoffe für Waschmittel, Additive für Benzin und Diesel, Raffinieriechemikalien, Superabsorber, Klebrohstoffe, Bau- und Papierchemikalien, Fahrzeuglacke
Pflanzenschutz und Ernährung	Herbizide, Fungizide, Insektizide, Vitamine, Pharmawirkstoffe, Lichtschutzmittel
Öl und Gas	Erdöl, Erdgas

Tab. 7: Segmente der BASF-Gruppe

Diese bilden die Basis für die Erzeugung der rund 8.000 Verkaufsprodukte der BASF, die sich insgesamt in fünf Kernsegmente untergliedern, denen wiederum die operativen Geschäftseinheiten nach Produktgruppen zugeordnet sind. Wichtige Abnehmergruppen sind die Automobil-, Elektro- und Baubranche, die Textil- und Lederindustrie sowie die Nahrungsmittel- und Gesundheitsbranche.

1.2 Herausforderungen für die chemische Industrie

Die Chemiebranche befindet sich im ausgehenden Jahrtausend in einer Phase der Umstrukturierung, die durch einen anhaltenden Konzentrationsprozess gekennzeichnet ist. So wurde das weltweite Transaktionsvolumen bei Fusionen und Übernahmen Ende der 90er Jahre fast verdoppelt. Treibende Kraft der steigenden Konzentration ist vor allem die Globalisierung der Märkte, die insgesamt zu einer höheren weltweiten Transparenz über Produktpreise und Produktqualitäten und zu einer Intensivierung des Wettbewerbs beiträgt.

Neben dem damit verbundenen Kostendruck auf die Unternehmen steigen in den Absatzmärkten vor allem die Anforderungen der Kunden im Hinblick auf die Lieferleistungen. Warenverfügbarkeit, Zuverlässigkeit, Flexibilität und Informationsbereitschaft sowie die Fähigkeit, maßgeschneiderte Kundenlösungen anzubieten, sind in zunehmendem Maße die Erfolgsfaktoren im Wettbewerb. In ihrem Beschaffungsmarketing konzentrieren sich die Kunden vermehrt auf die Entwicklung von engen Partnerschaften mit wenigen ausgewählten Lieferanten. Andere Branchen - wie z.B. die Automobilindustrie – waren bereits viel früher mit ähnlichen Herausforderungen konfrontiert und begannen, ausgehend von den Kundenbedürfnissen, ihre Prozesse zu restrukturieren und ihre Wertschöpfungsketten vor allem durch eine veränderte Zusammenarbeit mit den Lieferanten neu zu ordnen.

In Summe sanken die Durchlaufzeiten in der Produktion, Lieferzeiten konnten verkürzt und Lieferzuverlässigkeiten verbessert werden. Insgesamt stieg die Flexibilität und Reaktionsfähigkeit des Marktauftritts um ein Vielfaches. Im Vergleich dazu steht die chemische Industrie mit dem Umbau ihrer Prozessketten in einem frühen Entwicklungsstadium. Zum Teil ist dieser Rückstand dadurch zu begründen, dass die chemische Industrie vielfach ihr eigener Kunde ist, so dass sie in ihrer Leistungsfähigkeit weniger gefordert wurde. Andererseits existieren besondere Anforderungen bei der chemischen Produktion und Distribution, welche die Einführung von Supply Chain Konzepten verzögert haben.

Bei vielen chemischen Produkten handelt es sich um Basisstoffe oder Commodities, die aus wenigen Einsatzstoffen im Idealfall kostengünstig in großtechnischen Anlagen hergestellt werden. Der technische Fortschritt hat die optimale Größe von Produktionsanlagen ansteigen lassen, so dass aus Kostengründen eine Konsolidierung der Produktionskapazitäten auf wenige Standorte - im Extremfall einen einzigen mit world-scale-Maßstab - sinnvoll ist. Diese Standorte übernehmen dann weltweit die Zulieferung weiterer Produktionsstandorte und die Versorgung der Kunden. Um dies erfolgreich bewältigen zu können, sind umfangreiche Koordinationsprozesse zur Steuerung der zentralen Produktionskapazitäten und der Befriedigung der regionalen und lokalen Kundenbedürfnisse erforderlich. Komplexe Warenströme in einem umfassenden Beschaffungs-, Produktions- und Distributionsnetz entstehen.

Darüber hinaus ist die Chemiebranche durch die Besonderheiten der Prozessindustrie gekennzeichnet, die eine konsequent nachfragegetriebene Produktionsplanung und –steuerung einschränken. So dominiert bei kontinuierlichen Produktionsverfahren in großtechnischen Anlagen die Zielsetzung einer hohen Kapazitätsauslastung zur Senkung der Produktionsstückkosten sowie eine weitgehende Vermeidung von Anlagenstillständen. Ähnliches gilt bei Chargenproduktion, bei der möglichst große Lose unter Minimierung von Rüst- und Sortenwechselkosten angestrebt werden. Ziele, die sich restriktiv auf die Optimierung von Beständen auswirken. Zur Prüfung der Produktspezifikation verlangen Kunden in vielen Fällen vorab Chargenmuster, die dann mit der gelieferten Ware absolut übereinstimmen müssen. Dies muss bei der Nachfragesteuerung sowie beim Auftrags- und Materialmanagement berücksichtigt werden. Weiterhin stellen chemische Produkte in den Fällen hohe Anforderungen an ihre Handhabung, in denen es sich um gefährliche, temperaturempfindliche oder verderbliche Güter handelt. Gerade im Hinblick auf eine zunehmend globale Planung und Steuerung der Warenströme muss die Einhaltung hoher technischer Standards im gesamten Lager- und Transportnetz gewährleistet sein. Im Rahmen von „Responsible Care" – einer freiwilligen weltweiten Initiative der chemischen Industrie zur Verbesserung der Leistungen auf den Gebieten Sicherheit und Umweltschutz – haben sich die Chemieunternehmen im Bereich Distribution zur Wahrung strenger Grundsätze bei Transport, Umschlag und Lagerhaltung selbst verpflichtet.

Bei einigen Produktgruppen müssen oftmals länderspezifische Regularien im Hinblick auf Produktmarkierungen, Etikettenbeschriftungen, Herkunftsbezeichnungen usw. berücksichtigt werden. Dies führt dazu, dass einmal abgepackte und gelabelte Produkte zu national dedizierten Beständen werden. Dies stellt hohe Anforderungen an die Prognosequalität der lokalen Nachfrage, denn Redistributionen sind teilweise nur durch aufwendige Umfüll- und Umpackvorgänge möglich.

Supply Chain Management bedeutet für die BASF die kundenorientierte Optimierung der unternehmensinternen und firmenübergreifenden chemischen Wertschöpfungsketten. Aufgrund des engen Leistungsverbundes in der Produktion, die zu einem komplexen Beziehungsgeflecht zwischen internen und externen Lieferanten und Kunden führt, kommt der effektiven und effizienten Planung und Steuerung der Logistikkette generell eine große Bedeutung für die Ausschöpfung der Verbundvorteile zu.

Darüber hinaus verändert sich die globale Arbeitsteilung im BASF-Netzwerk. Denn ein wichtiges Ziel der BASF ist die Steigerung der Umsatz- und Ergebnisanteile in den Wachstumsregionen der Welt.

Diese Strategie forciert den weiteren Ausbau des weltweiten Produktions- und Vermarktungsnetzes vor allem in Asien und der NAFTA-Region. Grundvoraussetzung für die erfolgreiche Umsetzung ist die Beherrschung und reibungslose Verzahnung der entsprechenden Beschaffungs-, Produktions- und Distributionsprozesse entlang der jeweils geschäftseinheitsspezifischen Wertschöpfungsketten über die Regionen hinweg, um flexibel, absolut zuverlässig und kostengünstig auf die Anforderungen der Kunden reagieren zu können.

2 Stufenweise Anpassung der internen Organisation

Zur Einführung von Supply Chain Management muss im Unternehmen und in den Geschäftsbereichen vor allem ein gemeinsames Verständnis aller beteiligten Marketing-, Vertriebs-, Produktions- und Logistikeinheiten über die Zusammenhänge und Wechselwirkungen einzelner Entscheidungen auf die gesamte Prozesskette bestehen. Darüber hinaus war bei BASF eine gemeinsame Ausrichtung auf kunden- und marktspezifische Service- und Kostenziele erforderlich. Die nachhaltige Verankerung des Supply Chain Managements in den Geschäftsbereichen machte insbesondere die Anpassung der innerbetrieblichen Organisationsstrukturen notwendig.

2.1 Einrichtung von Materialwirtschaftszentren

Die Umsetzung von Supply Chain Management in der BASF stellt einen bis heute andauernden evolutionären Prozess dar. Bereits Anfang der 90er-Jahre wurden die Grenzen einer funktionsorientierten Organisation für ein effizientes und flexibles Reagieren auf die sich verändernden Marktanforderungen erkannt. Logistische Prozesse waren in sich funktional gegliedert in Auftrags- und Materialwirtschaft sowie in Lager-, Abfüllungs- und Umschlagseinheiten. Die vielstufige Prozesskette vom Kunden(-Auftrag) über lokale Vertriebseinheiten zur Logistik und den Produktionseinheiten in den Lieferwerken in aller Welt bis hin zum Versand an den Kunden wies eine Vielzahl von Schnittstellen und damit hohe Durchlaufzeiten auf. Zudem erforderte die funktionale Bündelung aller geschäftseinheitsspezifischen Materialwirtschaftsaufgaben in der zentralen Logistikabteilung langwierige Abstimmungsprozesse zwischen den verschiedenen Marketing- und Vertriebseinheiten sowie den produzierenden Betrieben der Geschäftsbereiche.

Administrative Doppelarbeiten, Informationsdefizite und Lieferengpässe bei gleichzeitig ansteigenden Beständen waren die Folge. Externe Kundenbefragungen ergaben, dass das Unternehmen im Hinblick auf Lieferfähigkeit und –zuverlässigkeit, Durchlaufzeit und Auftragserfüllungsgrad bestenfalls im Branchendurchschnitt lag. Mit der Bildung von sogenannten Materialwirtschaftszentren (MWZ) wurde daraufhin der erste Schritt in Richtung Prozessorientierung und Supply Chain Management unternommen.

Materialwirtschaftszentren stellten interdisziplinäre Teams dar, die aus den Bereichen Marketing, Produktion, Vertrieb sowie den logistischen Einheiten des Auftrags- und Materialmanagements zusammengestellt waren und gemeinsam den gesamten Kundenauftragserfüllungsprozess innerhalb einer strategischen Geschäftseinheit planten und steuerten. Kernprozesse, die den MWZ übergeben wurden, bildeten am Anfang die integrierte Bedarfsplanung und Verfügbarkeitsprüfung. Dabei dienten regelmäßige, institutionalisierte Produktionsplanungsgespräche vor allem einer Optimierung der Lieferfähigkeit. Neben einer Verringerung der Prozesskosten konnte insbesondere gegenüber dem Kunden der Marktauftritt deutlich verbessert werden. Zum einen stiegen Lieferfähigkeiten und Zuverlässigkeiten, zum anderen reduzierte sich durch die Zusammenlegung aller auftragsrelevanten Prozesse die Zahl der Ansprechpartner für den Kunden. Organisatorisch noch immer der Logistik zugeordnet, wurden die MWZ im Idealfall in räumlicher Nähe zum jeweiligen Engpass in der Prozesskette angesiedelt, der zwischen dem Marketing, der Produktion oder der Logistik variierte.

Das erste MWZ wurde Mitte der 90er Jahre für Ultraplaste gegründet. Im Laufe der nächsten Jahre kamen weitere 16 MWZ für die jeweiligen Geschäftseinheiten hinzu. Sie waren sehr unterschiedlich und individuell auf die Aufgabenstellungen und Anforderungen der einzelnen Geschäftsbereiche ausgerichtet. Insgesamt kam es zu einer tiefgreifenden Wandlung und Erweiterung der Aufgabenfelder in der Materialplanung und –steuerung. Stand am Anfang vor allem die interne Optimierung der Geschäftsprozesse durch gegenseitiges Kennenlernen und Verstehen der Prozessabläufe und das Überwinden des traditionellen und funktionstypischen „Silodenkens“ im Vordergrund, richteten sich im Laufe der Zeit die Bemühungen auf die Optimierung der Schnittstelle zum Kunden. Individuelle logistische Problemlösungen für ausgewählte Kunden wurden entwickelt, die vor allem die Integration der Kundenbeschaffungsprozesse zum Ziel hatten. Die ersten zu dieser Zeit bereits implementierten Vendor-Managed-Inventory (VMI)-Lösungen wurden noch als „Bestandscontrolling und Vorratssteuerung für Kunden“ bezeichnet.

2.2 Aufbau von Supply Chains - Dezentralisierung des Auftrags- und Materialmanagements

Trotz der bereits sichtbaren Erfolge der Materialwirtschaftszentren und der ersten Verankerung des Supply Chain Gedankens im Unternehmen und seinen Geschäftsbereichen, konnte diese Struktur noch nicht alle Potenziale ausschöpfen. Eine Benchmark-Untersuchung überprüfte die wesentlichen logistischen Leistungskennzahlen und zeigte für fast alle Geschäftsbereiche zum Teil beträchtliche Verbesserungspotenziale bei Durchlaufzeiten, Lagerreichweiten, Lieferzuverlässigkeiten und Reklamationsquoten. Flexibilität und Reaktionsgeschwindigkeiten waren noch nicht optimal.

Daraufhin wurde in einem weiteren Schritt eine durchgängige Integration aller kundenauftragsrelevanten Planungs-, Steuerungs- und Kontrollprozesse im operativen Management der Geschäftseinheiten in Angriff genommen. Im Vordergrund stand in dieser 2. Stufe der Abbau weiterer Schnittstellen. Organisatorisch bedeutete dies eine Dezentralisierung und Verlagerung des Auftrags- und Materialmanagements von der zentralen Logistik in die operativen Einheiten und den Aufbau von geschäftsspezifischen Supply Chains.

In einer Reihe von Management-Workshops wurde mit Unterstützung eines internen Beraterteams ein neuer Organisationsentwurf erarbeitet. Er basierte auf der Einteilung aller logistischen Leistungen in die Kategorien „Prozesseinheit" bzw. „Supply Chain" auf der einen und Serviceeinheit auf der anderen Seite. Supply Chain-Einheiten sind damit auf Geschäftseinheiten fokussierte Einheiten, in deren Verantwortung die Koordination aller administrativen, planerischen und physischen Logistikleistungen, die zur Erfüllung der Kundenanforderungen des jeweiligen Geschäftsbereichs notwendig sind, liegen. Die Leistungen können dabei von der Einheit selbst erbracht oder von Serviceeinheiten zugekauft werden. Den Serviceeinheiten obliegt die Aufgabe, alle physischen und administrativen Logistikleistungen zu erbringen, für die in den Supply Chains keine kritische Masse vorhanden ist. Darüber hinaus existieren auch zentrale Serviceeinheiten, die für alle Supply Chains Dienstleistungen erbringen und die Synergiepotenziale des Verbundes optimal auszuschöpfen.

Der Aufbau der Supply Chains erfolgte gemeinsam mit den Geschäftseinheiten. Er hatte das Ziel, für die beteiligten Funktionen ein gemeinsames Prozessverständnis zu schaffen, sowie den Supply Chains die durchgängige Prozessverantwortung für die Materialströme aus planerischer, administrativer und operativer Sicht zu übergeben.

Das gemeinsame Prozessverständnis aller beteiligten Funktionen trägt dazu bei,

- die Kundenbetreuung als funktionsübergreifende Aufgabe wahrzunehmen,
- Entscheidungen bei komplexen Problemstellungen schneller herbeizuführen,
- redundante Prozesse und vor allem Briefträgerfunktionen in der Prozesskette zu eliminieren,
- ein Prozessmonitoring durch gemeinsam festgelegte Zielwerte aufzubauen, sowie
- die Transparenz über den gesamten Wertschöpfungsprozess zu steigern.

Ein Umsetzungsleitfaden mit folgenden Teilarbeitsschritten bildete die Grundlage einer gezielten Vorgehensweise:

- Abstimmung des generellen Auftrags der Supply Chain;
- Definition von Anforderungen und Leistungen spezifisch für jeden Geschäftsbereich;
- Beschreibung von Soll- und Ist-Prozessen;
- Zuordnung von Mitarbeitern und Festlegung der Arbeitsorganisation;
- Definition von Leistungskennzahlen und Bestimmung der Kosten;
- Zielvereinbarungen und Entwicklungspläne für Mitarbeiter;

Begleitet wurde die Umsetzung durch Teambildungs- und weitere Kommunikationsmaßnahmen, um das Zusammenführen der Mitarbeiter aus den verschiedenen Abteilungen zu unterstützen. Nach knapp einem Jahrwar die Umsetzung weitgehend abgeschlossen und die Supply Chains in die operative Verantwortung der Geschäftsbereiche übergeben. Um über die Geschäftsbereiche hinweg die Synergien der Logistik zu erhalten und weiterzuentwickeln, verbleibt zum einen die fachliche Führung im Hinblick auf die Personalentwicklung, die Systemlandschaft und die Infrastruktur bei der zentralen Logistik, zum anderen stellen funktionale Querschnittsteams die Erhaltung des funktionalen Know-how, die Koordination der funktionalen Weiterentwicklung sowie die Unterstützung bei fachspezifischen Problemen sicher (vgl. Abbildung 61).

Als wesentliches Steuerungs- und Kontrollinstrument ist eine Balanced Scorecard für alle Supply Chains entwickelt worden, die Kennzahlen für alle relevanten Zielgrößen und Prozesse enthält. Neben dieser aufbauorganisatorischen Verankerung des Supply Chain Managements im Unternehmen besteht nun die Hauptaufgabe der einzelnen Supply Chains darin, ihre individuellen Prozesse zu optimieren. Beispielhaft wird hier nachfolgend ein Restrukturierungsprojekt beschrieben.

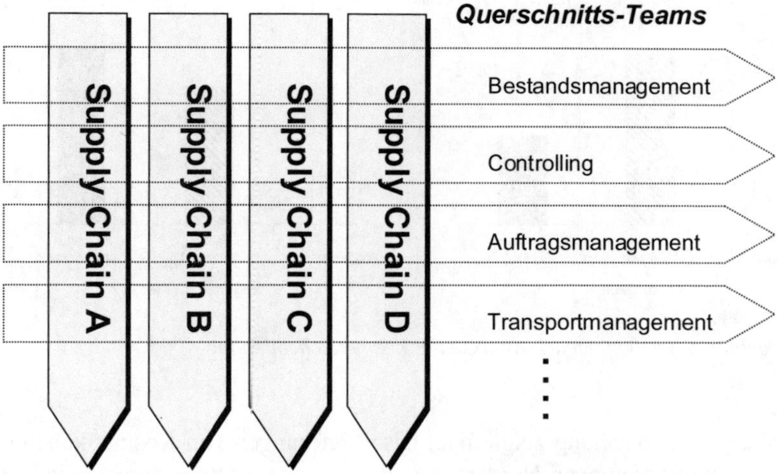

Abb. 61: Organisation der Supply Chain Querschnitts-Teams

3 Restrukturierung der Nachschubsteuerung für Kosmetikchemikalien

3.1 Ausgangssituation

Ein Schwerpunkt der bereits genannten Benchmark-Untersuchung war die Analyse der Nachschubsteuerungsprozesse für Lieferungen der BASF in die NAFTA-Region für einzelne Geschäftsbereiche, mit der die Leistungsfähigkeit des Unternehmens im Hinblick auf wesentliche logistische Leistungskennzahlen überprüft wurde. Neben einem Vergleich der Geschäftsbereiche untereinander wurden die Werte der Hauptkonkurrenten in den jeweiligen Geschäftsfeldern ermittelt. Im Vergleich mit dem jeweils besten Wettbewerber wurden zum Teil beträchtliche Verbesserungspotenziale identifiziert, die Ansatzpunkte für eine weitere Optimierung der weltweiten Warenstromsteuerung bildeten.

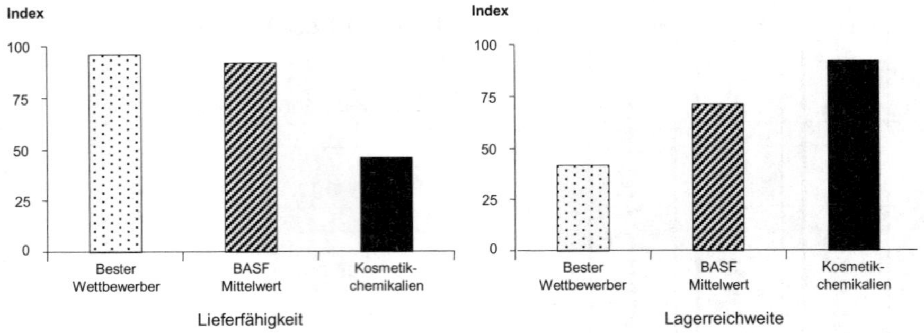

Abb. 62: Ergebnisse der Benchmark-Analyse für Kosmetikchemikalien

Die Benchmark-Untersuchung zeigte u.a., dass Lieferungen von Kosmetikchemikalien von Ludwigshafen nach Nordamerika durch lange Auftragsdurchlaufzeiten und nicht immer befriedigende Produktverfügbarkeit charakterisiert waren (vgl. Abbildung 62). Zudem war die Lagerreichweite eine der höchsten innerhalb der BASF. Der Geschäftsbereich Kosmetikchemikalien initiierte daraufhin ein Supply Chain Restrukturierungsprojekt, das gemeinsam mit internen Logistikberatern der BASF Corporation und BASF AG realisiert wurde. Das Projekt wies eine Gesamtlaufzeit von acht Monaten auf und war durch eine klare Trennung von Analysephase und Design- bzw. Implementierungsphase gekennzeichnet (vgl. Abbildung 63).

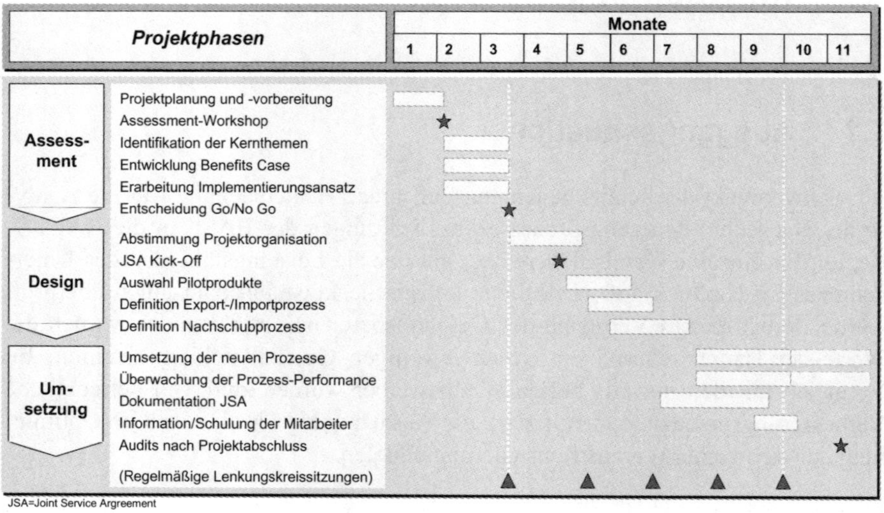

Abb. 63: Projekdesign Restrukturierung der Nachschubsteuerung für Kosmetikchemikalien

3.2 Analysephase

Um die Ursachen für die hohe Auftragsdurchlaufzeit und die unbefriedigende Produktverfügbarkeit zu analysieren, wurde ein Workshop-Ansatz gewählt, der auf dem Supply Chain Operations Reference (SCOR) Modell des Supply Chain Council basiert und sich gegenüber der traditionelleren Interview-Methode durch eine höhere Interaktivität auszeichnet.

Der Assessment-Workshop umfasste die vier Hauptprozesse des SCOR-Modells (Plan, Source, Make & Deliver), denen jeweils ein Tag der Workshopreihe gewidmet war. Bereits im Vorfeld des Workshops waren die Ist-Prozesse der gesamten Versorgungskette grob abgestimmt und Verantwortliche für die Vorstellung der Prozessabschnitte auf dem Workshop benannt worden. Während des Workshops wurden die wesentlichen Elemente der Hauptprozesse sowie die derzeit genutzten Kennzahlen analysiert und vor dem Hintergrund der Bereichsstrategie gemeinsam diskutiert. Im Anschluss daran identifizierten die Gruppen anhand eines Brainstormings Verbesserungspotenziale für das Prozesselement. Dieses Verfahren zeichnete sich durch den vergleichsweise geringen Zeitaufwand, die aktive Einbeziehung aller Prozessbeteiligten und den Aha-Effekt durch die gemeinsame Betrachtung des gesamten Hauptprozesses aus. Schwächen liegen unter Umständen in einer nicht hinreichend detaillierten Ist-Aufnahme sowie darin, dass diese Form nicht in allen Kulturkreisen so leicht anwendbar ist wie in den USA.

Die dokumentierten Ergebnisse der Workshops wurden zu Kernthemen gruppiert und gemeinsam mit den Workshopteilnehmern sowie der Führung des Geschäftsbereiches validiert. Basierend auf diesen Kernthemen wurden die Planung, das Kennzahlensystem und der Nachschubsteuerungsprozess als Hauptverbesserungsbereiche für die Design- und Implementierungsphase identifiziert. Ein Umsetzungsvorschlag wurde erarbeitet und die Potenziale der vorgeschlagenen Maßnahmen ermittelt. Nach insgesamt zwei Monaten war die Analysephase mit der Verabschiedung der weiteren Vorgehensweise durch den Projektlenkungskreis abgeschlossen.

3.3 Prozessdesign und Implementierung

Für die Design- und Implementierungsphase wurden ein Projektteam mit sechs Teilprojektteams gebildet (vgl. Abbildung 64): Zwei Teams befassten sich mit der Steuerung der Warenströme von Europa in die NAFTA-Region und vice versa, zwei Teams mit den Planungsabläufen in Europa bzw. denen der NAFTA-Region. Ein Team war für die Erarbeitung eines konsistenten Kennzahlensystems verantwortlich, ein weiteres Team für die Optimierung der Produktionskapazitäten in den USA.

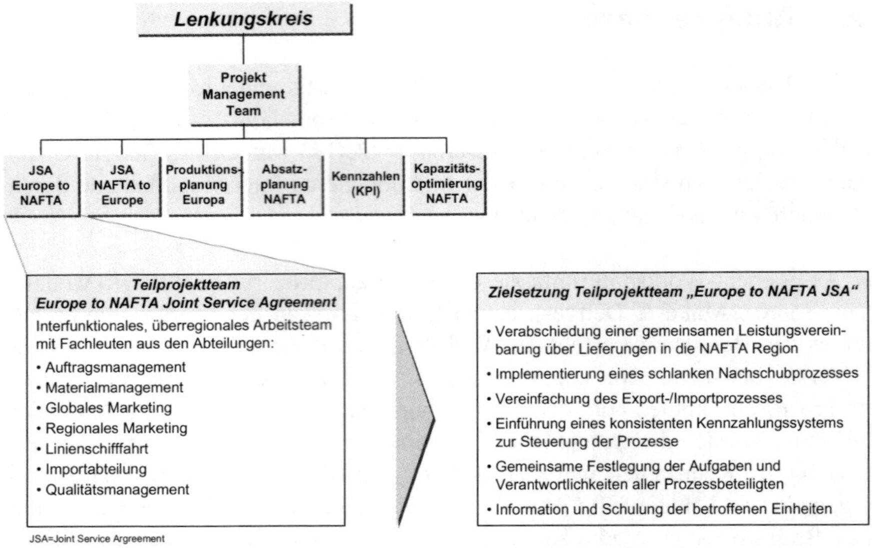

Abb. 64: Projekt-Organisation in der Design und Implementierungsphase

Durch die inter-funktionale und überregionale Zusammensetzung der Teilprojektteams waren alle wesentlichen am Prozess beteiligten Funktionen aktiv eingebunden. Die Leitung der Teilprojekte wurde Mitarbeitern des Geschäftsbereichs Kosmetikchemikalien übertragen, wodurch eine starke Identifikation mit den Projektergebnissen erzielt wurde. Jeder Teilprojektleiter wurde durch einen Mitarbeiter der internen Logistikberatungseinheiten unterstützt, dem der Transfer von Methodenwissen und die Sicherstellung eines reibungslosen Projektablaufs oblag. Jedem Projektteam wurde ferner ein Sponsor aus der Geschäftsbereichsleitung zur Seite gestellt, um einen kontinuierlichen Fokus auf das Projekt zu gewährleisten und etwaige Hindernisse, insbesondere während der Umsetzungsphase, aus dem Weg zu räumen.

Die Vorgehensweise in den einzelnen Teilprojektteams war ähnlich und wird daher im folgenden anhand eines Teams exemplarisch dargestellt. Zielsetzung des Teilprojektes „Europe to NAFTA Joint Service Agreement (JSA)“ war der Abschluss einer Dienstleistungsvereinbarung zur Steuerung des Nachschubprozesses in die NAFTA-Region. Für dieses Teilprojekt fand ein interdisziplinärer Workshop statt, in welchem die Projektmitglieder und Sponsoren über den Hintergrund des Projektes und die Ergebnisse der Analysephase informiert wurden. Danach wurden die Prozessbeteiligten anhand eines Prozessfluss-Workshops für die Konsequenzen ihre Aktionen auf die vor- bzw. nachgelagerten Prozesseinheiten sensibilisiert. Abschließend wurde ein detaillierter Arbeitsplan verabschiedet.

Für das Zusammenwachsen des internationalen Projektteams erwies sich diese Veranstaltung, ebenso wie ein späterer zweiter Workshop, als überaus hilfreich.

Im Anschluss wurden zunächst 14 Pilotprodukte ausgewählt, welche sowohl mengen- als auch wertmäßig ungefähr 70 % der Warenströme an Kosmetikchemikalien von Ludwigshafen in die NAFTA-Region repräsentieren. Darauf aufbauend wurde ein schlanker Export-/Importprozess mit entsprechenden Prozeduren definiert und der Nachschubprozess weitgehend automatisiert. Mit der Einführung des neuen Ablaufs wurde zwei Monate vor dem geplanten Projektabschluss begonnen. Durch eine Validierung der Prozesse vor Übergabe der neuen Abläufe an den Geschäftsbereich wurde eine Korrekturmöglichkeit für eventuell auftretende Anlaufschwierigkeiten geschaffen. Parallel zum Design und zur Implementierung der Prozesse wurden gemeinsam Aufgaben und Verantwortlichkeiten im Rahmen der Nachschubsteuerung erarbeitet, diskutiert und in Form einer Dienstleistungsvereinbarung zwischen den beteiligten Regionen verabschiedet.

Mit der Einführung der neuen Planungsabläufe sowie eines umfassenden Kennzahlensystems, die parallel in den anderen Teilprojekten erarbeitet wurden, konnte eine nachhaltige Änderung der Abläufe sowie die Verfolgung der wesentlichen Leistungsparameter für die Zukunft sichergestellt werden. Den Projektabschluss bildeten Informations- und Schulungsveranstaltungen für alle betroffenen Mitarbeiter, die nicht aktiv in einem der Projektteams mitgearbeitet hatten, aber im Tagesgeschäft in die neuen Abläufen eingebunden waren.

Die Arbeit der Teilprojektteams war straff organisiert. Die Mitglieder trafen sich wöchentlich zu einem festen Termin für eine einstündige Telefonkonferenz, um sich gegenseitig über aktuelle Ergebnisse zu informieren und den Projektfortschritt mit dem Arbeitsplan abzugleichen. Am Folgetag wurde allen Teammitgliedern auf elektronischen Wege ein Ergebnisprotokoll zugestellt, das die getroffenen Entscheidungen, offene Punkte und Aufgaben mit Verantwortlichkeiten und Fristen dokumentierte. Die Ergebnisprotokolle sowie die spätestens am Vortag der Sitzung verteilte Tagesordnung trugen erheblich zur Effizienz der Telefonkonferenzen bei. Ebenfalls einmal pro Woche fand eine einstündige Besprechung der Teilprojektleiter und internen Berater im Gesamtprojektteam statt, in denen für alle Teilprojekte ein Überblick über die seit der letzten Sitzung erarbeiteten Ergebnisse, aktuelle und potenzielle Probleme sowie die konkreten nächsten Schritte gegeben wurde.

Nach Abschluss des Restrukturierungsprojekts wurden von den Einheiten der Logistikberatung in regelmäßigen Abständen drei Audits durchgeführt, um die Nachhaltigkeit der neugestalteten Prozesse zu gewährleisten. Die Auftragsdurchlaufzeit der Supply Chain Kosmetikchemikalien konnte dauerhaft um 44 % reduziert (vgl. Abbildung 65) und die Lagerreichweite in den USA um über 20 % gesenkt werden. Gleichzeitig wurde die Lieferfähigkeit um 35 % verbessert.

Den Projektkosten stehen Einsparungen in mehr als fünffacher Höhe gegenüber, die in erster Linie durch Bestandssenkungen aufgrund kürzerer Durchlaufzeiten und Lagerreichweiten, aber auch durch einen insgesamt reibungsloseren Prozessablauf bedingt sind.

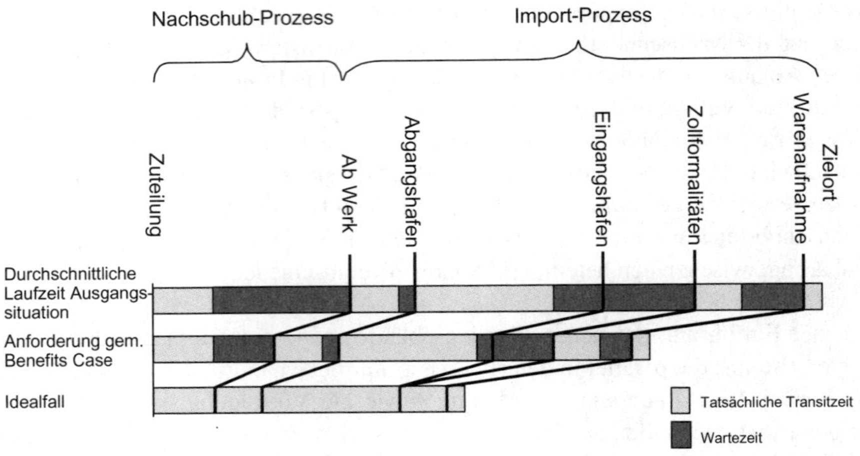

Abb. 65: Durchlaufzeitreduktion Supply Chain Kosmetikchemikalien

3.4 Critical Success Factors

Als wesentliche Erfolgsfaktoren neben der inter-funktionalen und internationalen Besetzung der Projektteams und der straffen Projektorganisation sind die frühzeitige Umsetzung der Projektergebnisse, die Unterstützung durch die obere Führungsebene in allen Projektphasen sowie die Begleitung des Geschäftsbereichs durch das Beraterteam auch nach Projektabschluss in Form von Audits zu nennen. Ferner wurden nach allen Workshops und Lenkungskreissitzungen im Team und mit den Beratern Benefits & Concerns-Gespräche zur kritischen Reflexion der vorangegangenen Sitzungen durchgeführt.

4 Zukünftige Herausforderungen

Auf Grund der weiter steigenden Bedeutung der transnationalen Geschäftstätigkeit der BASF und dem forcierten Aufbau überseeischer Produktionsstandorte wird die Planung und Steuerung der Warenströme im komplexen und globalen Produktions- und Vertriebsnetzwerk eine der zentralen Aufgaben der Zukunft werden. Dazu bedarf es durchgängiger Planungs-, Informations- und Transaktionssysteme sowie abgestimmter Prozeduren über alle beteiligten Unternehmenseinheiten und Regionen hinweg. Darüber hinaus muss die Integration des Kunden in die chemische Wertschöpfungskette weiter ausgebaut werden. Die Nutzung des Electronic Business verändert die Basis der Geschäftsbeziehungen zwischen Kunden und Lieferanten nachhaltig und schafft neue Vertriebsmöglichkeiten und Marktpotenziale. Diese sind nur durch eine entsprechende Gestaltung der dahinter liegenden Supply Chain Strukturen und Prozesse auszuschöpfen.

II.7 Merck: Europäische Outbound-Logistik

Kurt Hoffmann, Eberhard Hofmann

1 Das Unternehmen Merck

Merck ist eines der ältesten chemisch-pharmazeutischen Unternehmen auf der Welt. Im Jahr 1860 wurden bereits mehr als 800 Produkte, um das Jahr 1900 etwa 10.000 verschiedene Artikel produziert und in viele Länder exportiert. Gleichzeitig wurden weltweit Niederlassungen gegründet. Heute ist Merck eine führende internationale Gruppe für Pharma, Labor und Spezialchemie. Das Sortiment von Merck umfasst über 20.000 verschiedene Produkte in den oben angegebenen Bereichen. Dazu zählen rezeptpflichtige und frei verkäufliche Arzneimittel, Biomaterialien, Feinchemikalien für moderne Technologien, Flüssigkristalle, Wirk- und Hilfsstoffe für die Kosmetik, Perlglanz- und Effektpigmente sowie Präparate, Geräte und Hilfsmaterialien für die Laborarbeit. Die Merck-Gruppe gliedert ihre weltweiten Aktivitäten in die drei Unternehmensbereiche Pharma, Labor und Spezialchemie (vgl. Abbildung 66).

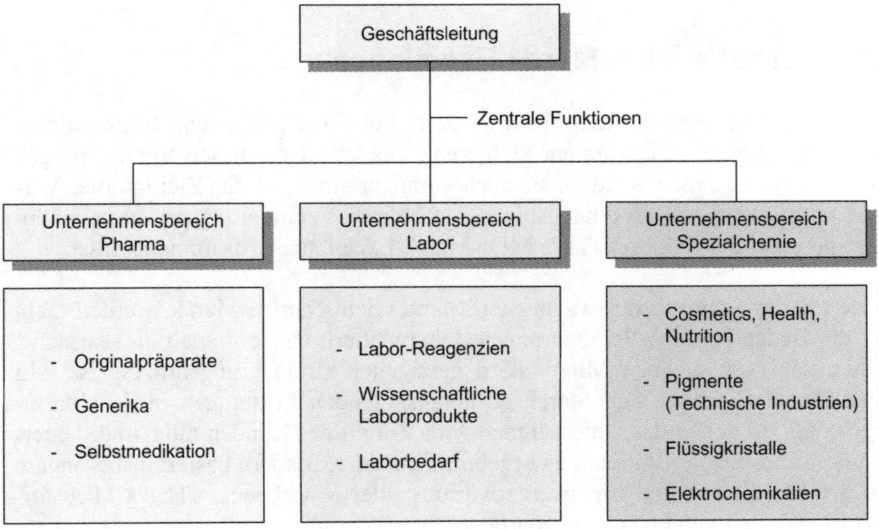

Abb. 66: Geschäftsbereiche der Merck-Gruppe

In 52 Ländern sind 209 Gesellschaften für Merck tätig und beschäftigen rund 33.500 Mitarbeiter, davon über 9.000 in Deutschland. Die Produkte werden an 60 Produktionsstandorten in 26 Ländern hergestellt.

Das Jahr 2000 war für die Merck-Gruppe sehr erfolgreich. Der Umsatz betrug weltweit rund 6,7 Mrd. Euro und hat sich damit um rund 1,3 Mrd. Euro gegenüber dem Vorjahr erhöht. Die wichtigsten Absatzgebiete der Merck-Gruppe sind Europa und Nordamerika mit einem Umsatz von jeweils 2,5 Mrd. Euro. Bemerkenswert ist der seit Jahren stetige Zuwachs des Anteils von Nordamerika (vgl. Abbildung 67).

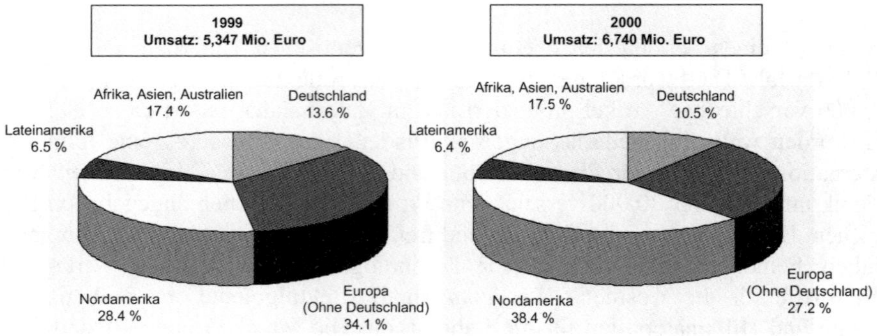

Abb. 67: Umsatz nach Regionen der Merck-Gruppe

1.1 „That's ME – Merck Excellence"

Der Wandel bei Kunden und Mitbewerbern, bei Forschungs- und Informationstechnologien geschieht in immer kleineren Zeitabständen. Diesen Veränderungen nicht nur zu begegnen, sondern sie auch voranzutreiben, ist das Ziel interner Veränderungsprozesse. Merck hat Anfang 1997 diese Veränderungsprozesse gebündelt und unter dem Motto »That's ME - Merck Excellence« zusammengefasst.

In der Verbindung mit der wichtigsten Marke, dem Namen Merck, werden nicht nur die Bedeutung der Veränderungen dokumentiert, sondern auch die Tatsache, dass es ein von eigenen Mitarbeitern getragener Veränderungsprozess ist. Mit »Excellence« bekennt sich Merck zu herausragenden Leistungen in den Marktsegmenten, in denen das Unternehmen zum Vorteil der Kunden tätig sind. Unternehmerischer Erfolg ist nicht das Ergebnis Einzelner, sondern basiert insbesondere auf der Kompetenz und Eigenverantwortung aller Mitarbeiter. »That's ME« fordert Eigeninitiative von jedem Mitarbeiter.

Ausgehend von einem ganzheitlichen Konzept von Unternehmensführung wurde der Merck Excellence Check entwickelt; er bildet die Grundlage für eine umfassende Bewertung aller Bereiche eines Unternehmens hinsichtlich interner Zufriedenheit der Mitarbeiter und externer Kundenzufriedenheit. Dieser Check ist in allen Sparten inzwischen durchgeführt worden.

1.2 Herausforderungen in der chemischen Industrie

Es gab neben internen Entwicklungen eine Reihe externer Entwicklungen, die für die Gestaltung der logistischen Systeme bei Merck bestimmend waren. Diese Entwicklungen sind überwiegend zeitlich nebeneinander verlaufen, so dass ein längerfristiger Prozess an Veränderungen durch unterschiedliche Einflussgrößen entstanden ist.

Umweltaspekte spielen in der Chemie- und Pharmabranche eine übergeordnete Rolle. Einer der Grundsätze der Merck-Gruppe ist, ökologisch verantwortlich zum Schutze der Umwelt und der natürlichen Lebensgrundlagen zu handeln. Dabei werden gesetzliche Vorschriften und behördliche Auflagen lediglich als Mindeststandards angesehen. Die hohe gesellschaftliche Verantwortung für Arzneimittel, Laborprodukte und Spezialchemikalien beginnt bereits bei der Herstellung. Sie erstreckt sich von sicheren Arbeitsbedingungen für die Mitarbeiter und Nachbarn der einzelnen Werke bis hin zur umweltverträglichen Produktion an allen Standorten. Dabei ist die „Responsible Care"-Initiative weltweit Leitschnur für Merck. 55 bereits durchgeführte Audits halfen, die Ressourcen zu schonen und die Umwelt zu schützen.

Die Herausforderungen in der chemischen Industrie sind die wie in anderen Branchen eingetretenen Effekte der Globalisierung. Dies führt auf der Absatzseite durch Billiganbieter bei Commodities zu einem Preisverfall, bietet aber auf der Einkaufsseite wiederum Kostenvorteile. Die Verwirklichung des europäischen Binnenmarktes und der Wegfall der Grenzkontrollen erleichtert den Warenstrom zwischen den beteiligten Staaten. Anforderungen an das SCM in der chemischen Industrie sind insbesondere: Gefahrengutabwicklung, Key Account Management, sowie das optimale Management der engen Verflechtungen mit den Kunden.

Bei den Produkten handelt sich bei der Merck KGaA meistens nicht um Commodities, sondern um Spezialitäten. Die Faktoren für die Kaufentscheidung haben sich geändert. In der Vergangenheit war in vielen Fällen der Preis ausschlaggebend. Heute kommt dem logistischen Leistungspotenzial eine wachsende Bedeutung zu, da sowohl exzellente Logistikleitungen als auch wettbewerbsgerechte Kosten Ansätze bieten, um die Nachfrage individuell zu befriedigen und die Kundenloyalität zu erhöhen. Der Kunde erwartet beispielsweise bei Spezialitäten eine hohe Produktqualität, die Einhaltung der Spezifikationen sowie einen überdurchschnittlichen Logistikservice.

Ein Beispiel sind Flüssigkristalle: Dabei handelt es sich um Produkte, die in kleinen Mengen und auf Kundenwunsch aus verschiedensten Komponenten zusammengemischt werden. Sie werden in der Regel per Luftfracht zu den Kunden geflogen. Im Laborbereich bei Reagenzien erwartet der Kunde zum Beispiel einen „Next-Day-Service". Hinzu kommt noch ein höheres Umweltbewusstsein mit all seinen Konsequenzen auf Produkt, Lieferung und Entsorgung.

Die Individualisierung der Kundenwünsche muss sich in der Konfiguration der Logistikprozesse wiederspiegeln. Ansatzpunkte hierfür reichen von der Festlegung kundengruppenbezogener Lieferservicegrade über eine kundenspezifische Auftragsabwicklung oder Bevorratung bis hin zur kundenorientierten Auslegung von Produktionsstrukturen sowie Fabrik- und Lagerstandorten.

2 Supply Chain Management: Kontinuierlicher Veränderungsprozess

Für Merck bedeutet Supply Chain Management das effiziente Management von Prozessketten für den Waren- und Informationsfluss vom Rohstoff bis zum Kunden. Die Umsetzung hängt insbesondere von der Vorgehensweise sowie von der Festlegung der Prioritäten ab. Bei Merck stand zunächst die Optimierung der internen Strukturen und Prozesse im Vordergrund, d.h., es wurde „vor der eigenen Haustüre gekehrt". Nachdem man die interne Organisation verstanden und restrukturiert hatte, machte man sich bei Merck Gedanken darüber, inwieweit Wertschöpfungspartner (Lieferanten, Vertriebspartner, Kunden) in ein übergreifendes Gesamtkonzept effizient integriert werden konnten.

Merck als marketingorientiertes Unternehmen stellt den Kunden in den Mittelpunkt aller Planungen und Aktivitäten. Durch eine ganzheitliche Strategie entlang der gesamten Prozesskette wird der Material- sowie Informationsfluss nicht nur innerhalb von Merck, sondern über die Unternehmensgrenzen hinweg optimiert.

Die Thematik „Supply Chain Management" wurde bei Merck vor etwa 3 Jahren zum ersten Mal aufgegriffen. Im Rahmen eines funktionsübergreifenden Workshops wurden zunächst gemeinsam Schwachstellen in der internen Zusammenarbeit identifiziert. Gleichzeitig versuchte man, die Mitarbeiter für diese Thematik zu sensibilisieren. Es wurde sehr schnell klar, dass bei der Umsetzung einer Supply Chain Strategie das Change Management eine große Rolle spielt. Gerade im Hinblick auf ein effizientes Veränderungsmanagement ist es wichtig, dass die Mitarbeiter von den üblichen und bei Merck jahrelang vorherrschenden Denkmustern abkommen: Anstatt dem traditionellen Kostendenken rückt die Diskussion in den Vordergrund, wie gemeinsam vernünftige Logistikkonzepte erstellt werden können. Durch eine intelligente Vernetzung der Prozesse und die Überwindung von Bereichsegoismen, die sicherlich auch im Verhältnis von Mutterhaus zu den Tochtergesellschaften über lange Jahre vorherrschend waren, kann vieles verändert und effizienter gestaltet werden. Parallel zu diesen Workshops wurden Logistik-Schulungskonzepte durchgeführt. Insbesondere die Mitarbeiter im Tagesgeschäft, welche letztendlich die vorgegebene Strategie operativ umsetzen, müssen lernen, über ihre Funktionsgrenzen hinaus zu denken und zu handeln. Gerade bei funktions- und sogar unternehmensübergreifenden Projekten ist es unbedingt erforderlich, dass die Mitarbeiter wissen, welchen Einfluss ihr Handeln auf nachgelagerte Stellen und Tätigkeiten hat.

Für das Erreichen einer gut funktionierenden sowie abgestimmten Kunden- und Lieferanten-Beziehung erlangten die folgenden Gesichtspunkte eine zunehmende Bedeutung im Unternehmen:

- Steigerung der Qualität der Produkte und Dienstleistungen
- Erhöhung der Schnelligkeit der Lieferung
- Adäquate Preise

3 DiLog-E: Logistik-Konzept für Europa

3.1 Ausgangssituation

Die veränderten Rahmenbedingungen im Wettbewerbsumfeld brachte für die Logistik neue und zusätzliche Herausforderungen. Die teilweise Auflösung der Marktgrenzen in Europa sowie ein aggressiver Nachahmerwettbewerb zwangen die Pharmaindustrie Mitte der 90er Jahre, insbesondere die Distributionsstrukturen zu überdenken und weiter zu optimieren. Diese neue Ausgangssituation war bei Merck ausschlaggebend für die ersten Überlegungen von unternehmensübergreifenden Optimierungsmaßnahmen im Bereich der europäischen Distributionslogistik. Eine Ist-Analyse mit internen Kunden zeigte, dass der Lieferservice unzufriedenstellend war. Komplexe und übersichtliche Prozesse und Strukturen in der Vertriebslogistik führten zu einer Vielzahl von „nicht-wertschöpfenden" Warenbewegungen in der Sendungszusammenstellung (vgl. Abbildung 68).

Neben dem Zentrallager in Darmstadt lagerte ein Großteil der Produkte aus Darmstadt in vielen regionalen Lagerstätten. Ein wesentliches Problem war das sogenannte „Silo-Denken": Anstatt in übergreifenden Prozessen zu denken, stand die Optimierung der einzelnen Funktionsbereiche im Vordergrund des Interesses. Die Bestellung ging beim Kundenmanagement ein. Der Auftrag wurde bearbeitet und an die nächste Stelle, in der damaligen Situation an den Lagerbereich, weitergeleitet. Dort wurde die Ware kommissioniert. Der Transportbereich wiederum hat darauf geachtet, dass die Bahnwaggons optimal ausgelastet sind. So wurde die Ware solange zwischengelagert, bis eine vollständige Bahnladung das Werk verlassen konnte.

Diese ineffizienten Warenbewegungen führten beispielsweise dazu, dass die Auftragserfüllung eines holländischen Kunden zwischen 18 und 22 Tagen dauerte – wobei der Bahntransport nur 2 Tage in Anspruch nahm.

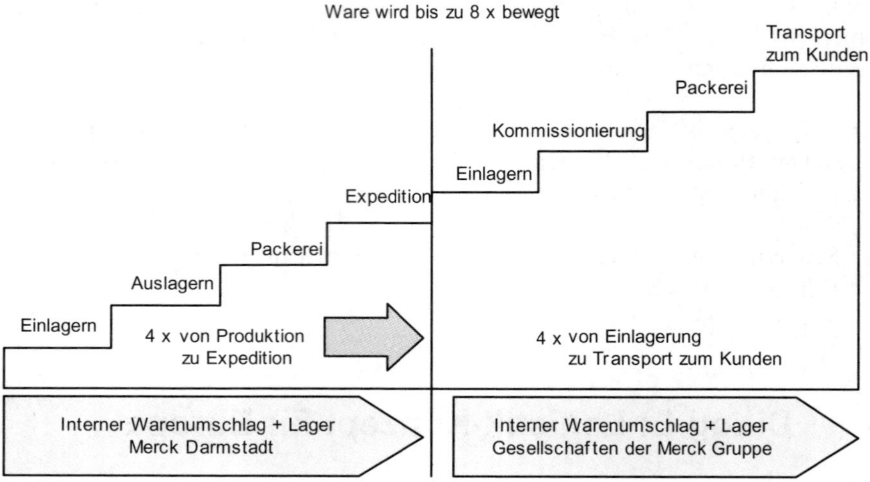

Abb. 68: „Nicht-wertschöpfende" Warenbewegungen bei der Sendungszusammenstellung

Eine weitere Schwachstelle war die begrenzte Kommunikation zwischen Merck Darmstadt und den europäischen Tochtergesellschaften. Durch mangelnde Kommunikation und Abstimmung ergaben sich lange Reaktionszeiten zu den Kunden sowie hohe Lagerbestände innerhalb der Merck-Gruppe (Abbildung 69).

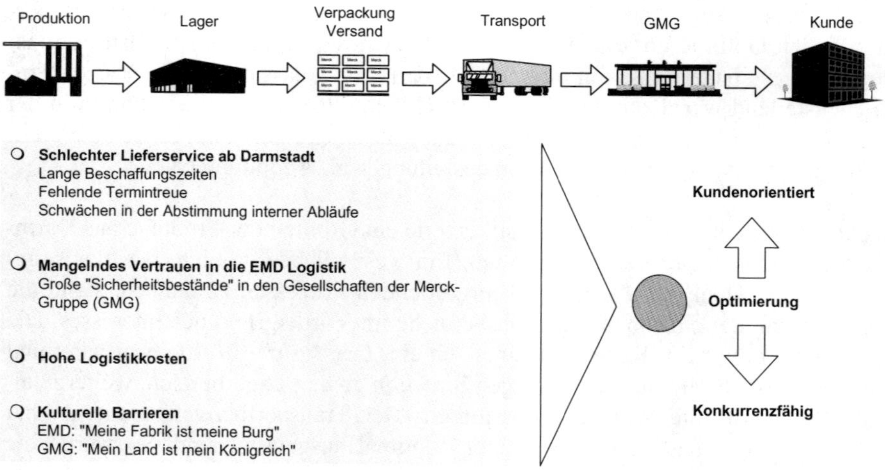

Abb. 69: Unbefriedigender Kundenservice als Ausgangssituation

Diese negativen Ergebnisse führten dazu, dass die europaweiten Vertriebsstrukturen neu überdacht wurden. Folglich entschied das Top-Management, die Prozesse in der Distributionslogistik neu zu konzipieren.

3.2 Zielsetzung

Aufgrund dieser unbefriedigenden Ausgangssituation wurde festgelegt, dass das zukünftige Distributionskonzept für Europa auf sieben Grundsätzen aufgebaut werden sollte:

1. Möglichst viele Lieferungen direkt zum Kunden/Endverbraucher;
2. Entscheidende Voraussetzungen: Termintreue, Schnelligkeit, Flexibilität und Wirtschaftlichkeit;
3. Kundenorientierte Prozesskette zur Unterstützung von Marketing und Verkauf;
4. Kundenverantwortung in der GMG (Gesellschaft der Merck Gruppe);
5. Lokale Preispolitik im Rahmen der Spartenvorgaben;
6. Verlässlicher und fehlerloser Informationsfluss zwischen allen Beteiligten;
7. GMG bleibt „Profit Center", „Messlatte" ist das konsolidierte Ergebnis;

Insbesondere der letzte Grundsatz sollte vermeiden, dass die Gesellschaften den Eindruck gewinnen, dass die Kundenakquisition und die Pflege der Kundendaten zentral in Darmstadt vorgenommen wird. Durch diesen Grundsatz wollte man zum Ausdruck bringen, dass einerseits die lokale Verantwortung bleibt, man aber gleichzeitig verstärkt das „gemeinsame, konsolidierte" Ergebnis als Messlatte betrachten wollte. Damit sollten vor allem die beliebten Diskussionen um Transferpreise in den Hintergrund gerückt werden.

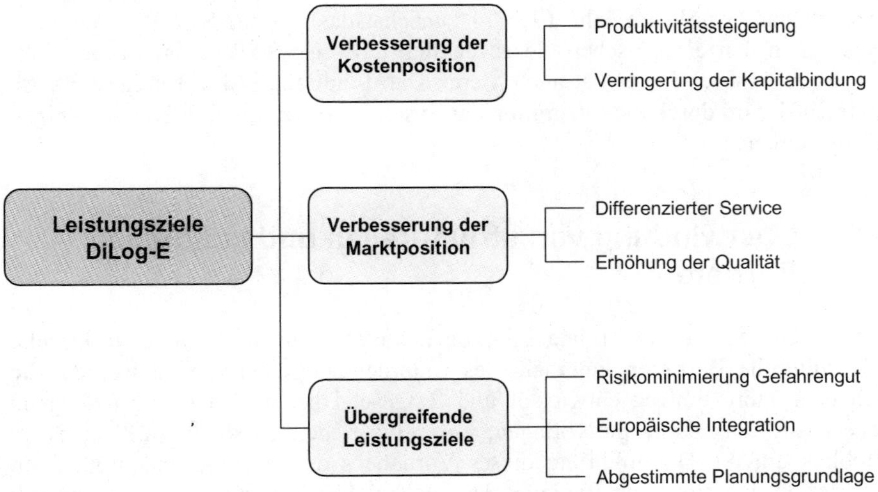

Abb. 70: DiLog-E Leistungsziele für die Realisation

3.3 Projektorganisation

Für die Leitung und Durchführung des DiLog-E-Projektes wurde ein interdisziplinäres, bereichsübergreifendes Team gebildet. Dieses bestand aus Vertretern der Bereiche Vertrieb und Logistik, Verantwortlichen aus den anderen Gesellschaften sowie einem externen Berater (Coach). Das Kernteam bestand aus 6 – 7 ständigen Mitgliedern.

Parallel dazu wurde ein Lenkungsausschuss gebildet, der über Budgets sowie die durchzuführenden Projekte entscheidet. Die Umsetzung der Projekte wird dabei entweder vom Lenkungsausschuss koordiniert oder delegiert. Der Lenkungsausschuss setzt sich aus einem Geschäftsleitungsmitglied, den Spartenleitern Chemie, Labor und Pharma sowie Verantwortliche der Bereiche Logistik, IT und Controlling zusammen. Der Lenkungsausschuss des ursprünglichen Konzepts der Europalogistik wird inzwischen als ständiges „Steering Committee Logistics" weitergeführt.

3.4 Anbindung der Systeme

Die durchgängige Optimierung der Wertschöpfungskette ist nur durch die direkte Anbindung aller Systeme möglich, d.h., es müssen zunächst die Standards festgelegt werden. Im Moment wird noch mit getrennten Systemen gearbeitet. In der Zentrale in Darmstadt wurde die Logistik noch über verschiedene – „Patchwork"-artige – zusammengesetzte Systeme abgewickelt. Im restlichen Europa hatte jede Landesgesellschaft ihr eigenes Abwicklungssystem. Das machte den Aufbau eines Kommunikationsnetzwerkes mit abgestimmten Datentransfers enorm schwierig.

In Darmstadt wurde im Jahr 1993/94 zunächst das System SAP/R2 eingeführt während in den europäischen Gesellschaften teilweise SAP/R3 im Einsatz war. Seit Beginn dieses Jahres hat auch Merck Darmstadt auf SAP/R3 umgestellt. Ab Ende 2001 wird durch die Integration der Systeme versucht, nur noch mit wenigen R3-Systemen zu arbeiten.

3.5 Überwindung von strukturellen und kulturellen Barrieren

Bei der Umsetzung des Projektes DiLog-E mussten zunächst einige strukturelle und kulturelle Barrieren innerhalb des Unternehmens überwunden werden, die sich über Jahre hinweg entwickelt und festgesetzt haben. Da hier grundlegend neue Distributionskonzepte vorlagen, waren die Bedenken sowie die Skepsis im Hinblick auf die Durchführung dieses Vorhabens dementsprechend groß. Vom Vertrieb in den einzelnen Regionen kam schnell der Vorwurf, dass die Logistik viel zu träge sei, um eine derartig umfangreiche Restrukturierung vorzunehmen.

Gleichzeitig war der Vertrieb in der Zentrale Darmstadt der Meinung, dass die Logistik am Standort Darmstadt viel zu teuer und zu wenig flexibel sei während von der Logistik der Einwand kam, dass der geplante Konzeptansatz viel zu komplex sei. Außerdem stellte es sich auch als schwierig heraus, die dezentralen Strukturen aufzubrechen.

3.6 Neuorganisation der Prozesse

Grundlage für die Neuorganisation der Prozesse und Strukturen in der Distribution war die Visualisierung der einzelnen Teilprozesse im Rahmen eines Process-Mapping. Gemeinsam mit den einzelnen Ländergesellschaften wurden die wichtigsten Prozesse analysiert, um sich darüber klar zu werden, wo Maßnahmen zur Optimierung sinnvoll erscheinen. Dabei werden die Teilprozesse definiert und die zeitliche sowie logische Reihenfolge der Durchläufe von Aufträgen und operativen Basisgrößen (Material, Transporteinheiten) dokumentiert.

Die Umsetzung von Supply Chain Management erfordert Kommunikation. Entsprechend spielt beim SCM die Kommunikation im Unternehmen sowie mit den Partnern eine herausragende Rolle. Das Process-Mapping bzw. die Visualisierung der Prozesse ist dabei ein Mittel, die Kommunikation nicht nur intern, sondern insbesondere mit externen Partnern zu erleichtern. Die Visualisierung der Prozesse schafft ein gemeinsames Bild der kooperativen Leistungserstellung, eine einheitliche Informations- und damit Diskussionsbasis zur Validierung der Abläufe, Veranschaulichung der Wechselwirkungen zwischen den Prozessen und der Erarbeitung von Alternativen. Vom Endkunden ausgehend werden Zielkosten, -zeiten, -service und –qualitäten definiert. Anhand dieser Ziele wird überprüft, wo und an welchen Teilprozessen die Logistikzielerreichung maßgeblich behindert wird.

Als Ergebnis dieses Process-Mapping wurden für die Chemie- und Laborsparte vier unterschiedliche Prozessketten in der Distribution entwickelt (vgl. Abbildung 71). Die verschiedenen Absatzkanäle werden hinsichtlich ihrer logistischen Anforderungen differenziert betrachtet. Zielsetzung war, aus den spezifischen Kundenbedürfnissen heraus ein leistungs- und kostenoptimales Distributionsnetz zu konzipieren.

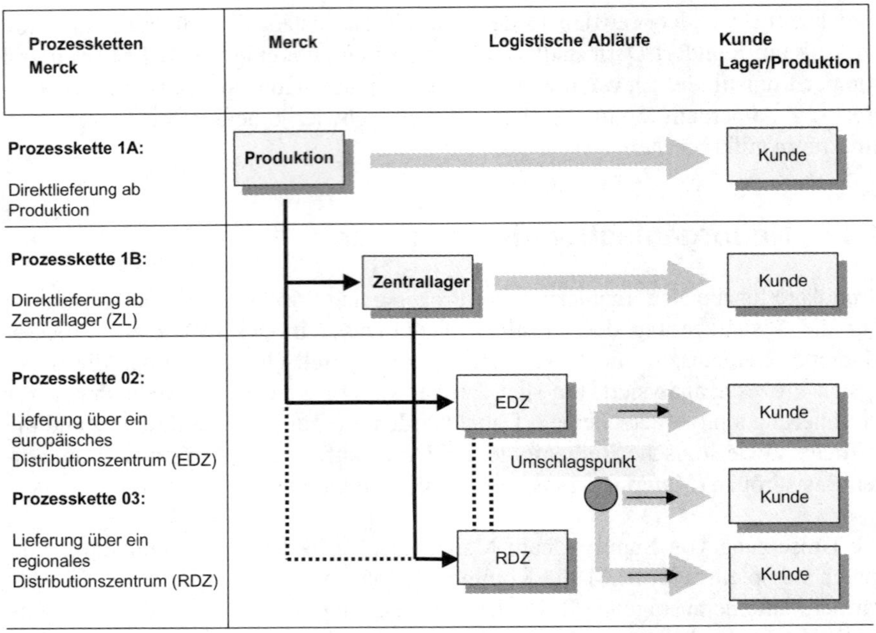

Abb. 71: Prozessketten in der Distributionslogistik von Merck

3.6.1 Prozessketten 1A und 1B

Für den chemischen Bereich wurden die Prozessketten 1A sowie 1B entwickelt (vgl. Abbildung 72). Die einfachste Belieferung von der Produktion zum Kunden ist der direkte Weg. Die Prozesskette 1A beschreibt im wesentlichen die Direktbelieferung europäischer Chemiekunden. Die ersten Testabwicklungen wurden mit den Gesellschaften in den Benelux-Ländern durchgeführt. Zielsetzung der Prozesskette 1A war, die Produktion enger in die Prozessketten einzubeziehen. Die Produktion stellt die Ware palettengerecht und mit den entsprechenden Labels vor Ort bereit, sodass sie direkt an den Kunden ausgeliefert werden kann. Eine weitere Versandvorbereitung in der Logistik kann so vermieden werden. Die direkte Belieferung ist jedoch nur bei kundenauftragsbezogener Produktion möglich. Ansonsten wird ein Großteil der Waren über ein Zentrallager, welches sich in Darmstadt und Gernsheim befindet, an die entsprechenden Kunden geliefert.

Diese Prozessketten haben sich schnell durchgesetzt. Es konnte nachgewiesen werden, dass der Lieferservice zum Kunden erhöht, die Bestände in der Region reduziert und Personal durch straffere Abläufe in Darmstadt deutlich verringert werden konnte.

Im Chemie-Bereich gibt es mittlerweile nur noch wenige „Kundenlager". Ausnahme bildet beispielsweise die Chipindustrie, da sich hier die Reaktionszeit auf Stunden beschränkt.

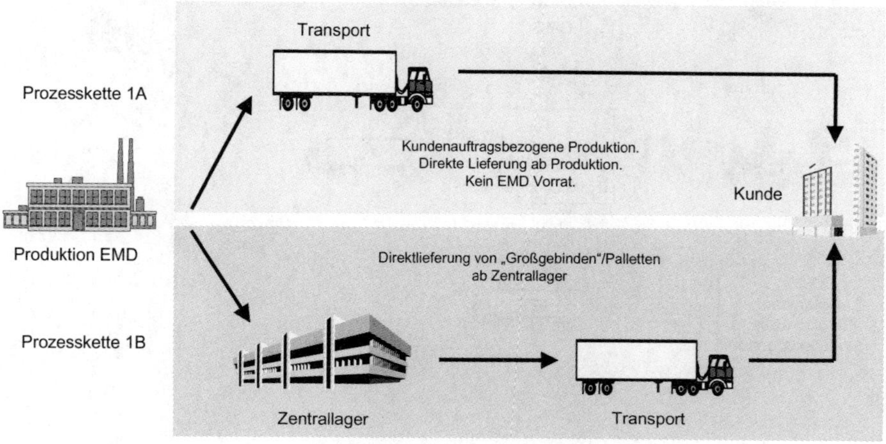

Abb. 72: Prozessketten 1A und 1B für chemische Produkte

3.6.2 Prozessketten 02 und 03

Für Laborprodukte wurden eigene Vertriebswege entwickelt, da der Laborbereich durch ein sehr breites Sortiment gekennzeichnet ist. Zudem erfordert auch das verstärkte Kataloggeschäft in diesem Bereich differenzierte Distributionsketten. Auch bei diesen beiden Prozessketten für die Distribution von Laborprodukten lautete die Zielsetzung, aus einem Zentrallager schnelle und zuverlässige Versorgungsketten in regionale Zentren aufzubauen und von dort aus den Kunden zu beliefern (vgl. Abbildung 73). In den regionalen Zentren werden nur die A-Produkte vorrätig gehalten (rund 1.000 von 10.000 verschiedenen Produkten), der Rest wird innerhalb Europas zentral gelagert. Die Entwicklung dieser Prozessketten war für den Laborbereich mit einigen Vorteilen verbunden:

- Das C-Artikel-Sortiment, welches durch ein relativ breites Sortiment gekennzeichnet ist, konnte innerhalb Europas an nur einem Standort vorrätig gehalten werden. Dadurch konnte das gesamte Sortiment verstärkt über diese Prozessketten abgewickelt werden.
- Lagerhüter sowie Überbestände in den Gesellschaften konnten eliminiert werden.
- Durch die Neustrukturierung und Implementierung der neuen Prozessketten konnten ganze Lagerstufen (Regionallager) geschlossen werden.

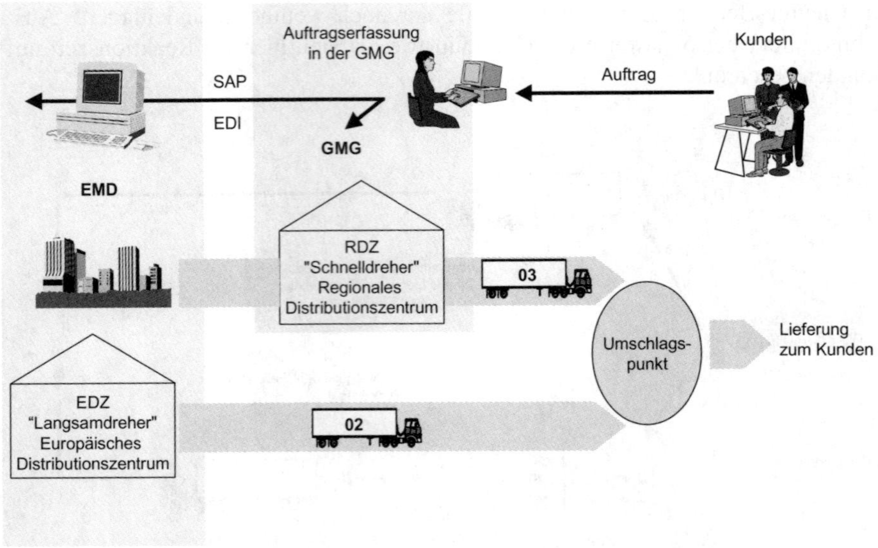

Abb. 73: Prozessketten bei Laborprodukten

Die Prozesskette 03 konnte rasch und problemlos umgesetzt werden. Diese Distributionsform eignet sich insbesondere für sogenannte „schnelldrehende" Laborprodukte. Die Kundenaufträge werden in den jeweiligen Ländergesellschaften der Merck-Gruppe erfasst. Die Auslieferung der Laborartikel über ein regionales Distributionszentrum gewährleistet eine schnelle und zuverlässige Belieferung der Kunden.

Die Umsetzung der Prozesskette 02 war mit einigen Schwierigkeiten verbunden. Sie sieht ein europäisches Distributionszentrum für C-Artikel im Laborbereich vor. Es stellte sich somit zunächst die Frage, wo ein derartiges Distributionszentrum in Europa errichtet werden sollte. Die Alternativen reichten von der Errichtung eines völlig neuen Gebäudes auf der „grünen Wiese" bis zur Integration des Distributionszentrums am Standort Darmstadt, womöglich noch durch die Nutzung von bereits bestehenden Gebäuden. Die Planung und Diskussion über die Wahl des Standortes haben einen Zeitraum von rund zwei Jahren in Anspruch genommen, um ein akzeptiertes Konzept mit möglichst geringem Investitionsaufwand vorzulegen. Letztendlich hat man sich für die Integration im bestehenden Logistikgebäude am Standort Darmstadt entschieden. Einerseits konnte dadurch der Investitionsaufwand minimiert werden. Andererseits ermöglichte diese Alternative die Anbindung an bestehende Lagergebäude als Vorratslager, so dass die Kommissionierzone kompakt gestaltet werden konnte. Da es sich bei Laborprodukten auch um verschiedene Gefahrstoffklassen handelt, mussten über Förderstrecken die unterschiedlichen Kommissionierzonen miteinander verbunden werden.

Diese Prozesskette hat sich für einige Länder wie Deutschland, den Benelux-Staaten und Österreich derart bewährt, dass alle Materialien, d.h. nicht nur die Langsamdreher, über diese Prozesskette abgewickelt werden.

4 Zusammenfassung und Ausblick

Durch das Europalogistik-Konzept hat Merck erkannt, dass durch die Betrachtung und Optimierung von unternehmensübergreifenden Prozessketten erhebliche Kosteneinsparungspotenziale möglich sind. Gleichzeitig konnte die Effizienz in der Distribution erhöht und Bestände teilweise drastisch reduziert werden.

Die Umstellung setzte jedoch ein anspruchsvolles Change Management voraus, welches anfänglich unterschätzt wurde. Erst nach massiven Eingriffen durch die Geschäftsleitung in die „verkrusteten" Organisationsstrukturen gelang es, diesen Prozess zu initiieren und anschließend voranzutreiben. Es zeigte sich, wie schwierig es ist, alle eingefahrenen Abwicklungstechniken im Unternehmen zu verändern. Teilweise half die Umstellung auf SAP/R2, diese Veränderungen zu beschleunigen. Da die Umstellung aber selbst neue, geänderte Vorgehensweisen und Herausforderungen mit sich brachte, war es aber gewissermaßen eine erneute Hürde, welche die Mitarbeiter im Tagesgeschäft zu bewältigen hatten. Es folgten viele Informationsveranstaltungen zum Thema Supply Chain Management, DiLog-E als auch zur Einführung von SAP/R2, um diese Themen innerhalb des Unternehmens zu sensibilisieren.

Während des gesamten Prozesses konnte die Effizienz gesteigert werden. Durch die Neukonzeption konnte am Standort Darmstadt Personal abgebaut werden. Die neuen Distributionsketten führten dazu, dass die Bestände in den einzelnen europäischen Gesellschaften abgebaut wurden. Durch die Ausrichtung der Prozessketten am Kunden konnte letztendlich die gesamte Kette optimiert werden. Die Erfahrungen zeigten, dass bei der Umsetzung ein laufendes Projektcontrolling empfehlenswert ist, vor allem dann, wenn derartige Veränderungsprozesse über Jahre dauern.

Durch funktionsübergreifende Teams gelang es, das sogenannte „Silo-Denken" zu überwinden. Ein überzeugendes Change Management ermöglichte, den Prozessgedanken weiter voranzutreiben. Die Anzahl der Schnittstellen in den Abläufen konnte damit weiter reduziert werden. Dadurch – zunächst ein Paradoxon – wurde die Prozesskette nicht nur schneller, sondern auch billiger.

II.8 dm-drogerie markt: Vendor Managed Inventory

Brigitta Friedrich v.d. Eichen, Dr. Stephan A. Friedrich v.d. Eichen

1 dm: Pionier im Drogeriehandel

1.1 dm als Wertegemeinschaft

Am Anfang jeder unternehmerischen Tätigkeit steht eine Vision. Sie ist der Wunschtraum einer Veränderung und Antwort auf Bedürfnisse der Umwelt, im Markt und/oder der Gesellschaft. Götz W. Werner (dm-Firmengründer) in Heidelberg) will den seinerzeit recht statischen Drogerieeinzelhandel mit neuen Spielregeln aufbrechen. Ein wichtiges Datum, zeitlich wie inhaltlich, ist der Fall der Preisbindung im Jahre 1973, zugleich auch das Gründungsjahr von dm. Das gibt den Weg frei, als Discounter ganz in den Dienst des Kunden zu treten und fortan – durch Einsatz neuer Technologien (Scannerkassen, Warenwirtschaftssysteme, Datawarehouse, Internet), Managementinnovationen (Empfehlungskultur, Projektmanagement, Wertbildungsrechnung, flache Hierarchien und Prozessorientierung), Partnerschaft mit den Lieferanten, kundenfreundliche Preisgestaltung (Dauerpreise; Grundpreise) u.a. mehr - die Branche in ihrer Entwicklung zu prägen. Die Mission lautet, ein Unternehmen zu kreieren, „durch das wir die Konsumbedürfnisse unserer Kunden veredeln, den zusammenarbeitenden Menschen Entwicklungsmöglichkeiten bieten und als Gemeinschaft vorbildlich in unserem Umfeld wirken wollen."

Im Mittelpunkt steht immer der Mensch, zunächst als Kunde, aber auch als Mitarbeiter, Industriepartner und schließlich - im Kollektiv – als Gesellschaft. Mit der Maßgabe, für verschiedene Anspruchsgruppen gleichermaßen Sinn zu produzieren, praktiziert dm ein Stakeholder-Management. Die gewählte Rechtsform (GmbH & Co. KG) versetzt in die Lage, jenem Druck auszuweichen, den ertragsorientierte „Shareholder" zuletzt ausüben. Nicht Quartalsgewinne, sondern ein Denken in Erfolgs- bzw. Nutzenpotenzialen bestimmen das Handeln; so investiert dm beispielsweise in Dauer(niedrig)preise, anstatt kurzfristig Gewinne abzuschöpfen. Erhebungen belegen, dass die Bekenntnisse in Richtung Kunde und Gesellschaft, zu neuen Technologien oder zur lernenden Organisation auch tatsächlich von den dm-Mitarbeitern geteilt und gelebt werden [vgl. GAB 1999].

Das gemessene "Fortschrittsstreben" und die "Wandlungsfähigkeit" sind Ausfluss einer Kultur, die Mitarbeiter ermutigt, ermächtigt und befähigt, ihre Fertigkeiten und Ideen einzubringen. Die zentrale Verantwortung (und spiegelbildlich die Grundlage unseres Erfolgs) besteht darin, möglichst viele Mitarbeiter in eine unternehmerische Disposition zu bringen und darüber hinaus die „Arbeitsgemeinschaft" dm (noch) unternehmerisch(er) zu gestalten [vgl. auch Werner 1998].

1.2 Auf dem Weg zum führenden Wettbewerber

Auf Produkt/Markt-Ebene konzentriert sich dm auf das klassische Drogeriewarensortiment. Rund 10.000 Artikel fallen in die Kategorien Schönheit, Gesundheit, Baby, Haushalt/Tier und Foto. Neben Sortimentsstruktur und Preisgestaltung dienen insbesondere Standortwahl, Ladenbild sowie Beratungsleistungen als Differenzierungsträger im Wettbewerb. In diesem muss der lange Zeit typische Drogist nach und nach filialisierten Händlern bzw. „Drogerieketten" (Schlecker, Ihr Platz, Müller, etc.) weichen. Die anfänglich atomistische wandelt sich in eine oligopolistische Angebotsstruktur. Zudem tragen Sortimentsüberschneidungen mit dem Lebensmitteleinzelhandel zur Verschärfung des Wettbewerbs bei. Die (Macht-)Verhältnisse im Absatzkanal sind denen im Lebensmittelhandel ähnlich. Gestützt auf ihre Marken, diktieren die Hersteller zunächst Preise und (über Konditionen) auch Liefermengen, Lieferzeiten sowie Regalplätze. Umsatzabhängigkeiten aufgrund steigender Betriebsgrößen gepaart mit einem kundenbezogenen Informationsvorsprung lassen den Handel in Zeiten gesättigter Märkte an Einfluss gewinnen. Das zwischenzeitliche Macht/Macht-Spiel weicht zuletzt allerdings der Überzeugung, dass zum Nutzen aller Beteiligten an die Stelle von Arroganz und Ignoranz ein gemeinsames, kundenorientiertes Problembewusstsein treten muss.

Hinsichtlich Produkt/Markt fokussiert zeigt sich dm in seiner regionalen Ausdehnung diversifiziert. Bereits ab 1976 werden Internationalisierungsziele verfolgt. Interesse gilt zunächst dem österreichischen Markt. Später folgen Filialen in Ungarn, Tschechien, der Slowakei, in Kroatien, Slowenien und Italien. Heute ist dm (mit Ausnahme von Italien) in allen diesen Ländern Marktführer. Legt man das Wachstum der letzten Jahre zugrunde, scheint dies ein Zeichen für die Nützlichkeit von dm zu sein. Wachstum ist dort ein Indikator für Kundenwert, wo es (a) aus eigener Kraft erfolgt und sich (b) dahinter nicht nur ein Wachstum des Marktes insgesamt, sondern auch gegen die Wettbewerber verbirgt; beides trifft auf dm zu. 1973 startet das Unternehmen mit der ersten Filiale in Karlsruhe; bis 1978 steigt ihre Zahl auf 100 an, mittlerweile sind es über 1.000, davon etwa die Hälfte in Deutschland. Rund 13.340 Mitarbeiter erwirtschaften im Geschäftsjahr 99/00 einen (Konzern-)Umsatz von 3,945 Mrd. DM. Damit schafft dm den Sprung in die Top 20 des deutschen Lebensmittelhandels und zählt angesichts seiner rasanten Entwicklung (mit zuletzt über 20-prozentigen Zuwachsraten p.a.) zu den am schnellsten wachsenden Unternehmen überhaupt [vgl. o.V. 1999a]. Die Zahlen umreißen bereits die logistische Aufgabe. Doch in welcher Form stellt sich dm nun ganz konkret den Anforderungen im Supply Chain Management?

2 Supply Chain Management

2.1 Supply Chain Management als kreatives Lösen von Problemen

Unter dem Schlagwort „Supply Chain Management" (SCM) vollziehen sich zuletzt gewaltige Umbrüche. Der Fokus liegt auf den Waren- und (dazugehörigen) Informationsströmen im Unternehmen, vor allem aber zwischen Unternehmen verschiedener Wertschöpfungsstufen. Anknüpfungspunkt ist ein abschnittsweises, funktional geprägtes logistisches Denken und Handeln, das allzu oft an den Grenzen der eigenen Unternehmung endet. Vorproduzent, Hersteller und Händler beäugen sich misstrauisch. Es fehlt ein gemeinsames Problemverständnis, und es fehlt der Wille zur Kooperation. Eigeninteressen und Sicherheitsbedürfnisse kosten den Preis der Ineffizienz. Hier greift die Diskussion um SCM an. Sie fordert ein vernetztes, prozessorientiertes Denken und eine Harmonisierung und Verzahnung der Systeme („Wertschöpfung als Mannschaftsspiel") entlang der Wertschöpfungskette [vgl. Friedrich/Rodens 1996, Rodens 1995]. Das Bemühen um effiziente Nachschubversorgung (Efficient Replenishment) erreicht Konsumgüterindustrie und Lebensmittel- bzw. Drogeriehandel als integraler Bestandteil der ECR-Bewegung (vgl. Abbildung 74).

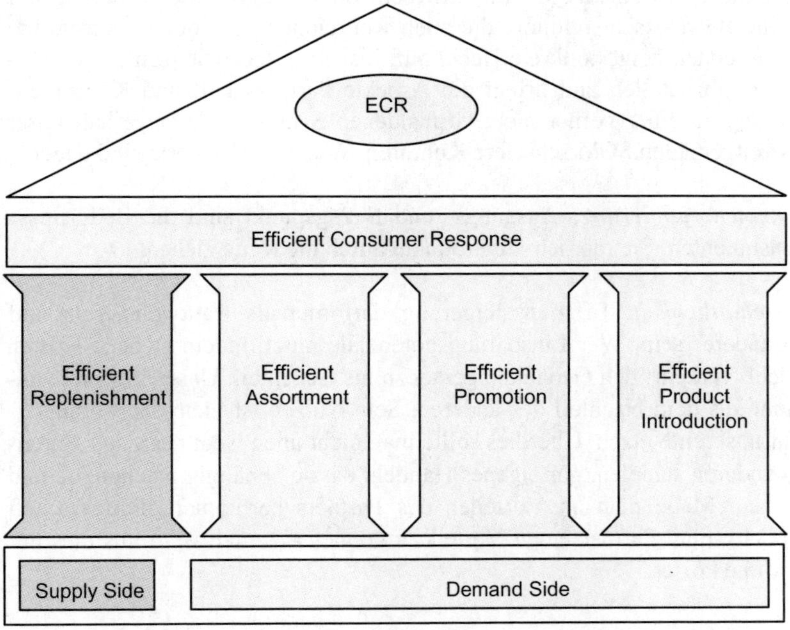

Abb. 74: SCM als integraler Bestandteil der ECR-Bewegung

Unter dem Leitbild „gemeinsam Mehrwert für den Konsumenten schaffen“ stellen Studien ein beträchtliches, kooperationsbasiertes Verbesserungspotenzial in Aussicht [vgl. Kurt Salmon Associates 1993; Coca-Cola Retailing Research Group-Europe 1994] und lösen zudem eine enorme Entwicklungsdynamik aus. Jene Vorstellungen treffen Unternehmen mehr oder weniger vorbereitet. Während sie für die einen wirkliches Neuland darstellen, können andere an Bestehendem anknüpfen. So kommt dm sein traditionell „weites“ Logistikverständnis ebenso zugute [vgl. Rodens/Friedrich/Hinterhuber 1994], wie die kulturell verankerte und gelebte Nähe zu Kunden und Industriepartnern [vgl. o.V. 1998].

Mittlerweile wissen wir: SCM verkörpert mehr als nur simple Rationalisierungsrezepte. Ex ante unterschätzt mancher den Tiefgang der Veränderung. Und noch heute fehlt bei so manchem (trotz medienwirksamer Bekenntnisse) das wahre SCM-Bewusstsein. Ein Festhalten an Maßnahmen, die das „schubweise Atmen” der Kette begünstigen (Mengenstaffeln, Aktionen), deutet darauf ebenso hin wie die Maxime, stets und überall an den Vorteilen anderer partizipieren zu müssen. Unterdessen bleibt Zielführendem die Anerkennung versagt. Missmutig fragen sich Händler, warum eigenen Aufwand erzeugen, wenn die Industrie dies nicht registriert, geschweige denn honoriert?

Doch zurück zu dm. Zumindest auf kulturell-wertmäßiger Ebene macht die Vision der „Consumer-Driven Supply-Chain” also keine Neuorientierung notwendig. Vieles entspricht unserer Grundüberzeugung [vgl. Rodens-Friedrich 1999]. Dennoch bleibt die SCM-Diskussion für dm nicht ohne Folgen. Sie fördert in der Branche eine Bewusstseinsbildung, die auch weitreichenden Kooperationsvorhaben den Weg ebnet, zeigt konkrete Hebel auf, bisherige Ineffizienzen in der Versorgungskette abzustellen und bringt die Aspekte Partnerschaft und Konsumentenorientierung zu einer vorher nicht vorhandenen Synthese. Ferner erhält unser Bild eines zeitgemäßen SCM schärfere Konturen. Wichtige Eckwerte sind dabei:

- *Konsumentenorientierung:* Ausgangs- und Bezugspunkt sind die Bedürfnisse des Konsumenten. Sie müssen die Produkte durch die Kette ziehen.

- *Partnerschaftlichkeit:* Effizienzsteigerung darf niemals Rationalisierung auf Kosten anderer sein. Wer Einsparungspotenziale nutzt, indem er neue Kosten verursacht, verkehrt den Gedanken geradezu ins Gegenteil. Unser Vorteil resultiert nicht aus dem Nachteil des anderen. Sein Nutzen ist vielmehr Voraussetzung für unseren Nutzen. Überdies sollte man nicht unentwegt nach den Vorteilen des anderen schielen, gar eigenes Handeln davon abhängig machen, ob und in welchem Maße man an Vorteilen des Partners partizipiert. Partnerschaft heißt (auch), dem Partner einen Vorteil zu gönnen - zumal wenn uns dies nur wenig Mühe kostet.

- *Ganzheitlichkeit:* Der Komplexität des Problems ist Rechnung zu tragen; anstatt isolierter bedarf es vernetzter Lösungen; Struktur- ist durch Prozessbewusstsein zu ersetzen.

- *Unternehmensübergreifendes Problembewusstsein:* Geprägt von der Überzeugung, dass der Nutzen einer vertrauensvollen, integrierten Zusammenarbeit die (kurzfristigen) Vorteile singulärer Handlungen übersteigt, muss der Fokus auf der Versorgungskette als Ganzes liegen. Hersteller und Händler geben eine "logistische Einheit" ab; Gesamtdurchlaufzeit, Warenbestand in der Kette, Handling- und Transportaufwand sind demnach die für uns relevanten Denk- und Handlungskategorien.

Fassen wir also zusammen:

- In unseren Augen steht SCM für einen (gestaltbaren) Denk- und Handlungsrahmen.
- SCM heißt ständige Suche nach Verbesserung und ist damit mehr Prozess, als (Restrukturierungs-)Event.
- Das konfrontiert uns mit Situationen, für die (noch) kein oder nur wenig Wissen existiert. Hier wird SCM zu einem kreativen Lösen von Problemen.
- Die obigen Eckwerte stecken unseren Zielraum ab und liefern Kriterien, um Lösungsansätze auf ihre Tauglichkeit hin zu überprüfen.

Rückblickend hinterlässt die SCM-Diskussion auch bei dm sichtbare Spuren. Teils als Voraussetzung, teils infolge der Implementierungshandlungen vollzieht sich ein Wandel, der dm heute eine anerkanntermaßen führende Stellung in diesem Bereich („Supply Chain Excellence") beschert, von der Kunden und Lieferanten gleichermaßen profitieren.

2.2 Stellenwert von Supply Chain Management und Supply Chain Excellence

SCM will Warenströme billiger, besser, schneller und flexibler organisieren. Das Augenmerk gilt folglich der Effizienz. Effizienz ist wichtig. Dennoch sind (allein) auf dem Weg kontinuierlicher Leistungsverbesserungen kaum nachhaltige Vorteile zu erreichen; vor allem dann nicht, wenn sie auf dem bloßen Einsatz von Technik(-en) beruhen. Zudem ist zu beachten: Je transparenter die „successful practices" und je engagierter Manager ihnen nacheifern, um so schneller nivelliert sich der eben erreichte Vorsprung. Darüber hinaus nimmt die Ähnlichkeit der Unternehmen zu und mit ihr die Intensität des Wettbewerbs. Beruhen Produktivitätsfortschritte in der Supply Chain hingegen auf Lernen, Erfahrung und/oder Vertrauen sorgt dies für eine (gewisse) Nachhaltigkeit des Vorsprungs. Doch agiert dm primär für seine Kunden und nicht gegen den Wettbewerber. Wettbewerbsfähigkeit darf nicht mit Kundenorientierung verwechselt werden.

Generell gilt: Effizienz kann, muss aber dem Konsumenten keinen Nutzen stiften. In aller Regel ist ihm Effizienz zu wenig [vgl. dazu Hinterhuber/Friedrich 1999].

Kundenzufriedenheit lässt sich als Vergleichsprozess veranschaulichen: Vor jedem Kauf bilden sich unsere Kunden bestimmte Erwartungen, mit denen sie das Erlebte vergleichen. Bleiben Erwartungen unerfüllt, entsteht Unzufriedenheit. Erfüllung führt zu Indifferenz, ein Übertreffen schafft wirkliche Zufriedenheit. Eine Unterscheidung in Basis-, Leistungs- und Begeisterungsanforderungen macht dies deutlicher. Basisanforderungen umfassen jene Leistungen, die der Kunde voraussetzt, ohne sie explizit zu fordern. Bleiben sie unerfüllt, entsteht starke Unzufriedenheit. Ihre Erfüllung führt lediglich zu „Nicht-Unzufriedenheit". Die Leistungsanforderungen verlangt der Kunde explizit. Werden sie nicht erfüllt, entsteht Unzufriedenheit. Erwartungsgemäßes Erfüllen führt zu (moderater) Zufriedenheit, ein Übertreffen steigert die Zufriedenheit. Begeisterungsanforderungen sind schließlich jene Eigenschaften, die der Konsument nicht erwartet. Nichterfüllung übt keinen negativen Einfluss auf die Zufriedenheit aus. Indes erhöht ihre Bereitstellung die Zufriedenheit überproportional.

Vor diesem Hintergrund wird der Stellenwert von SCM greifbar. Verfügbarkeit und Preis zählen im (Drogerie-)Handel zu den Basisanforderungen; zumal wenn es sich um einen Discounter handelt. Das Preisniveau des Händlers ist eine Funktion seiner Kosten. Über Transporte, Lagerung, Handling sowie bestandsbedingte Kapitalbindung trägt die Logistik maßgeblich zur Gesamtbelastung bei, was die Bedeutung eines (kosten-)effizienten SCM unterstreicht. Zugleich erwartet der Kunde das volle Sortiment. Bestandslücken erzeugen starke Unzufriedenheit und führen zu Migration: Der Kunde deckt seinen Bedarf an anderer Stelle, möglicherweise für immer! Ergo dient unsere Leistungsfähigkeit auf der supply-side vornehmlich dazu, „Nicht-Unzufriedenheit" zu gewährleisten. Sie schafft jenen Unterbau, ohne den weitere Schritte in Richtung Differenzierung und Begeisterung vergebens bleiben. Effizientes SCM ist im Drogeriehandel sicher nicht alles, aber ohne ein solches ist alles nichts!

Überdies wertet die vorhandene Leistungsfähigkeit unsere Stellung im Absatzkanal auf. Früher honorierte die Industrie ausschließlich Menge. Heute zählt Effizienz bzw. Excellence in der Supply Chain. Mit der Leistungsfähigkeit des Händlers steigt sein Beitrag an der gesamten Wertschöpfung und außerdem auch der Anteil, den er für sich reklamieren kann. In der Tat entscheidet im Wettbewerb nicht mehr (nur), was der einzelne hervorbringt. Integrierte „Hersteller/Händler-Tandems" stehen sich mit den Leistungen aus ihrem „Mannschaftsspiel" gegenüber [vgl. Friedrich/Hinterhuber 1999]. Durch Supply Chain Excellence erlangt dm in der Rolle als Wertschöpfungspartner eine besondere Behandlung; sei es in Form bevorzugter Belieferung, in Form von Einkaufspreisvorteilen und/oder, dass Hersteller auf eben dieser Basis vorzugsweise mit dm weiterführende, marktgerichtete Kooperationsprojekte lancieren (vgl. Abbildung 75).

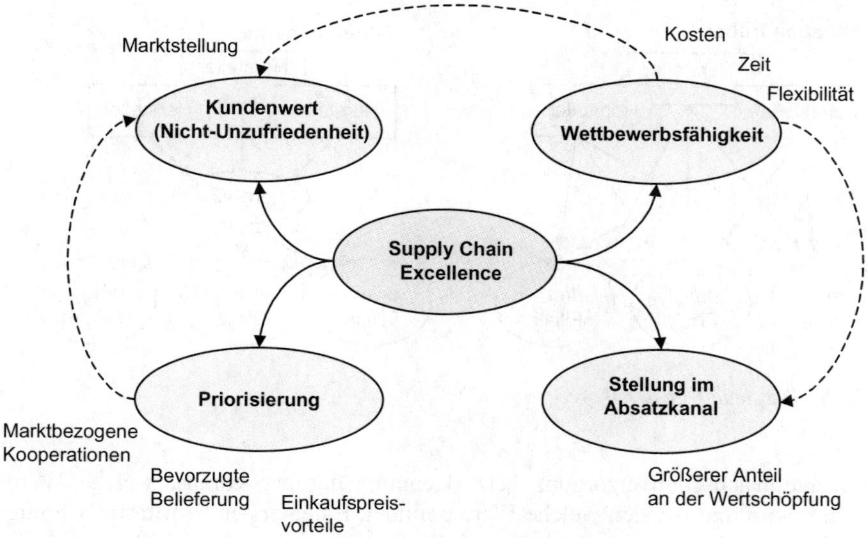

Abb. 75: Supply Chain Excellence zahlt sich aus

2.3 Meilensteine im Supply Chain Management

Vieles addiert sich bei dm zu jener Kompetenz, wie wir sie heute im Bereich SCM besitzen. Den Kern von SCM bilden logistische Überlegungen. Ohne informationstechnologisches Fundament, flankierende organisatorische Maßnahmen, ohne Ermutigung und Ermächtigung der Mitarbeiter, ohne Prozessorientierung und organisationales Lernen werden sie jedoch kaum ihre volle Wirkung entfalten.

Auf konzeptioneller Ebene bedeutet die Zwischenschaltung von Verteilzentren (VZ) - 1986 in Weilerswist für Deutschland (1998 erweitert durch Meckenheim) und 1989 in Enns für Österreich – einen Meilenstein auf dem Weg zu effizienter Nachschubversorgung. Zuvor floss Ware von den Lieferanten direkt in jede dm-Filiale, denen die Steuerung der Warenströme oblag. Das Ergebnis war unbefriedigend angesichts des stetigen Kampfs gegen lange Lieferzeiten, unregelmäßige Besuchsrhythmen des Außendienstes, Mindestabnahmemengen und mäßigem Lieferservice der Industrie. Die VZ-Lösung schafft Abhilfe. Nunmehr bestellen die dm-Filialen die benötigte Ware im eigenen Lager. Sie profitieren von kurzen Lieferzyklen, bedarfsgerechten Liefergrößen und hohen Servicegraden. Zudem eröffnen sich Möglichkeiten, Warenströme zu bündeln und infolgedessen die Anzahl der Filialanlieferungen drastisch zu reduzieren (vgl. Abbildung 76). Als Resultat trennen wir fortan zwei Dispositionskreise - den zwischen VZ und Lieferanten und den zwischen Filialen und VZ.

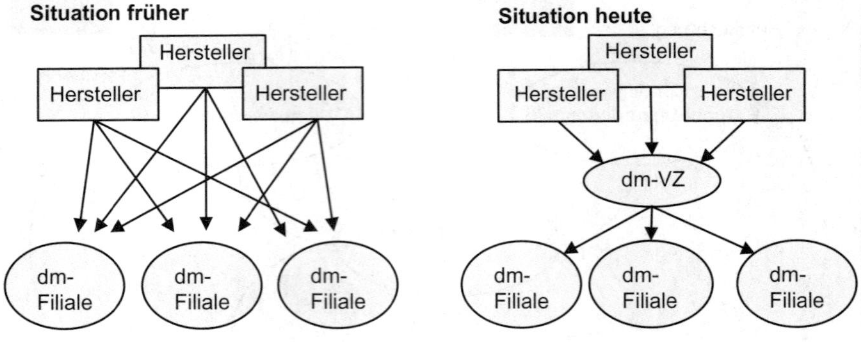

Abb. 76: Der neue Weg der Ware

Effiziente Nachschubversorgung setzt Kenntnis darüber voraus, welche Ware benötigt wird und wo sich welche Ware befindet. Einen ersten Schritt in Richtung geschlossene Warenbewirtschaftung stellt Scanning dar. Seit 1989 sind alle dm-Outlets mit Scanner-Kassen ausgerüstet. Dies ermöglicht eine tag- und artikelgenaue Erfassung der Abverkäufe. Noch beruht die Bedarfsermittlung allerdings auf den Einschätzungen der Filialmitarbeiter. Für den Bestellvorgang stehen mobile Datenerfassungsgeräte zur Verfügung, mit denen am Regaletikett (über Barcode) disponiert wird. Substanzielle Verbesserung bringt erst das EDV-gestützte Prognose- und Dispositionssystem SUPERSTORE. Unter Beachtung der Bestell- und Lieferzyklen prognostiziert es auf Basis artikel- und filialgenauer Abverkäufe sowie einer exakten Bestandsführung den Bedarf und steuert darüber den erforderlichen Warennachschub. Mit der Nebenbedingung, Präsenzlücken zu vermeiden, werden sowohl Bestell- als auch Bestandskosten berücksichtigt. Manuelle Eingriffe seitens des Filialteams sind zwar möglich, bleiben aber auf Ausnahmefälle beschränkt. Die Bestellung wird automatisch an das dm-VZ übermittelt, kommissioniert und binnen 24 - 48 Stunden ausgeliefert (vgl. Abbildung 77).

Auf VZ-Ebene ist der Filialbedarf mit dem Lagerbestand und den Lieferantenbestellungen in Einklang zu bringen. Auch hier kommt mit LABOSS [vgl. o.V. 1992a; 1992b] ein EDV-gestütztes System zum Einsatz. Auf Basis der kumulierten Bestellmengen der Filialen (= Lagerabgänge) der vergangenen Perioden, den hinterlegten Lieferzeiten und den Servicegraden der einzelnen Lieferanten sorgt das System für ein effizientes Warenmanagement. In der Bestellmenge finden ferner die Verhältnisse beim Lieferanten Berücksichtigung. So wird beispielsweise auf artikelreine Lagen, Paletten und ganze Ladungsträger gerundet. Das hält seinen Kommissionieraufwand gering und hilft, Transportraum voll auszunutzen.

Bei den nicht-wertschöpfenden Tätigkeiten steigert ein elektronischer Datenaustausch die Effizienz; namentlich werden mit den Lieferanten Artikelstammdaten (über Sinfos), Bestelldaten (EDI-Standard ORDERS) und Rechnungsdaten (EDI-Standard SEDAS/INVOICE) ausgetauscht.

Dabei ist es unser Bestreben, EDI auf weitere Bereiche – etwa auf Lieferavis (EDI-Standard DESADV) und den Verkaufsdatenbericht (EDI-Standard SLSRPT) – auszudehnen. Ferner prüfen wir derzeit, welche Wege das Internet eröffnet, um auch solche (kleine und mittlere) Lieferanten anzubinden, für die eine Investition in EDI/EANCOM-Technologie nicht wirtschaftlich ist.

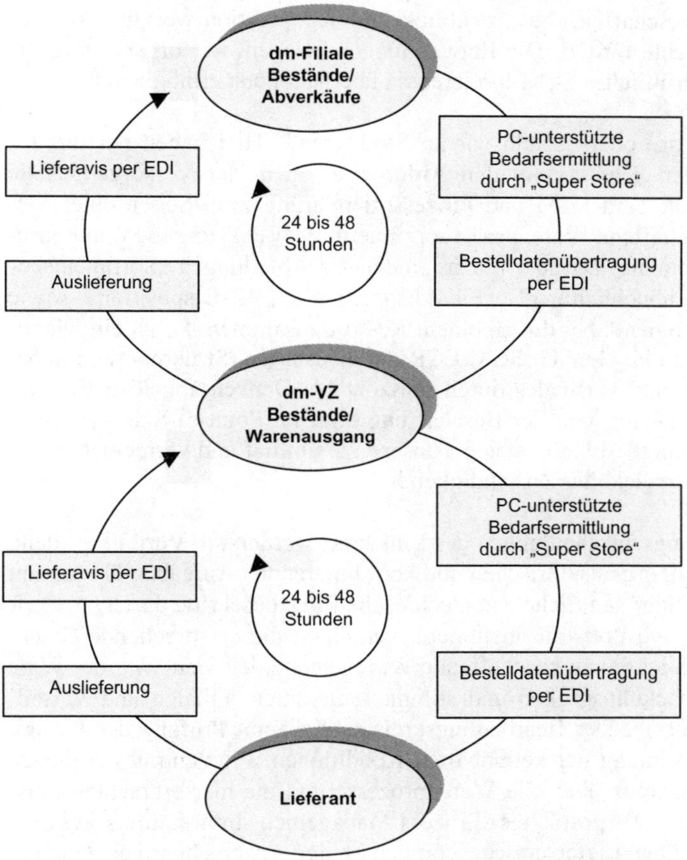

Abb. 77: Die beiden Dispositionskreise bei dm-drogerie markt

Die Zwischenschaltung handelsseitiger Lager mündet in eine neue Arbeitsteilung der Branche. Transport und Lagerung fallen in die Zuständigkeit der Händler, während Hersteller zusehends die Bestandsführung übernehmen (Stichwort "Vendor Managed Inventory"). Für die einzelne Unternehmung geht damit eine Neukonfiguration ihrer Wertschöpfungskette einher. Insgesamt treffen wir auf neue Wertschöpfungsarchitekturen. Als komplexe Interaktion zwischen Herstellern, Händlern und spezialisierten Dienstleistern weist SCM netzwerkartige Strukturen auf.

Nicht Tradition entscheidet, wer welche Aufgaben wahrnimmt, sondern Kompetenz. Das wiederum bringt erheblichen Abstimmungsbedarf mit sich. Vor diesem Hintergrund initiiert dm eine Industriekommunikation [vgl. Rodens/Kolodziej 1992; Rodens 1993]. Ziel ist es, auf einen für alle Beteiligten effizienten und zuverlässigen Distributionsmodus hinzuwirken. Zur Verstetigung des Dialogs erfolgt die Gründung einer gleichnamigen Abteilung. Abseits des Konditionenpokers ist so eine Plattform geschaffen, die - rückblickend - Kooperation weit über das ursprünglich Angedachte fördert. Die Entwicklungen belegen, wie organisatorische Maßnahmen fortschrittliches SCM forcieren, ja überhaupt erst ermöglichen.

„Pflegen wir Prozesse oder basteln wir an Strukturen?" Hier haben wir uns für Prozesse entschieden. Das kommt den Anforderungen in der Versorgungskette entgegen. Im Grunde sind SCM und Prozessorientierung zwei Seiten einer Medaille. Die neu geschaffene Warenprozessoptimierung (WPO) trägt dem in konsequenter Weise Rechnung. Darüber hinaus finden die Abteilungen „Sortimentskoordination", „Warenbuchhaltung", „Filialdisposition", „VZ-Disposition" sowie „Efficient-Replenishment" bei dm zu einem Ressort zusammen. So ist ein wichtiger Schritt getan, um im Bereich SCM/ECR durchzustarten. Struktur- wird durch Prozessbewusstsein und vertikales durch horizontales Denken abgelöst. Ein warenflussorientierter Dialog von der Beschaffung bis zum Point-of-Sale kommt in Gang. Das beschleunigt Abläufe, steigert unsere Flexibilität und vermeidet Ineffizienzen aufgrund zerstückelter Zuständigkeiten.

Am Beispiel „Listungsentscheidungen des Einkaufs" werden die Vorteile evident. Alle administrativen, organisatorischen und koordinierenden Aufgaben übernimmt jetzt die WPO. Sie führt sämtliche datentechnische Eingabeschritte durch (Artikelsowie Lieferanten- und Preisinformationen), veranlasst die entsprechende Datenverarbeitung, errechnet die zu beschaffende Warenmenge, legt den Weg der Ware fest, definiert Verpackungsgrößen und stimmt Lieferanten, Filialen und Verteilzentrum aufeinander ab. Der Bearbeitungskreis schließt mit Prüfung der Warenrechnung und Abrechnung der vereinbarten Konditionen. Ein zentrales Anliegen der WPO ist Transparenz über alle Warenprozesse und die hier erbrachten Leistungen. PROMI – ein DV-gestütztes „Prozess-Management-Informations-System" gibt u.a. Auskunft über Lieferservice, Kompetenz der Ansprechpartner, Qualität der Rechnungsstellung, Zahlungsmoral und EDI-Know-how. Damit eröffnet es vielfältige Auswertungsmöglichkeiten. Die Leistungen jedes Lieferanten werden im Zeitablauf sichtbar. Ebenso sind wir jederzeit in der Lage, Leistungsvergleiche anzustellen.

3 Continuous Replenishment: Vendor Managed Inventory mit Reckitt & Colman

3.1 Ausgangslage und Zielsetzung

Mit dm ergreifen auch andere Händler die Initiative. In groß angelegten Projekten und mit erheblichem finanziellen Einsatz „rüstet" der Handel auf: Informationsgewinnung am Point-of-Sale; Informationsverarbeitung und geschlossene Warenbewirtschaftung. Weitere Verbesserungen sind (nur) gemeinsam mit den Herstellern zu erzielen. Derweil offenbart ein Blick auf die Versorgungskette reichlich Handlungsbedarf. Denn trotz hoher Bestände sind Versorgungslücken zu beklagen.

Hier greift Continuous Replenishment (CRP) an. Das Ziel ist höhere Verfügbarkeit bei reduzierten Beständen (= Kosten) entlang der Kette. Ein stetiger, nachfragesynchroner Warennachschub weist den Weg. Konkret soll vermieden werden, dass Hersteller andere als die vom Konsumenten benötigte Ware liefern, schubweise bestellt und geliefert wird und Mehrfachbevorratung enorme Kosten verursacht. Außerdem besinnt man sich auf elementare Substitutionsbeziehungen: Vertrauen macht eigene Sicherheitsvorkehrungen überflüssig; Reagibilität ersetzt das Abpuffern über Bestände (vgl. Abbildung 78). Im Kern geht es um den Abbau von Informationsdefiziten. Information versetzt in die Lage, nur solche Ware zu bewegen, die der Kunde auch tatsächlich nachfragt.

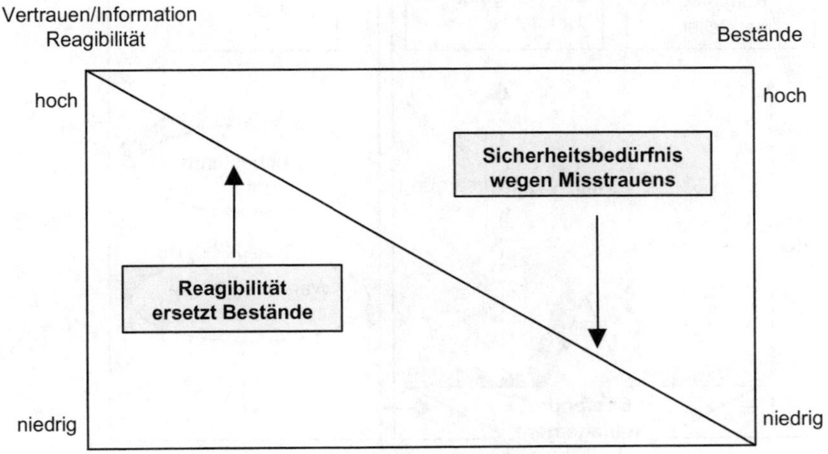

Abb. 78: Vertrauen, Information und Reagibilität versus Bestandshaltung

Jegliche Bemühungen um kontinuierlichen Warennachschub bleiben allerdings erfolglos, wenn die Lieferfähigkeit fehlt. Wirft eine (bis dato fertigungsgesteuerte) Produktion nicht aus, was der Kunde fordert, hängt CRP in der Luft. Schließlich – und auch das gehört zu CRP – müssen alle Anreize verschwinden, die zu Diskontinuitäten führen. Angesprochen sind in erster Linie Konditionenmodelle, die den Handel zu einem schubweisen Bestellverhalten nötigen. Gleichwohl ist auch der Handel gefordert. Er sollte Preisaktionen abschwören. Dauerpreise erweisen sich als eine dem Ansinnen förderliche Alternative. Im Ergebnis verliert der Artikelpreis seinen Einfluss auf die Dispositionsmenge. Die Warenströme glätten sich, und das auf einem vergleichsweise hohen Niveau.

Doch zurück zur Disposition. Aktuelle Warenbestands- und -bewegungsdaten des Handels - vorausgesetzt sie erreichen die Industrie – bringen uns dem erklärten Ziel ein gutes Stück näher. Zusätzliche Effekte versprechen neuen Verfahrensweisen, die an die Stelle des traditionellen Bestellsystems treten. Zwei Optionen stehen zur Diskussion: „Co-managed Inventory" belässt dem Händler zwar die Dispositionshoheit, bindet aber den Hersteller mit in die Disposition ein. Hingegen überträgt „Vendor Managed Inventory" dem Hersteller gleich ganz die Bestandsführung. Dabei ersetzt eine Bereitstellung relevanter Informationen die Bestellungen des Handels (vgl. Abbildung 79).

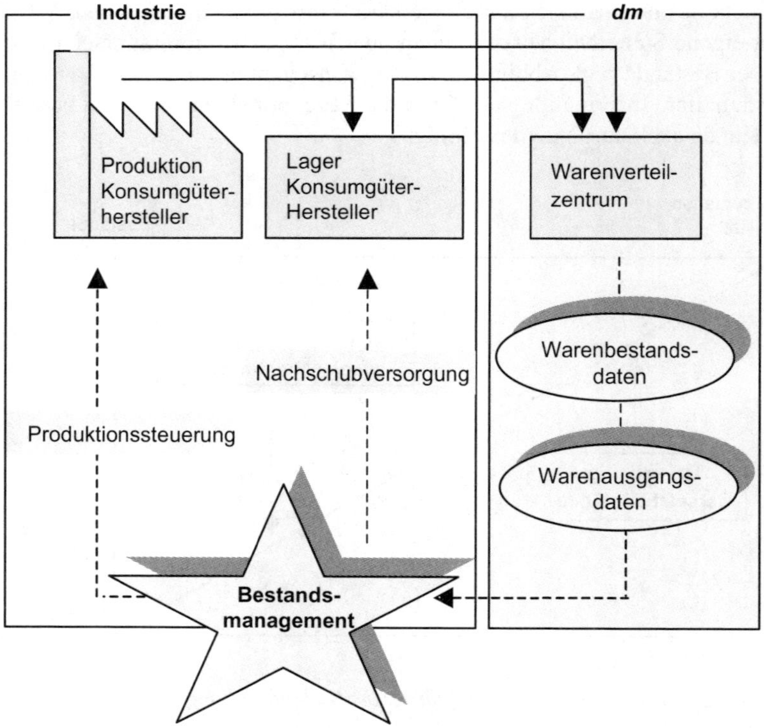

Abb. 79: Vendor Managed Inventory

Auch für dm ist dies ein Thema. Pilotprojekte werden gestartet. In deren Rahmen entscheiden wir uns generell für ein schrittweises Vorgehen: dm spielt dem Industriepartner Informationen zu. Er unterbreitet Bestellvorschläge, doch behält dm (vorerst) die Dispositionshoheit. Das sichert Handlungsflexibilität und lässt Raum zum Lernen. Stellen Lieferanten dann ihre Fähigkeit unter Beweis, geht das Bestandsmanagement auf sie über. Heute steuern Hersteller bereits 20 % des VZ-Warenbestands. Die Erfahrungen fließen in einen Leitfaden ein, der helfen soll, weitere Lieferanten an VMI heranzuführen. Vorgehensweise und Ergebnisse seien nun anhand eines konkreten Fallbeispiels vorgestellt. Wir wählen dazu das VMI-Projekt mit Reckitt & Colman Deutschland AG aus [vgl. auch Tappe/Mussäus 1999; o.V. 1999b].

3.2 Projektverlauf

Auf Initiative der Industriekommunikation hin zeigen Vertreter beider Seiten Interesse an der Durchführung eines VMI-Projektes. Zu Beginn (= Planungsphase) stehen organisatorische und vor allem technische Fragen im Vordergrund: Der zeitliche Rahmen der Projektphasen wird abgesteckt, Verantwortlichkeiten festgelegt, die Datenintegrität sichergestellt und die EDI-Verbindung getestet – schließlich soll fortan (über den Nachrichtenstandard EANCOM) ein Austausch von Warenbestands- und -bewegungsdaten (INVENTORY REPORT) sowie von Bestellungen (ORDERS) problemlos möglich sein. Die Übersetzung in das firmeninterne Format erfolgt über EDI-Konverter. Die Verbindung zum vorhandenen ERP-System bilden ASCII-Schnittstellen. Ferner sind die Projektteams zu besetzen; dazu zählen die jeweiligen Projektleiter, Vertreter der EDV und die Disponenten; fallweise wird ein EDV-Berater hinzugezogen.

Mit dem Testlauf schließt sich die 2. Projektphase an. Der Plan sieht vor, dass Reckitt & Colman Bestellvorschläge für dm generiert und per Orders übermittelt. Das soll auf Grundlage des aktuellen VZ-Warenbestands und der Warenabgänge an die Filialen (= Filialbestellungen) geschehen. Zur Generierung der Bestellungen greift man auf die Manugistics-Software zurück, mit der Reckitt & Colman bereits im Bereich „Sales-forecast" positive Erfahrungen gemacht hatte. Es kommen die Module „Demand Planning", „Distribution Requirement Planning" und „Deployment" zum Einsatz. Demand Planning erstellt für jeden Artikel eine Absatzprognose. Dafür müssen allerdings Zeitreihen aufgebaut werden. Ein Rückgriff auf eigene (Lagerabgangs-)Daten birgt die Gefahr, die Lieferunfähigkeit der Vergangenheit in die Zukunft zu prognostizieren. Die notwendige Artikelhistorie stammt daher aus dem Warenwirtschaftssystem von dm. Distribution Requirement Planning generiert einen bedarfsgerechten Lieferplan, der sowohl die Bestände im dm-VZ, im Zentrallager von Reckitt & Colman als auch jene Bestände berücksichtigt, die gerade transportiert werden (in-Transits). Schließlich sorgt das Deployment-Modul für optimale Auslastung der Transportkapazitäten. Zusätzlicher Bedarf (Aktionen, Investitionen) sowie Neulistungen erfahren eine gesonderte Behandlung, um die Schätzung des Normalabsatzes nicht zu stören.

Durch die Bestellungen der dm-Filialen und die Wareneingänge im dm-VZ verändert sich der Warenbestand laufend. Dem trägt man Rechnung durch die tägliche Übermittlung eines Bestandsberichts an Reckitt & Colman. Auf dieser Grundlage findet am Dispositionstag eine Bedarfsanalyse sämtlicher Artikel von Reckitt & Colman statt. Je nach Bedarf generiert Manugistics einen Bestellvorschlag. Als Referenzgröße dient der Dispositionsvorschlag von dm. Bereits nach 3 Monaten endet die Testphase. Die Dispositionsleistungen des Herstellers haben sich stabilisiert und der Wechsel in den Echtbetrieb (= Phase 3) scheint möglich. Heute disponiert Reckitt & Colman alle 60 Artikel im dm-VZ (vgl. Abbildung 80).

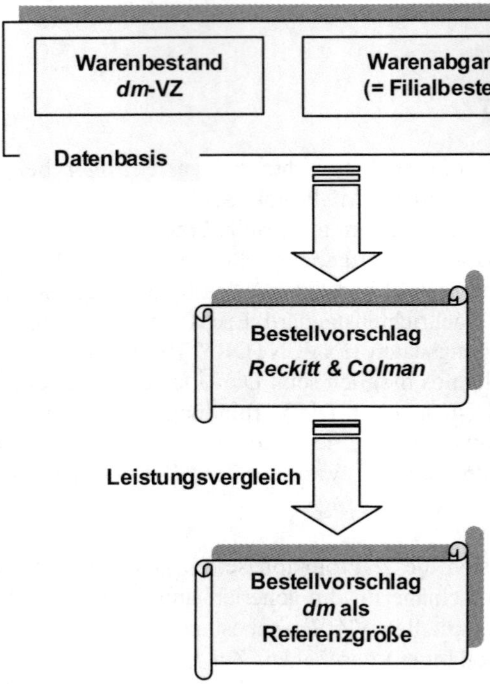

Abb. 80: Leistungsvergleich dm versus Reckitt & Colman

3.3 Projektergebnisse

Ob wir eine Sache als Erfolg oder Misserfolg einstufen hängt letztlich von den (subjektiven) Erwartungen ab, die man damit verbindet. Das ist bei VMI-Projekten nicht anders. Gleichwohl steuern objektive Kriterien das ihre zur Urteilsbildung bei. Betrachten wir dazu die klassischen logistischen Kennzahlen, namentlich Prozess-/Durchlaufzeiten, Reichweite und Lieferservice.

„Erfolgsgeschichten" aus Beraterkreisen dürfen nicht Anlass zu überzogenen Erwartungen geben. Randnotiz: Voraussetzung für phantastische 70-prozentige Bestandssenkungen und/oder um 80 % reduzierte Durchlaufzeiten sind ex ante geradezu „katastrophale" Verhältnisse. Im vorliegenden Projekt fallen die Verbesserungen ungleich moderater aus, aber es gibt sie.

Erstens wird zeitnäher disponiert und wir stellen zweitens eine Beschleunigung der Abläufe fest. Bis dato werden zweimal pro Woche Bestellungen generiert und dem Kundenservice von Reckitt & Colman per Fax übermittelt. Die manuelle Erfassung der Bestelldaten erfolgt taggleich. Eine Prüfung der Verfügbarkeit (ab Zentrallager Mannheim) schließt unmittelbar an. Nicht vorhandene Artikel werden gestrichen, um den Auftrag für die Weiterverarbeitung freizugeben. Bis zur Anlieferung vergehen 4 Tage. Sowohl Reckitt & Colman als auch dm halten Sicherheitsbestände. Heute löst ein Bedarf unverzüglich Nachschubbestellungen aus. Sicherheitsbestände entfallen und die Durchlaufzeit eines Auftrags verkürzt sich auf 3 Tage.

Der Lieferservice (Anzahl der gelieferten zur Anzahl der bestellten Artikel zu einem Termin) bewegt sich zwischen 99 % und 100 %. Die Differenz erklären "Out-of-Stock"-Situationen im Zentrallager von Reckitt & Colman respektive Lieferengpässe des Logistik-Dienstleisters.

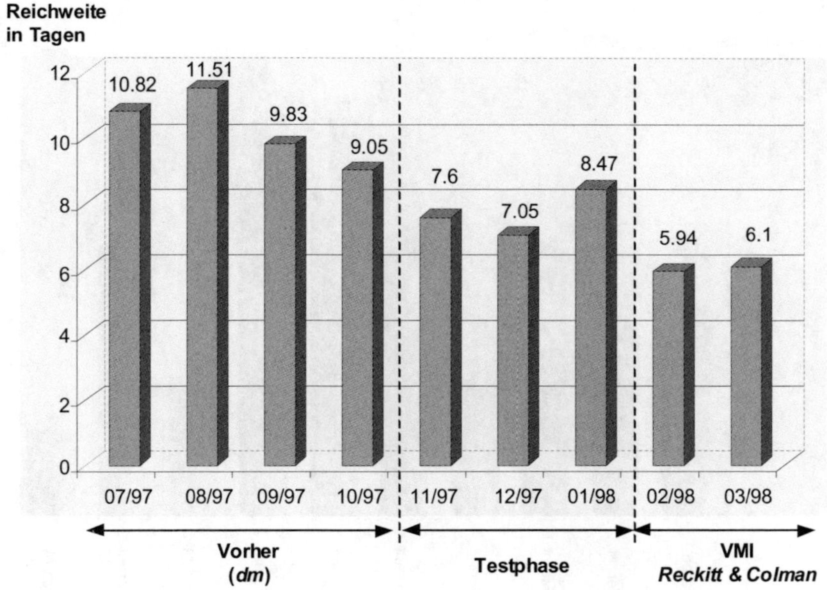

Abb. 81: Entwicklung der Artikelreichweiten (Reckitt & Colman)

Abbildung 81 gibt die Leistungsentwicklung über alle Projektphasen wider. Innerhalb von drei Monaten (11/97 bis 01/98) nähern sich die Bestellvorgänge von Reckitt & Colman weitgehend an die von dm an. Diese Harmonisierung zeugt von ersten Erfahrungen, Übung im Umgang mit den neuen Werkzeugen und bringt ein zunehmendes Verständnis der Geschäftsprozesse des Partners zum Ausdruck.

Unterdessen halbieren sich nahezu die Reichweiten der Reckitt & Colman Artikel im dm-VZ. Das Zusammenspiel aus genaueren Prognosen, verkürzten Prozesszeiten und einem höheren Dispositionsrhythmus senkt den Wert von ursprünglich 10 auf knapp 6 Tage. Damit korrespondiert eine Verdopplung der Umschlagshäufigkeit von 20 auf nunmehr 40. Dementsprechend sinken die Kapitalbindungskosten. Diesen Effekt stellen wir tendenziell über alle unseren Lieferanten fest, mit denen wir VMI praktizieren (vgl. Abbildung 82).

Ohne Zweifel gilt VMI damit als Erfolg – zumindest aus Sicht des Händlers. dm fallen Optimierungsgewinne zu, Arbeit wird verlagert. Da liegt ein Verdacht nahe: Also doch Rationalisierung auf Kosten anderer? In der Tat erlangt bei VMI zunächst der Händler seinen Vorteil. Der Nutzen des Herstellers resultiert aus der Produktionsanbindung. Bedarf es dazu einer kritischen Masse - Experten errechnen diese mit ca. 40 % - gewinnt auch er, nur eben zeitversetzt. Bis dahin hat für Reckitt & Colman die Minimierung der Transportkosten Priorität, die angesichts einer höheren Lieferfrequenz (bei kleineren Sendungen) gestiegen sind.

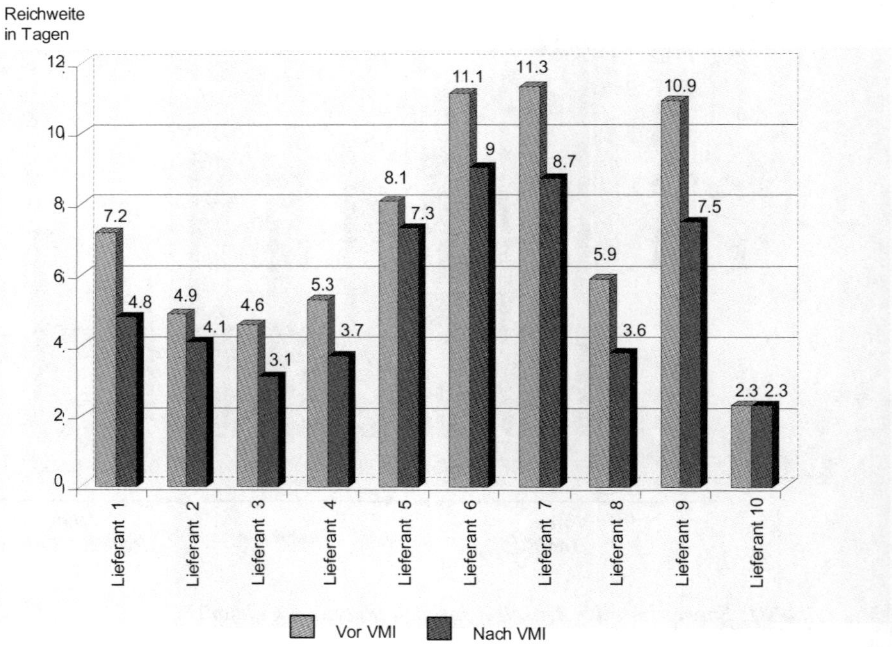

Abb. 82: Auswirkung von VMI auf Reichweiten im dm-VZ

Schließt man qualitative Aspekte mit in die Betrachtungen ein, gleicht sich die „Nutzenbilanz" weitgehend aus. Für beide geht es weniger um Ergebnis-, denn um Lernerfolg. dm gewinnt zusätzliche Erfahrungen. Sie sind für ein späteres erkenntnisgeleitetes Gestalten von Nutzen. Sie bringen uns dem Punkt näher, der ein Urteil über VMI überhaupt erst erlaubt und schärfen unser Bild des in Zukunft Möglichen und Nötigen. Reckitt & Colman gewinnt Einblicke in Strukturen und Prozesse des Handels. Vor allem partizipiert man sowohl an der Dispositions- als auch an der VMI-Kompetenz von dm und vermag, manches auf andere Projekte zu übertragen.

3.4 Vendor Managed Inventory: Ausweg oder Irrweg?

Was können wir aus den Ergebnissen schließen?

Die Kennzahlen weisen VMI als erfolgreich aus. Grundlage sind allerdings Pilotprojekte mit der Industrie. Sie genießen Sonderstatus und bedeuten für den Händler bevorzugte Behandlung (bis hin zur Exklusivität). Jene Priorisierung, ansonsten so oft das erklärte Ziel im Absatzkanal, wird hier unter Umständen zum Problem, zumindest wirft sie Fragen auf:

- Spiegeln die Ergebnisse ein verlässliches Bild wider?
- Bleiben die guten Resultate auch dann noch erhalten, wenn die anfängliche Motivation verflogen ist, das Projekt nicht mehr unter Beobachtung des Top-Managements steht und der Hersteller – auf seinem Weg zur kritischen Masse - mehr als nur die Warenbestände seines Pilotpartners disponiert? Ohnehin ist aus Kreisen der Handelsdisponenten zu hören: „... hätte man ähnliche (Zeit-) Ressourcen zur Verfügung, könne man mit durchaus vergleichbaren Resultaten aufwarten ...".

Tatsächlich wurzeln die Verbesserungen nicht in der Funktionsverlagerung per se. Sie resultieren aus besonderer Sorgfalt gepaart mit dem Einsatz neuer Werkzeuge. Bei Mehrfachbetrieb nähert sich das Ganze den Systemleistungen an. Die Frage nach der Vorteilhaftigkeit einer Verlagerung der Dispositionszuständigkeit mündet so in einen Vergleich der Systeme. Für eine Verlagerung in Richtung Hersteller spricht, dass entsprechende Systeme zwar für beide Seiten zugänglich, ihr Einsatz aber möglicherweise nicht in gleichem Maße wirtschaftlich ist. In der Regel repräsentiert das Bestandsmanagement nur einen Teil der modular aufgebauten Software, die ebenso in anderen Bereichen, etwa für die Produktionsplanung, Anwendung findet. Und gibt der für gewöhnlich geringere Artikelumfang beim Hersteller nicht berechtigten Anlass, auf bessere Dispositionsleistungen zu hoffen?

Wir stellen die Gegenfrage: Kann ein Hersteller den Belangen des Händlers jemals Rechnung tragen? Und ist das überhaupt seine Absicht?

Letzteres spiegelt generelle Vorbehalte wider, wichtige Leistungsparameter - wie Kapitalbindung, Reichweite und Bestellrhythmus - in fremde Hände zu legen. Das hat etwas mit Vertrauen und der Einstellung zu Partnerschaft zu tun. Doch klammern wir hier die Ebene des Wollens aus und wenden uns stattdessen dem Aspekt des Könnens zu.

Wie glaubhaft ist überhaupt der Optimierungsanspruch der Hersteller angesichts ständig wechselnder Entscheidungsparameter beim Händler? Addieren sich die jeweiligen Teildispositionen tatsächlich zu einem Vorteil im Verteilzentrum des Händlers? Wie sollen Hersteller die notwendigen Bedarfs- und Kapazitätssimulationen durchführen? Wer koordiniert nur beispielsweise die Warenanlieferungen? Berechtigte Fragen, die zum Nachdenken anregen. In der Tat müssen wechselnde und wechselseitige Parameter Berücksichtigung finden, und das bei Belastungsspitzen sehr kurzfristig. Dauerhafte Dispositionsvorgaben kann es nicht geben und selbstverständlich fehlt dem einzelnen Hersteller die Gesamtschau über die Situation beim Händler. Einen Ausweg bieten Absprachen. So legt dm (trotz VMI) das Dispositionsziel gemeinsam mit den Herstellern fest. Anlieferungstag und –zeitpunkt sowie Bestellrhythmen werden abgestimmt. Aktionen und Investitionen führen zu Nebenabreden.

Soll VMI zu brauchbaren Ergebnissen führen, geht damit ein gewisses Maß an Abstimmungsbedarf einher. Folglich entlässt VMI den Händler niemals vollkommen aus seinen Dispositionsüberlegungen. Was bleibt, sind Zweifel, ob die Belange des Händlers in einer Weise erfüllt werden, wie er dies selbst tun könnte. VMI impliziert, dass die isoliert optimierten Herstellerdispositionen dem Händler in der Summe ein Optimum bescheren. Das muss aber nicht unbedingt der Fall sein. Von daher sind die Effizienzgewinne aus den einzelnen Herstellerdispositionen mit möglichen Nachteilen aus Gesamtsicht aufzurechnen. Reicht diese Basis aber für ein abschließendes Urteil über VMI aus? Was für eine Rolle spielt VMI für einen kontinuierlichen Warennachschub?

Möglicherweise greift die obige Betrachtungsweise zu kurz. Der Sinn von CRP steht und fällt mit der Produktionsanbindung beim Lieferanten. In welcher Weise hängt VMI mit eben diesem Ziel zusammen? Konkreter formuliert: Ist die Funktionsverlagerung conditio sine qua non für die Produktionsanbindung und insofern ein Meilenstein auf dem Weg zu CRP? Wäre das der Fall, verliert ein direkter Vergleich der Dispositionsleistungen an Gewicht.

Bei näherer Betrachtung ist CRP weniger Sache der Dispositionszuständigkeit per se als eine von Information. Allein sie bewegt Hersteller dazu, eigenen Aufwand zu erzeugen, eventuell höhere Transportkosten in Kauf zu nehmen und überdies Vergütungen an den Handel zu leisten. Das erweitert den Betrachtungsfokus und verleiht VMI einen anderen Stellenwert. Mitunter kommen Hersteller (erst) über den Anreiz „Bestandsoptimierung“ an jene Informationen, die sie ansonsten gar nicht oder nur gegen Bezahlung erhalten würden.

Vor diesem Hintergrund nimmt VMI die Gestalt eines Tauschgeschäftes an: „kostenlose" Bestandsoptimierung beim Handel zum Preis „Information".

Wohin gehen die Entwicklungen im SCM?

Effizienzgewinne in der Kette bestimmen sich nach Qualität (und Weitergabe) der Information. Der nächste Schritt muss die endgültige Anbindung der Produktion bringen. Damit bewegen wir uns weg von der fertigungsdeterminierten hin zur bedürfnisgesteuerten Produktion. Am Ziel sind wir aber damit noch lange nicht. Die zusätzliche Übermittlung von Abverkaufsdaten macht eine weitere Optimierung und Bedarfsanpassung der Produktion möglich. Sie rückt ein weiteres Stück in Richtung Kunde. Das Ziel scheint erst erreicht, wo bloßes Reagieren am Point-of-Sale einem Antizipieren weicht. Dazu müssen wir unsere Kunden noch besser kennen lernen - und so schließt sich der Kreis von SCM zu Datawarehouse bzw. Datamining [vgl. Rodens-Friedrich 1999].

Die Effizienz in der Kette steigt in dem Maße, wie wir imstande sind, uns ein verlässliches Bild über die Vorgänge am Point-of-Sale zu machen. Das nimmt Handel und Hersteller gleichermaßen in die Pflicht. Bislang fehlen indes leistungsfähige Systeme, die sowohl Umsatzplanungen, saisonale Schwankungen, Trends als auch geplante Marktaktivitäten (Werbeaktionen sowie Aktivitäten in der entsprechenden Category) zu Projektionen verarbeiten und solche regelmäßig zur Verfügung stellen. Gute Ergebnisse werden ausschließlich dort erreicht, wo Projektionen des Händlers mit denen des Herstellers zu einem gemeinsamen Bild der Zukunft verschmelzen („Collaborative Planning and Forecasting"). Daran müssen wir arbeiten!

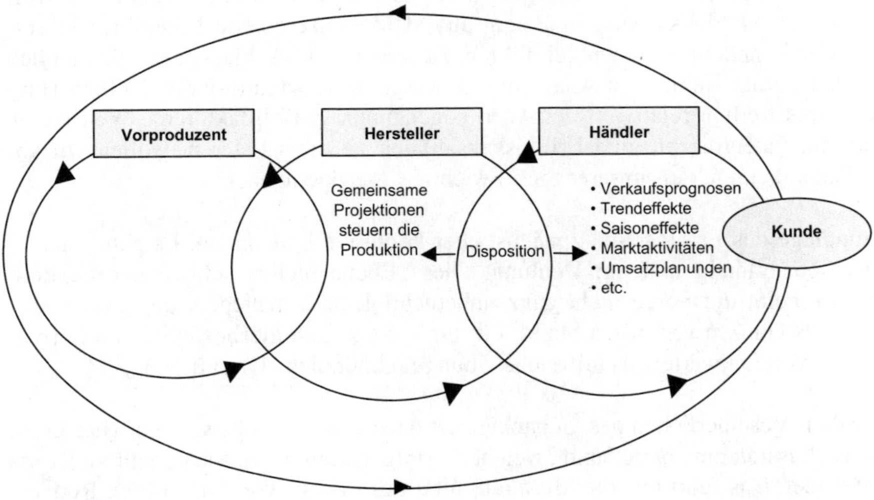

Abb. 83: Consumer Driven Supply Chain

Fassen wir nochmals zusammen:

- Hersteller können den Belangen der Händler alleine niemals Rechnung tragen. Ergo nimmt VMI dem Händler Arbeit ab, entlässt ihn aber nicht vollkommen aus der Dispositionsverantwortung.
- Informationsweitergabe und Dispositionszuständigkeit sind zwei Paar Schuhe.
- VMI mag die Weitergabe von Information fördern, stellt aber im Hinblick auf die „Consumer Driven Supply Chain" [vgl. Friedrich/Hinterhuber 1999] keine zwingende Voraussetzung dar. Hingegen ist die gemeinsame Erarbeitung von Projektionen hierfür ein Muss.
- Über die zweckmäßige Zuordnung der Disposition lässt sich nicht pauschal urteilen. VMI wird sich vor allem bei komplexen Produktions- und Lagerstrukturen eines Herstellers durchsetzen, deren vereinfachte Steuerung einen (zusätzlichen) Vorteil verspricht.

4 Zusammenfassung und Ausblick

Wer mit einer Sache Erfolg hat, den fragt man nach seinen Erfahrungen und seinen Rezepten. Wie sonst gilt es auch im SCM, von den Besten zu lernen und die Fehler anderer möglichst zu vermeiden. Das lenkt den Blick vom „Bewirkten" zum „Bewirkenden" [vgl. hierzu Werner 1998], von den Erfolgen zu den Erfolgsfaktoren. Der Begriff suggeriert Nachvollziehbarkeit und Nachahmbarkeit. Mitunter fällt es recht schwer, Erfolg zu erklären und seine wirklichen Voraussetzungen zu benennen. Vieles hängt zudem von Standpunkt und Betrachter ab. Für Mitarbeiter, die täglich mit den Unwägbarkeiten der Technik ringen, liegt die Antwort auf der Hand: für sie sind in Bezug auf SCM konzernweite Datenformate entscheidend; andere Blickwinkel führen zu anderen Einschätzungen. Schließlich wurzelt Erfolg weniger in Analogem als vielmehr in situativ-individuellem Handeln. Das freilich relativiert den Wert sogenannter „Erfolgfaktoren". Weit davon entfernt, Patentrezepte und Erfolgskausalitäten zu thematisieren, wollen wir abschließend einige (aus unserer Sicht) wichtige Aspekte nennen.

Grundlage des Erfolgs sind zunächst eher kognitive Leistungen. Es geht um Bewusstseinsbildung und um Deutung. Diese Ebene bleibt vielfach unreflektiert. Indes scheint die Sorge nicht ganz unberechtigt, dass manchem der „wertvolle" Kern des Ganzen verborgen bleibt. Für dm erweist sich diesbezüglich die Formulierung von Eckwerten als hilfreiche Übung und nützliche Orientierung.

Mit dem Verinnerlichen des Gedankens ist dann schon viel gewonnen. Hier greift die Diskussion um „harte" und „weiche" Erfolgsfaktoren, wie sie derzeit vielerorts stattfindet. Das führt uns die Multikausalität des Erfolgs vor Augen [vgl. Rodens-Friedrich/Kolodziej 1996].

Dabei mag jede der genannten Größen ihren Beitrag leisten – und doch erklärt keine von ihnen den Erfolg. Tatsächlich verkörpert SCM eine Kompetenz. Kompetenz basiert auf Kombination und Koordination einzelner (Sach-)Ressourcen, Fertigkeiten und Mitarbeiterpotenzial. Hinter Kompetenz steht organisationales Lernen.

SCM impliziert Veränderung. Die erfolgreiche Bewältigung von Wandel („Change Management") avanciert zur kritischen Größe. SCM fordert Unternehmen dazu auf, eingefahrene Gleise zu verlassen und althergebrachte Strukturen aufzubrechen. Zugleich sehen sich Unternehmen mit immer neuen Konstellationen konfrontiert, auf die es schnell zu reagieren - oder besser noch -, die es zu antizipieren gilt. Jüngstes Beispiel liefert E-Commerce. Neue Spielregeln im Markt ändern unsere Wertschöpfungskette und das wiederum schlägt sich in der Supply Chain nieder. Einmalige Veränderungen sind um ein permanentes Verbessern („Continuous Improvement") zu ergänzen. Beharrliches Optimieren und viel Arbeit im Detail haben maßgeblichen Anteil am SCM-Erfolg.

Wandel erfolgreich bewältigen heißt, Mitarbeiter auf diesen vorzubereiten. Die „Disposition" macht deutlich, wie sich Aufgaben und deren Stellenwert verändern. Nichts mehr ist übrig vom traditionellen „Abwickler-Image". Heute verrichten Spezialisten in angesehenen Fachabteilungen anspruchsvolle Steuerungsaufgaben. Hier und anderswo verlangt SCM den Mitarbeitern gravierende Umstellungen ab. Damit sind es Mitarbeiter, die letztlich über die (erfolgreiche) Implementierung von SCM entscheiden.

Generell gilt: Je mehr der einzelne selbst sieht, was für andere notwendig ist, um so selbstbestimmter und unternehmerischer wird er in seiner Arbeit sein. Das besitzt gleichsam für das SCM Gültigkeit. Je mehr Mitarbeiter im Unternehmen selbständig die Bedürfnisse der Kette und der Industriepartner entdecken und ihre Handlungen davon ableiten, desto besser sind die Leistungen im SCM. Im Zuge der (notwendigen) Prozessorientierung geht ein hohes Maß an Verantwortung auf die Mitarbeiter über. Das bringt uns zum Kern der Sache. Wir müssen uns fragen: Schaffen wir Raum, dass Mitarbeiter überhaupt Verantwortung im Sinne von SCM übernehmen können und schaffen wir jenes Klima, dass sie dies auch wollen? Wo Ermächtigung und Ermutigung auf Mitarbeiter trifft, die diesen Raum mit Initiative, mit Wissen und Können ausfüllen, dort stehen die Zeichen gut für Supply Chain Excellence.

II.9 Sara Lee: Collaborative Replenishment

Frank Vetter

1 Sara Lee Corporation: Internationale Strukturen

Die Sara Lee Corporation mit Sitz des weltweiten Headquarters in Chicago, USA, ist ein international agierendes Konsumgüterunternehmen, das führende Marken in den Geschäftsbereichen Food & Beverage, Intimates & Underwear sowie Household Products entwickelt und vermarktet. Über 150.000 Mitarbeiter erwirtschafteten im Jahr 2000 einen Umsatz von rund 17 Mrd. US-Dollar.

Für den Geschäftsbereich Household Products, der sich wiederum in Household & Body Care und Direct Selling unterteilt, sowie die Coffee & Tea Aktivitäten innerhalb des Bereichs Food & Beverage zeichnet Sara Lee/DE mit Sitz in Utrecht, Niederlande, verantwortlich. Darüber hinaus liegt die regionale Verantwortung für die Asia Pacific Region für alle Geschäftsbereiche bei Sara Lee/DE.

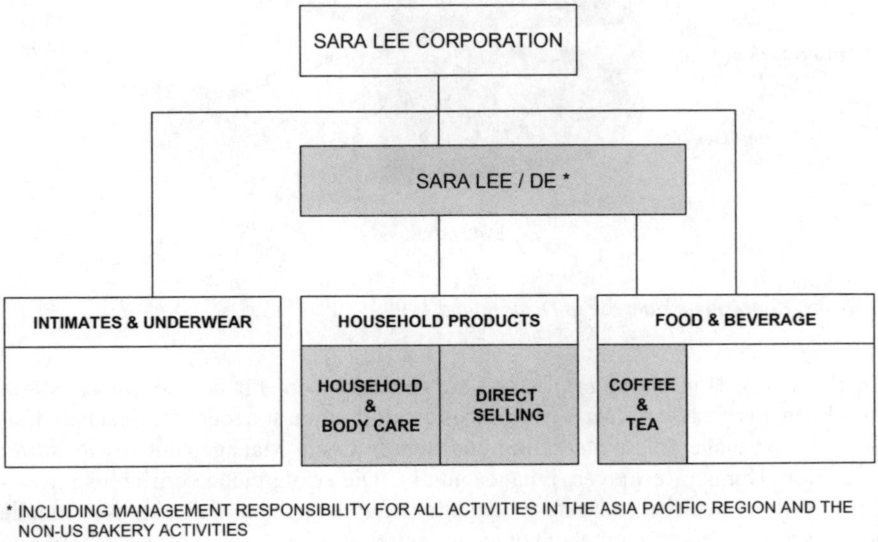

Abb. 84: Organisationsstruktur von Sara Lee/DE

Primäres Ziel von Sara Lee ist die Entwicklung von langfristigem Shareholder Value durch die Etablierung von marktführenden Produkten im Bereich der Fast Moving Consumer Goods (FMCG). Dezentralisiertes Management und Fokussierung auf die Kernkompetenzen Forschung und Entwicklung, Supply Chain Management (SCM) und Marketing bzw. Selling sind die Kernkonzepte, um die Wachstumsstrategien umsetzen zu können.

2 Sara Lee Household & Body Care Deutschland GmbH

Die Sara Lee Household & Body Care Deutschland GmbH ist Teil des von Utrecht aus gesteuerten Bereiches des Konzerns. Sara Lee hat 1993 durch die Gründung einer gemeinsamen Vertriebsgesellschaft mit der Lingner und Fischer GmbH die ersten Schritte auf dem deutschen Markt gemacht und Marken wie duschdas oder badedas geführt. Im Jahr 1996 wurden aus dem Konzern der Bayer AG weitere Marken (delial, natreen, Quenty, Satina) übernommen, womit der Startschuss für die Sara Lee Household and Body Care Deutschland GmbH fiel. Der Konzernmarktanteil von Sara Lee in Deutschland beträgt in den bearbeiteten Märkten rund 10 %. Damit ist Sara Lee derzeit die Nummer 2 hinter Beiersdorf (vgl. Abbildung 85).

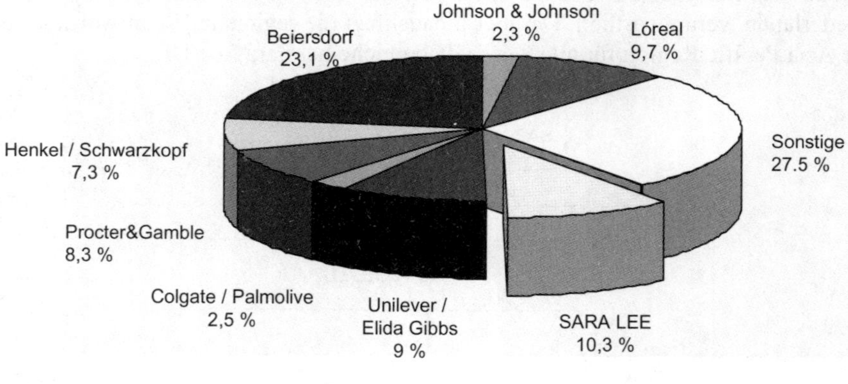

Abb. 85: Konzernmarktanteile in Deutschland 1999

Das Sara Lee Household and Body Care Geschäft wird für den deutschen Markt von Köln aus gesteuert. Der Verwaltungsstandort umfasst neben der Geschäftsführung die Bereiche Sales, Marketing und Supply Chain Management sowie Administration, Human Resources, Finance und IT. Die erfolgreiche vertriebliche Bearbeitung des deutschen Marktes, unterstützt durch gleichermaßen professionelle wie massive Marketingunterstützung, ist getrennt von der Produktion, die durch das eigenständige Düsseldorfer Werk abgedeckt wird.

Die Steuerung des Unternehmens von Köln aus beruht auf einem umfassenden Informations- und Entscheidungsnetzwerk, das aus engen Kontakten zu den internationalen Forschungs- und Entwicklungsabteilungen sowie dem Düsseldorfer Werk und weiteren internationalen Produktionsstätten besteht.

2.1 Center of Excellence

Die Geschichte von Sara Lee ist durch ein dezentrales Management geprägt. Angesichts von Globalisierung und Europäisierung ist es allerdings erforderlich, die Markenführung stärker zu vereinheitlichen. Um diese internationalen Anforderungen und die Bedürfnisse der Tochtergesellschaften in den einzelnen Ländern in Einklang zu bringen, arbeitet Sara Lee nach dem Prinzip des Core Line Managements. Für einzelne Kategorien, wie z.B. Baden und Duschen, sind Core Line Manager verantwortlich. Sogenannte Marketing Center of Excellence (MCE) schlagen die Brücke zu den lokalen Abteilungen. Diese MCE werden von Mitarbeitern aus den bedeutendsten Ländern der jeweiligen Kategorie gebildet. Dennoch haben Niederlassungen eines jeden Landes Einflussmöglichkeiten, können Ideen einbringen und die Führungsfunktion bei bestimmten Projekten übernehmen. Für die einzelnen Projekte sind Prozesse definiert, die ein optimales, einheitliches Vorgehen garantieren. Letztendlich beschleunigt Sara Lee mit diesen Strukturen und Abläufen die Entwicklung neuer Produkte, die auf der Einsicht in die Bedürfnisstrukturen der Konsumenten beruht.

2.2 Produktion

Das Sara Lee Werk in Düsseldorf wurde 1957 von der Lingner und Fischer GmbH zur Herstellung der Marke ODOL sowie weiterer kosmetischer und pharmazeutischer Produkte gegründet. Seit 1977 wird an diesem Standort auch duschdas produziert - im Jahr 2000 insgesamt 75 Millionen Flaschen. Seitdem Sara Lee das Werk 1993 übernahm, wurde die Produktion auf Bad- und Duschartikel sowie Sonnenschutzprodukte spezialisiert. Mit der Herstellung von Marken wie badedas, duschdas, Monsavon, Zwitsal sowie delial bildet es heute ein internationales Centre of Excellence innerhalb der Sara Lee Household and Body Care Division. Die Produkte werden in mehr als 25 Ländern vertrieben. Effizient genutzte Hochleistungsanlagen und rund 220 qualifizierte Mitarbeiter garantieren wettbewerbsfähige Herstellungskosten. Für die Herstellung von Duschgelen und Emulsionen stehen Produktionsanlagen mit einer Gesamtjahreskapazität von ca. 40.000 Tonnen zur Verfügung. Die Steuerung und Überwachung der Produktionsprozesse wird durch modernste Rechnersysteme unterstützt. Die Konfektionierung der Produkte erfolgt über zehn voll- und halbautomatische Abfüll- und Verpackungslinien.

3 Entwicklungen in der Konsumgüterindustrie

Im Bereich der Fast Moving Consumer Goods sind folgende Trends feststellbar, welche direkte Auswirkungen auf das Management der Supply Chain haben:

- *Starke Konzentration im Handel auf nationaler und europäischer Ebene*
  Gerade in Deutschland und in Europa ist der Handel noch stark regional geprägt. Bedingt durch Übernahmeaktivitäten großer internationaler Konzerne verändert sich diese Struktur dramatisch. Beispiele hierfür sind die Fusion von Carrefour mit Promodes, die Übernahme von Asda durch Walmart, der Eintritt von Walmart in den deutschen Markt sowie die Übernahme von Makro, Allkauf und Kriegbaum durch die Metro-Gruppe.

- *Internationalisierung im Handel*
  Durch die Fusionswelle erhoffen sich die Händler insbesondere Einkaufsvorteile durch die Bündelung von Einkaufsmengen sowohl auf nationaler als auch auf europäischer Ebene. Es gibt bereits Ansätze dafür, dass Preise und Einkaufsbedingungen für ganz Europa verhandelt werden sollen. Mittelfristig bedeutet dies auch eine Distribution auf europäischer Ebene, welche die Anforderungen an das Supply Chain Management weiter erhöhen.

- *Konzentration auf Herstellerseite*
  Parallel zur Konzentration auf Handelsseite fusionieren auch auf der Seite der Konsumgüterhersteller eine Vielzahl von Unternehmen, um auch hier Größeneffekte nutzen zu können. Beispiele hierfür sind die Fusion von Henkel mit Schwarzkopf und Benckiser mit Reckitt & Coleman.

- *Intensiver Preiswettbewerb mit sinkenden Endverbraucherpreisen*
  Aufgrund des Flächenüberbesatzes in vielen Ländern findet derzeit ein intensiver Verdrängungswettbewerb statt, welcher im Handel primär über den Preis ausgetragen wird. Die Einführung von Dauerniedrigpreiskonzepten („Every Day Low Price“) führt zu einer weiteren Verschärfung der Situation. Dadurch erhöht sich der Kostendruck in der Supply Chain, die beispielsweise in Deutschland im europäischen Vergleich noch große Einsparungspotenziale bietet.

All diese Faktoren führen zu einem steigenden Kostendruck innerhalb der Unternehmen. Eine integrierte Supply Chain wird zukünftig zu einem entscheidenden Wettbewerbsfaktor, der neben der reinen Kostenreduzierung insbesondere auch einen besseren Kundenservice und eine höhere Kundenbindung impliziert. Die daraus resultierenden wachsenden Anforderungen an die Prozesse rund um die Funktion „Logistik“ werden vor dem Hintergrund von komplexeren, internationalen Märkten und globalen Wertschöpfungsketten deutlich. Aufgrund der hohen Produktinnovationsrate, der höheren Artikelpreise und der starken Wettbewerbsintensität im Marktsegment „Haushalts- und Körperpflege“ ist ein, im Vergleich zu anderen Produktgruppen, größerer Druck auf die Faktoren Lagerbestand und Kapitalbindung vorhanden. Diese Rahmenbedingungen stellen im Gegensatz zu anderen Branchen höhere Anforderungen an das Supply Chain Management, um Synergien in der Wertschöpfungskette zu realisieren. Verschärft wird dies zusätzlich durch die Beherrschung des Marktes durch überwiegend multinationale Anbieter, die bereits seit Jahren an innovativen SCM-Modellen arbeiten.

4 Umsetzung von Supply Chain Management

Beginnend mit dem 1997 gestarteten Programm der Devertikalisierung der Geschäftsprozesse im Konzern wurde eine Fokussierung auf die Kernprozesse vorgenommen. Bis zu diesem Zeitpunkt wurde die Logistik mehr oder weniger als ein funktionaler Teilprozess gesehen, dem keine strategische Bedeutung zukam. Durch die zügige Konsolidierung und durch konsequentes Outsourcing von Randaktivitäten wurde allein im Jahr 1999 die Zahl der Produktionsstandorte um über 100 Werke reduziert. Durch diese gravierenden Einschnitte kommt auch dem Bereich der Warenversorgung eine neue strategische Rolle zu.

Für Sara Lee bedeutet Supply Chain Management das Management der gesamten Wertschöpfungskette, d.h., die übergreifende Integration von Waren- und Informationsfluss in die Unternehmensprozesse. Supply Chain Management ist als eine der zentralen zukünftigen Kernkompetenzen von Sara Lee in der Unternehmensstrategie implementiert. Zielsetzung ist die kundenorientierte Optimierung der Gesamtwertschöpfungskette, um Supply Chain Management als Leistungspaket im Wettbewerb einsetzen zu können.

Sara Lee startete 1997 in Deutschland mit einer klassischen funktionalen Organisation mit der Trennung von Logistik (Managementbereich Operations) und dem Customer Service (Managementbereich Sales). Bedingt durch die gestiegenen, sehr differenzierten Anforderungen des Handels im Bereich der Warenversorgung und der Administration wurde sehr schnell klar, dass hier eine stärkere Ausrichtung auf die Kunden vorgenommen werden musste. Da die Anforderungen in diesem Bereich in Abhängigkeit von der Vertriebsstruktur der Handelspartner stark differieren, sind hier nur die wichtigsten Schwerpunkte genannt:

- Reduktion der Auftragsdurchlaufzeit von der Bestellung bis zur Auslieferung.
- Erhöhung der Distributionsqualität, Vollständigkeit der Lieferung, handlingsgerechte Verpackung, Einhaltung von fixen Zeitfenstern.
- Einsatz von modernen Technologien wie beispielsweise EDI (Electronic Data Interchange) oder Einsatz der Nummer der Versandeinheit (SSCC).
- Übernahme von zusätzlichen Serviceaufgaben wie Vendor Managed Inventory durch die Industrie.
- Forderung von Logistik- bzw. Effizienzvergütungssystemen durch den Handel, beispielsweise für die Zentrallagerbelieferung oder den Einsatz von EDI.

Zusätzlich verlangte die zunehmende Konzentration eine wesentlich intensivere Betreuung der multinationalen Handelskonzerne, insbesondere vor dem Hintergrund des von diesen betriebenen Global Sourcing.

Zur Vorbereitung der Implementierung von Supply Chain Management wurden interne Benchmarks mit anderen Sara Lee Operating Companies und Analysen des Wettbewerberumfeldes vorgenommen. Innerhalb von Sara Lee wurde primär im Outbound-Bereich begonnen, da hier die größeren Effekte zu erwarten waren. Grund dafür ist die bisher betriebene Praxis zwischen Handel und Industrie, zuerst nur die eigenen Prozesse zu optimieren, nicht aber die Schnittstelle zwischen den Unternehmen. Hinzu kommt im Falle von Sara Lee die Verpflichtung zum dezentralisierten Management, welches tendenziell Outbound-Projekte in der Verantwortung der Operating Company schneller umsetzen lässt.

4.1 Organisation und Koordination von SCM

Im Rahmen einer strategischen Neuausrichtung der Vertriebsorganisation und der durch die ECR-Bewegung einsetzenden Prozessänderungen wurde die Einrichtung von Supply Chain Management in der Organisation vorgenommen. Neben einer Integration von Servicefunktionen, wie z.B. einem Call Center und der Reklamationsbearbeitung, wurde auch der Bereich Warendistribution zum Kunden in die Vertriebsorganisation eingegliedert.

Es entstand der neue Bereich „Supply Chain Services (SCS)“, welcher neben den klassischen Vertriebsfunktionen wie Key Account Management, Selling Field Force, Vertrieb Innendienst und Category Management Trade ebenfalls an die Vertriebsleitung berichtet (vgl. Abbildung 86). Innerhalb des Bereiches Supply Chain Services wurde eine Matrixorganisation etabliert, die sich an den strategischen Kundengruppen und den operativen Prozessen ausrichtet. Das SCS-Team besteht aus 7 Mitarbeitern im operativen Bereich Warenfluss sowie aus 3 weiteren Mitarbeitern, die Prozessverantwortungen wie beispielsweise Koordination der Promotionsplanung, ECR-Projektmanagement und EDI-Weiterentwicklung übernommen haben.

Die Segmentierung der Kundengruppen erfolgte primär nach sogenannten „Vertriebsschienen“, welche über die gleichen Vermarktungskonzepte und Belieferungswege (Zentrallagerbelieferung oder Streckenbezug) verfügen. Sara Lee unterscheidet dabei nach Einzelhandel (EH), Drogeriemärkte (DM), SB-Warenhäuser (SBWH) und der filialisierte Bereich (Discounter).

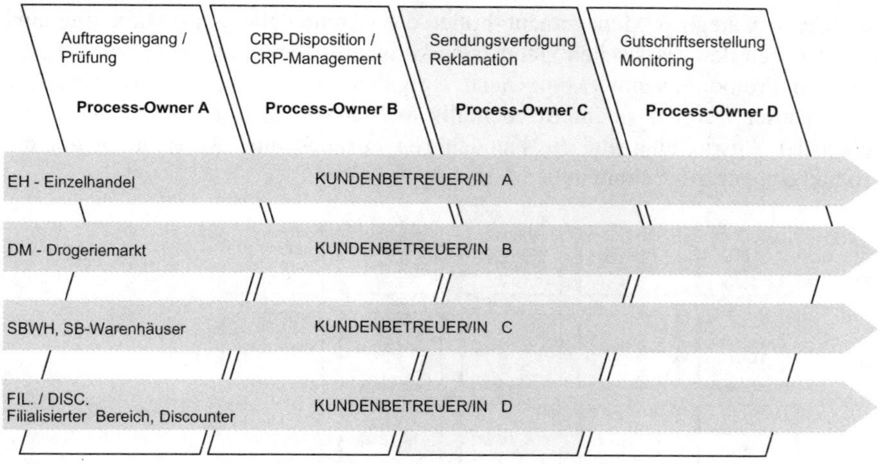

Abb. 86: Organisation des Bereichs Supply Chain Services

4.2 Optimierung der Prozess-Struktur

Damit wurde die Prozess-Struktur „Waren- und Informationsfluss zwischen Sara Lee und Kunde“ erstmals auch in der Organisationsstruktur abgebildet. Angefangen vom Kundenauftrag über die Auslieferung zur Rechnungsstellung wurden hier die wesentlichen Funktionen integriert. Zusätzlich wurde versucht, sukzessive die angrenzenden Schnittstellenfunktionen in den Prozess zu integrieren (z.B. Debitorenbuchhaltung). Im Vordergrund stand die Fokussierung auf die Handelskunden. Es wurden bereichsübergreifende Kundenteams gebildet, um wirklich ein für den Gesamtprozess verantwortliches Team zu etablieren.

Ziel von SCS ist die kundenorientierte Optimierung firmenübergreifender Wertschöpfungsketten. Diese Prozessdefinition geht damit über die standardisierte Prozess-Struktur, wie sie z.B. in SAP vorgegeben wird, hinaus, da auch der Prozess der Zahlungsabwicklung integriert ist. Innerhalb dieses Bereiches wurde eine Ausrichtung auf strategische Kundengruppen vorgenommen.

Diese Ausrichtung wurde mittlerweile in allen angrenzenden Vertriebsfunktionen umgesetzt (vgl. Abbildung 87). So arbeitet das Key Account Management (KAM) bereits seit Beginn in den genannten Kundengruppenstrukturen, um Großkunden national wie regional umfassend zu bearbeiten. Der Bereich Customer Service (CS) befasst sich überwiegend mit der Aufgabe der Unterstützung des Key Account Managements und ist analog strukturiert. Zu den Aufgaben des Customer Service gehören Umsatzanalysen, Promotionsanalysen oder Verkaufspreismonitoring.

Das Team Category Management bildet die Schnittstelle zum Marketing und nimmt neben den klassischen Handelsmarketingaufgaben wie Salesfolderkonzeption und Promotionsentwicklung auch Aufgaben im Bereich Sortimentsanalyse wahr. Dieser Bereich ist intern ebenfalls in Matrixform organisiert und besitzt neben der Ausrichtung auf die Kundengruppen auch eine Ausrichtung auf die Produktgruppen zur Schnittstelle Marketing.

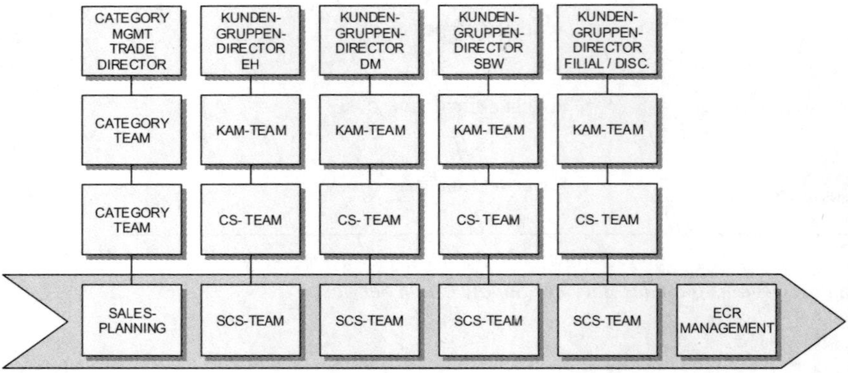

Abb. 87: Kundenorientierte Organisation des Bereichs Sales

4.3 Einflussfaktor Produktstruktur

Die strategischen Kerngeschäftsfelder innerhalb der Household- und Body-Care Organisation sind Shoe Care, Body Care, Air Fresheners und Insecticides. Es handelt sich dabei zur Hälfte um international standardisierte und zur Hälfte um nationale Produktkonzepte. Durch die Kernstrategie des dezentralisierten Managements innerhalb von Sara Lee werden auch in Zukunft lokale Marken Bestandteil des Produktportfolios bleiben.

Die Produktion der Produkte wird zunehmend auf sogenannte „Center of Excellence“ konzentriert, die europa- bzw. weltweit die Produktion bestimmter Produktkategorien übernehmen. Bei der Produktneuentwicklung werden zur Berücksichtigung der spezifischen Besonderheiten der lokalen Märkte bereichsübergreifende Teams gebildet, die sich beispielsweise mit der optimalen Verpackungsgröße befassen.

Derzeit wird für den Bereich Sonnenschutz an einem u.a. auch durch SCM initiierten Projekt zur Reduktion von Artikeln gearbeitet, um eine integrierte, vereinfachte Warenversorgung sicherzustellen. Ausgehend von umfassenden Verbraucheranalysen wird versucht, die Vielzahl der Lichtschutzfaktoren der Marke Delial durch die Einführung eines bedarfsorientierten Schutzklassensystems zu ersetzen.

Die bisher vorhandenen 11 Lichtschutzfaktoren sollen sukzessive auf 5 Schutzklassen für die verschiedenen Verbraucherbedürfnisse reduziert werden. Dadurch soll, neben den endverbraucherorientierten Maßnahmen, insbesondere auch ein höherer Warenumschlag, höhere Flächenproduktivität und eine vereinfachte Warenversorgung sichergestellt werden. Gleichzeitig gibt es Bemühungen, eine Form der Category Logistics mit direkten Wettbewerbern aufzubauen, um Synergien im Warenfluss sinnvoll zu nutzen. Ziel ist u.a. die Bündelung von Warenanlieferungen innerhalb einer Warengruppe über möglichst viele Hersteller, um die Zahl der Anlieferungen und Wareneingänge beim Handel zu reduzieren und gleichzeitig das Transportvolumen pro Lieferung zu erhöhen.

4.4 Kooperation mit Logistik-Dienstleistern

Mit der Einführung von SCM wurde auch ein Wechsel des Dienstleisters im Bereich Warehousing und Distribution vollzogen. Hierbei wurden insbesondere Selektionskriterien wie ECR-/EDI-Kompetenz, Barcoding und Scanning sowie das Potenzial zum Outsourcing von strategischen logistischen Aufgaben und von Routineaufgaben berücksichtigt. Typische Beispiele für Routineaufgaben sind Bestandsführung durch den Dienstleister, Lieferscheindruck sowie Belegarchivierung. Zu den strategischen Kernfunktionen, die der Dienstleister besser erfüllen kann als Sara Lee, gehören vor allem die Exportpapierabwicklung mit EDI-Unterstützung, die beleglose Kommissionierung und der elektronische Versand des Lieferavis. Gerade der Bereich der Optimierung dieser Prozesse durch den integrierten Einsatz von EDI, Barcoding und Scanning stellt bereits heute einen Konkurrenzvorteil dar. In den internen Prozessen setzt Sara Lee auch hier auf die Integration externer Dienstleister bzw. die Verlagerung von Prozessen auf diese. So wird die komplette Vergabe der NVE (Nummer der Versandeinheit) durch den Dienstleister vorgenommen.

Die Gestaltung und der Einsatz des EAN-128 Transportetiketts im Wareneingang wurde gemeinsam mit dem Dienstleister entwickelt. Weiterhin wird z.B. das elektronische Lieferavis nicht mehr von Sara Lee selbst erstellt, sondern direkt nach der Verladung durch den Spediteur. Die Zusammenarbeit mit dem Dienstleister dehnte sich auch auf die administrativen Bereiche aus: So können beispielsweise Ablieferquittungen online an jedem Arbeitsplatz über das System des Dienstleisters per Faxabruf oder per e-mail-Abruf angefordert werden.

4.5 Kooperationen mit Handelskunden

Neben der Übernahme der Basisaufgaben Warenauslieferung, Fakturierung und Reklamationsbearbeitung durch das SCS-Team werden sukzessive Prozesserweiterungen vorgenommen, die einerseits Effizienzen in den Prozessen mit den Handelspartnern entwickeln und andererseits eine engere Kundenbindung realisieren sollen. Aufgrund der unterschiedlichen technischen Voraussetzungen und vor allem der unterschiedlichen Unternehmenskulturen in Bezug auf die Zusammenarbeit von Handel und Industrie lassen sich unterschiedliche Beziehungsebenen zwischen dem Handel und Sara Lee definieren. Die Kriterien zur Einteilung von Kunden in die genannten Cluster lassen sich in harte und weiche Faktoren unterscheiden. Harte Faktoren sind z.B. die technischen Voraussetzungen wie EDI-Integration und der Einsatz von Scannertechnologie im Lager. Zu den weichen Faktoren gehören insbesondere das gegenseitige Vertrauen in Projekte, der Wille zur gemeinsamen Projektarbeit, Top-Management-Support und die Offenlegung von sensiblen Daten.

In Projekten zeigt sich immer wieder, dass die größten Hürden fast ausschließlich in den weichen Faktoren liegen und dass ohne gegenseitiges Vertrauen weiterführende Projekte im Bereich Joint-Managed-Inventory (JMI) und Collaborative Planning and Forecasting (CPFR) nicht realisierbar sind. Abhängig vom Entwicklungsstand der Zusammenarbeit wird innerhalb von Sara Lee zwischen unterschiedlichen Kooperationsformen mit Kunden unterschieden (vgl. Abbildung 88).

Mit steigender Intensität der Kooperation steigt auch der wirtschaftliche Nutzen für beide Seiten. Neben dem eher operativ ausgerichteten Kooperationsmodell der Prozessoptimierung durch Barcoding und Scanning, haben die Zusammenarbeit im Bereich gemeinsames Bestandsmanagement (CRP, JMI) und gemeinsame Planung eher strategischen Charakter. In diesen Projekten werden zum Teil die heute vorhandenen Prozesse zwischen den Partnern in der Supply Chain komplett verändert und durch neue Geschäftsprozesse ersetzt. Diese neuen Prozesse greifen dann auch in andere Kernprozesse der beteiligten Unternehmen ein.

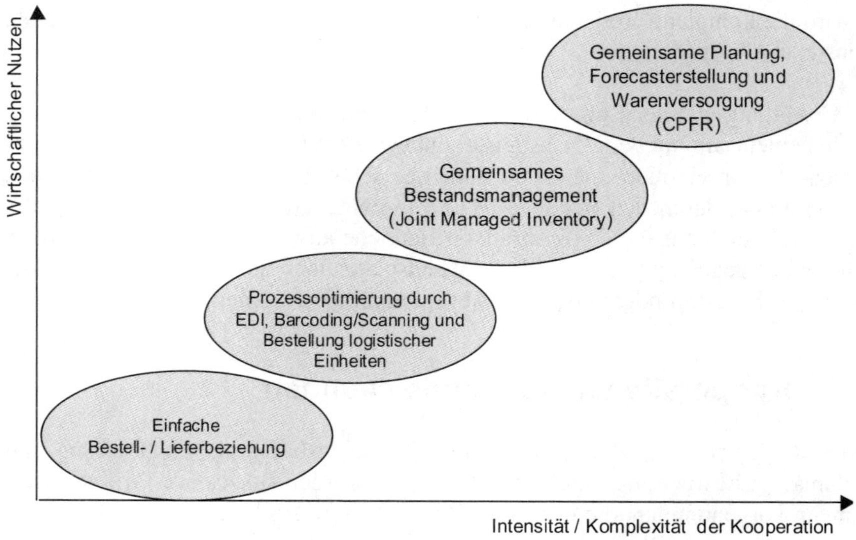

Abb. 88: Beziehungsebenen im ECR-Prozess

Wird man sich weiterhin bewusst, dass im Jahr 2005 der europäische Handel von vielleicht 10 großen internationalen Konzernen beherrscht wird, so zeigt sich bereits jetzt die Bedeutung der frühzeitigen strategischen Zusammenarbeit zwischen Handel und Industrie im Bereich SCM.

4.6 Investitionen

Die Etablierung von SCM im Vertrieb wurde durch die Integration von bisher bestehenden Abteilungen in den neuen Bereich SCS anhand des Basisprozesses Warenfluss realisiert. Es konnte auf zusätzlichen personellen Bedarf verzichtet werden, jedoch wurden umfangreiche Maßnahmen im Bereich Schulung vorgenommen, um die Mitarbeiter auf die neuen bzw. geänderten Funktionen vorzubereiten. Gleichzeitig wurden im Rahmen der Einführung von SAP bei Sara Lee Geschäftsprozesse standardisiert und der Ausbau der EDI-Aktivitäten forciert.

4.7 Kontrolle der Umsetzung

Um den Umsetzungserfolg dieser Maßnahmen laufend kontrollieren zu können, wurden die bestehenden Key Performance Indicators (KPI) weiterentwickelt und ergänzt.

Die wichtigsten KPIs, die im Bereich SCS laufend gemessen werden, sind:

- OFCT – Order Fulfillment Cycle Time
- DSO – Days, Sales Outstanding
- ITO – Inventory Turn Over
- OFR – Order Fill Rate
- AP – Accurate Paperwork
- CR – Complaints Rate

Diese Daten werden sowohl auf Gesamtebene als auch auf Ebene der strategischen Kundengruppen analysiert, um hier gezielt pro Kundengruppe Entwicklungsbedarfe ableiten zu können.

„Quick Wins“ in Form von kurzfristigen Effizienzsteigerungen wurden bereits innerhalb eines Jahres erreicht: So hat sich beispielsweise die Anzahl offener Reklamationen um 89 % reduziert, die Auftragsdurchlaufzeit wurde um 40 % verringert.

5 Implementierung eines Joint Managed Inventory Projektes

Eine der zukünftigen neuen Aufgaben im Bereich SCS soll im folgenden Beispiel kurz beschrieben werden. Es handelt sich um die Einführung eines Joint Managed Inventory Projektes zwischen einem führenden Drogeriemarktunternehmen und Sara Lee. Ziel des Projektes war die Einführung von Continuous Replenishment (CRP) bzw. Joint Managed Inventory (JMI) zwischen beiden Unternehmen. Sara Lee ist dabei für die Lagerbestände seiner Produkte im Lager des Handelspartners verantwortlich und führt auch die Auftragsdisposition durch.

Start des Projektes war bereits 1995 (mit einer früheren Vertriebsgesellschaft von Sara Lee), unterstützt durch das Top-Management beider Unternehmen. Es wurden intern bereichsübergreifende Teams zur Realisierung dieses Projektes gebildet. In der ersten Projektphase wurde die technische Basis zur Einführung einer herstellergestützten Bestandsoptimierung geschaffen. Hierzu gehörte die Auswahl der passenden EDI-Nachrichten und die Umsetzung in den Inhouse-Systemen. Die Auswahl der Software zur Lagerbewirtschaftung wurde durch beide Partner gemeinsam vorgenommen. Im Einsatz ist die IBM-Lösung „**L**iefer**O**ptimierungs**S**ervice (LOS)". Der Vorteil dieses Systems liegt darin, dass alle Elemente (Hardware, Software, Support, Operating) als Dienstleistung eingekauft werden können und flexibel zur Verfügung stehen.

Nach umfangreichen technischen Tests und einer erweiterten Analyse des gesamten Warenflusses zwischen den Partnern wurden auf Basis der derzeit vorhandenen Ist-Daten eine Zielformulierung vorgenommen. Neben der exakten Festlegung von KPIs (Bestandsreichweite, Anzahl Wareneingänge, Servicegrad, erreichtes Dropvolumen, etc.) wurde auch die exakte Evaluierung von sogenannten Softfacts (z.B. Bedienerfreundlichkeit der Software, „Klima" in der Zusammenarbeit) berücksichtigt.

Gestartet wurde mit einer Simulation, indem mit den echten Bewegungsdaten eine virtuelle Kopie eines Distributionslagers des Kunden bewirtschaftet wurde. Nach erfolgreichem Abschluss dieser 3-monatigen Simulation wurde im April 1997 das erste Lager in den Echtbetrieb genommen. Nach mehreren Anpassungen und Zwischenbeurteilungen wurden zum 1. Januar 1999 weitere Lagerstätten aufgeschaltet. Mit Blick auf die KPIs wurden alle wichtigen quantitativen Ziele erreicht (vgl. Abbildung 89):

- Reduktion der Kapitalbindung um fast 50 %,
- Kontinuierlichere Belieferung mit rund 20 % weniger Sendungen (bedingt durch den Wegfall von Nachlieferungen wegen Out-of-Stock-Situationen) bei gleichbleibender Servicequote.

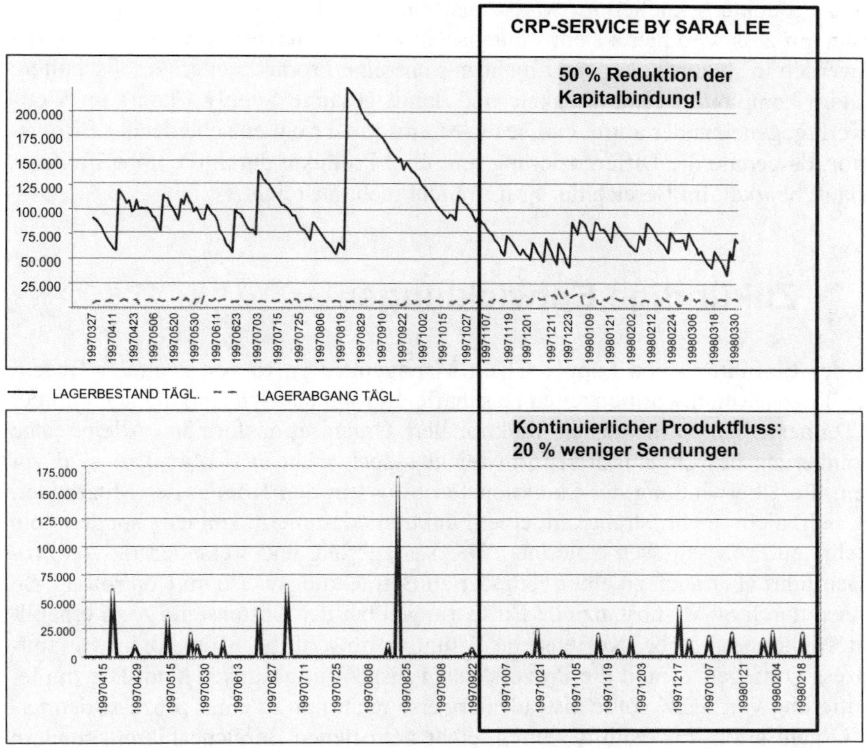

Abb. 89: Joint-Managed-Inventory Ergebnisse im Echtbetrieb

Mit der Umgestaltung der Supply Chain von einem „Push-System" zum abverkaufsgerechten „Pull"-Prinzip wurden neben den rein logistischen Abläufen auch Prozesse in der Verkaufsbeziehung geändert. Dies hatte im Jahr 1999 zur Folge, dass Großteile des bisher vorhandenen Konditionensystems zwischen beiden Partnern verändert wurden, um die positiven Ergebnisse aus dem Projekt weiter zu fördern. So wurden rein mengenabhängige Konditionen in vermarktungsabhängige Bestandteile umgewandelt. Ziel bei den Veränderungen im Konditionen- und Rabattsystem war die konsequente Umstellung auf das nachfrageorientierte Pull-Prinzip. Dennoch bleibt neben der reinen logistischen Optimierung noch eine sogenannte „kaufmännische" Optimierung im Warenfluss vorhanden, um mögliche vorhandene Preisvorteile realisieren zu können.

Neben der zusätzlichen Servicefunktion (Disposition durch Sara Lee) wurde insgesamt auch ein wesentlich verbessertes Prozessverständnis zwischen beiden Partnern erreicht sowie eine engere Zusammenarbeit mit den Fachbereichen des Kunden entwickelt. Hervorzuheben sind vor allem auch die qualitativen Verbesserungen in der Zusammenarbeit. So lässt sich z.B. die Aussteuerung von Ware im Rahmen von Relaunches wesentlich besser und effizienter steuern, damit die neuen Produkte schneller im Markt distribuiert werden können. „Logistik“ als Gesamtprozess wird hier als ein strategischer Konkurrenzvorteil gezielt eingesetzt. Es werden in Zukunft also nicht mehr nur einzelne Produkte oder Gesellschaften, sondern komplette Leistungspakete und damit gesamte Supply Chains im Wettbewerb gegeneinander antreten. Dies wird umso mehr ein entscheidender Erfolgsfaktor, da gerade die Differenzierung rein über Produkte durch die hohe Produktaustauschbarkeit im Bereich der FMCG nicht mehr ausreicht.

6 Zukünftige Entwicklungen

Bei der Einführung von Supply Chain Management ist es von zentraler Bedeutung, Prozessverantwortlichkeiten zu schaffen. Problematisch sind die noch immer in Teilbereichen vorhandenen funktionalen Organisationsformen. Alleine eine Veränderung der Organisationsform reicht jedoch nicht aus. Wichtiger sind vor allem die Überwindung der „funktionalen Silos“ in den Köpfen der Mitarbeiter, die sich nicht mehr streng an eine Funktion klammern können, sondern ein „Mehr“ an Prozesswissen benötigen. Die Verlagerung und Veränderung von Prozessen führt aber auch zu einer veränderten Betrachtungsweise im Controlling. So können durch SCM substanzielle Einsparungen bei der Kostenstelle A zu erheblichen Mehrausgaben bei Kostenstelle B führen, obwohl die Effizienz im Gesamtprozess gestiegen ist und die Prozesskosten insgesamt gesunken sind. Die Implementierung von SCM sollte also idealerweise nicht nur zu einer prozessorientierten Organisation innerhalb der unmittelbar betroffenen Bereiche führen, sondern vielmehr zur sukzessiven Prozessorientierung im gesamten Unternehmen.

Neben der Zusammenarbeit im Tagesgeschäft nimmt die planerische Integration innerhalb der Supply Chain zukünftig eine immer größere Rolle ein. Dies verlangt eine neue, intensivere Form der Zusammenarbeit zwischen allen Partnern in der Supply Chain. Bedingt durch die noch immer stark auf Konfrontation ausgerichtete Beziehung zwischen dem Einkauf des Handels und dem Vertrieb des Lieferanten wird es von entscheidender Bedeutung sein, dass sich die Beziehungsebene in den operativen Bereichen der Warenversorgung stärker auf ein partnerschaftliches Miteinander ausrichten wird. Hierfür wird auf lange Sicht auch eine neue Form von Mitarbeiter notwendig sein, welcher ein „Mehr“ an Prozesskenntnissen benötigt. Dieser Demand & Supply Spezialist muss auf der einen Seite „Mittler“ zwischen den internen Abteilungen des Lieferanten sein und auf der anderen Seite ein perfektes Verständnis des Warenflusses auf Kundenseite mitbringen. Gleichzeitig werden die Entwicklungen in der Informationstechnologie zu einer neuen Art von Software, der sogenannten „Betweenware“, führen, welche die Datenströme in einer Supply Chain durch das Medium Internet auf sehr einfache Weise transparent machen wird. Durch das Medium Internet bzw. XML-Technologie ist es auch erstmals möglich, neben strukturierten Daten, welche heute bereits per EDI versendet werden, auch Bilddaten oder CAD-Zeichnungen elektronisch zu übermitteln.

Weiterhin wird durch diesen sehr einfachen Aufbau eine schnelle, zeitkritische und kostengünstige Datenverfügbarkeit für alle Partner in der Supply Chain sichergestellt. Damit wird eine sofortige Verteilung des Produktionsfaktors Information gewährleistet. Erste Bemühungen zur Standardisierung solcher Prozesse und zur Schaffung einer technischen, internetbasierenden Plattform sind bereits in Bearbeitung. Zu diesen Ansätzen gehören die B2B-Marktplätze CPGMarket, Transora, GNX oder WWRE aus dem Bereich der FMCG. Sara Lee ist in diesem Bereich an der Global Commerce Initiative in der Arbeitsgruppe Global Industry Extranet beteiligt, in welcher eine Basis für mögliche weltweite Internetplattformen geschaffen werden soll. Angestrebtes Ziel ist hierbei die Philosophie „Scan One, Make One", also die endverbraucherorientierte Produktion, die mit der Entnahme aus dem Regal angestoßen werden soll.

Eine mögliche erweiterte Organisationsstruktur bei Sara Lee ist in Abbildung 90 dargestellt. Damit würde eine Verschmelzung der bei Sara Lee vorhandenen Bereiche SCM-Upstreams und SCM-Downstreams vorgenommen und ein ganzheitliches Supply Chain Management implementiert. In dieser Weiterentwicklung würde auch die Integration der Prozess- mit der Produktstruktur gelingen sowie eine klare Kundengruppenorientierung etabliert, welche sein internes Gegenstück in der Produktgruppenorientierung findet.

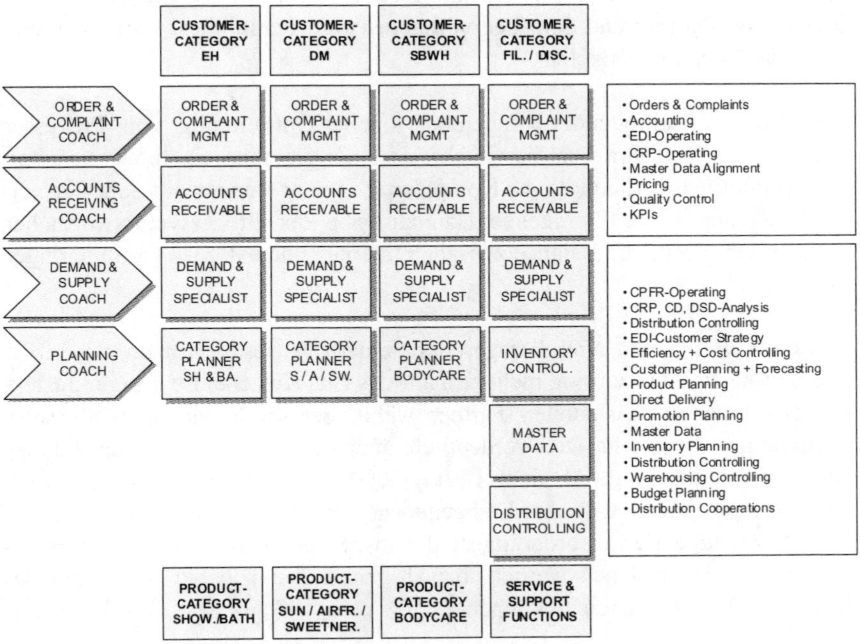

Abb. 90: Mögliche CPFR-geprägte Organisationsstruktur

Ein weiterer entscheidender Erfolgsfaktor für erfolgreiches SCM wird in Zukunft die Formel „Speed to the market" sein. Bedingt durch immer kürzere Lebenszyklen unserer Produkte und der rasanten technologischen Entwicklung wird zukünftig derjenige Supply Chain Management erfolgreich betreiben, der künftige Entwicklungen schnell antizipiert und in ein effizientes SCM umsetzt.

7 Lessons Learned

Zusammengefasst lassen sich die wichtigsten Erfahrungen bei der Einführung von SCM bei der Sara Lee Deutschland GmbH wie folgt darstellen:

- Der Übergang von der funktionalen Organisation hin zu einer Prozess- bzw. Matrixorganisation gestaltete sich schwieriger als erwartet, da die direkte funktionale Verantwortung für Personen und Aufgaben entfällt und durch eine Prozessverantwortung ersetzt wird. Dadurch ist der direkte Zugriff auf Aufgaben und Personen nicht immer in der gewohnten Form möglich. Die Akzeptanz von Prozessverantwortlichen musste sich erst entwickeln.

- Die gestarteten Outbound-Projekte waren nur dann erfolgreich, wenn das gegenseitige Vertauen und das Commitment des Top-Managements zwischen dem Handelspartner und Sara Lee vorhanden war. Fehlte dies, waren nur suboptimale Ergebnisse erzielbar.

- Durch die fortschreitende, kundenindividuelle Optimierung von Prozessen besteht intern bei Sara Lee die Gefahr, dass der Gesamtprozess Warenversorgung suboptimal verläuft, da die Komplexität so vom Kunden auf Sara Lee verlagert werden kann. Zwingende Hauptaufgabe der Prozessverantwortlichen muss es daher sein, die Balance zwischen internen und externen Optimierungen sicherzustellen.

- Das Outsourcing von Nichtkerngeschäftsfeldern erwies sich dann als erfolgreich, wenn man Outsouring nicht rein auf das Ziel Kosteneinsparung reduziert, sondern einen professionellen Partner wählt, der diese Aufgaben als seine Kernkompetenz ansieht. Dies verdeutlicht auch der nächste Schritt im Rahmen der Devertikalisierung. Ab dem 1. Juli 2000 hat Sara Lee sämtliche EDV-Aufgaben an Hewlett-Packard abgegeben, um mit einem professionellen Dienstleister die Herausforderungen, die insbesondere im Bereich Informationstechnologie entstehen werden, bewältigen und sich dabei weiter auf das Kerngeschäft fokussieren zu können.

II.10 Procter & Gamble: Streamlined Logistics

Udo Scharr, Dieter Wunderlich

1 The Procter & Gamble Company

The Procter & Gamble Company (P&G) mit Sitz in Cincinnati (USA) gehört zu den führenden internationalen Markenartikelunternehmen der Welt. Das Unternehmen ist seit über 160 Jahren erfolgreich im Markt und heute in mehr als 140 Ländern mit 110.000 Mitarbeitern tätig. Procter & Gamble erwirtschaftete im Jahr 2000 einen Konzernumsatz von rund 40 Mrd. US-Dollar. Als Global Player steht hinter dem weltweiten Geschäft eine international ausgerichtete Organisation: Sieben Global Business Units (GBU), acht regionale Market Development Organizations (MDO), die übergreifenden Global Business Services (GBS) und die Corporate Functions (CF) bilden die Struktur für eine erfolgreiche Zukunft des Unternehmens als Global Player.

Das Portfolio von P&G besteht aus über 300 Marken in sieben strategischen Geschäftsfeldern: Babypflege, Schönheitspflege, Wasch-, Putz- und Reinigungsmittel, Damenhygiene, Nahrungsmittel und Getränke, Gesundheit, Papiertücher und Toilettenpapier.

Darunter sind Weltmarken und Marktführer wie Pampers, Pantene, Oil of Olaz, Ellen Betrix, Hugo Boss und Laura Biagotti Parfums, Ariel, Lenor, Fairy, Meister Proper, Always, Pringles, Wick und Bounty sowie regional bzw. lokal starke Marken wie Punica, Blend-a-med und Tempo. Viele dieser Marken wurden bei P&G selbst entwickelt, andere stammen aus Akquisitionen. Nicht nur die etablierten Produkte, sondern auch die im Jahre 1999 eingeführten Innovationen, wie beispielsweise der Textilerfrischer „Fébrèze", die Faserauffrischung „Dryel" und das Anti-Staub-und-Fussel-System „Swiffer", die allesamt auf völlig neuartigen Technologien basieren, treffen bei den Verbrauchern auf eine überwältigende Nachfrage.

Neue P&G-Produkte sind nicht „me too", sondern erschließen häufig neue Marktsegmente, und wenn P&G – wie mit Bounty und Pringles – in etablierte Märkte eintritt, schafft das Unternehmen durch zusätzlichen Produktnutzen oft ein Wachstum des Gesamtmarktes.

1.1 Procter & Gamble in Deutschland

In Deutschland ist Procter & Gamble seit 1960 tätig. Kurz nach der Gründung führte P&G Deutschland mit dem Haushaltsreiniger "Fairy", später "Meister Proper" genannt, und dem Wäscheweichspüler "Lenor" die ersten Produkte auf dem deutschen Markt ein. Im Jahr 1967 kam das Waschmittel "Ariel". All diese Produkte sind heute erfolgreich am Markt vertreten. Der Sitz der Hauptverwaltung sowie der Europazentrale für die Unternehmensbereiche Papierhygieneprodukte und Fruchtsaftgetränke befindet sich seit 1970 in Schwalbach am Taunus. Daneben unterhält Procter & Gamble Produktionsstätten in Baden-Württemberg, Brandenburg, Hamburg, Hessen, Nordrhein-Westfalen und Rheinland-Pfalz. Die deutschen P&G-Unternehmen erwirtschaften im Geschäftsjahr 2000 einen Umsatz von rund 7,8 Mrd. DM und trugen damit rund 20 % zum Weltumsatz bei. In Deutschland beschäftigt P&G derzeit 8.500 Mitarbeiter. Ungefähr die Hälfte der Produktion der zehn deutschen Werke wird an Schwesterunternehmen im Ausland exportiert.

1.2 Initiative „Organisation 2005“

Die letzten beiden Jahre waren bei P&G geprägt vom Übergang zu einer neuen Organisationsstruktur - der "Organisation 2005". Mit dieser Initiative verbindet P&G die umfassendste Umstrukturierung, die das Unternehmen in seiner über 160-jährigen Geschichte erlebt hat. Dieser Prozess umfasst eine verstärkte Öffnung nach außen. P&G will die Bedürfnisse der Verbraucher und der Märkte erkennen, die eigenen Potenziale identifizieren und zielgerichtet einsetzen. Mit "Organisation 2005" stehen in Zukunft mehr Innovationen, mehr Nähe zum Markt und mehr Wachstum im Vordergrund. Das alles verbindet sich im Motto: „Stretch, Innovation, Speed“.

Einen großen Schritt auf dem Weg zu "Organisation 2005" ist P&G bereits gegangen. Erfolgreiche und schnelle Markteinführungen innovativer Produkte, Straffung und Dynamisierung der internen Organisation, wirkungsvolle Initiativen zum Ausbau von strategischen Partnerschaften mit dem Handel sind nur einige der Meilensteine, die P&G gesetzt hat. Um diese Umstrukturierung zu vollziehen, waren natürlich auch Einschnitte in die Struktur von P&G in Deutschland unumgänglich. Bei "Organisation 2005" geht es auch um die Etablierung einer neuen Unternehmenskultur - ohne sie kann ein solcher Prozess nicht gelingen. Dazu bedarf es bei den Mitarbeiterinnen und Mitarbeitern einer großen Bereitschaft umzudenken und aktiv mitzugestalten. Die meisten von ihnen arbeiten heute in interdisziplinären Teams. Vertreter der verschiedenen Fachgebiete wie Marketing, Vertrieb, Finanz, Logistik, IT, Öffentlichkeitsarbeit, etc. formulieren ihre Strategien und Ziele gemeinsam. Dadurch wird der Blick über die Grenzen des eigenen Fachgebietes hinweg geöffnet.

1.3 Herausforderungen im Unternehmensumfeld

Ein breit gefächertes Portfolio von Konsumgütern in grundverschiedenen Produktkategorien charakterisiert das Geschäft von P&G. Dadurch ergeben sich hohe Anforderungen an das Supply Chain Management. Diese Anforderungen werden zudem dadurch gesteigert, dass die einzelnen Werke nicht nur für einen lokalen Bedarf, sondern primär für regionale oder sogar globale Märkte produzieren. Dabei verzweigt sich das Netzwerk beispielsweise in Deutschland in rund 70.000 Verkaufsstellen.

Die Produkte werden in vollen Lkws oder in kleineren Mengen entweder an die Zentrallager oder direkt in die Geschäfte der Kunden angeliefert. Allein in Deutschland werden täglich rund 350 Lkws beladen. Als Anbieter von Konsumgütern ist P&G mit der Bearbeitung einer hohen Anzahl von Aufträgen und der termingerechten Auslieferung der bestellten Ware innerhalb weniger Tage konfrontiert. Anders als etwa im Maschinenbau liegen während der Fertigung der Produkte die Aufträge noch nicht vor; die Planung erfolgt auf der Grundlage von Verkaufsschätzungen. Erschwert wird diese Vorhersage durch starke Schwankungen der Nachfrage.

Zu den Kunden von P&G zählen Apotheken, Parfümerien und kleinere Märkte mit 3.000 Artikeln auf 400 m2 Verkaufsfläche ebenso wie große Selbstbedienungs-Warenhäuser mit 10.000 m2 und über 60.000 Artikeln. Alle diese Verkaufsstellen werden tagtäglich von Millionen von Verbrauchern besucht, und jeder von ihnen erwartet, dass „sein" Produkt im Regal steht. Findet er es nicht, ist er unzufrieden und wählt entweder eine vergleichbare Marke oder er wechselt das Geschäft. Im ersten Fall verliert ein Hersteller den Umsatz, im zweiten Fall ein Händler. Wenn die Verbraucher beispielsweise eine gewünschte Pampers-Variante nicht im Regal finden, nehmen 22 % von ihnen eine andere Marke; 46 % versuchen es in einem anderen Geschäft. Das sind durch von uns beauftragte Umfragen bestätigte Fakten.

Die Optimierung der Supply Chain ist ein wichtiges Element, um den Ansprüchen der Konsumenten in der geschilderten Komplexität gerecht zu werden. Nur wenn alle Artikel jederzeit verfügbar sind, werden Verbraucher, Händler und Hersteller zufrieden sein. Es darf keine Bestandslücken geben und die Kosten dürfen nicht explodieren, denn der Verbraucher möchte sein Produkt im Regal finden und zu einem fairen Preis kaufen.

Das sind schwierige Aufgaben für den Handel und die Industrie. P&G hat in Zusammenarbeit mit Kunden und Dienstleistern einen viel versprechenden Ansatz zur Optimierung der Supply Chain konzipiert und umgesetzt. Die Denkmodelle, Vorgehensweisen und Erfahrungen werden in diesem Beitrag dargestellt.

2 Efficient Consumer Response (ECR)

Die ausgetretenen Wege führten in der Vergangenheit nur dazu, dass Verbraucher, Einzelhändler und Industrieunternehmen gleichermaßen unzufrieden waren. P&G führte bereits frühzeitig ehrgeizige Einsparungsprojekte durch. Im Rahmen einer groß angelegten Komplexitätsreduktion in den Produktionsbetrieben wurde in den Jahren 1995/96 die Anzahl der angebotenen Artikel halbiert, um Kosten und Hersteller-Abgabepreise zu minimieren. Parallel dazu wurde nach neuen Möglichkeiten gesucht.

Die Muttergesellschaft steigerte zu Beginn der 90er-Jahre in enger Zusammenarbeit mit den Handelspartnern die Effizienz und die Effektivität des Sortiments, der Vermarktung und der Supply Chain im Hinblick auf die Verbraucherbedürfnisse. Aus solchen Vorgehensweisen mehrerer Unternehmen entwickelte sich in den USA unter dem Schlagwort „Efficient Consumer Response" (ECR) ein neuer Ansatz, der bald auch in Europa diskutiert wurde und im Frühjahr 1994 zur Gründung von ECR Europe führte.

Das Neue an ECR ist die auf den Verbraucher ausgerichtete Zusammenarbeit von Industrie und Handel. Beendet wird das alte Rollenspiel der Einkäufer des Handels und der Verkäufer der Industrie, die versuchten, sich bei der Aufteilung des Kuchens gegenseitig das größere Stück abzujagen. „Er sagt 10, meint 8, will 6; der Wert liegt wohl bei 6; also bin ich bereit 4 zu zahlen und sage deshalb 2." Gewinner gibt es bei diesem Feilschen um Konditionen und Rabatte nicht. Überdies haben die Händler und Industrievertreter bei diesen Ritualen im „Rabatt-Dschungel" den Verbraucher aus den Augen verloren.

Im Gegensatz dazu sieht die Zielsetzung bei Efficient Consumer Response ganz anders aus (vgl. Abbildung 91):

Bei diesem Konzept steht der Konsument im Mittelpunkt (Consumer Focus). Die Geschäftspartner sind überzeugt, dass sie durch Zusammenarbeit („working together") zusätzliche Optimierungspotenziale erschließen und gemeinsam einen größeren „Kuchen backen" können. Statt einen Verteilungskampf zu führen, bilden sie eine Wertschöpfungsgemeinschaft zum Vorteil aller Beteiligten: Industrie, Handel und Verbraucher. Wertschöpfung lässt sich wie folgt definieren:

- Es gibt sie nur bei einem „win-win-win", d.h., wenn Industrie, Handel und Verbraucher profitieren.
- Sie kann nur durch Ausrichtung auf den Verbraucher erzielt werden.
- Wertschöpfung ist etwas anderes als Umverteilung: Es geht darum, den Kuchen zu vergrößern statt das Vorhandene lediglich neu zu verteilen.

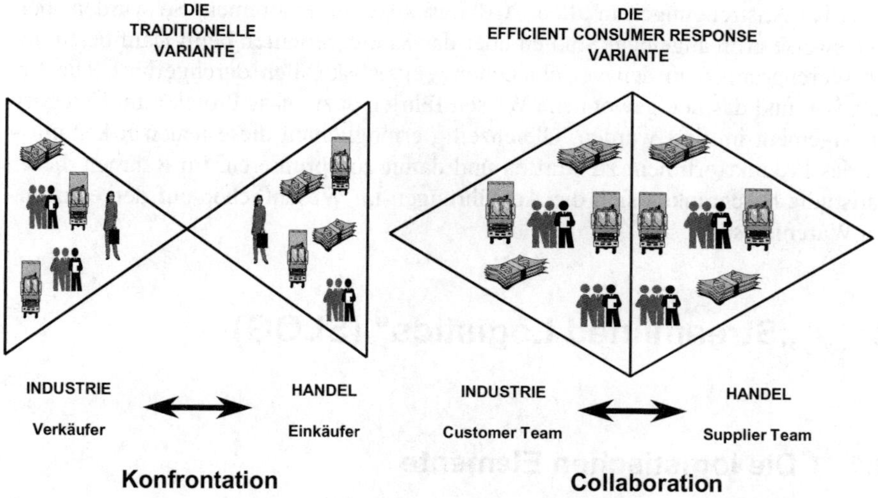

Abb. 91: ECR: Eine auf Partnerschaft beruhende Beziehung zwischen Handel und Industrie

ECR basiert primär auf zwei Säulen (vgl. Abbildung 92): Efficient Supply Management und Efficient Demand Management. Efficient Supply Management heißt, dem Verbraucher in seinem Geschäft tagtäglich die gewünschten Produkte leicht auffindbar und ohne Bestandslücken zu möglichst günstigen Preisen anzubieten. Dieses ECR-Element umfasst Warenflüsse und administrative Vorgänge bzw. Geld- und Informationsströme. Auf der Nachfrageseite stehen effiziente Preise, Sortimente, Regale und Zweitplatzierungen, Aktionen, Produktentwicklungen und -neueinführungen im Mittelpunkt; Category Management und Co-Marketing heißen die entsprechenden Schlagworte.

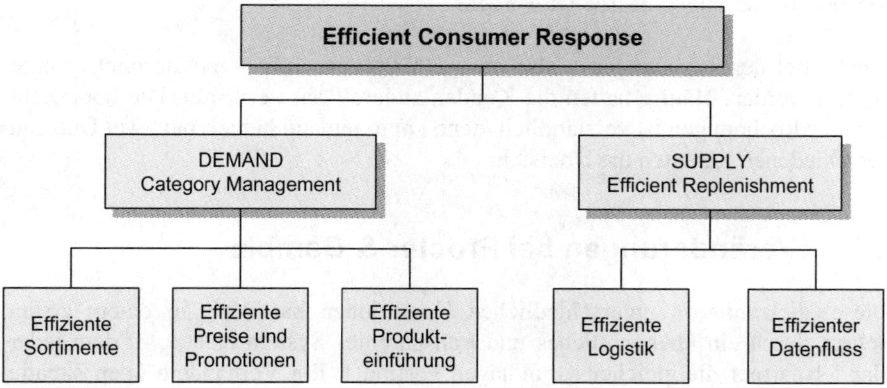

Abb. 92: Elemente von Efficient Consumer Response

P&G hat Anstrengungen in allen ECR-Bereichen unternommen. So wurden beispielsweise groß angelegte Studien über das Käuferverhalten beim Kauf bestimmter Warengruppen in den verschiedenen Vertriebskanälen durchgeführt. Die Ergebnisse und das neu gewonnene Wissen führten dazu, dass Projekte im Category Management initiiert wurden. Gleichzeitig ermöglichten diese neuen Erkenntnisse, das Produktsortiment zu straffen und damit zu optimieren. Im Rahmen dieser Fallstudie beschränken sich die Ausführungen im Wesentlichen auf den effizienten Warenfluss.

3 „Streamlined Logistics" (SLOG)

3.1 Die logistischen Elemente

Nach gründlichen Analysen führte P&G im Jahr 1995 entscheidende und nachhaltige Veränderungen in der Supply Chain für das Geschäft in Deutschland durch. Das Konzept wurde gemeinsam mit den Handelspartnern diskutiert und ab dem Jahr 1996 konsequent umgesetzt. Zusätzliche Komponenten wurden dann zwischen 1997 und 2000 eingeführt.

Bis zum Jahr 1995 überließen es die meisten Handelspartner den Außendienstmitarbeitern von P&G, regelmäßig die Bestände in den Geschäften zu ermitteln und bei Bedarf Bestellungen vorzuschlagen. Geliefert wurde die Ware meistens direkt an die rund 70.000 Geschäfte in Deutschland, also in sehr kleinen Mengen: 60 % aller Lieferungen bestanden aus weniger als einer Palettenladung. Ein Drittel der Aufträge deckte 3 % des Volumens ab, verursachte aber die Hälfte aller Lieferkosten. Allein im deutschen P&G-Geschäft mussten im Jahr 1994 über 635.000 Bestellungen bearbeitet werden.

Ein Drittel der Rechnungen – also etwa 200.000 pro Jahr – musste noch einmal geprüft werden. Häufig hatten die Kunden andere Preise erwartet. Die hohe Zahl falscher Rechnungen ist verständlich, denn kaum jemand behielt bei zwei Dutzend verschiedenen Rabatten die Übersicht.

3.2 Veränderungen bei Procter & Gamble

Diese Vielzahl von unterschiedlichen Konditionen hat P&G in einem ersten Schritt durch ein übersichtliches und transparentes System ersetzt, in dem jeder Handelspartner die gleichen Grundlagen vorfindet. Ein Verhandeln über Rabatte gibt es nicht mehr; die Preisnachlässe sind festgelegt durch klar definierte Kriterien für die Effizienz, mit der die Produkte durch die Supply Chain bewegt werden.

Die erzielten Kostenreduzierungen wurden in Form fester Prozentsätze und Staffelpreise an die Kunden weitergegeben, um größere Anreize für Systemänderungen zu schaffen. Als Ausgleich für die abgeschaffte Rabattpalette senkte P&G bei der Einführung des neuen Systems gleichzeitig die Listenpreise durchschnittlich um 20 %.

Das erste Element der Bedingungen von SLOG besteht aus Mengenrabatten. Dabei ist nicht entscheidend, wie viel ein Kunde von einem bestimmten Artikel bestellt, sondern welche Gesamtmenge eine Lieferung umfasst. Die Einsparungen ergeben sich nicht nur durch eine Verringerung des Aufwands in der Kommissionierung, sondern insbesondere durch eine Steigerung der Effizienz im Transport bzw. beim Be- und Entladen der Lkws.

So wird in der Preisliste zwischen einer Mindestbestellmenge und einer viertel, halben oder ganzen Lkw-Ladung unterschieden. Die Preisunterschiede in den Mengenstaffeln spiegeln die durchschnittlichen Kosten für die Kommissionierung, den Transport sowie die Be- und Entladung wider. In diesem Zusammenhang ist nicht der Wert der Ware auf einer Palette entscheidend, sondern ob beispielsweise eine Palette oder eine komplette Lkw-Ladung von einem Werk in Crailsheim zu einer Lieferadresse in München gebracht wird. Die Spreizung zwischen dem Preis in der Mindestbestellmenge und bei Abnahme einer vollen Lkw-Ladung beträgt bis zu 200 DM pro Palette.

Darüber hinaus bietet P&G den Kunden weitere Preissenkungen für zusätzliche Effizienzsteigerungen im Waren- und Zahlungsverkehr. Einen Nachlass erhalten Kunden, die

- selbst Aufträge erteilen und ihre Bestände kontrollieren,
- in logistischen Einheiten (z. B. vollen Paletten) bestellen,
- pünktlich eintreffende Lkws innerhalb von zwei Stunden abfertigen,
- elektronische Rechnungsstellungen akzeptieren und
- nach der Warenannahme auf Produktrückgaben (Retouren) verzichten.

Dieser erste Kriterienblock des SLOG-Konzeptes schafft die Grundvoraussetzungen für einen effizienten Waren- und Zahlungsverkehr. Sobald ein Kunde diese Bedingungen erfüllt, kann er sich durch die Ausweitung der Kooperation für einen weiteren Preisnachlass qualifizieren: Dabei geht es um den elektronischen Austausch von Bestellungen und Zahlungen.

Das Ziel von P&G ist es, den gesamten Informationsstrom vom Dispositionssystem des Handels über das Auftragssystem des Lieferanten bis zu den Zahlungssystemen beider Partner mit Electronic Data Interchange (EDI) von Computer zu Computer abzuwickeln. Dadurch werden nicht nur Zeit und Arbeit gespart, sondern auch Fehlerquellen eliminiert.

Die beiden Kriterienblöcke wurden so gewählt, dass die dadurch erzielten Kostenreduzierungen jeweils rund ein Prozent des Hersteller-Abgabepreises entsprechen. Diese Einsparungen werden von P&G in Form von Preisnachlässen an die Kunden weitergegeben, die durch diese Maßnahmen aber auch noch zusätzliche Kostenvorteile in ihren eigenen Prozessen erzielen - also doppelt gewinnen.

Einkäufer und Verkäufer investieren jetzt weniger Zeit, um über Konditionen zu verhandeln, sondern sie erarbeiten gemeinsam Verbesserungsmöglichkeiten in der Supply Chain und initiieren entsprechende Projekte. In diesem Modell verstehen sie sich nicht mehr als Kontrahenten, sondern als Partner.

Um in solchen Kooperationen effizient und erfolgreich zu sein, hat P&G die Organisation umstrukturiert und den Bereich Customer Business Development eingeführt. Das ist nicht nur ein anderer Name für Key Account Management, sondern dahinter steht eine neue Verkaufsorganisation: Die neuen Kundenteams setzen sich zusammen aus den klassischen Verkäufern und Managern aus den Bereichen Logistik, Finanz, Marketing und Informationstechnologie.

Diese multifunktionalen Teams arbeiten mit den Handelspartnern an der gemeinsamen Umsetzung von Projekten im Bereich ECR. Während das Geschäft früher von Einkäufern und Verkäufern bestimmt wurde, kooperieren jetzt Experten aller betroffenen Bereiche.

Nach der erfolgreichen Einführung der beiden SLOG-Basisblöcke bietet P&G seit dem Jahr 1997 den Kunden eine weitere Kooperationsstufe an: Dabei geht es im Wesentlichen um die optimale Auslastung der Lkws, die enge Zusammenarbeit bei der Erstellung von Prognosen über die zu erwartenden zusätzlichen Mengen bei der Durchführung von Aktionen und um die Steuerung der Normalware durch das Continuous Replenishment Program (CRP) (vgl. Abbildung 93). Für zahlreiche Produkte übernimmt P&G im Rahmen von CRP Teile der Bestandsführung und Disposition in den Distributionszentren der Kunden (Co-managed Inventories, CMI).

Täglich bekommt P&G von den CRP-Kunden per EDI Daten über Bestände, Abgänge und Fehlmengen in den Lagerstätten der Kunden überspielt. Auf der Grundlage historischer Daten und eines bestimmten Prognosemodells liefert das CRP-Programm Bestellvorschläge, welche die Mitarbeiter verwenden, um die tatsächlichen Bestellungen zusammenzustellen. Damit wird einerseits das Absinken der Bestandsreichweiten einzelner Artikel unter einen vereinbarten Wert verhindert und andererseits dafür gesorgt, dass in logistischen Einheiten und in der optimalen Staffel bestellt wird.

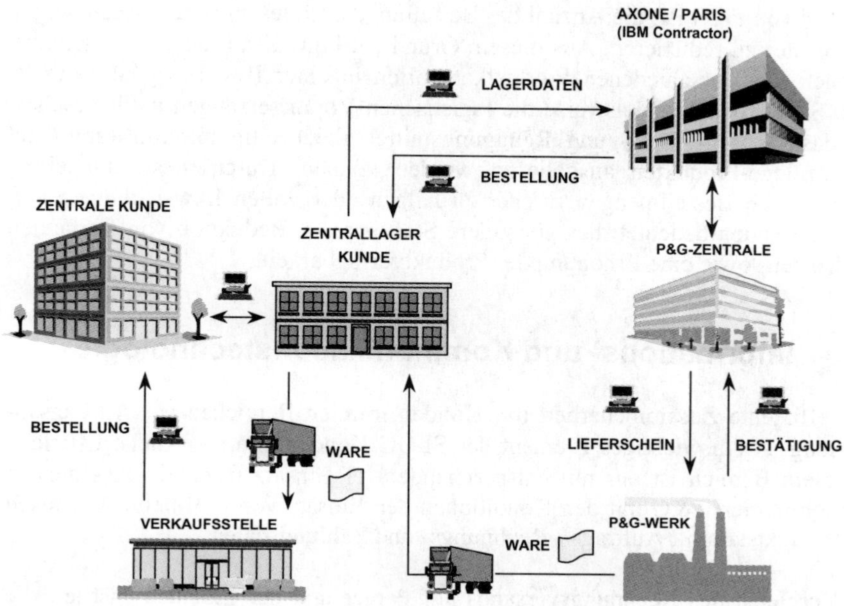

Abb. 93: Prozessablauf bei Continuous Replenishment

Weil das System stets die Produkte mit den geringsten Reichweiten vorschlägt, pendeln sich die Bestandsreichweiten der Produkte nach der Einführung des Programms in ausreichend großen Lägern rasch auf das gewünschte niedrigere Niveau ein – obwohl die Produktverfügbarkeit mindestens gleich bleibt. Große Unterschiede in den Bestandsreichweiten einzelner Artikel kommen in der Regel nicht mehr vor. Diese Nivellierung erlaubt bereits einen Bestandsabbau. Eine noch stärkere Bestandsreduzierung ist möglich, weil die Bestandsentwicklung in jedem aufgeschalteten Kundenlager und in jeder Produktkategorie täglich überprüft wird: Auf Sicherheitsbestände zur Abdeckung der Zeit zwischen den Dispositionen kann also verzichtet werden.

Das CRP-Programm errechnet aufgrund der täglich überspielten Abgangszahlen und Fehlmengen aus den Zentrallägern oder den von Scanner-Kassen gelieferten Abverkaufsdaten für jeden Artikel eine aktuelle Prognose. Diese wird ergänzt durch separat erstellte Schätzungen oder auch vom Kunden generierte Aufträge für geplante Aktionen. P&G hat begonnen, diese Daten in die eigenen Planungssysteme einfließen zu lassen, um die Produktionsplanung – und damit auch die Produktverfügbarkeit – weiter zu verbessern.

Im Jahre 1999 führte P&G eine zusätzliche Bestellstaffel ein: Bei einer Reihe von Produkten gibt es jetzt die Möglichkeit, sie zu besonders günstigen Preisen in vollen Lkw-Ladungen direkt vom produzierenden Werk zu beziehen.

Das Ziel von P&G ist, die Anzahl der Bestellungen, Lieferungen und Rechnungen noch weiter zu reduzieren. Aus diesem Grund hat P&G damit begonnen, Kombinationen von verschiedenen Produktkategorien in einer Bestellung zu ermöglichen. So wurden beispielsweise die logistischen Voraussetzungen dafür geschaffen, dass Wasch-, Putz- und Reinigungsmittel gleichzeitig mit Süßwaren und Körperpflege-Produkten ausgeliefert werden können. Durch diese Bündelung addieren sich Bestellmengen rascher zu halben oder vollen Lkw-Ladungen auf. Für die Kunden bedeutet dies günstigere Staffelpreise, Reduktion von Beständen und Kosten sowie eine Erhöhung der Produktverfügbarkeit.

3.3 Informations- und Kommunikationstechnologie

Eine effiziente Zusammenarbeit mit Kunden in allen Bereichen der Auftragsabwicklung ist ein wichtiges Element der SLOG-Konditionen. Wirkliche Effizienz in diesem Bereich ist nur mit entsprechendem IT-Einsatz machbar. Aus diesem Grund honoriert P&G mit den Konditionen den Einsatz von EDI beim Austausch von Produktstamm-, Auftrags-, Rechnungs- und Zahlungsdaten.

Ein Vergleich des Rechnungsversands auf Papier und per EDI demonstriert die Vorteile des elektronischen Datenaustausches: Beim herkömmlichen Verkehr sind nach Vorliegen der Rechnung im Computersystem des Lieferanten sechs Schritte erforderlich, bis die Rechnung im EDV-System des Kunden verfügbar ist: Die Rechnung wird gedruckt, kuvertiert, versandt, entgegengenommen, geöffnet und ins Handelssystem eingegeben. Mit EDI wird die elektronische Rechnung des Lieferanten über ein Value Added Network (VAN) direkt ins Computersystem des Händlers übertragen. Es entfallen also die oben genannten sechs Arbeitsschritte; der Prozess dauert nicht Tage, sondern nur Minuten. Dadurch werden nicht nur Material- und Portokosten gespart, sondern insbesondere Fehlerquellen beseitigt.

Die technischen Voraussetzungen für EDI sind ein Computer und eine Netzanbindung. Für die zu generierenden oder zu empfangenden Nachrichten – Aufträge, Lieferscheine, Rechnungen – sind internationale Standardsatz-Layouts definiert, die eine einfache Programmierung der Schnittstellen zu den Inhouse-Systemen und eine Anwendung mit vielen Partnern erlauben (vgl. Abbildung 94).

Eine Studie der Centrale für Coorganisation (CCG) GmbH in Köln zeigte, dass eine EDI-Transaktion, z. B. das Übermitteln einer Rechnung, nur ein Drittel der Kosten einer auf Papier kommunizierten Transaktion verursacht. Das volle Potenzial des elektronischen Datenaustausches wird genutzt, wenn er mit weltweit vereinbarten Standards wie EANCOM und etablierten, professionell betriebenen Netzwerken vorgenommen wird.

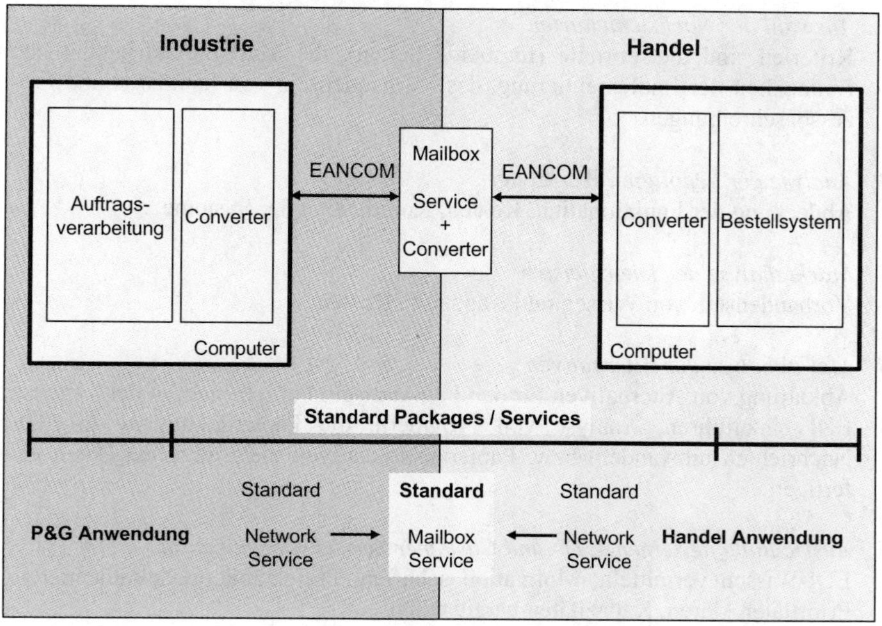

Abb. 94: Electronic Data Interchange zwischen Industrie und Handel

Eine von ECR-Deutschland durchgeführte Studie bei führenden Handels- und Industrieunternehmen über den Einsatz von EDI zeigte, dass sich EDI als Werkzeug zur Effizienzsteigerung durchgesetzt hat: Mehr als 90 % der befragten Unternehmen hielten EDI für richtig und wichtig. Die befragten Handelsunternehmen repräsentierten einen Anteil von mehr als 50 % des Lebensmitteleinzelhandels-Umsatzes in Deutschland und die Industrieunternehmen einen Anteil von mehr als 30 %. Bezüglich der Nachrichtenarten ist man heute bereits schon so weit, dass alle wesentlichen Daten-Tranfers zwischen Handel und Industrie per EDI vorgenommen werden können. Wenn diese „Enabling Technology" jedoch schnell mit vielen Partnern umgesetzt werden soll, sind intensive Vorbereitungen notwendig.

EDI-Verfahren sind nur zu einem geringen Teil Technologie. Entscheidend in diesem Zusammenhang ist die Ausrichtung der Prozess- und der Organisationsstruktur. Durch die Einführung von EDI ändert sich die Zusammenarbeit zwischen zwei Partnern grundlegend. Prozesse und Verantwortungsbereiche müssen in einer EDI-Umgebung unternehmensübergreifend, klar und unmissverständlich geregelt, getestet und eingeführt werden.

Basierend auf den Erfahrungen von P&G sind folgende Punkte bei der Implementierung und effizienten Nutzung von EDI zu beachten:

1. *Auswahl der Nachrichtenarten*
   Kriterien sind die Vorteile (für beide Seiten), die Marktdurchdringung, die Einfachheit der Implementierung, das Vorhandensein von Standards und Prozessbeschreibungen.

2. *Analyse der benötigten Werkzeuge*
   Abdeckung der Funktionalität, Kosten, Komplexität der Systeme

3. *Marktanalyse der Dienstleister*
   Vorhandensein von Wissen und Kapazität, Kosten

4. *Marktanalyse der Alternativen*
   Abklärung von Alternativen für den Fall, dass ein Partner nicht in der Lage ist, EDI einzuführen, Analyse von Providern, die Papierdokumente in EDI-Nachrichten umwandeln bzw. Papierausdrucke von elektronischen Daten anfertigen

5. *Ausrichtung der eigenen IT- und Customer Service Organisation*
   EDI-Wissen vermitteln, Motivation schaffen, Projektabläufe dokumentieren, Prioritäten klären, Kapazitäten bereitstellen.

6. *Festlegung der Kriterien für das Erreichen der EDI Produktionsreife*

7. *Festlegen der Back-up-Methoden*
   Festlegung von Alternativen, falls EDI vorübergehend ausfällt

8. *„Verkaufskonzept" bei Partnersuche*

3.4 Efficient Demand Management

Um wirklich ECR betreiben zu können, muss parallel zum Efficient Supply Management auch Efficient Demand Management eingeführt werden. Efficient Demand Management und Category Management umfassen alle Überlegungen, bei denen es darum geht, die Verbrauchernachfrage zu verstehen und zu steuern. Erfahrungen bei der Umsetzung von Category Management bei P&G zeigen, dass es notwendig ist, die folgenden 4 Schritte zu beachten (vgl. Abbildung 95).

Schritt 1: Festlegung der Prioriät
Die Umstellung auf Category Management ist kein Teilzeitjob, sondern erfordert eine klare und für das ganze Unternehmen gültige Priorität.

Schritt 2: Interne Analyse
Category Management identifiziert Schwachstellen. Das Durchforsten der eigenen Produktpalette, des eigenen Sortiments und der eigenen Promotion-Programme ist eine wichtige Grundlage für die CM-Arbeit mit den Handelspartnern.

Schritt 3: Käufer- bzw. Verbraucherverständnis generieren
Category Management ist auf den Konsumenten ausgerichtet und stützt sich auf detaillierte Daten über das Käufer- bzw. Verbraucherverhalten. Diese müssen erhoben und zur Verfügung gestellt werden.

Schritt 4: Organisatorische Voraussetzungen schaffen
Die Anpassung der Organisationsstruktur (z. B. multifunktionale Kundenteams, „Category Manager"), das Überarbeiten der Job-Anforderungsprofile, das Training der Mitarbeiter sowie die Neuausrichtung der Beurteilungs- und Belohnungs-Systeme.

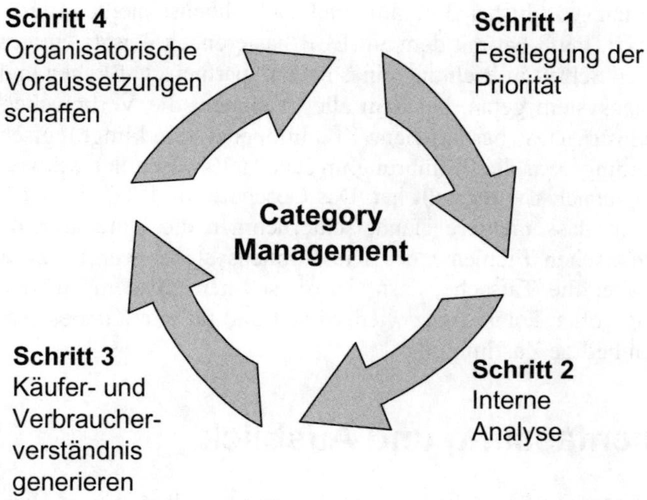

Abb. 95: Vier Schritte zur effizienten Umsetzung von Category Management

3.5 Erfahrungen und Ergebnisse

Durch das skizzierte SLOG-Verfahren reduzierte sich die Anzahl der bei P&G zu bearbeitenden Bestellungen, Lieferungen und Rechnungen trotz des gewachsenen Geschäfts um 40 %. Von den verbliebenen Bestellungen braucht die Hälfte nicht mehr manuell bearbeitet zu werden (Non Touch Orders): Sie laufen papierlos per EDI vom Kunden-Computer direkt in unser Auftragsverarbeitungssystem und lösen eine Lieferung aus.

Der mengenmäßige Anteil unseres Geschäfts, der in vollen Lkws an eine Lieferadresse ausgeliefert wird, stieg von 30 % auf 75 %. Unterstützt durch die SLOG-Konditionen, haben die Kunden mit wenigen Ausnahmen auf die direkte Belieferung ihrer Filialen durch P&G verzichtet und Distributionszentren eingerichtet.

Etwa 40 % des Volumens wird heute über CRP/CMI abgewickelt. Allerdings wird nicht erwartet, dass dieser Anteil noch nennenswert wachsen wird, da die Warenwirtschaftssysteme des Handels inzwischen erweitert worden sind. Mit Hilfe eigener CRP-Programme können Handelsunternehmen ihre Bestände optimieren, kontinuierlich auffüllen, die günstigsten Staffelpreise nutzen und außerdem die Anlieferungen gleichmäßig auf die Arbeitstage verteilen (Buyer Managed Inventories, BMI).

Das Beratungsunternehmen Roland Berger stellte bereits 1996 fest, dass – nicht zuletzt durch das von P&G im Jahre 1999 begonnene Projekt – ein Ruck durch die deutsche Handelslandschaft ging und die Zahl der Handelsunternehmen, die mit der Industrie kooperierten, von bisher 3 % auf rund 30 % hochschnellte. Dieser Trend hat sich fortgesetzt. P&G hat mit dem auf ECR basierenden Ansatz einiges bewegt und einen großen Schritt in Richtung eines neuen, partnerschaftlichen und logistischen Konditionensystem getan, bei dem alle gewinnen: die Verbraucher, der Handel und die Industrie. Das beschriebene Konditionensystem klingt logisch und einleuchtend. Allerdings war die Einführung im Jahr 1996 wesentlich schwieriger als man sich dies zunächst vorgestellt hat. Das Geschäft von P&G litt vorübergehend sehr darunter, dass mehrere Handelsunternehmen die Unterstützung verweigerten. Die logistischen Elemente des Konditionensystems wurden zwar allgemein akzeptiert; aber die Tatsache, dass sich dieses neue System auf den offiziellen Preislisten in voller Transparenz wiederfindet und für alle Kunden gilt, stieß nicht sofort auf einhellige Zustimmung.

4 Zusammenfassung und Ausblick

Procter & Gamble ist überzeugt, dass die Zukunft denjenigen Industrie- und Handelsunternehmen gehört, die besser als ihre Wettbewerber die Bedürfnisse und Wünsche ihrer Kunden verstehen und dementsprechend handeln. Richtig gut und erfolgreich kann dies nur in enger Kooperation geschehen: Händler und Hersteller müssen ihr Wissen und ihre Fähigkeiten in eine ernst gemeinte Partnerschaft einbringen. ECR bedeutet, dass der Handel und die Industrie zusammenarbeiten, um die Verbraucherwünsche besser, schneller und kostengünstiger zu erfüllen. Die Zufriedenheit des Verbrauchers ist dabei der wichtigste Maßstab: Der Konsument ist König.

Mit den derzeitigen ECR-Denkansätzen hat P&G einen guten Anfang gemacht, aber die ECR-Entwicklung geht weiter. Neue Ideen werden verfolgt: Loyalty- und Category-Marketing, die bestandslose („flow driven") Supply Chain, der verstärkte Einsatz von Internet und Collaborative Systems sind einige Themen, die im Augenblick bearbeitet werden. In Japan testet man mehrmals täglich wechselnde Store-Layouts, um besser auf die im Verlauf des Tages wechselnden Einkaufsprioritäten der Konsumenten einzugehen: am Morgen das Thema „Frühstück" (Milchprodukte und Zerealien), am Abend Snacks und Bier.

Heute gelingt es nur in 60 % aller Fälle, den monatlichen Bedarf für die wichtigsten Artikel innerhalb einer Toleranz-Bandbreite von +/- 25 % für die folgenden zwei Monate vorherzusagen. Deshalb hat P&G noch immer mit Bestandslücken von 4 bis 12 % zu kämpfen. Eine eingehende Analyse zeigt, dass 80 % der Bestandslücken durch unzureichende Prognosen verursacht werden. Eine weitere Verbesserung ist nur möglich, wenn der Handel in die Schätzungen mit einbezogen wird. Dabei geht es weniger um das reguläre Geschäft, das am besten mit CRP gesteuert werden kann, sondern um die Schätzung der Extra-Mengen, die durch spezifische Verkaufsförderungsaktionen oder im Zusammenhang mit Produktneueinführungen benötigt werden.

Für diesen Ansatz gibt es ein neues Konzept, das als „Collaborative Planning, Forecasting and Replenishment" (CPFR) bezeichnet wird. CPFR steht für einen partnerschaftlichen Planungs-, Prognose- und Warenbestückungs-Prozess. CPFR beginnt mit einem Geschäftsplan, den ein Handelsunternehmen und ein Lieferant gemeinsam entwickeln. Darauf basieren dann die Schätzungen der Mengen, die bei zukünftigen Verkaufsförderungsaktionen erwartet werden.

Eine wesentliche Rolle bei der Verbesserung der Prognosen spielt auch die Nutzung aktueller Scanner-Daten, die an der Ladenkasse (Point-of-Sale) entstehen. Die so erarbeiteten und kontinuierlich der Entwicklung angepassten Prognosen werden in vernünftigen Zeitabständen per EDI zwischen Handel und Industrie ausgetauscht, damit ihre Planung zu jedem Zeitpunkt von aktuellen Daten ausgeht. In Deutschland haben wir bisher zwei CPFR-Pilotprojekte durchgeführt. Die ersten Ergebnisse sind überzeugend.

Obwohl die Intensität der Zusammenarbeit mit den beteiligten Handelspartnern noch begrenzt war, betrugen die Verbesserungen der Schätzgenauigkeit zwischen 50 und 250 %. Die Pilotprojekte zeigten das enorme Potenzial in der Vermeidung von Bestandslücken und in einer weiteren Verringerung der Warenbestände bzw. der dadurch verursachten Kosten. Letztlich führt CPFR dazu, dass die Verbraucher die Produkte, die sie suchen, auch tatsächlich jederzeit im Regal vorfinden – und zwar zu einem fairen Preis, frei von unnötigen Logistikkosten.

Collaborative Systems (CS) stellen ein weiteres neues Kooperationsfeld dar. CS werden als „gemeinsame virtuelle Arbeitsplätze" beschrieben: Handel und Industrie arbeiten mit denselben Daten, Prozessen und Systemen. Das setzt auch eine Verhaltensänderung voraus. Der Einsatz von Collaborative Systems wird bestehende Kooperationen effektiver und effizienter machen und neue Kooperationsbereiche erschließen. Beim Aufbau eines Collaborative Systems werden im ersten Schritt auf einer Extranet-Site statische Daten und Informationen ausgetauscht. In einer zweiten Phase geht es um Dynamic Information Sharing und um die Integration bestehender Anwendungen. Hier wird z. B. das Promotions-Management in enger Zusammenarbeit durchgeführt. In der höchsten Kooperationsstufe erlauben die CS dann die Entwicklung effizienter gemeinsamer Prozesse und Anwendungen (vgl. Abbildung 96).

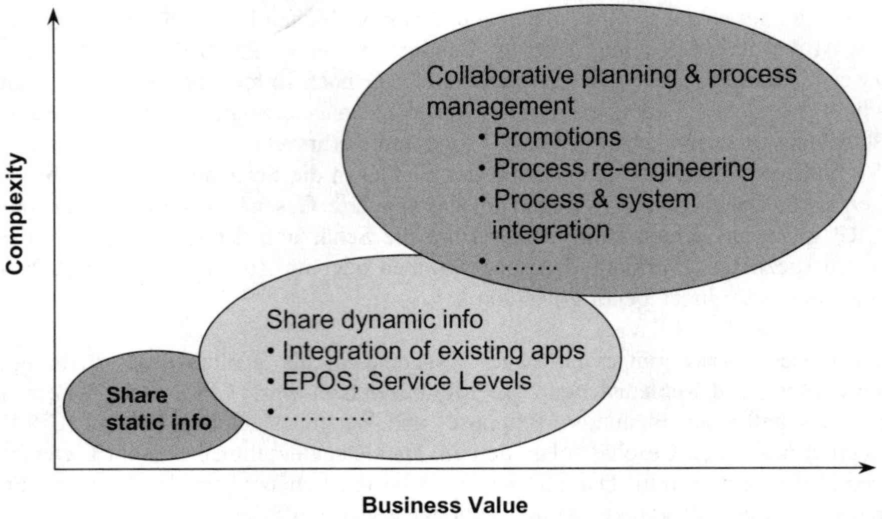

Abb. 96: Entwicklungsstufen und Wirkungsbereich von Collaborative Systems

Die Computersysteme greifen dann, für den Benutzer transparent, auf gemeinsame Datenquellen zu, und die Anwendungen auf Handels- und Industrieseite passen nahtlos zusammen. Wenn ein Collaborative System so weit entwickelt ist, kann ein Händler beispielsweise ein Category Management Projekt initiieren, seine eigenen Daten mit Daten des Industriepartners zusammenführen und sie gemeinsam mit ihm analysieren.

Derzeit werden Category Management Projekte noch häufig in getrennten Prozessen von Handel und Industrie abgewickelt: Man einigt sich auf die Zielsetzung, tauscht Daten aus, arbeitet dann allein und bringt Ergebnisse und Vorschläge wieder in eine gemeinsame Diskussionsrunde ein. Wirkliche Kooperation heißt aus der Sicht von P&G, dass der gesamte Prozess synchron und gemeinsam von Handel und Industrie bearbeitet wird. Es gilt, nicht nur Daten, sondern auch die Expertise, Intelligenz und Kreativität beider Partner zu verbinden, damit letztlich die Konsumentenbedürfnisse besser erfüllt werden können.

Handel und Industrie sind auf dem richtigen Weg. Ein gutes Stück ist man bereits erfolgreich gegangen. P&G hat die Zusammenarbeit entlang der Supply Chain verbessert und eine neue Dimension der Kooperation eingeführt. Die so geschaffene Vertrauensbasis bildet zusammen mit neuen Denkansätzen und technologischen Entwicklungen eine exzellente Grundlage für eine Fortschreibung der ECR-Erfolgsgeschichte.

Teil III: Gestaltung des Supply Chain Managements

III.1 Ausgewählte Ansätze

1 Einleitung

Nach John Kay [1993, S. 66], einem führenden Ökonomen Großbritanniens, sind Architekturen, d.h., langfristige strukturelle Baupläne, neben Reputation und Innovation die dritte besondere Fähigkeit zur Gewinnung nachhaltiger Wettbewerbsvorteile. Kay versteht darunter nicht nur Netzwerke von Beziehungen innerhalb eines Unternehmens, sondern vor allem Netzwerke bzw. Supply Chains mit Kunden und Lieferanten. Trotzdem versuchen nur wenige Untersuchungen, in der Praxis vorgefundene Grundtypen von Supply Chains zu identifizieren und noch wenigere geben Hinweise darauf, wie diese zu gestalten sind. Darüber hinaus wird der Einfluss der Industriestruktur auf das Supply Chain Design weitgehend vernachlässigt. Nachfolgend werden daher einige aktuelle Ansätze und eine nützliche Unterscheidung von Industriestrukturen vorgestellt. Daran anschließend erfolgt eine Typologisierung und Beschreibung von unterschiedlichen Supply Chain Designs und der erfolgreiche Einsatz des Internets im Supply Chain Management dargestellt. Schließlich zeigen wir anhand einer Fallstudie von Sainsbury's, wie Lieferantenbeziehungen im Rahmen des „Supplier Relationship Management" gestaltet und optimiert werden können.

2 Allgemeiner Ansatz

Ein allgemeines Modell des Business Networking entwickelt Fleisch [2000, S. 27] auf der Grundlage von Österle [1995]. Sein Drei-Ebenen-Modell unterstützt die Strukturierung und Darstellung von Problemstellungen und Lösungen der Vernetzung und stellt die grundsätzlichen Abhängigkeiten zwischen Geschäftsstrategie, Geschäftsprozess und Informationssystem dar (vgl. Abbildung 97).

Die Strategieebene umfasst Geschäftsnetzwerke. Kooperationsbeziehungen zwischen Geschäftseinheiten stützen sich auf formellen und informellen Kooperationsbeziehungen ab und entfalten auf der operativen Ebene eine koordinierende Wirkung. Rahmenverträge, gegenseitige Beteiligungen oder Verflechtungen in der Supply Chain sind Beispiele für „harte", formelle Kooperationsbeziehungen.

Auf der anderen Seite sind Vertrauen zwischen den Partnerunternehmen sowie gemeinsam getragene Normen und Werte Beispiele für „weiche", informelle Kooperationsbeziehungen. Diese Kooperationsbeziehungen zwischen den Geschäftseinheiten bilden schließlich das Geschäftsnetzwerk.

Die Prozessebene umfasst die Prozessnetzwerke. Ein derartiges Netzwerk ist ein geschäftseinheitsübergreifender Verbund von Geschäftsprozessen, welcher eine Kooperationsstrategie auf operativer Ebene realisiert und Kundenprozessen Leistungen zur Verfügung stellt. Koordinationsbeziehungen zwischen den Prozessen sorgen für die Abstimmung der Leistungserstellung.

Die Informationsebene umfasst Informationssystemnetzwerke. Diese unterstützen Prozessnetzwerke. Ihre Knoten entsprechen integrierten Informationssystemen, welche aus Maschinen und Menschen bestehen. Ihre Kanten beschreiben Verbindungen zum Zwecke der Systemintegration.

Prozessnetzwerke basieren auf Informationsystemnetzwerken und setzen Geschäftsnetzwerke um. Neue Möglichkeiten der Informationstechnologie verändern Informationsystemnetzwerke und führen oft zu neuen Prozessnetzwerken. Diese können neue Geschäftsnetzwerke begründen und damit neue Geschäftspotenziale erschließen.

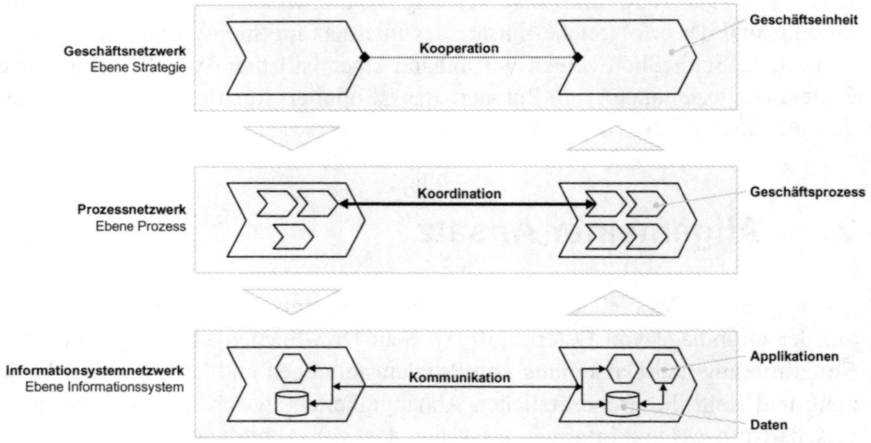

Abb. 97: Business Engineering Modell von Österle

3 Beschaffungsorientierter Ansatz

Fine [1998] entwickelt eine eher beschaffungsorientierte Typologie des Supply Chain Designs. Auf der Grundlage seiner eigenen Forschung sowie den Arbeiten von Ulrich/Eppinger [1995] über die Prinzipien modularer und integraler Produktarchitektur (vgl. Tabelle 8) arbeitet Fine den Zusammenhang zwischen Produkt- und Supply Chain Architektur heraus.

Integrale Produkte	**Modulare Produkte**
- Komponenten sind eng gekoppelt - Komponenten erfüllen mehrere Funktionen - Komponenten sind in starker Nähe oder enger räumlicher Beziehung - Komponenten sind eng synchronisiert	- Komponenten sind lose gekoppelt - Komponenten sind auswechselbar - Komponenten sind einzeln optimierbar (verbesserungsfähig) - Komponenten haben standardisierte Schnittstellen

Tab. 8: Eigenschaften integraler und modularer Produkte

Im Mittelpunkt steht die Frage, wie Produkt- und Supply Chain Design aufeinander abgestimmt werden müssen. Analogieschlüsse zwischen Modularität und Integration werden dabei bis zur Frage der Make-or-Buy Entscheidung, der Kompetenzverteilung und des Lieferantenmanagements im Supply Chain Management gezogen. Entscheidend ist auch hier, dass ein „Fit" zwischen Produkt bzw. Markt sowie dem Design der Supply Chain herrscht.

- Integrale Supply Chains sind geeignet für integrale Produkte und durch eine enge Beziehung zwischen den einzelnen Elementen gekennzeichnet.
- Modulare Supply Chains sind ideal für modulare Produkte und zeichnen sich durch eher lockerere Beziehungen zwischen den Elementen aus.

Integrale Supply Chain	**Modulare Supply Chains**
- Eng gekoppelte Elemente - Elemente nicht austauschbar - Starke geographische Nähe - Gemeinsame Verantwortung - Eng synchronisierte Prozesse - Ähnliche Kulturen - Abgestimmte Informationssysteme	- Lose gekoppelte Elemente - Elemente austauschbar - Geringe geographische Nähe - Autonome Verantwortung - Kaum synchronisierte Prozesse - Unterschiedliche Kulturen - Unabgestimmte Informationssysteme

Tab. 9: Eigenschaften integraler und modularer Supply Chains

4 Produktionsorientierter Ansatz

Eine eher produktionsorientierte Typologie von Supply Chain Designs basiert auf der Idee des „Lean Production“ [vgl. Womack/Jones/Roos 1990] bzw. des „Lean Thinking“ [vgl. Womack/Jones 1996]. Der ursprüngliche Fokus des „Lean“-Ansatzes ist prinzipiell die Eliminierung von Verschwendung. Die Ursprünge dieses Konzeptes stammen aus dem Toyota Produktionssystem mit seinem Fokus auf der Verminderung dieser Verschwendung. Christopher [2000] argumentiert, dass „Lean Supply Chains“ dann sinnvoll sind, wenn die Nachfrage sehr stabil und daher berechenbar ist und wenn die Variantenvielfalt gering ist. Entsprechend ist bei dynamischer Nachfrage und hoher gewünschter Variantenvielfalt ein anderer Ansatz gefordert.

Ergänzend dazu ist der Ansatz „agiler“ Supply Chains. Agilität ist ebenfalls eine übergreifende Fähigkeit mit besonderem Augenmerk auf Flexibilität. Die Ursprünge der „Agilität“-Bewegung sind flexible Produktionskonzepte. Der Ursprungsgedanke war, dass die Produktionsflexibilität bezüglich Menge oder Produktmix durch größere Automatisierung und kürzere Rüst- und Umstellzeiten erreicht werden könnte. Später wurde die Idee der Produktionsflexibilität in einen weiteren Kontext gestellt und die Idee der Agilität als organisatorische Fähigkeit geboren [vgl. Nagel/Dove 1991].

Christopher [2000] verbindet diese beiden Ansätze und stellt „Lean“ und „Agile“ Supply Chains (vgl. Tabelle 10) in folgenden Zusammenhang mit der Marktstruktur:

- Lean Supply Chains sind ideal, um in berechenbaren Märkten Verschwendung zu eliminieren und die Produktion zu beruhigen.
- Agile Supply Chains zielen darauf ab, in dynamischen Märkten die Produktion mit Hilfe von Marktwissen zu flexibilisieren.

Lean Supply Chains	**Agile Supply Chains**
- Lagerfertigung - Lager zentral managen - Grundauslastung sichern - Losgrößen optimieren - Größenvorteile maximieren	- Auftragsfertigung - Quick Response - Continuous Replenishment nutzen - Spitzenbelastungen abfangen - Varianten spät konfigurieren

Tab. 10: Unterschiede zwischen Lean Supply Chains und Agile Supply Chains

5 Distributionsorientierter Ansatz

Im Gegenzug entwickelt Fisher [1997], vor allem aufgrund seiner Erfahrungen in der Konsumgüter- und Bekleidungsindustrie, eine eher distributionsorientierte Typologie von Supply Chain Designs. Danach lassen sich Produkte bezüglich ihres Nachfrageverhaltens in „funktionale“ und „innovative“ Produkte einteilen. Funktionale Produkte, wie beispielsweise die meisten Lebensmittel, haben eine berechenbare Nachfrage, einen eher niedrigen Deckungsbeitrag, einen relativ langen Lebenszyklus sowie eine geringe Variantenvielfalt. Sie sind daher recht gut planbar. Innovative Produkte hingegen sind genau das Gegenteil: Sie haben eine unberechenbare Nachfrage und sind aufgrund von hohen Nachfrageschwankungen schlecht planbar. Daher stammt oft eine mangelnde Verfügbarkeit.

Fisher kommt zum Schluss, dass funktionale und innovative Produkte unterschiedliche Anforderungen an das Supply Chain Design stellen und führt die Unterscheidung zwischen effizienten und reaktionsfähigen Supply Chains ein. Diese Einteilung ist jedoch nicht zwingend. Das Beispiel Apple PC im Vergleich zu IBM PC zeigt, dass Computer je nach Produkt- und Marketingkonzept eher innovative oder eher funktionale Produkte sein können. Entscheidend ist vielmehr, dass für jedes Produkt zwischen Nachfrageverhalten und Supply Chain Design ein „Fit“ besteht.

- Effiziente Supply Chains dienen dazu, eine planbare Nachfrage effizient zu erfüllen.
- Reaktionsfähige Supply Chains sind geeignet, um eine schwer planbare Nachfrage schnell zu befriedigen.

Effiziente Supply Chains	**Reaktionsfähige Supply Chains**
- Berechenbare Nachfrage effizient versorgen - Hohe Kapazitätsauslastung sichern - Lager minimieren und Umschlag erhöhen - Durchlaufzeit moderat verkürzen - Lieferanten nach Kosten und Qualität auswählen - Produktleistung maximieren und Kosten minimieren	- Unberechenbare Nachfrage reaktionsschnell erfüllen - Kapazitätspuffer aufbauen - Sicherheitsbestände und Lagerpuffer erhöhen - Durchlaufzeit massiv senken - Lieferanten nach Schnelligkeit und Flexibilität auswählen - Produktvielfalt durch Postponement und Modularisierung beherrschen

Tab. 11: Unterschiede zwischen effizienten und reaktionsfähigen Supply Chains

III.2 Einfluss der Industriestruktur*

1 Industriestrukturen

Ein nützliches Modell zur Beschreibung der unterschiedlichen Industriestukturen, in denen Supply Chains gestaltet werden, ist die Unterscheidung nach Kodama [1991, S. 101] in Dominant-Design-Industrien, High-Tech-Industrien und Science-Based-Industrien. Grundlage zur Unterscheidung dieser drei verschiedenen Industrietypen ist die Abbruchrate der Entwicklungsprojekte. Dies wiederum gibt wertvolle Hinweise auf den Einfluss der Produktstruktur.

Die Abbruchrate von Entwicklungsprojekten in Dominant-Design-Industrien sinkt in fortgeschrittenem Projektstadium gegen null. Das Entwicklungsrisiko verschwindet damit gegen Ende des Entwicklungsprojektes. Entwicklungsprojekte in High-Tech-Industrien werden dagegen auch in fortgeschrittenem Projektstadium noch abgebrochen. Ein gewisses Entwicklungsrisiko bleibt bis zum Schluss des Entwicklungsprojektes bestehen. In Science-Based-Industrien bleibt die Abbruchrate der Entwicklungsprojekte dagegen über die gesamte Dauer des Entwicklungsprojektes konstant.

Ein anderes charakteristisches Merkmal, um verschiedene Industrietypen voneinander zu unterscheiden, ist die F&E-Intensität. Dieses Unterscheidungsmerkmal nutzen zahlreiche öffentliche Stellen in verschiedenen Ländern, so z.B. auch das Bureau of Economic Analysis im U.S. Departement of Commerce. Der Standard Industrial Classification Code definiert beispielsweise High-Tech-Industrien als industrielle Bereiche, in denen mindestens eine der beiden folgenden Bedingungen erfüllt sind: Der Anteil der F&E-Ausgaben am Umsatz beträgt über 10 % oder der Anteil der Wissenschaftler und Ingenieure an der gesamten Anzahl der Mitarbeiter liegt über 10 % [vgl. Kodama 1991, S. 127].

Die Industrietypen Dominant-Design-Industrie, High-Tech-Industrie und Science-based-Industrie charakterisieren somit verschiedene Umgebungen, in denen Unternehmen und damit auch Supply Chains agieren.

---

* Dieser Abschnitt beruht wesentlich auf Müller [2000].

2 „Dominant-Design"-Industrie

Dominant-Design-Industrien sind durch gegebene Schlüsseltechnologien und reife Märkte charakterisiert. Ein wesentlicher Erfolgsfaktor der Unternehmen in Dominant-Design-Industrien liegt in den tiefen Kosten ihrer Produkte [vgl. Kodama 1991, S. 129].

Die technologischen Veränderungen erfolgen in der Regel langsam und inkrementell. Deshalb ist die technologische Planbarkeit der Entwicklungen hoch und das technische Entwicklungsrisiko für das Unternehmen gering. Da die Schlüsseltechnologien gegeben sind, investiert das Unternehmen weniger in Forschung und Entwicklung als vielmehr in Marketing und Service. Die Innovationen finden häufig auf der Prozessebene statt und dienen der Rationalisierung und Kostensenkung, um die Rentabilität der Produkte zu steigern [vgl. Utterback 1994, S. 30]. Quelle von Innovationen sind häufig die Lieferanten. Die Treiber für die Entwicklung neuer Produkte bzw. Prozesse sind die Kosten und die Märkte. Da die Produktentwicklung eher marktgetrieben erfolgt, liegen auch die Risiken der Entwicklung neuer Produkte auf der Marktseite.

Die reifen Märkte sind stark segmentiert und in eine Vielzahl von Nischen unterteilt. Ihre Größe ist in der Regel gut vorhersagbar. Da sich die Kundenanforderungen nur wenig ändern, bleiben auch die Produktspezifikationen stabil. Zudem sind die Produktlebenszyklen eher lang. In den reifen Märkten ist das Kundenverhalten sehr preissensitiv [vgl. Utterback 1994, S. 86]. Das Unternehmen steht deshalb unter ständigem Druck, die Kosten seiner Produkte zu senken und gleichzeitig ihre Qualität zu erhöhen.

Kostendruck und Verdrängungswettbewerb führen zu Konzentrationsprozessen in der Unternehmenslandschaft. In Dominant-Design-Industrien stehen deshalb häufig große, multinationale Unternehmen in einem globalen Wettbewerb miteinander. Denn nur sie sind in der Lage, die notwendigen, großen Investitionen zu tätigen. Dadurch sind auch die Eintrittsbarrieren in die jeweiligen Märkte relativ hoch. Typische Dominant-Design-Industrien sind u.a. die Nahrungsmittelindustrie, die Rohstoffindustrie, die Stahl- und Maschinenindustrie sowie die Automobilindustrie [vgl. Kodama 1991, S. 124].

Das stabile Unternehmensumfeld und der hohe Kostendruck wirken auf das gesamte Unternehmen. Die Organisation ist deshalb mechanistisch aufgebaut [vgl. Utterback 1994, S. 85]. Die Strukturen innerhalb des Unternehmens sind hierarchisch, die Aktivitäten erfolgen strukturiert und sind auf Koordination ausgerichtet. Die Verhaltensweisen sind durch den Wettbewerb geprägt.

Dominant-Design Industrie	
Industriezweige	• Nahrungsmittelindustrie • Rohstoffindustrie • Stahlindustrie • Maschinenbau • Automobilindustrie
Technologiestruktur	• Stabile, berechenbare Technologie • Abbruchsrate im Projektverlauf stark abnehmend (Geringes Risiko) • Marktgetriebene Entwicklung • Meist inkrementelle (Prozess-)Innovation • Tiefe Produktkosten als Erfolgsfaktor • Große Investitionen in Marketing und Service
Marktstruktur	• Stabile Kundenbedürfnisse • Globaler Kostenwettbewerb • Hohe Konzentration, Eintrittsbarrieren

Tab. 12: Kennzeichen von Dominant-Design-Industrien

3 „High-Tech"-Industrie

High-Tech-Industrien sind durch eine hohe Dynamik der technologischen Entwicklungen und stark wachsende Märkte gekennzeichnet. Für die Unternehmen in High-Tech-Industrien besteht ein wesentlicher Erfolgsfaktor darin, mit ihren Produkten als erste auf dem Markt zu sein [vgl. Kodama 1991, S. 129].

Die rasanten technologischen Entwicklungen führen zu schnellen und radikalen Veränderungen in Bezug auf die in den Produkten verwendeten Technologien [vgl. Anderson/Tushman 1990, S. 605]. Aus diesem Grund ist die technologische Planbarkeit schwierig und das technische Entwicklungsrisiko für das Unternehmen hoch. Wegen der schnellen technologischen Entwicklungen investiert das Unternehmen viel in Forschung und Entwicklung. Häufig sind die erforderlichen Investitionen in F&E so hoch, dass sie nicht von einem einzelnen Unternehmen allein getragen werden können. Deshalb kommt es zwischen Unternehmen in High-Tech-Industrien häufig zu Forschungs- und Entwicklungskooperationen. Dadurch lassen sich sowohl die Kosten, als auch die Risiken verteilen. Die Innovationen liegen auf der Produktseite und konzentrieren sich auf die Verbesserung der Produktleistung. Die Treiber in Forschung und Entwicklung sind die Technologien und die individuellen Kundenbedürfnisse.

Die Produktentwicklung verläuft deshalb stärker technologiegetrieben. Gleichzeitig ist die Entwicklung neuer Produkte mit hohen technologischen Risiken verbunden.

Die Größe und das Wachstum der Märkte ist in High-Tech-Industrien nur schwer prognostizierbar. Rasche Veränderungen der Kundenbedürfnisse erfordern unter Umständen häufige Anpassungen der Produktspezifikationen. Die Produktlebenszyklen sind in der Regel kürzer als in Dominant-Design-Industrien. In High-Tech-Industrien ist die Leistungssensitivität der Kunden hoch. Die Kunden treffen ihre Kaufentscheidung aufgrund überlegener Produktleistungen. Durch die hohe Leistungssensitivität der Kunden ist die Produkttechnologie erfolgsentscheidend. Auch kleine Unternehmen haben die Möglichkeit, mit verhältnismäßig geringen Investitionen eine überlegene Produkttechnologie zu entwickeln. In High-Tech-Industrien sind deshalb oft kleinere Unternehmen am Markt sehr erfolgreich. Die Eintrittsbarrieren sind relativ niedrig. Typische High-Tech-Industrien sind u.a. die Elektro- und Elektronikindustrie, die Computer- und Softwareindustrie sowie die Telekommunikationsindustrie [vgl. Kodama 1991, S. 124].

Die Dynamik des Unternehmensumfeldes wirkt sich auf das gesamte Unternehmen aus. Die Organisation des Unternehmens ist deshalb organisch aufgebaut [vgl. Utterback 1995, S. 85]. Die Strukturen des Unternehmens sind durch Netzwerke gekennzeichnet, die Aktivitäten sind flexibel und weniger strukturiert und die Verhaltensweisen darauf ausgerichtet, etwas Neues zu schaffen.

High-Tech-Industrie	
Industriezweige	• Elektro- und Elektronikindustrie • Computer- und Softwareindustrie • Telekommunikationsindustrie
Technologiestruktur	• Dynamische, unberechenbare Technologien • Abbruchsrate im Projektverlauf leicht abnehmend (Mittleres Risiko) • Technologiegetriebene Entwicklung • Meist radikale (Produkt-)Innovation • Hohe Produktleistung als Erfolgsfaktor • Große Investitionen in F&E
Marktstruktur	• Dynamische Kundenbedürfnisse • Globaler Zeit- und Leistungswettbewerb • Geringe Konzentration, Eintrittsbarrieren

Tab. 13: Kennzeichen von High-Tech-Industrien

4 „Science-Based“-Industrie

Science-Based-Industrien sind durch einen engen Bezug zur Wissenschaft charakterisiert. Ein wichtiger Erfolgsfaktor für Unternehmen in Science-Based-Industrien liegt in einem sorgfältigen Management ihrer Produktpipeline. Der enge Bezug zur Wissenschaft erfordert vom Unternehmen hohe Investitionen in Forschung und Entwicklung. Gleichzeitig sind die wissenschaftsbezogenen Forschungs- und Entwicklungsprojekte mit sehr hohen Risiken verbunden.

Bahnbrechende Forschungs- und Entwicklungsergebnisse basieren oft auf Zufällen und sind kaum planbar. Aus diesem Grund stellt man die Produktentwicklung auf eine breite Basis. Dadurch kann das Unternehmen verhindern, durch das Scheitern eines Entwicklungsprojektes, seine Existenz zu gefährden. Das Management fokussiert sich deshalb auf eine ausgewogene Produktpipeline. Typische Science-Based-Industrien sind die Pharma- und Chemieindustrie [vgl. Kodama 1991, S. 124].

Science-Based-Industrie	
Industriezweige	• Chemieindustrie • Pharmaindustrie
Technologiestruktur	• Dynamische, unberechenbare Technologien • Abbruchsrate im Projektverlauf konstant hoch (Hohes Risiko) • Wissenschaftsgetriebene Entwicklung • Meist radikale (Produkt- und Prozess-) Innovationen • Hohe Produktleistung als Erfolgsfaktor • Große Investitionen in breite F&E
Marktstruktur	• Dynamische Kundenbedürfnisse • Globaler Zeitwettbewerb • Hohe Konzentration, Eintrittsbarrieren

Tab. 14: Kennzeichen von Science-Based-Industrien

III.3 Grundtypen des Supply Chain Designs

1 Unterschiede und Gemeinsamkeiten der Fallstudien

Vor dem Hintergrund der vorgestellten unterschiedlichen Ansätze sowie der Unterscheidung der drei Industriestrukturen werden die Unterschiede und Gemeinsamkeiten der Fallstudien ersichtlich.

Die Unterschiede zwischen den Fallstudien ergeben sich vornehmlich aus den verschiedenen Strukturen bezüglich Nachfrage und Kunden sowie Angebot und Produkten. Wie die Beispiele von Hewlett-Packard oder Sara Lee zeigen, ist die Wartebereitschaft der Kunden in der Elektronik- und Konsumgüterindustrie relativ gering und die Nachfrage kurzfristig stark schwankend. Daher stehen die Verfügbarkeit und Reaktionsfähigkeit im Vordergrund und werden teilweise durch hohe Sicherheitsbestände gesichert. Im Gegensatz dazu zeigen die Fallstudien von BASF oder Ford, dass die Wartebereitschaft in der Chemie- und Automobilindustrie höher ist und die Nachfragezyklen beständiger. Damit rücken Kosten und Effizienz in den Vordergrund und somit die Vermeidung von Beständen.

Die Fallstudien von DaimlerChrysler und Osram zeigen, dass es sich in der Automobil- und Elektronikindustrie um montierte Produkte handelt, die integral oder bereits eher modular aufgebaut sind. Da bei montierten, physikalisch-mechanischen Produkten (Gebrauchsgütern) die Arbeitsteilung und damit die Auslagerung innerhalb der Wertschöpfungskette vereinfacht ist, nimmt der Anteil der eigenen Wertschöpfung ab. Da die untersuchten Unternehmen eher am Ende der Wertschöpfungskette, d.h., nahe beim Kunden, positioniert sind, steht die enge Abstimmung „flussaufwärts“ (upstreams) zu den Lieferanten im Vordergrund. Neben der Produktion hat die Beschaffung eine Schlüsselstellung. Im Gegensatz dazu stehen Unternehmen der Chemie- und Konsumgüterindustrie wie BASF oder Procter&Gamble, die meist nicht-montierte, auf chemisch-biologischen Prozessen beruhende Produkte (Verbrauchsgüter) herstellen, am Anfang der Supply Chain.

Aufgrund der Besonderheiten der Prozessindustrie mit zeitlich langen, integrierten Prozessen haben hier Unternehmen einen hohen Wertschöpfungsanteil. Im Gegensatz zu Pharmaunternehmen wie Merck ist die Chemieindustrie eher entfernt vom

Kunden positioniert, so dass neben der Optimierung der eigenen Produktion die Integration der Wertschöpfung „flussabwärts“ (downstreams) zum Kunden im Mittelpunkt steht. Entsprechend hat neben der Produktion die Distribution eine Schlüsselstellung.

Die Gemeinsamkeiten der Fallstudien zeigen, dass die Umweltdynamik immer schneller, die Technologiezyklen häufig kürzer und die Nachfrage oft schwankender wird. Gleichzeitig steigen die Ansprüche der Kunden. Dies führt dazu, dass ein höheres Maß an Flexibilität und Schnelligkeit erforderlich ist. Zunächst kommt der Prozessorientierung und der Informationstechnologie als Enabler eine bedeutende Rolle zu. Der Einsatz von IT ist wichtig, aber nicht alles: Der Aspekt der IT wurde deshalb in den Fallstudien nicht im Detail betrachtet. Vielmehr stand die Analyse anderer Gesichtspunkte im Vordergrund:

- *Integration/Ausbreitung*
  Der Großteil der Fallstudien zeigt, dass die Unternehmen eine schrittweise Ausbreitung des SCM auf angrenzende Wertschöpfungsstufen anstreben. Damit versuchen sie teilweise, die zuvor ausgelagerte Wertschöpfung besser managen zu können.

- *Transparenz*
  Die meisten Unternehmen versuchen, Informationsverzerrungen zu vermeiden, in dem Nachfrage-, Bestands-, Kapazitäts- und Lieferdaten allen Unternehmen in der Supply Chain zur Verfügung gestellt werden und sogar die Endnachfrage (Point-of-Sale-Daten) für alle sichtbar ist.

- *Abstimmung*
  Die Informationstransparenz erleichtert das erforderliche hohe Maß an Abstimmung in der Wertschöpfungskette. Neben der Bereitstellung der relevanten Daten spielen abgestimmte Prozesse zwischen den Unternehmen eine immer wichtigere Rolle. Fast alle Unternehmen arbeiten deshalb bereits mit abgestimmten logistischen Systemen und Konzepten (z.B. Just-in-Time, VMI, etc.).

- *Synchronisierung*
  Diese Prozesse sind häufig als „Pull-Systeme“ eingerichtet. Dabei handelt es sich um Systeme, bei denen die Endnachfrage (Konsument) die Logistikkette auslöst und dieses Signal wie bei einer Kettenreaktion relativ unverfälscht auf jeder Stufe die nächsten Aktivitäten antreibt.

- *Auslagerung*
  In Zukunft werden weitere Aktivitäten im Unternehmen abgebaut und an Vorstufen oder Dienstleister ausgelagert (Outsourcing). Dies betrifft Teile, Module, Systeme und sogar ganze Prozesse, Produkte oder Funktionen, wie dies die Elektronikindustrie zeigt.

- *Vereinfachung*
  Um die Auslagerung effizient durchzuführen, werden Produkte, Prozesse und Anlagen vereinfacht. Bei den Prozessen gehen viele Unternehmen dazu über, gemeinsam mit Kunden und Lieferanten die Schnittstellenprozesse zu verbessern und zu optimieren.

- *Modularisierung*
  Prozesse, Produkte und Anlagen werden zunehmend modular gestaltet bzw. aufgebaut. In vielen Fallstudien verändern die Unternehmen die Produktarchitektur durch Modularisierung, Postponement und Produktplattformen. Prozesse und Anlagen werden ebenfalls häufig zunächst in Module strukturiert, um anschließend neu zusammengesetzt oder ausgelagert zu werden.

Zusammen mit anderen Erkenntnissen aus Forschung und Praxis hat dies zur Identifikation von vier Typen von unterschiedlichen Supply Chain Designs geführt (vgl. Abbildung 98): Schlanke Supply Chains, Bewegliche Supply Chains, Schnelle Supply Chains sowie Verbundene Supply Chains.

Diese Typologie von Supply Chain Designs verbindet alle vorgestellten Ansätze und ergänzt diese. Sie basiert auf dem Dreiebenenmodell des Business Engineering von Österle und Fleisch und verknüpft dieses mit den Typologien von Fine, Christopher sowie Fisher. Es handelt sich um idealtypische Designs ohne Anspruch auf Vollständigkeit. In einer Branche, einem Unternehmen und sogar in einem Produkt können verschiedene Supply Chain Designs vorgefunden werden.

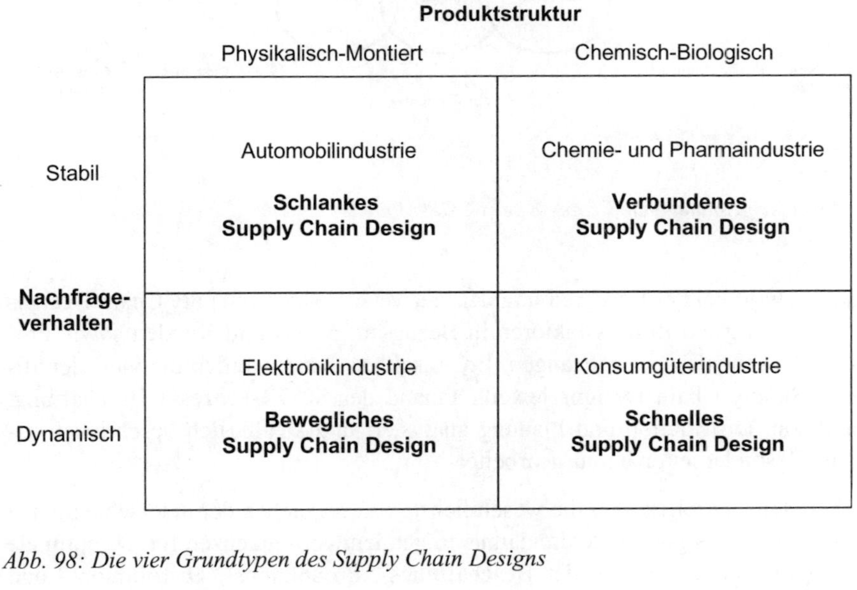

Abb. 98: Die vier Grundtypen des Supply Chain Designs

Die Beschreibung der identifizierten Supply Chain Designs erfolgt anhand des SCOR-Modells des Supply Chain Council (www.supply-chain.org), dem bekanntesten Modell zur Beschreibung und Untersuchung von Wertschöpfungsketten (vgl. Abbildung 99). Dieses Supply Chain Council (SCC) wurde 1996 als unabhängige und gemeinnützige Vereinigung gegründet und verfolgt das Ziel, ein „ideales" Modell der Supply Chain zu entwickeln. Hierzu wurde von den SCC-Mitgliedern das Supply Chain Operations Reference Modell (SCOR-Modell) als ein standardisiertes Prozess-Referenzmodell der Supply Chain definiert und kontinuierlich weiterentwickelt.

Mit dem SCOR-Modell soll eine einheitliche Beschreibung, Bewertung und Analyse von Supply Chains sowohl firmen- als auch branchenübergreifend möglich sein. SCOR berücksichtigt alle Prozesse, Ströme und Transaktionen vom Lieferanten des Lieferanten bis zum Kunden des Kunden. Das SCOR-Modell unterscheidet vier grundlegende Prozesse: Plan (Planung), Source (Beschaffung), Make (Produktion) und Deliver (Distribution).

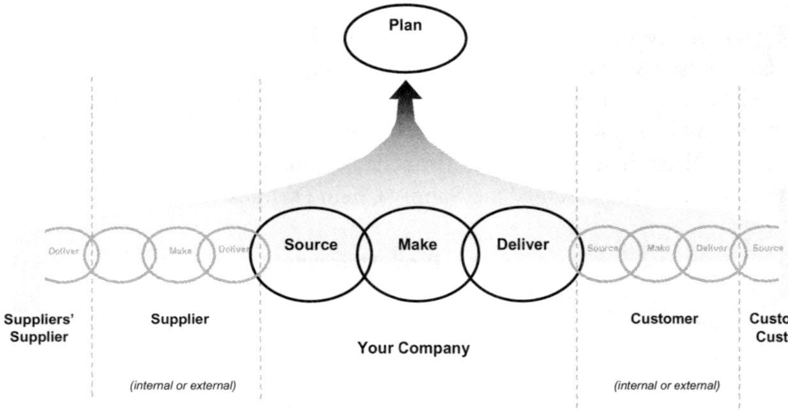

Abb. 99: Vier grundlegende Prozesse des SCOR-Modells

Zunächst wird bei der Beschreibung der vier verschiedenen Supply Chain Designs auf die wichtigsten Einflussfaktoren in Bezug auf Markt und Kunden sowie Produkt und Technologie eingegangen. Im Anschluss daran werden die vier identifizierten Supply Chain Designs jeweils anhand der SCOR-Prozesse Beschaffung, Produktion, Distribution und Planung analysiert und ausführlich beschrieben sowie die Besonderheiten herausgearbeitet.

Einen ersten Überblick über die wesentlichsten Kennzeichen der unterschiedlichen Supply Chain Designs sowie die daraus folgenden Konsequenzen für die optimale Gestaltung und Umsetzung der Beschaffungs-, Produktions-, Distributions- und Planungsprozesse zeigt die nachfolgende Tabelle.

	Schlanke Supply Chains	**Bewegliche Supply Chains**	**Verbunde Supply Chains**	**Schnelle Supply Chains**
Vorgaben Markt und Kunden	• Sinkende Wartebereitschaft der Kunden • Zunehmende Variantenvielfalt • Zunehmende Bedeutung der „Time-to-Market"	• Hohe Nachfrage-unsicherheit • Zunehmende Verfügbarkeits-orientierung • Zunehmende Austauschbarkeit der Leistungen • Hohe Variantenvielfalt • Hohe Bedeutung von Service-leistungen und Systemintegration	• Zunehmende Regulierung • Anspruchsvollere Kunden • Zunehmender Kostendruck • Unterschätzte Bedeutung von Supply Chain Management	• Sinkende Anteile an Ausgaben • Zunehmender Wettbewerb • Steigende Kon-zentration und Inter-nationalisierung des Handels • Hohe Bedeutung von Verfügbarkeit und Preis • Efficient Consu-mer Response • Efficient Supply and Demand Management
Vorgaben Produkt und Technologie	• Modularisierung von Produkten und Plattformstra-tegien • Zunehmender Mikroelektronikant eil • Fremdvergabe von Entwicklungs-leistungen	• Kurze Innovationszyklen • Hohe Technolo-giedynamik • Mittlere Produkt-komplexität • Hohe Änderungsrate • Modulare Produkte	• Chemische Verfahren und pharma-kologische Pro-zesse • Langwierige und kontinuierliche Produktionsver-fahren • Zunehmender Nachahmungs-wettbewerb	• Reife Technologien • Inkrementelle Innovationen • Denken in Kundenlösungen
Konsequen-zen für die Beschaffung	• Konzentration von Lieferanten • Zunehmende Anzahl Systemlie-feranten • Segmentierte Beschaffungs-logistik • Räumliche Nähe durch Industrie-parks	• Modular Sourcing und Multiple Sourcing Strate-gie • Einsatz von Contract Manu-facturers • Produktentwick-lung durch Lieferanten • Global Sourcing Strategie • Entstehung von Lieferanten-clustern • Supplier Managed Inventory	• Hoher Intracom-pany-Supply • Rohstoffqualität und Prozess-qualität als Schlüsselfaktoren • Strenge Gefahr-gutlogistik und kontrollierter Transport	• Zentralisierung der Beschaffung • Efficient Replenishment • Vendor-Managed-Inventory-Konzepte • Cross Docking • Transport-optimierung • Category Logistics

Tab. 15: Kurzbeschreibung der vier Grundtypen des Supply Chain Designs

	Schlanke Supply Chains	Bewegliche Supply Chains	Verbunde Supply Chains	Schnelle Supply Chains
Konsequenzen für die Produktion	• Lean Production • Kundenindividuelle Auftragsauslösung • Bestandsarme Produktion • Modulare Fabrik • Einsatz von Contract Manufacturers	• Weltweiter Produktionsverbund • Modulare Prozesse • Make-to-Order • Postponement • Solutions Fulfillment • Modulare Fabrik	• Besonderheiten von Großanlagen • Weltweiter Produktionsverbund • Gesetzgeberische Vorgaben • Variantenvielfalt bei Packungen	• Zentralisierung der Produktion • Internationalisierung der Produktion • Abbau der Variantenvielfalt
Konsequenzen für die Distribution	• Vertrieb über Vertragshändler • Konsolidierung der Vertragshändler • Internet als neuer Vertriebsweg • Multi-Brand Dealership	• Eurologistik-Konzepte • In-transit Merge • Channel Partnering • Zunahme des Direktvertriebs	• Euro- bzw. Globale Distributionslogistik • Übereinstimmung Chargenmuster und Charge • Dezidierte Bestände • Responsible Care	• Category Management • Efficient Assortment • Efficient Promotions • Efficient Product Introduction • Neue Preissysteme
Konsequenzen für die Planung	• Abgestufte Produktionsplanung • Dynamisches Änderungsmanagement • Just-in-Time und Just-in-Sequence Planung • Verkürzung der Planungshorizonte • Einbezug der „n-tier"-Zulieferanten	• Prognosebasierte Produktionsplanung • Gemeinsame Planung, Prognose und Versorgung (CPFR) • Risikozuschlag bei der Planung mit Contract Manufacturers • Modulare Fertigungsplanung und -steuerung • Abstimmung dezentraler Enterprise Resource Planning Systeme (ERP-Systeme)	• Globale Planungsprozesse • Vendor-Managed-Inventory • Einführung Prozessorganisation	• Austausch von Logistik- und Marketingdaten • Bedeutung von EDI und Web-EDI • Prognosedatenaustausch • Collaborative Planning, Forecasting and Replenishment (CPFR) • Collaborative Systems • Kundenorientierte Prozessorganisation

Tab. 15: Kurzbeschreibung der vier Grundtypen des Supply Chain Designs (Fortsetzung)

2 Schlanke Supply Chains

2.1 Strategische Vorgaben

Der erste Typ des Supply Chain Designs kann als „Schlankes Supply Chain Design“ bezeichnet werden. Er wird durch die Attribute „integral“ und „effizient“ charakterisiert und idealtypisch durch die Fallstudien aus der Automobilindustrie beschrieben.

2.1.1 Vorgaben Markt und Kunden

Die Fallstudien zeigen, dass das Design „Schlanker Supply Chains“ durch zunehmend anspruchsvollere Vorgaben des Marktes und der Kunden beeinflusst wird.

Wartebereitschaft der Kunden

Traditionell hoch ist die Wartebereitschaft der Kunden bei individualisierten Fahrzeugen, da sich die Käufer in der Regel per Vertrag verpflichten, die Produkte abzunehmen und meist anzahlen. Diese Wartebereitschaft dient insofern als Zeitpuffer, als die Produktion im Hinblick auf Kosten und Auslastung optimiert werden konnte. Durch den zunehmenden Konkurrenzdruck, Überkapazitäten, Globalisierung der Märkte sowie steigende Modellvielfalt sind die Kunden insbesondere bei geläufigen Modellen der Mittel- und Unterklasse aber immer weniger bereit, zu warten.

Zunehmende Variantenvielfalt

Oft wird bereits bei der Neueinführung von Produkten die Nachfrage nach bestimmten Varianten oder Austattungskomponenten falsch eingeschätzt. Ein Beispiel dafür ist der Audi A4, bei dem der Kundenwunsch nach Klimanlagen stark unterschätzt wurde. Trotzdem ist die Gesamtabsatzplanung auf Ebene des Fahrzeuges, die für die Kapazitätsplanung relevant ist, relativ gut beherrschbar. Planungsprobleme ergeben sich dagegen regelmäßig auf der Ebene der kundenauftragsspezifischen Varianten und in der Produktionsteuerung, d.h., in der Planung, welche Ausstattungsvarianten in den kommenden Wochen oder gar am nächsten Tag hergestellt werden müssen. Angesichts der fast unvorstellbaren Kombinationsmöglichkeiten läuft bei den meisten deutschen Automobilherstellern theoretisch nicht zweimal jährlich die gleiche Variante vom Band. Gegenwärtig konzentrieren sich die Anstrengungen deshalb auf ein effizientes Management der Variantenvielfalt.

Gerade in der Automobilindustrie, dem Prototyp der Schlanken Supply Chains, ist die Beherrschung der Typen- und Variantenvielfalt der entscheidende Erfolgfaktor im Supply Chain Management.

Zunehmende Bedeutung der Time-to-Market

In Zukunft wird bei Schlanken Supply Chains neben der Beherrschung der Variantenvielfalt insbesondere die „Time-to-Market", also die Zeitführerschaft bei der Markteinführung, sowie wie die Lieferzeit „Time-to-Customer" zum entscheidenden Wettbewerbsfaktor. So verfolgt beispielsweise DaimlerChrysler das „Time-to-Market"-Ziel, die Markteinführungszeit um mehr als 30 % zu verkürzen.

2.1.2 Vorgaben Produkt und Technologie

Im Bereich Produkt und Technologie sind insbesondere die folgenden drei Entwicklungen zu nennen:

Modularisierung und Plattformstrategien

Die Automobilindustrie ist, bezogen auf die Produktarchitektur, durch ein Dominantes Design gekennzeichnet. Gleichzeitig ist derzeit ein starker Trend in Richtung Modularisierung der Produktarchitektur zu verzeichnen. Immer häufiger werden Gleichteile sowie austauschbare Komponenten und Module verwendet. Beim Smart besteht die modulare Produktstruktur bekanntlich nur noch aus sechs Hauptmodulen: Karosserie mit Sicherheitszelle, Cockpitmodul mit Innenraumleitungssatz, Heckmodul mit Hinterachse und Antrieb sowie Frontmodul mit Scheinwerfer und Kühler.

Zunehmender Mikroelektronikanteil

Der Anteil der Elektronik in den Fahrzeugen nimmt dramatisch zu. Bereits heute verfügen Automobile in der Ober- bzw. Luxusklasse über größere Rechnerleistungen und anspruchsvollere Software als mancher Personal Computer. Die Technologieentwicklung in der Mikroelektronik und Software ist jedoch dynamischer als in den anderen klassischen Technologiebereichen der Automobilindustrie. Dies führt dazu, dass sich Rechner- und Softwareleistung bei Planung und Einführung eines Fahrzeugs stark unterscheiden. Was aufgrund des hohen Preises als obere Ausstattungskomponente vorgesehen war, wird zum Standardangebot. Zudem sind die Technologielebenszyklen so schnell, dass in einem sechsjährigen Lebenszyklus die Software bis zu dreimal komplett erneuert und aufgespielt werden muss. Das dynamische, aber sehr zuverlässige Zusammenspiel zwischen Hard- und Software wird zum Erfolgsfaktor.

Fremdvergabe von Entwicklungsleistungen

Aufgrund der zunehmenden Forderung nach schnelleren Produkteinführungszyklen gehen Fahrzeughersteller dazu über, immer häufiger auch Entwicklungsumfänge fremd zu vergeben (Outsourcing). Die Einsicht, dass man nicht alles im eigenen Hause entwickeln muss, führt dazu, dass die Automobilhersteller auch in der Entwicklung schlanker werden. Dies gilt vor allem für die Elektronik. Dies führt zu einer hohen Abhängigkeit von Anbietern wie Bosch oder Nippondenso. Aber auch für neue Motoren ist der Entwicklungsaufwand mittlerweile so hoch, dass sich Hersteller zu Entwicklungsallianzen zusammenschließen oder die Entwicklungkompetenzen spezialisierter Unternehmen in Anspruch nehmen. Porsche beispielsweise betreibt sehr erfolgreich eine Engineering- und Designabteilung, die für andere Hersteller Entwicklungsaufgaben übernimmt.

2.2 Beschaffung

Im Vordergrund der Beschaffung steht die Optimierung der Anlieferkette durch eine enge Zusammenarbeit mit den Lieferanten. Dies reduziert Lieferzeiten des Herstellers, verringert Bestände sowohl bei Lieferanten als auch bei den Automobilherstellern (Original-Equipment-Manufacturers - OEM) und erhöht die Qualität sowie die Terminsicherheit gegenüber dem Kunden.

Konzentration von Lieferanten

In der Automobilindustrie läuft derzeit weltweit eine Welle von Unternehmenszusammenschlüssen in Form von strategischen Allianzen, Kooperationen oder Fusionen. Waren es vor 10 Jahren noch etwa 20 unabhängige Automobilhersteller, so sind es heute nur noch mehr als ein Dutzend. Prognosen sagen voraus, dass im Jahr 2010 gerade noch 7-8 unabhängige Autohersteller weltweit existieren werden. Auf der Seite der Automobilzulieferer sieht dieser Trend noch dramatischer aus: Von 30.000 Lieferanten in der ersten Stufe (1st tier-supplier) im Jahre 1988 werden im Jahre 2010 nach Meinung von Experten nur noch rund 150 Systemintegratoren auf der ersten Lieferantenebene übrigbleiben. Allerdings bestehen viele der ursprünglichen Lieferanten weiter hinten in der Wertschöpfungskette weiter.

Zunehmende Anzahl von Systemlieferanten

Aus der Modularisierung des Fahrzeugs folgen modulare Lieferantenstrategien. Der zunehmenden Anzahl dieser Systemlieferanten steht somit eine sinkende Anzahl direkter Lieferanten gegenüber. In der Modulstrategie vereinen sich strategische Ziele der Fertigung und der Logistik. Ziel der Fertigung ist es, durch Verschlankung der Fertigungsabläufe die eigene Effektivität und Produktivität zu steigern.

Ziel der Logistik ist die bestandsoptimierte, möglichst lagerlose Versorgung der Produktion im Sinne der Prinzipien „Just-in-Time" bzw. „Just-in-Sequence", also zur rechten Zeit und in exakter Baureihenfolge bei gleichzeitiger Reduktion der Logistikkosten und Erhöhung der logistischen Performance.

Segmentierte Beschaffungslogistik

Die hohe Variantenvielfalt und die damit verbundene große Anzahl von Teilen und Lieferanten in der Beschaffung erfordert differenzierte Beschaffungsstrategien. Oft werden verschiedene Belieferungsformen bzw. –ketten unterschieden. Komplexe, kundenindividuelle Module und Teileumfänge, die aufgrund ihrer hohen Varianz sequenz- und zeitpunktgenau am Einbauort anzuliefern sind, werden v.a. Just-in-Sequence angeliefert. Teile, die nur in Losen gefertigt werden können oder eine geringe Prognosefähigkeit besitzen, werden über eine einstufige Lagerkette angeliefert. Schließlich erfolgt die Versorgung mit Teilen geringer Varianz und hohem Volumen häufig aus einem Versandpuffer des Lieferanten heraus.

Räumliche Nähe durch Industrieparks

Die produktionssynchronen Anlieferungen erfordern die präzise Abstimmung der logistischen Prozesse zwischen Lieferanten und Abnehmer. Meist sind Schlanke Supply Chains daher durch enge räumliche Nähe zwischen Hersteller und Lieferanten geprägt. Treiber dafür sind geringere Transportprobleme, kürzere Transportzeiten und damit eine höhere Reaktionsschnelligkeit sowie die Möglichkeit, sich besser und persönlich abzustimmen. Automobilhersteller wie Ford, General Motors oder VW setzen auf sogenannte Industriepark-Konzepte. Vom Industriepark erfolgt die Anlieferung ganzer Fahrzeugmodule ans Fließband mit Vorlaufzeiten von durchschnittlich einer Stunde. Die räumlich weiter entfernten Lieferanten werden durch spezielle Logistik-Dienstleister koordiniert.

2.3 Produktion

Die Herstellung in Schlanken Supply Chains wird durch „Lean Production"-Prinzipien sowie eine zunehmend flexiblere Produktion geprägt.

Lean Production

In der Automobilindustrie wird auch heute noch das Lean Production Prinzip konsequent vorangetrieben. Im Mittelpunkt von Lean Production steht die Vermeidung von Verschwendung („Muda") sowie die Vereinfachung und Verkürzung von Prozessen. Der größte Anteil der Wertschöpfung liegt heute bei den Lieferanten. Im Mittelpunkt der schlanken Produktion steht das Montagewerk des Fahrzeugherstellers sowie die vorgeschobenen Produktionsschritte wie Presswerk, Karosserie-Rohbau oder Lackiererei. Die Anlieferung von Komponenten erfolgt häufig durch Schwestergesellschaften im Rahmen eines Produktionsverbundes. Module werden durch Systemlieferanten aus einem Industriepark bereitgestellt. Die Hersteller behalten jedoch weiterhin Kerntechnologien in ihrer direkten Kontrolle, wie beispielsweise Motor und Getriebe für den Antriebstrang.

Kundenindividuelle Auftragsauslösung

In der Produktion erfordert das Ziel, jedem Kunden ein Fahrzeug nach seinen individuellen Wünschen anbieten zu können, einen erheblichen organisatorischen Aufwand: Jedes Teil muss zum richtigen Zeitpunkt am richtigen Ort für den Einbau in das jeweilige Fahrzeug bereitstehen. Mit Hilfe modernster Datenverarbeitungstechnologien wird sichergestellt, dass die Fahrzeuge termingerecht und entsprechend der vom Kunden gewünschten Ausstattung die Montagebänder verlassen. Ein Steuerungssystem "begleitet" exakt das vom Kunden bestellte Fahrzeug von der automatischen Auftragsabwicklung über die einzelnen Produktionsstufen bis hin zur Fakturierung.

Bestandsarme Produktion

Im Mittelpunkt steht ein ganzheitliches, schlankes und relativ flexibles Produktionsystem, das ausgehend vom Kundenauftrag und der entsprechenden Produktionsplanung die ganze Lieferkette steuert. Eine hohe Prognosegüte in der Teilebedarfsermittlung ist die Grundlage für die Optimierung aller nachgelagerten Planungs- und Steuerungsprozesse. Die Produktionslogistik ist komplex und auf das exakte Zusammenspiel von vielen verschiedenen Teilen ausgerichtet. Die Produktion in Schlanken Supply Chains ist nach den Gesichtspunkten eines rationellen Fertigungs- und Materialflusses ausgelegt, wobei die Produktionsplanung und -steuerung eine relativ flexible Produktion gewährleistet. Damit wird vermieden, dass hohe Kosten durch Lagerung spezifischer Halbfabrikate auf hoher Wertschöpfungstufe entstehen.

Modulare Fabrik

Weitergehende Konzepte als die räumliche Nähe der Systemlieferanten in Industrieparks sind kooperative Fabrikkonzepte wie das Smartville. Dabei handelt es sich um die konsequente Weiterführung der Modularisierung von Produkten und Prozessen bis hin zu ganzen Fabriken und den ensprechenden Logistikkonzepten. Die Systemlieferanten sind nicht nur für die Entwicklung ihrer Module und Baugruppen sowie die Planung und Realisierung der Produktionsprozesse verantwortlich, sondern beteiligten sich auch an den Investitionen in Anlagen und Gebäude. Im Falle des Smart erfolgt die Zahlung der Lieferanten nach Verbrauch, ausgelöst durch Stücklistenauflösung. Damit ist das Ziel einer bestandslosen Produktion auch finanziell erreicht, denn die Module und Teile bleiben bis zum Zählpunkt im Eigentum der Lieferanten.

Einsatz von Contract Manufacturers

Immer häufiger werden nicht nur Lieferumfänge für Komponenten oder Module fremdvergeben. Vor allem mittlere Fahrzeughersteller scheuen nicht mehr davon zurück, die Produktion ganzer Fahrzeuge outzusourcen. Dadurch können hohe Investitionen in Fabriken vermieden bzw. variabel gestaltet werden und die Modellreihen rascher zu einer umfassenden Angebotspalette ausgebaut werden. Porsche lässt beispielsweise seinen Boxster bei Valmet in Finnland bauen und die Mercedes G-Klasse wird bei der Magna Steyr Fahrzeugtechnik in Österreich produziert. Eine Gefahr besteht darin, dass Hersteller durch die Auslagerung der Produktion langfristig auch die Kernkompetenzen zur Fahrzeugherstellung verlieren. Der Feedback zwischen Entwicklung und Produktion ist enorm wichtig, um konkurrenzfähig Autos herstellen zu können. Die Herausforderung besteht darin, die Systemkompetenz zu behalten und den Produktionsprozess bei den Contract Manufacturers eng zu verfolgen.

2.4 Distribution

Die Konsequenzen für die Distribution in Schlanken Supply Chains ergeben sich insbesondere durch die Potenziale neuer Vertriebswege.

Vertrieb über Vertragshändler

Dank der Gruppenfreistellungsverordnung werden Fahrzeuge heute über vertraglich an bestimmte Marken verpflichtete Autohändler und nicht über den freien Handel verkauft. Dieser Vertragshändler ist der direkte Ansprechpartner und Repräsentant der Marke. Er verpflichtet sich durch hohe Investitionen in Verkaufs- und Serviceeinrichtungen sowie erhebliche Bestände an Vorführwagen. Als Gegenleistung erhält er Gebietsschutz und erreicht so eine hohe Käuferbindung. Obwohl die meisten Neuwagen kundenspezifisch konfiguriert werden, ist eine direkte Abfrage von Verfügbarkeiten und Lieferterminen ab Werk aufgrund meist nicht durchgängiger Systeme kaum möglich. Während der teilweise langen Lieferzeiten nehmen Kunden zudem noch vielfach Änderungen vor, die das Produktionsprogramm beeinflussen.

Konsolidierung der Vertragshändler

Das bisher dominierende „klassische“ Autohaus, das die Funktionen Neu- und Gebrauchtwagenverkauf mit den dazugehörigen Finanzdienstleistungen und dem Ersatzteil- und Zubehörbereich unter einem Dach vereint hat, wird in Zukunft abgelöst werden durch große und modular aufgebaute Betriebe. Besonders in Ballungsräumen mit hohen Mieten besteht die Möglichkeit, „Teilbereiche“ auszulagern. In zentralen und großen „Erlebniswelten“ könnte der Neuwagenverkauf konzentriert werden. Gleichzeitig werden die Werkstattservices in „Satelliten“ in unmittelbarer Wohnortsnähe angeboten. Der professionelle Gebrauchtwagenverkauf könnte wiederum auf die „grüne Wiese“ verlagert werden.

Internet als neuer Vertriebsweg

Das Internet hat das Potenzial, viele aktuelle Probleme in Schlanken Supply Chains zu lösen, da durch die Direkteingabe eine Prüfung der Verfügbarkeit bzw. Produzierbarkeit denkbar ist. Durch sogenannte Available-to-Promise-Funktionen und Produktkonfiguratoren kann zudem vermieden werden, dass Varianten bestellt werden, die logisch nicht sinnvoll bzw. nicht produzierbar sind. Zudem kann der Kunde auf bestimmte Varianten hingewiesen werden, deren Absatz der Hersteller besonders fördern möchte. Diese Funktion kann sowohl von den Vertragshändlern als auch von Dritten, neuen virtuellen Autohändlern, übernommen werden. In den USA gibt es bereits einige erfolgreiche virtuelle Anbieter. Der Vorteil der Vertragshändler liegt jedoch in den langjährigen Beziehungen sowie der starken Markenbindung vor allem im Premiumbereich. In Deutschland konzentrieren sich die Bemühungen gegenwärtig auf den Gebrauchtwagenmarkt, auf dem die Gruppenfreistellungsverordnung nicht wirksam ist.

Multi-Brand Dealership

Im Gegensatz dazu steht vor allem in den USA der Trend, dass große Händler die Markenbindung aufgeben und verschiedene Marken unter einem Dach anbieten. Diese Entwicklung hat aus Sicht dieser Händler Vorteile, da sie unterschiedliche Kundenwünsche erfüllen können. Da es sich dort aber selten um kundenspezifische Fahrzeuge handelt, erfolgt die Planung der Supply Chains weiter auf Prognosebasis mit allen damit verbundenen Unsicherheiten. Durch den Wegfall der Gruppenfreistellungsverordnung ist hier in absehbarer Zeit mit einigen Veränderungen zu rechnen.

2.5 Planung

In der Automobilindustrie ist die Planung auf Ebene des Kundenauftrages, wo die Varianten entstehen, besonders gefordert.

Abgestufte Produktionsplanung

Die Planung in Schlanken Supply Chains erfolgt abgestuft und rollierend. In der Entwicklungsphase erfolgt die langfristige Absatzplanung über den gesamten fünf- bis siebenjährigen Modellzyklus rollierend über 24 bis 36 Monate. Auf der Basis dieser Absatzplanung erfolgt die Auslegung aller Supply Chains hinsichtlich Fertigungs- und Montageeinrichtungen sowie Lager- und Transportkapazitäten. In der Serienphase erfolgt die Monatsplanung oft für neun Monate (Lieferabruf) und die Tagesplanung auf 3 Wochen (Feinabruf).

Dynamisches Änderungsmanagement

Die Planung und Prognose der Fahrzeughersteller ist bei der Aggregation aller Varianten meist stabil. Hingegen sind die Abrufwerte innerhalb der Varianten sehr unsicher. Dies hängt damit zusammen, dass es bei kundenspezifischen Aufträgen zwischen Auftrageingabe und endgültiger Produktionseinplanung oft zu Änderungen und Anpassungen durch die Kunden oder im Werk kommt. Diese Änderungen lösen komplexe Umplanungsprozesse über die gesamten Stücklisten aus. Die Fahrzeughersteller arbeiten daher vor allem daran, das Management dieser Änderungen in den Griff zu bekommen. Während die Anlauf- und Auslaufplanung mit Ausnahmen qualitativ hochwertig ist, macht die Planung von Ersatzteilbedarfen noch große Schwierigkeiten.

Just-in-Time und Just-in-Sequence Planung

Die immer kürzer werdenden Zeithaushalte der Automobilhersteller erfordern zwingend die räumliche Nähe der Lieferanten bei den wichtigen, wertvollen und voluminösen Teilen. Bei sortenreiner Anlieferung (Just-in-Time) erfolgt der fixierte Lieferabruf je nach Standort beispielsweise oft einen Arbeitstag vor Produktion. Bei sequenzieller Anlieferung (Just-in-Sequence) findet der Sequenzabruf im Montagetakt sogar eine bis sechs Stunden vor der Produktion des kundenspezifischen Fahrzeugs statt.

Verkürzung der Planungshorizonte

Eine Verkürzung der Auftragsdurchlaufzeit ist vor allem durch eine bessere Planung machbar. Während der Zeitraum zwischen dem Ende der Bestelländerungen (Frozen Zone) oftmals noch mehrere Wochen beträgt, muss er auf eine Woche reduziert werden, damit das Ziel eines „2-Wochen-Auto“ erreicht werden kann. Die Herausforderungen für die Fahrzeughersteller bestehen in der stabilen Fahrzeugsequenzierung, der IT-Anbindung der Händler an die Produktionsplanung sowie die Prüfung der Produzierbarkeit unter Einbezug der Lieferanten. Um dies zu erreichen, experimentieren die Hersteller mit neuen Planungs- und Prognoseverfahren: Prognose im 24-Monats-Horizont, Tagesfeinplanung im 3-Wochen-Horizont und Frozen-Sequence von 4 bis 6 Tagen. Ziel ist es, neben der Durchlaufzeitverkürzung, die Planungssicherheit zu erhöhen, Puffer- und Sicherheitsbestände zu vermeiden und die gesamte Beschaffungskette zu optimieren.

Einbezug der „n-tier“-Zulieferanten

Die Erreichung der anspruchsvollen Planungsziele kann nur durch eine vollständige Integration der gesamten Zulieferkette erfolgen. Es reicht nicht mehr, nur den Lieferanten der ersten Reihe (1st-tier) einzubeziehen, sondern es müssen auch die dahinterliegenden („n-tier“)-Lieferanten in ein Gesamtkonzept integriert werden. Das Management einer derart integrierten und vernetzten Supply Chain ist nur möglich, wenn Informationen über sich ändernde Bedarfe, Bestände und Kapazitäten synchron zwischen allen Beteiligten in den Beschaffungsnetzwerken bis zu den Vorlieferanten ausgetauscht werden. In Pilotversuchen analysieren Fahrzeughersteller daher, wie sich gesamte Beschaffungsnetzwerke anhand von wenigen Parametern beschreiben und optimieren lassen.

Schlanke Supply Chains	
Branche	„Dominant Design Industrien“ wie Automobil- und Automobilzulieferindustrie
Beispiele	DaimlerChrysler, BMW, Ford, Audi
Zielsetzung	Gestaltung schlanker, effizienter Supply Chains für komplexe, montierte, eher integrale Produkte mit längeren Innovationszyklen.
Vorgaben Markt und Kunden	• Sinkende Wartebereitschaft der Kunden • Unberechenbare Nachfrage durch zunehmende Variantenvielfalt • Zunehmende Bedeutung der „Time-to-Market“
Vorgaben Produkt und Technologie	• Modularisierung von Produkten und Plattformstrategien • Zunehmender Mikroelektronikanteil • Fremdvergabe von Entwicklungsleistungen
Konsequenzen für die Beschaffung	• Konzentration von Lieferanten • Zunehmende Anzahl Systemlieferanten • Segmentierte Beschaffungslogistik • Räumliche Nähe durch Industrieparks
Konsequenzen für die Produktion	• Lean Production • Kundenindividuelle Auftragsauslösung • Bestandsarme Produktion • Modulare Fabrik • Einsatz von Contract Manufacturers
Konsequenzen für die Distribution	• Vertrieb über Vertragshändler • Konsolidierung der Vertragshändler • Internet als neuer Vertriebsweg • Multi-Brand Dealership
Konsequenzen für die Planung	• Abgestufte Produktionsplanung • Dynamisches Änderungsmanagement • Just-in-Time und Just-in-Sequence Planung • Verkürzung der Planungshorizonte • Einbezug der „n-tier“-Zulieferanten

Tab. 16: Kennzeichen und Konsequenzen für die Gestaltung Schlanker Supply Chains

3 Bewegliche Supply Chains

3.1 Strategische Vorgaben

Der zweite Typ kann als „Bewegliches Supply Chain Design" bezeichnet werden. Er wird durch die Attribute „modular" und „agil" charakterisiert und idealtypisch durch die Fallstudien aus der Computer- und Elektronikindustrie beschrieben.

3.1.1 Vorgaben Markt und Kunden

Hohe Nachfrageunsicherheit

Wie die Fallstudien zeigen, ist die Nachfrage nach Produkten wie Personal Computer, Servern aber auch Mobiltelefonen dynamisch und häufig nur schwer berechenbar. Die Nachfrageunsicherheit ist entsprechend hoch. Oftmals zieht ein neues Produkt, das genau den Geschmack der Zeit trifft, ein Mehrfaches der erwarteten Nachfrage auf sich (Temporäres Monopol).

Zunehmende Verfügbarkeitsorientierung

Neben Verfügbarkeit und Lieferschnelligkeit verlagert sich der Wettbewerb zunehmend auf Pünklichkeit. Die Supply Chain ist aufgrund dieser abnehmenden Wartebereitschaft der Kunden immer mehr durch eine „Verfügbarkeitsorientierung" geprägt. Nicht umsonst vergleichen viele Computerhersteller ihre Prozesse mit denen der Konsumgüterindustrie.

Zunehmende Austauschbarkeit der Leistungen

In der Elektronikindustrie zwingt die Technologiedynamik zur Standardisierung. Durch die zunehmend offenen Systeme hat die Hardware und ihre Herstellung am Markterfolg der Produkte an Bedeutung verloren. Durch die Verwendung gleicher Module werden die Leistungen vergleichbarer und die Produkte aus Kundensicht austauschbar. Die Loyalität nimmt ab, der Kunde wechselt bei ähnlichen Leistungen ohne zu zögern die Marke und entscheidet aufgrund der Verfügbarkeit. Längerfristige Lieferschwierigkeiten und entsprechend schlechte Verfügbarkeiten haben direkte Auswirkungen auf die Marktanteile.

Hohe Variantenvielfalt

Oft fordern Kunden auch bei einfacheren Produkten eine kundenspezifische Anpassung, ohne dass dies zu höherer Markentreue führt. Während beispielsweise bei den Servern von Hewlett-Packard die kundenspezifische Konfiguration aufgrund des Charakters als Investitionsgut bereits seit langem üblich ist, werden bei Personal Computer und sogar Mobiltelefonen nicht nur von Großabnehmern wie den Telekomanbietern sondern auch von Endkunden individuelle Varianten gewünscht. Auch bei der Massenelektronik von Osram ist die Variantenvielfalt mittlerweile groß.

Bedeutung von Serviceleistungen und Systemintegration

Bei Großaufträgen ist die Pünklichkeit der Anlieferung oft wichtiger als die reine Schnelligkeit. Bei Großaufträgen spielen Dienstleistungen eine immer wichtigere Rolle. Die Kunden erwarten teilweise nicht nur, dass die Produkte richtig konfiguriert sind, sondern dass sie auch vor Ort installiert und in Betrieb genommen werden.

3.1.2 Vorgaben Produkt und Technologie

Kurze Innovationszyklen

Der hohen Nachfrageunsicherheit steht eine hohe Angebotsunsicherheit gegenüber. In der Elektronikindustrie beträgt die Zeitspanne von der Markteinführung eines Produktes bis zum Zeitpunkt, an dem Umsätze abnehmen, oftmals weniger als 1-2 Jahre, in der PC-Branche beispielsweise unter 9 Monaten.

Hohe Technologiedynamik

Aufgrund der hohen Technologiedynamik ändern sich die Anbieter der führenden Komponenten oft bei jeder Produktgeneration. Da sich dann die gesamte Nachfrage bei diesen, wenigen Lieferanten konzentriert, die häufig über die gesamte Welt verstreut sind, kommt es oft als Konsequenz zu Lieferengpässen. Ein gutes Beispiel ist die Mobilfunkindustrie. Dort gab es in den Boom-Jahren 1999 bis 2000 oft hohe Versorgungsunsicherheit, insbesondere bei Engpassteilen führender Lieferanten. Da die Lieferanten nicht die gesamte Nachfrage befriedigen konnten, „verteilten" sie ihre Komponenten wahlweise auf ihre Kunden.

Mittlere Produktkomplexität

Verglichen mit Automobilen ist die Komplexität der Produkte, ausgedrückt durch die Anzahl der Teile, Komponenten oder Module, d.h., die Tiefe der Stückliste und ihrer Änderungen, nicht so groß. Trotzdem ist die vorherrschende Komplexität in Verbindung mit dem Wunsch nach kundenspezifischen Varianten schwer zu beherrschen.

Hohe Änderungsrate

Der Technologiedynamik steht vor allem eine hohe Änderungsrate gegenüber. Diese Änderungen betreffen technische Eigenschaften, wenn beispielsweise Komponenten gegen leistungsstärkere ausgetauscht werden. Sie werden aber auch häufig aus Marketingüberlegungen vorgenommen, wenn die Konfiguration eines Systems für eine Verkaufsaktion neu zusammengestellt wird. Im High-Tech-Bereich können bis zu 10 % der Lieferpositionen monatlich von solchen Änderungen betroffen sein, so dass rein rechnerisch jedes Jahr das komplette Sortiment ausgetauscht wird.

Modulare Produkte

Die in der Computerindustrie auf Kundendruck vorgenommene Abwendung von proprietären Rechnerarchitekturen und Betriebssystemen hin zu offenen und modularen Systemarchitekturen führt dazu, dass die unterschiedlichen Technologiegeschwindigkeiten der verschiedenen Komponenten entkoppelt werden. Dies gilt nicht nur für die peripheren Komponenten. Bei den integrierten Schaltkreisen hat die Entwicklung dazu geführt, dass immer mehr Funktionen auf einem Schaltkreis aufgebracht werden können. Damit wird sichergestellt, dass die Module auch unabhängig vom Gesamtsystem optimierbar (verbesserungsfähig) sind. So kann jedes Modul mit der eigenen Technologiegeschwindigkeit weiterentwickelt werden. Dabei ist die Gewährleistung der Kompatibilität jedoch sehr anspruchsvoll.

3.2 Beschaffung

Modular Sourcing und Multiple Sourcing Strategie

Die Modularität und Offenheit der Produktarchitektur führt nicht nur dazu, dass die Anzahl der direkten Lieferanten gesenkt werden kann, da vollständige Module an die Lieferanten vergeben werden. Zusätzlich werden auch die Beziehungen zwischen Hersteller und Lieferant entkoppelt, da Lieferanten unabhängig vom Kunden die Entwicklung eines Moduls vorantreiben können. Daher können Elektronikunternehmen bei vielen Komponenten Multiple Sourcing betreiben. Ein Extremfall ist beispielsweise die PC-Industrie: Aufgrund der modularen Produktarchitekturen liefern die Lieferanten häufig die gleichen Komponenten, Module und Produkte an Computerunternehmen, die in Konkurrenz miteinander stehen.

Einsatz von Contract Manufacturers

Durch die Modularisierung können sich Elektronikunternehmen auf ihre Kernkompetenzen konzentrieren und selbst nur noch Tätigkeiten erfüllen, die unmittelbar der Erfüllung des Kundenauftrags dienen. Die ausgelagerten Produktionsumfänge werden zunehmend durch sogenannte Contract Manufacturers erfüllt, deren Leistungsumfang von der Versorgung mit einzelnen Baugruppen bis zur Auslagerung der kompletten Fertigung geht. Contract Manufacturers realisieren Größen- und Lernvorteile, wenn sie für mehrere Abnehmer produzieren und sich auf die Produktion konzentrieren. Ihr schnelles Wachstum ist oft auf Akquisitionen zurückzuführen, da viele Unternehmen ihre teilweise ungeliebten Betriebe an diese Dienstleister verkauft haben, um Fixkosten abzubauen.

Produktentwicklung durch Lieferanten

Außerdem führt diese Entwicklung dazu, dass nicht nur Produktionsprozesse, sondern immer mehr Entwicklungsaktivitäten auf die Lieferanten verlagert werden (Outsourcing). Die Gründe dafür bestehen darin, dass die Kosten für die Entwicklung der nächsten Generation der Komponenten oft von einem einzelnen Hersteller nicht mehr getragen werden können. Diese Lieferanten erreichen die Fähigkeit, vollständige Produkte oder wesentliche Teile davon selbst zu entwickeln. Wenn diese Leistungen einen Industriestandard darstellen, werden sie an alle Konkurrenten geliefert. Eine gemeinsame Produktentwicklung kann nicht erfolgen. Häufig entwickeln mehrere Lieferanten vergleichbare Module. Der Hersteller kann die Lieferanten wechseln. Andererseits investieren die Lieferanten nicht in kundenspezifische Entwicklungen, so dass über Komponenten keine Alleinstellung am Markt erreicht werden kann. Die Beziehungen sind somit eher kurzfristig und opportunistisch angelegt und entsprechend durch Verträge anstatt von Vertrauen geprägt. Durch die kombinierte Übernahme von Produktions- und Entwicklungsleistungen gewinnen diese Lieferanten an Macht und entwickeln sich immer mehr zu „0,5-Tier"-Lieferanten.

Global Sourcing Strategie

Die Lieferanten der Elektronikindustrie befinden sich oft über die gesamte Welt verstreut und schwerpunktmäßig in Asien. Die PC-Industrie ist z.B. ein Paradebeispiel eines global verteilten Lieferantennetzwerks. Ihre geographische Streuung ist möglich, da aufgrund der extremen Modularisierung keine kundenspezifischen Investitionen getroffen werden. Vor allem aber ist eine geographische Nähe zum Hersteller (OEM) nicht notwendig, da die meisten Komponenten relativ leicht, wenig voluminös und doch sehr wertvoll sind. Da der Faktor Zeit eine wichtige Rolle spielt, lohnt sich Luftfracht bereits bei kleinen Mengen.

Entstehung von Lieferantenclustern

Trotzdem entwickeln sich durch die Attraktivität der Branche und die zunehmende Qualifikation von Mitarbeitern mit spezifischen Kompetenzen verstärkt regionale Lieferantencluster. Beispiele dafür sind die Dreiecke Singapur, Thailand und Malaysia und in jüngster Zeit Ungarn, Polen und Rumänien.

Supplier Managed Inventory

Im Gegensatz zur Automobilindustrie, die aufgrund der Produktkomplexität und der Teilebeschaffenheit eng verknüpfte Materialflüsse erfordert, sind die Materialflüsse in der Elektronikindustrie vergleichsweise lose gekoppelt. Anstelle räumlicher Nähe, kundenspezifischer Investitionen und synchronisierter Produktion hat die Elektronikindustrie die Konzepte des Third-Party-Managed-Inventory forciert. Dazu werden dem Lieferanten meist täglich und elektronisch Lagerbestände, Bestellungen und Transitlieferungen mitgeteilt. Dieser entscheidet nun auf der Basis eines vorgebenen Sicherheitsbestandes und unter Berücksichtigung seiner eigenen Produktion- und Logistikbedingungen selbständig, wann er wieviel nachliefert. Um die steigenden Kapitalbindungskosten zu senken, entwickelt die Elektronikindustrie zunehmend Just-in-Time-Systeme, wenngleich nicht auf Stundenbasis wie in der Automobilindustrie, sondern auf Tagesmengenbasis.

3.3 Produktion

Weltweiter Produktionsverbund

Die meisten Betriebe der Elektronikindustrie arbeiten als Teil eines weltweit agierenden Verbundes von Fabriken und Distributionszentren. Die einzelnen Zentren haben eine geografische Zuordnung und beliefern die dortigen Märkte mit dem gleichen Produktportfolio. Die Beschaffung der dafür notwendigen Materialien und Vorprodukten erfolgt aus jeweils weltweit gemeinsam genutzten Lieferketten. Die Fabriken sind autonom und fertigen meist Komponenten oder Endprodukte.

Modulare Prozesse

Auch bei Massenelektronik besteht eine große Herausforderung in der flexiblen Anpassung der Fertigung an das Nachfrageverhalten des Marktes. Dies bezieht sich einerseits auf die Typenanpassung innerhalb der vereinbarten Fertigungsmenge bei hoher Diversifikation sowie andererseits auf die Mengenanpassungen aufgrund hoher Nachfrageschwankungen (Aktionen und Promotionen). Viele Hersteller entkoppeln daher vor- und nachgelagerte Prozesse und verschieben somit den Punkt der Variantenbildung.

Make-to-Order

Beim Fertigungsprinzip „Make-to-Order“ wird nicht auf Lager produziert. Die Konfiguration der Systeme nach den individuellen Kundenwünschen erfolgt nach Eingang der Bestellung. Dieses Prinzip ist die Weiterführung des Postponement, denn nur so ist ein Unternehmen in der Lage, teure Lagerbestände an Halb- und Fertigprodukten zu vermeiden. Um die anfangs höheren Produktionskosten aufzuwiegen, sind jedoch besondere Fähigkeiten im Supply Chain Management notwendig. Bei Hewlett-Packard zieht eine Kundenbestellung das Material im sogenannten „Pull-Prinzip" durch die Lieferkette. Die Produktion standardisierter Komponenten ist auf Kostenminimierung ausgerichtet und wird zentral durchgeführt. Der kundenspezifische Teil der Lieferkette findet in den geographischen Regionen statt, da er dem strategischen Prinzip der Zeitminimierung folgt.

Postponement

Postponement bedeutet, die Variantenbildung möglichst spät zuzulassen, d.h., nahe an den Kunden zu verlagern. Dies kann zu radikalen Änderungen in der Produktarchitektur führen. Je modularer Produkte und Prozesse aufgebaut sind, desto später kann die Variantenbildung erfolgen. Gerade in der Computer- und Elektronikindustrie ist dies entscheidend, um bei kurzen Lebenszyklen neue Produkte innerhalb kürzester Zeit international einführen zu können.

Solutions Fulfillment

In Zukunft besteht die Herausforderung darin, in kürzester Zeit Produkte kundenspezifisch zu konfigurieren und zusammen mit allen Peripherie-Komponenten termingerecht auszuliefern. So bestehen Computersysteme aus den eigentlichen Rechnern mit Betriebssystemen sowie den für den geplanten Einsatz notwendigen Peripherieprodukten (v.a. Monitor, Tastatur, Drucker) und Softwareprogrammen. Um komplette Lösungen schnell ausliefern zu können, reicht es oft nicht mehr aus, die Lösung im Distributionszentrum zusammen zu stellen. Neue Konzepte sehen vor, dass alle Elemente, die zu einem Kundenauftrag gehören, beim Kunden vollständig bereitgestellt werden.

Modulare Fabrik

Um den Herausforderungen hoher Technologiedynamik, schwankender Auslastungen und kundenspezifischer Varianten begegnen zu können, verringern Elektronikunternehmen ihre Fertigungstiefe. Die verbleibenden Fabriken werden zunehmend flexibel und modular gebaut, um schnell auf Technologieänderungen reagieren zu können. Durch Parallelisierung der Prozesse wird die Durchlaufzeit verkürzt. Der hohe Investitionsbedarf in die jeweils neuesten Fertigungstechnologien ist für viele Produkte oft angesichts der kurzen Innovationszyklen nicht mehr zu rechtfertigen. Daher werden große Investitionen in Infrastrukturen vermieden, die angesichts der kurzen Investitionszyklen kaum amortisierbar wären. Kurzfristige Auftragschwankungen werden durch flexible Arbeitszeitmodelle aufgefangen. Im mittelfristigen Bereich werden oft Fertigungsmodule eingesetzt, deren generische Schnittstellen zur Umgebung langfristig konstant bleiben. Die notwendigen Änderungen finden also innerhalb der betroffenen Module statt. Langfristige Anpassungen erfolgen häufig durch Erweiterungen der Standorte.

3.4 Distribution

Eurologistik-Konzepte

Elektronikprodukte werden in wenigen, weltweit verstreuten fokussierten Fabriken hergestellt. Früher wurden diese Produkte dann in nationale Distributionszentren ausgeliefert, die in der Folge die nationale Verteilung vornahmen. In den letzten Jahren haben fast alle Hersteller ihre Logistik im Zuge der fallenden Zoll- und Handelsschranken in Europa in sogenannten Euro-Logistik-Konzepten konsolidiert. Um zu gewährleisten, dass eine Bestellung beim Endkunden vollständig, direkt und aus einer Hand angeliefert wird, erfolgt daher immer öfter die Auslieferung nach der Auflösung der Zwischenlager in den einzelnen Ländern direkt vom Werk an die Lieferadresse des Endkunden bzw. Wiederverkäufers.

In-transit Merge

In einigen Unternehmen wird bereits darüber nachgedacht, die verschiedenen Komponenten eines Auftrages nicht mehr im nationalen oder supranationalen Distributionszentrum zu kommissionieren, sondern in lokalen Lagerpunkten bei Logistik-Dienstleistern oder direkt beim Abnehmer. Dies ist mit Hilfe von Internet-basierten Planungs- sowie Sendungsverfolgungssystemen möglich, setzt jedoch ein sehr hohes Maß an Koordination voraus. Diese Logistik-Dienstleister übernehmen zudem weitere Leistungen vor Ort, die von der Rücknahme von Altgeräten bis hin zur Installation am Arbeitsplatz reichen.

Channel Partnering

Ein anderes Konzept in der Computerindustrie sieht vor, dass branchenspezifische Konfigurationen von Produkten nicht mehr vom OEM, sondern von Distributoren vorgenommen werden. Diese erhalten ein generisches Produkt, welches dann mit spezifischen Softwareprogrammen, Modulen und Peripheriegeräten ausgestattet wird.

Zunahme des Direktvertriebs

Traditionell wurden Elektronikprodukte über indirekte Vertriebswege wie Fachhandel, Distributoren, Groß- oder Einzelhandel vertrieben. Neben dem Aufkommen von Discountern hat vor allem der Aufstieg von Direktversendern wie Dell, die heute über Internet die Bestellung eines kundenspezifisch konfigurierten Produktes ermöglichen, die Distribution in der Elektronikbranche verändert. Der Direktvertrieb hat viele Vorteile. Da sich der Vertriebsweg verkürzt, sinkt die Durchlaufzeit zum Kunden. Entsprechend wird der Prognosezeitraum kürzer und die Bestände im Absatzkanal sinken. Bei starkem Preisverfall kann derjenige mit den geringsten Beständen seine Komponenten günstiger einkaufen als seine Konkurrenz. Auch kann die Einführung neuer Produkte schneller erfolgen, da der Abverkauf alter Produkte innert kürzester Frist erfolgen kann. Zudem ermöglicht der Direktvertrieb die direkte Interaktion mit den Kunden, um deren Einkaufspräferenzen besser zu verstehen und beispielsweise bei Engpässen deren Anfragen auf verfügbare Produkte zu lenken. Schließlich ermöglicht der Direktvertrieb, die Zahlungsvorgänge zu beschleunigen. Bekannt ist, dass die Abbuchung des Kaufpreises bei Dell mit Abschluss der Bestellung erfolgt und nicht bei Fertigstellung des Auftrages.

3.5 Planung

Prognosebasierte Produktionsplanung

Die hohen Unsicherheiten sowohl auf Nachfrage- als auch auf Angebotsseite haben traditionell dazu geführt, dass Hersteller wegen der langen Vorlaufzeiten für die Planungen und die langen Lieferzeiten für Baugruppen und Teile zu einem sehr frühen Zeitpunkt gezwungen sind, Annahmen über zukünftige Aufträge zu treffen. In diesem Ablauf liegt sehr viel Unsicherheit, die oft durch entsprechende Pufferbestände kompensiert wird.

Gemeinsame Planung, Prognose und Versorgung

Um die Materialflüsse abzustimmen, setzt die Elektronikindustrie verstärkt auf die gemeinsame Planung, Prognose und Versorgung (Collaborative Planning, Forecasting and Replenishment - CPFR) mit ihren Lieferanten. Auf der Seite des kurzfristigen, kontinuierlichen Nachschubes betrifft dies das Supplier Managed Inventory: Die Verantwortung für die Verfügbarkeit wird an den Lieferanten übergeben. Bei der Forderung nach tagesgenauer Bereitstellung steuert der Lieferant gemeinsam mit dem Hersteller den Just-in-Time-Prozess. Auf der Ebene der Prognose und Planung geht es um die gemeinsame, mittelfristige Mengenplanung bei Neueinführungen, Aktionen und Auslaufprodukten. Diese integrierten Prozesse zwischen Lieferant und Hersteller werden immer mehr mit Hilfe von Work-flow-Prozessen über Extranets gesteuert.

Risikozuschlag bei der Planung mit Contract Manufacturers

Da die Contract Manufacturers ihre Beschaffungsplanung auf der Bedarfsplanung des OEM basieren, fordern sie für ihre Produktionsdienstleistung einen Zuschlag auf die oft spezifisch für die Kunden angelegten Bestände. Bei Fehlprognosen des OEM dient dieser Risikozuschlag dazu, die Abschreibungen auszugleichen. Alternativ trägt der OEM die volle Verantwortung für die Bestände beim Contract Manufacturer und der Risikozuschlag entfällt.

Modulare Fertigungsplanung und -steuerung

Bei kundenspezifischen Aufträgen ist es sinnvoll, dass die Produktionsplanung nicht sequenziell, sondern modular aufgebaut ist. Dadurch werden nur Planungsmodule angesteuert, die zur Erfüllung des Auftrags notwendig sind. Bei Parallelisierung der Produktionssteuerung wird zusätzlich Zeit gespart. Dazu werden Aufträge in zusammengehörige Teile aufgeteilt und jeder Teil gleichzeitig bearbeitet. Jeder Teilauftrag hat dabei seine eigene Bearbeitungszeit. Die Fertigungssteuerung kennt diese Durchlaufzeiten und berechnet so den optimalen Startzeitpunkt für jeden einzelnen Fertigungsauftrag.

Abstimmung dezentraler Enterprise Resource Planning Systeme

Der Einsatz von Standardsoftware im Bereich Enterprise Resource Planning hat sich durchgesetzt. Im weltweiten Produktionsverbund der Elektronikindustrie tritt nun aber häufig das Problem auf, dass die Nachfragesignale aus den dezentralen ERP-Systemen der autonom produzierenden Werke gebündelt auf die Versorgungskette treffen. Dies führt dazu, dass beschaffungsseitig große Schwankungen in den Auftragsbeständen entstehen, die nur durch eine sorgfältige Abstimmung der Planungsysteme aufgefangen werden können.

Bewegliche Supply Chains	
Branche	„High-Tech-Industrien“ wie Elektronik-, Computer-, Telekommunikationsindustrie
Beispiele	Hewlett-Packard, IBM, Dell, Osram
Zielsetzung	Gestaltung beweglicher, agiler Supply Chains für dynamische, montierte, eher modulare Produkte mit kürzeren Innovationszyklen.
Vorgaben Markt und Kunden	• Hohe Nachfrageunsicherheit • Zunehmende Verfügbarkeitsorientierung • Zunehmende Austauschbarkeit der Leistungen • Hohe Variantenvielfalt • Bedeutung von Serviceleistungen & Systemintegration
Vorgaben Produkt und Technologie	• Kurze Innovationszyklen • Hohe Technologiedynamik • Mittlere Produktkomplexität • Hohe Änderungsrate • Modulare Produkte
Konsequenzen für die Beschaffung	• Modular Sourcing und Multiple Sourcing Strategie • Einsatz von Contract Manufacturers • Produktentwicklung durch Lieferanten • Global Sourcing Strategie • Entstehung von Lieferantenclustern • Supplier Managed Inventory
Konsequenzen für die Produktion	• Weltweiter Produktionsverbund • Modulare Prozesse • Make-to-Order • Postponement • Solutions Fulfillment • Modulare Fabrik
Konsequenzen für die Distribution	• Eurologistik-Konzepte • In-transit Merge • Channel Partnering • Zunahme des Direktvertriebs
Konsequenzen für die Planung	• Prognosebasierte Produktionsplanung • Gemeinsame Planung, Prognose und Versorgung • Risikozuschlag bei der Planung mit Contract Manufacturers • Modulare Fertigungsplanung und -steuerung • Abstimmung dezentraler Enterprise Resource Planning Systeme

Tab. 17: Kennzeichen und Konsequenzen für die Gestaltung „Beweglicher Supply Chains”

4 Verbundene Supply Chains

4.1 Strategische Vorgaben

Der dritte Typ des Supply Chain Designs kann als „Verbundenes Supply Chain Design“ bezeichnet werden. Er wird durch die Attribute „konzentriert“ und „effizient“ charakterisiert und idealtypisch durch die Fallstudien aus der Chemie- und Pharmaindustrie beschrieben.

4.1.1 Vorgaben Markt und Kunden

Aus Markt- und Kundensicht stehen in der Chemie- und Pharmaindustrie mit Blick auf das Supply Chain Design folgende Herausforderungen im Mittelpunkt:

Zunehmende Regulierung

Im Gegensatz zu anderen Branchen unterliegt die Chemie- und Pharmaindustrie vielen Regulierungen in der Beschaffung, Produktion und Distribution. Veränderungen in der Gesundheitspolitik, die Auflösung der Marktgrenzen in Europa, eine Konzentration des Großhandels sowie ein aggressiver Nachahmerwettbewerb zwingen die Pharmaindustrie seit Anfang der 90er-Jahre, die Arzneimittel-Logistik weiter zu optimieren. In der Chemieindustrie verstärkt die Globalisierung sowie die Konzentration auf das Kerngeschäft diese Veränderungen.

Anspruchsvollere Kunden

In den Absatzmärkten der Chemieindustrie, vor allem der Spezialitätenchemie, steigen zudem die Anforderungen im Hinblick auf Warenverfügbarkeit, Lieferzuverlässigkeit und -flexibilität sowie die Fähigkeit, maßgeschneiderte Kundenlösungen anzubieten. In ihrer Beschaffung konzentrieren sich die Kunden zunehmend auf die Entwicklung von engen Partnerschaften mit wenigen ausgewählten Chemie- und Pharmaunternehmen.

Zunehmender Kostendruck

In der Pharmaindustrie führt der zunehmende Druck durch die Gesundheitspolitik und Krankenkassen sowie erstarkte Großhändler auf den Endverbraucherpreis dazu, dass der Kostenwettbewerb zunimmt und dadurch die Generikahersteller an Bedeutung gewinnen. Da die Preise für Originalprodukte sehr hoch sind, können letztere ohne vergleichbaren F&E-Aufwand nach Ablauf des Patentschutzes von Originalmedikamenten mit ihren Imitationen komfortable Margen erwirtschaften.

Unterschätzte Bedeutung von Supply Chain Management

Hinzu kommt, dass die Produktionskosten in der Pharmaindustrie im Vergleich zum Endverbraucherpreis mit 5 – 15 % je nach Wirkstoff oder Darreichungsform (Kapseln, Tabletten, Dragees, Ampullen) relativ gering sind. Nicht zuletzt deshalb stand die Optimierung der Supply Chain lange Zeit im Hintergrund. Im Vergleich zu anderen Branchen war nicht so sehr die Effizienz in Produktion und Distribution, sondern die Effektivität in der Forschung & Entwicklung wettbewerbsentscheidend. War einmal ein „Blockbuster" entwickelt, patentiert und eingeführt, spielten Produktions- und Logistikkosten oder überhöhte Bestände eine vergleichsweise unbedeutende Rolle. Aufgrund des heutigen Kostendrucks müssen jedoch auch in diesen Bereichen Kostensenkungen erzielt werden.

4.1.2 Vorgaben Produkt und Technologie

Die Besonderheiten der Prozessindustrie prägen die Vorgaben von Produkt und Technologie für die Supply Chains in der Chemie- und Pharmaindustrie.

Chemische Verfahren und pharmakologische Prozesse

Die Chemie- und Pharmaindustrie gehört zur sogenannten „Prozessindustrie", d.h., ihre Produkte entstehen nicht durch mechanische oder physikalische sondern durch chemische oder biologische Prozesse. Sie stellen aufgrund ihrer Nähe zur Biologie große Herausforderungen an die Stabilität der Prozesse. Um die Einhaltung der Spezifikationen gewährleisten zu können, müssen die Produktionsprozesse durch externe Gutachter und Behörden gemäß den Bestimmungen zu „Good Manufacturing Practices" validiert werden.

Langwierige und kontinuierliche Produktionsverfahren

Bei kontinuierlichen Produktionsverfahren in großtechnischen Anlagen dominiert die Zielsetzung einer hohen Kapazitätsauslastung zur Senkung der Produktionsstückkosten und weitgehende Vermeidung von Anlagenstillständen. Die „von außen" betrachtet relativ einfachen (Verbrauchs-)Güter werden teilweise aus komplexen Rezepturen mit vielen Grundstoffen und Substanzen und durch mehrstufige, langwierige Syntheseprozesse gewonnen. Die Produkte werden daher nach chemischen und pharmakologischen Besonderheiten segmentiert.

Zunehmender Nachahmungswettbewerb

Zudem ist die Entwicklung neuer Medikamente sehr langwierig, teuer und riskant. Nur wenige von vielen Tausenden untersuchter Substanzen zeigen die gewünschte Wirkung. Gelingt es, als Erster eine Substanz zu identifizieren, durch die klinischen Tests zu bringen und zur Marktreife zu führen, beträgt der Lebenszyklus eines Wirkstoffes häufig Jahrzehnte. Da der Patentschutz aber nach 20 Jahren abläuft, beträgt die Zeit der Alleinstellung am Markt nach Abzug der Entwicklungszeit häufig nur einige Jahre. Danach treten sogenannte Generika-Hersteller auf den Markt, die in der Regel Medikamente mit dem gleichen Wirkstoff zu deutlich niedrigeren Preisen auf den Markt bringen.

4.2 Beschaffung

Die Fallstudien von BASF und Merck zeigen, dass die chemische Industrie im Vergleich zu anderen Industrien mit dem Umbau ihrer Lieferketten in einem frühen Entwicklungsstadium steht. Zum Teil ist dieser Rückstand dadurch zu begründen, dass die chemische Industrie vielfach ihr eigener Kunde ist, so dass sie in ihrer Leistungsfähigkeit weniger gefordert wurde. Andererseits existieren besondere Anforderungen bei der chemischen Produktion und Distribution, welche die Einführung von Supply Chain Konzepten verzögert haben.

Hoher Intracompany-Supply

In vielen Chemieunternehmen wie BASF, Bayer oder Novartis kommt dem weltweiten Produktionsnetz von Verbundstandorten im Rahmen der Globalisierung der Produktion eine besondere Bedeutung zu. An einem integrierten Produktionsstandort wie Ludwigshafen, Leverkusen oder Basel werden ausgehend von wenigen chemischen Basisrohstoffen über mehrere Wertschöpfungsstufen, die über Stoffströme und Energieaustausch vielfältig miteinander verbunden sind, zunächst chemische Grund- und Zwischenprodukte hergestellt. Diese werden dann im Intracompany-Supply an andere Produktionsstandorte geliefert, welche die Endprodukte erstellen.

Rohstoffqualität und Prozessqualität als Schlüsselfaktoren

In der Chemieindustrie entscheidet die Qualität der Rohstoffe, Hilfsstoffe und der Wirksubstanzen sowie die Robustheit der Prozesse über die Qualität des Endproduktes. Die Prozesse müssen gemäß den Spezifikationen reproduzierbar sein.

Strenge Gefahrgutlogistik und kontrollierter Transport

Die Beschaffungslogistik stellt in der Chemieindustrie hohe Ansprüche, da es sich oft um gefährliche (Gefahrengutabwicklung), temperaturempfindliche oder verderbliche Güter handelt. In der Pharmaindustrie liegt die Herausforderung darin, kleine Mengen äußerst hochwertiger Wirksubstanzen unter Einhaltung teilweise enger Temperaturtoleranzen zu transportieren und mit überdurchschnittlichen Logistikservice auszuliefern.

4.3 Produktion

Die Produktionsprozesse werden von den Besonderheiten der Prozessindustrie stark beeinflusst.

Besonderheiten Großanlagen

Bei vielen chemischen und pharmakologischen (Vor-)Produkten handelt es sich um Basisstoffe oder Commodities, die aus wenigen Einsatzstoffen im Idealfall kostengünstig in großtechnischen Anlagen hergestellt werden. Bei kontinuierlichen Produktionsverfahren in großtechnischen Anlagen dominiert meist die Zielsetzung einer hohen Kapazitätsauslastung zur Senkung der Produktionsstückkosten und weitgehende Vermeidung von Anlagenstillständen. Bei der Chargenproduktion werden möglichst große Lose unter Minimierung von Rüst- und Sortenwechselkosten angestrebt.

Weltweiter Produktionsverbund

Der technische Fortschritt hat die optimale Größe von Produktionsanlagen in der Chemieindustrie ansteigen lassen, so dass bei vergleichsweise geringen Transportkosten aus Kostengründen eine Konsolidierung der Produktionskapazitäten auf wenige Standorte - im Extremfall auf eine einzige globale Fabrik - sinnvoll sein kann. Diese Standorte übernehmen dann weltweit die Zulieferung weiterer Produktionsstandorte und die Versorgung der Kunden. In der Pharmaindustrie ist die chemische Vorproduktion der Wirkstoffe ebenfalls an wenigen Standorten konzentriert. Ein Standort produziert dabei Wirkstoffe, die ähnlichen chemischen Prozessen unterliegen. Eine solche vielseitige Wirkstoff-Fabrik kann über 150 Mio. Schweizer Franken kosten. Die anschließende pharmazeutische Produktion, in der die Wirkstoffe in der gewünschten Konzentration in die passende Darreichungsform gebracht werden, erfolgt an einer größeren Anzahl von Standorten, die nach galenischen Prozessen wie Tablette, Dragees, Ampullen segmentiert sind.

Gesetzgeberische Vorgaben

Während die Globalisierung auf Stufe der Wirkstoffe in der Pharmaindustrie ebenfalls bereits erfolgt, schränken nationale Bestimmungen und fiskalpolitische Vorteile die Reichweite fokussierter Fabriken ein. Während früher nationale Bestimmungen eine Fabrik pro Abnehmerland notwendig machten, findet heute in der Europäischen Union beispielsweise dank der Liberalisierung der gesetzgeberischen Bestimmungen eine Regionalisierung der Fabriken statt. Zudem müssen alle Prozesse, Inhaltsstoffe und Produkte genehmigt werden. Eine Fabrik oder Fertigungslinie kann jedoch von mehreren Ländern gemäß „Current Good Manufacturing Practice" abgenommen werden, so dass es möglich wird, auf einer Fertigungsline das gleiche Produkt für mehrere Länder zu produzieren.

Variantenvielfalt bei Packungen

In Chemie- und Pharmaunternehmen entsteht eine große Variantenvielfalt vor allem aufgrund unterschiedlicher Verpackungen. F.Hoffmann-La Roche produzierte beispielsweise im Jahr 1998 mit 105 Wirksubstanzen rund 4.860 Verpackungsvarianten für die Endverbraucher. Zudem führen geänderte Bestimmungen aufgrund neuer wissenschaftlicher Erkenntnisse oftmals jährlich zu Änderungsanforderungen bezüglich Text und Packung. Da diese Änderungen zwingend vorgenommen werden müssen, wird das rasche und zuverlässige Management von Textänderungen von Unternehmen wie F. Hoffmann-La Roche als eine Kernkompetenz im Supply Chain Management verstanden.

4.4 Distribution

Euro- bzw. Globale Distributionslogistik

Die Chemie- und Pharmaindustrie hat, ähnlich wie andere Branchen, in den letzten Jahren die Distributionslogistik massiv restrukturiert. Während sich diese Anstrengungen bei Chemieunternehmen auf die globale Planung und Steuerung der Warenströme bezog, stand bei europäischen Pharmaunternehmen die Eurologistik im Mittelpunkt. Zielsetzung dieser Restrukturierungen war der Abbau mehrstufiger Lagerstrukturen sowie die Neuordnung der Zentral- und Regionallager bei Sicherstellung eines hohen Lieferservices und bei Einhaltung hoher technischer Standards im gesamten Lager- und Transportnetz. Dabei erfolgt oft eine Segmentierung der Logistik nach der Umschlagsgeschwindigkeit der Produkte (langsam- bzw. schnelldrehende Produkte).

Übereinstimmung von Chargenmuster und Charge

In der Chemieindustrie verlangen Kunden zur Prüfung der Produktspezifikation in vielen Fällen vorab Chargenmuster, die dann mit der gelieferten Ware absolut übereinstimmen müssen. Dies muss bei der Nachfragesteuerung sowie beim Auftrags- und Materialmanagement berücksichtigt werden.

Dezidierte Bestände

Im Pharmabereich geht es soweit, dass bei vielen Produktgruppen länderspezifischen Regularien im Hinblick auf Produktmarkierungen, Etikettenbeschriftungen, Herkunftsbezeichnungen, etc. berücksichtigt werden müssen. Dies führt dazu, dass einmal abgepackte und gelabelte Produkte zu national dedizierten Beständen werden. Dies stellt hohe Anforderungen an die Prognosequalität der lokalen Nachfrage, denn Redistributionen sind teilweise nur durch aufwendige Umfüll- und Umpackvorgänge möglich.

Responsible Care

Chemische Produkte sind oftmals gefährliche, temperaturempfindliche oder verderbliche Güter und stellen hohe Anforderungen an die Handhabung. Gerade im Hinblick auf eine zunehmend globale Planung und Steuerung der Warenströme muss die Einhaltung hoher technischer Standards und Registrierungsanforderungen im gesamten Lager- und Transportnetz gewährleistet sein. Im Rahmen von Responsible Care – einer freiwilligen weltweiten Initiative der chemischen Industrie zur Verbesserung der Leistungen auf den Gebieten Sicherheit und Umweltschutz – haben sich daher die Chemieunternehmen im Bereich der Distribution zur Wahrung strenger Grundsätze bei Transport, Umschlag und Lagerhaltung selbst verpflichtet.

4.5 Planung

Global Planungsprozesse

In der Chemieindustrie hat die Planung und Steuerung der Logistikkette eine große Bedeutung für die Ausschöpfung der Verbundvorteile, da aufgrund des engen Leistungsverbundes in der Produktion ein komplexes Beziehungsgeflecht zwischen internen und externen Lieferanten und Kunden besteht. Um dies erfolgreich bewältigen zu können, sind umfangreiche Koordinationsprozesse zur Steuerung der zentralen Produktionskapazitäten und der Befriedigung der regionalen und lokalen Kundenbedürfnisse erforderlich. Komplexe Warenströme in einem umfassenden Beschaffungs-, Produktions- und Distributionsnetz entstehen. Gerade im Hinblick auf eine zunehmend globale Planung und Steuerung der Warenströme muss zudem die Einhaltung hoher technischer Standards im gesamten Lager- und Transportnetz gewährleistet sein.

Vendor-Managed-Inventory

In der Chemieindustrie führen die Wünsche der Kunden nach Abbau von Beständen bei gleichbleibendem oder steigenden Lieferservice zu Vendor-Managed-Inventory-Konzepten. So realisierte BASF bereits 1995 die ersten Vendor-Managed-Inventory-Lösungen, die zu dieser Zeit noch als „Bestandscontrolling und Vorratssteuerung für Kunden“ bezeichnet wurden. Entscheidend war damals aber nicht die informationstechnische Vernetzung, sondern das Bemühen um eine individuelle logistische Problemlösung zur Integration der Beschaffungsprozesse des Kunden.

Einführung Prozessorganisation

In vielen Chemieunternehmen waren früher logistische Prozesse in sich funktional gegliedert in Auftrags- und Materialwirtschaft sowie in Lager-, Abfüllungs- und Umschlagseinheiten. Die vielstufige Prozesskette vom Kunden(-Auftrag) über lokale Vertriebseinheiten zur Logistik und den Produktionseinheiten in den Lieferwerken in aller Welt bis hin zum Versand an den Kunden wies eine Vielzahl von Schnittstellen und damit hohe Durchlaufzeiten auf. Heute werden verstärkt Prozessorganisationen eingesetzt, in der alle an einem Prozess beteiligten Mitarbeiter räumlich zusammengefasst werden.

Verbundene Supply Chains	
Branche	„Science-Driven"-Industrien wie Chemie- und Pharmaindustrie
Beispiele	BASF, Merck, Roche, Novartis
Zielsetzung	Gestaltung verbundener, konzentrierter Supply Chains für einfache, chemische und pharmakologische Produkte mit eher langen Innovationszyklen.
Vorgaben Markt und Kunden	• Zunehmende Regulierung • Anspruchsvollere Kunden • Zunehmender Kostendruck • Unterschätzte Bedeutung von Supply Chain Management
Vorgaben Produkt und Technologie	• Chemische Verfahren und pharmakologische Prozesse • Langwierige und kontinuierliche Produktionsverfahren • Zunehmender Nachahmungswettbewerb
Konsequenzen für die Beschaffung	• Hoher Intracompany-Supply • Rohstoffqualität und Prozessqualität als Schlüsselfaktoren • Strenge Gefahrgutlogistik und kontrollierter Transport
Konsequenzen für die Produktion	• Besonderheiten Großanlagen • Weltweiter Produktionsverbund • Gesetzgeberische Vorgaben • Variantenvielfalt bei Packungen
Konsequenzen für die Distribution	• Euro- bzw. Globale Distributionslogistik • Übereinstimmung von Chargenmuster und Charge • Dezidierte Bestände • Responsible Care
Konsequenzen für die Planung	• Globale Planungsprozesse • Vendor-Managed-Inventory • Einführung Prozessorganisation

Tab. 18: Kennzeichen und Konsequenzen für die Gestaltung „Verbundener Supply Chains"

5 Schnelle Supply Chains

5.1 Strategische Vorgaben

Der vierte Typ des Supply Chain Designs kann als „Schnelles Supply Chain Design“ bezeichnet werden. Er wird durch die Attribute „schnell“ und „reaktiv“ charakterisiert und idealtypisch durch die Fallstudien aus der Konsumgüterindustrie beschrieben.

5.1.1 Vorgaben Markt und Kunden

Die Konsumgüterindustrie ist durch verschiedene Herausforderungen aus Markt- und Kundensicht geprägt.

Sinkende Anteile an Ausgaben

Der Markt für Konsumgüter ist in den entwickelten Ländern weitgehend gesättigt. Aufgrund sich umschichtender Konsumentenbedürfnisse sinkt der Anteil für Lebensmittel an den Haushaltsausgaben sogar kontinuierlich. Studien über veränderte Kaufgewohnheiten in Europa zeigen, dass der Anteil der Ausgaben für Wohnen, Kommunikation, Restauration, Freizeit und Schönheit in vielen Ländern teilweise stark zugenommen haben, während der Anteil der Ausgaben für Lebensmittel sogar rückläufig ist. Aufgrund der Bevölkerungs- und Einkommensentwicklung, einem immer differenzierteren Angebot, einem Wertewandel in Richtung Bequemlichkeit (Convenience), Erlebnis, Frische und Gesundheit, aber auch einer neuen Form des „preiswerten Einkaufs“, kaufen Konsumenten immer bewusster ein. Neben dem „Smart Shopper“, der ein gutes Preis/Leistungsverhältnis sucht, gibt es zunehmend den „hybriden“ Konsumenten, der vormittags im Discounter und nachmittags im Delikatessengeschäft einkauft.

Zunehmender Wettbewerb

Angesichts des Überflusses homogener Produkte spielt der Handel die Hersteller vergleichbarer Produkte im Kampf um die Aufmerksamkeit des Kunden aus. Die Verkaufsflächen des Einzelhandels lassen sich nicht beliebig erweitern. In der Innenstadt ist der Raum begrenzt und die Mieten hoch. Da alle Handelsunternehmen dieselben Markenartikel verkaufen, spielt dort der Endverbraucherpreis eine dominierende Rolle.

Steigende Konzentration und Internationalisierung des Handels

Im Handel findet gegenwärtig ein Konzentrationsprozess statt, um über Größenvorteile Einkaufskosten zu senken und das in Verkaufsflächen und Infrastrukturen investierte Kapital besser zu nutzen. Diese Konzentration hat dazu geführt, dass beispielsweise im Lebensmitteleinzelhandel in Deutschland im Jahr 1999 die fünf größten Lebensmitteleinzelhändler rund 80 % des Umsatzes auf sich vereinigten. In der Schweiz ist dieses Phänomen noch ausgeprägter: Hier verbuchten im Jahre 1999 nur zwei Unternehmen, Migros und Coop, über 70 % des Umsatzes für sich. In den meisten anderen europäischen Ländern zeigen sich ähnliche Tendenzen. Aufgrund der Beschränkungen im nationalen Wachstum nimmt auch die Internationalisierung des Handels zu. Mächtige neue Markteilnehmer wie Wal-Mart, der größte Einzelhändler der Welt, verunsichern etablierte Händler aber auch Hersteller. In Zukunft werden durch elektronischen Handel und E-Commerce neue Anbieter auftauchen, die Funktionen und Dienstleistungen wie Beratung übernehmen, die bisher vom Handel erfüllt wurden.

Hohe Bedeutung von Verfügbarkeit und Preis

In der Konsumgüterindustrie sind einige, für Hersteller und Handel wichtige Veränderungen im Verhalten der Konsumenten feststellbar. Die Hauptveränderungen sind abnehmende Markentreue, Sprunghaftigkeit sowie ein ausgeprägtes Preis/Leistungsbewusstsein. Verfügbarkeit und Preis zählen aus Sicht der Kunden mittlerweile zu den Basisanforderungen. Jeder Verbraucher erwartet, dass „sein" Produkt zu einem vernünftigen Preis im Regal steht. Findet er es nicht, ist er unzufrieden und wählt entweder eine vergleichbare Marke oder er wechselt das Geschäft. Der Handel muss zudem immer häufiger Zusatzleistungen erbringen, um eine nachhaltige Unterscheidung am Markt zu erlangen. Zu diesen Leistungen zählen beispielsweise ein stärkerer Fokus auf persönliche Beratung, direkt ansprechende Werbung und persönliche Kundenbeziehungen.

Efficient Consumer Response (ECR)

Das Supply Chain Design in der Konsumgüterindustrie wird maßgeblich durch die „Efficient Consumer Response (ECR)"-Bewegung geprägt. Das Neue an ECR ist die auf den Verbraucher ausgerichtete Zusammenarbeit von Industrie und Handel unter dem Leitbild „Gemeinsame Zusammenarbeit, um Konsumentenbedürfnisse besser, schneller und zu geringeren Kosten zu erfüllen". Durch ECR erfolgt eine Verlagerung der Verhandlungen weg von Preis und Konditionen hin zur Erfüllung von Konsumentenbedürfnissen. Aus einer „Push the Retailer-„ wird eine „Be bulled by the Consumer"-Situation. Der Konsument steht im Mittelpunkt der Aktivitäten („Consumer Focus"); die Geschäftspartner sind überzeugt, dass sie durch eine enge Zusammenarbeit („Working Together") zusätzliche Optimierungspotenziale erschließen und einen größeren Kuchen backen können.

Mit anderen Worten: Statt einen Verteilungskampf zu führen, bilden sie eine Wertschöpfungsgemeinschaft zum Vorteil aller Beteiligten. In diesem Modell verstehen sie Handel und Industrie nicht mehr als Kontrahenten, sondern als Partner.

Efficient Supply and Demand Management

Efficient Consumer Response setzt sich aus verschiedenen Teilbereichen zusammen, die in nachfrageseitige (Demand Side) und angebotsseitige (Supply Side) Konzepte eingeteilt werden können. Auf der Angebotsseite gilt es, dem Verbraucher in seinem Markt tagtäglich die gewünschten Produkte leicht auffindbar und ohne Bestandslücken zu möglichst günstigen Preisen anzubieten. Efficient Unit Loads (Effiziente Ladungseinheiten), Electronic Data Interchange (Elektronischer Datenaustausch) und Efficient Replenishment (Effizienter Warennachschub) bilden gemeinsam die Supply Side von ECR. Die nachfrageseitigen Prozesse werden abgedeckt durch die Bereiche Efficient Assortment (Effiziente Sortimente), Efficient Promotions (Effiziente Promotionen und Aktionen) sowie Efficient Product Introductions (Effiziente Produkteinführungen), die als Teilbereiche oder Unterstrategien von Category Management (Warengruppen-Management) angesehen werden.

5.1.2 Vorgaben Produkt und Technologie

Reife Technologien

Die meisten Technologien für Lebensmittel oder andere Güter des täglichen Bedarfs befinden sich im Reifestadium. Große Technologiesprünge waren Dehydrierung, Pasteurisierung, Konservierung und in Zukunft vielleicht die Gentechnologie. Der F&E-Aufwand der meisten Unternehmen ist daher relativ gering. Nur wenige Unternehmen wie Nestlé betreiben Grundlagenforschung. Statt dessen dominiert das Marketing, das Kundenbedürfnisse erspürt, Produkte entwickelt und in schnellem Takt einführt. Aktuelle Untersuchungen zeigen, dass über 95 % der neu eingeführten Produkte „Me-Toos“, also Kopien bekannter Produkte sind.

Inkrementelle Innovationen

Angesichts des Überflusses homogener Produkte stehen Markenartikelhersteller im Wettbewerb um knappen Regalplatz im Handel. Die Verkaufsflächen des Einzelhandels lassen sich nicht beliebig erweitern, denn der Raum in der Innenstadt ist begrenzt. Trotzdem registriert die Europäische Gesellschaft zur Artikel-Nummerierung jedes Jahr in Europa mehr als 500.000 neue von Hersteller und Handel lancierte Artikel. Eine Studie von AC Nielsen und Ernst & Young über fast 25.000 Artikel in sechs Ländern Europas zeigt, dass 85 % neue Produkte und

15 % Saison- oder Ersatzprodukte darstellen. Von den Neuheiten wiederum sind nur 2 % wirkliche Innovationen. Weitere 6 % stellen Varianten dar und rund 77 % sind reine Kopien. Die Untersuchung gibt auch Auskunft über den Erfolg neuer Produkte. Gemessen an der Distributionsquote scheitern nach 12 Monaten 43 % der Neuheiten und 50 % der Varianten fast oder völlig. Von den Kopien versagen bis zu 80 % im Markt.

Denken in Kundenlösungen

Gleichzeitig versuchen Händler und Hersteller verstärkt, Komplettlösungen wie Fertigmahlzeiten anzubieten. Aus Sicht der Konsumenten ist nämlich die Kombination mehrerer Zutaten oder Komponenten, die zusammen erst das Rezept, die Mahlzeit oder die tägliche Körperflege ergeben, das eigentlich gewünschte Produkt bzw. Kundenlösung. Dies entspricht in etwa der „Stückliste". Um die erforderlichen Zutaten zu kaufen, vergleicht der Kunde diese Stückliste mit seinem „Lagerbestand" im Kühlschrank, Vorratskammer oder Badezimmerschrank. Die fehlenden Komponenten trägt er in seine Einkaufsliste ein, mit der er seinen Einkauf plant. Der Konsument denkt insofern nicht wie der Hersteller in Produkten oder wie der Händler in Sortimenten, sondern in Rezepten, Einkaufszetteln und Lösungen. Die Einkaufslisten sind heute weitgehend generisch, d.h., anstelle genauer Produktbezeichungen finden sich meist Gattungsbegriffe wie Milch oder Waschmittel. Im Supermarkt wird dann die Entscheidung aufgrund der Verfügbarkeit getroffen. Wenn die bevorzugte Marke nicht erhältlich ist, weicht der Konsument in vielen Fällen spontan auf eine vergleichbare Marke aus. Diese Entscheidung wird von ihm meist ohne großes Nachdenken getroffen. Zusätzlich erwirbt der Kunde aufgrund von Kaufanreizen im Laden häufig ungeplant weitere Produkte. Da die einzelnen Komponenten insofern austauschbar sind, ist im übertragenen Sinne eine hohe Modularität gegeben.

5.2 Beschaffung

Schnelle Supply Chains müssen eine hohe Reaktionsfähigkeit besitzen. Früher wurde diese hohe Reaktionsfähigkeit mit Ineffizienzen wie hohen Beständen oder unfokussierten Sortimenten erkauft. Diese Supply Chains sind, inspiriert von der ECR-Bewegung, im Umbruch.

Zentralisierung der Beschaffung

Die Internationalisierung von Handel und Hersteller von Konsumgütern geht einher mit einer Zentralisierung der Beschaffung. Mit zentralen Verhandlungen zwischen internationalen Herstellern und Händlern werden nicht nur einheitliche Konditionen und Volumeneffekte für Kernsortimente und Kernprodukte erzielt. Vor allem wird ein in weiten Teilen einheitliches Sortiment und damit ein einheitlicher Auftritt gegenüber den Kunden erreicht. Die Vorteile für die Beschaffungslogistik liegen in einer grundsätzlich besseren Verfügbarkeit, die jedoch oft durch lange Transportstrecken bei hohen Nachfrageschwankungen gefährdet wird. Daher werden viele Sortimente weiterhin dezentral und lokal beschafft; bei Händlern betrifft dies meist Frischwaren und regionale Ergänzungsortimente, bei Herstellern vor allem bedruckte Packungen und Packmittel-Verpackungen.

Efficient Replenishment (Effiziente Versorgung)

Hersteller und Händler optimieren zwar laufend ihre Logistik; häufig jedoch ohne Rücksicht auf die Effizienz der gesamten Logistikkette. Im Gegensatz dazu betrachtet Efficient Replenishment den gesamten Warennachschubprozess von der Produktion des Herstellers bis zur Kasse im Supermarkt. Daraus ergibt sich zwingend eine enge Zusammenarbeit von Industrie und Handel, die zu einer Verringerung von Redundanzen, repetitiven Tätigkeiten und administrativem Aufwand führt.

Efficient Replenishment oder Effiziente Versorgung ist eine von Hersteller und Händler gemeinsam betriebene Optimierung der Logistikkette über Unternehmensgrenzen hinweg. Die wesentlichen Zielgrößen sind dabei auf allen Stufen ein hoher Grad an Lieferbereitschaft und Kundenservice sowie geringe Prozesskosten. Eine Optimierung des Nachschubprozesses führt zu einer erhöhten Effizienz. So werden beispielsweise Handlingskosten reduziert, Durchlaufzeiten verringert und Fehlbestände gesenkt. Die erhöhte Planbarkeit aufgrund der Durchgängigkeit von Informationen trägt dazu bei, dass Transportkosten sowie Sicherheitsbestände bei gleichzeitiger Steigerung der Umschlagszahlen gesenkt werden.

In der Konsumgüterindustrie haben sich einige spezielle Ausprägungen des Supply Chain Managements herausgebildet. Just-in-Time-Konzepte der Automobilindustrie konnten nicht direkt übertragen werden, da in dieser Industrie die Produkte sowie die Prozesse und damit auch Lieferanten sehr kundenspezifisch fokussiert sind. Die Produktion sowie die logistischen Abläufe sind durch Merkmale der Auftragsfertigung gekennzeichnet. In der Konsumgüterindustrie hingegen sind Produkte und Lieferanten stärker austauschbar. Die Fertigung erfolgt primär prognose-basiert auf Lager. Von den vielen Konzepten des Efficient Replenishments in der Konsumgüterindustrie hat sich vielfach das Vendor-Managed-Inventory durchgesetzt.

Vendor-Managed-Inventory-Konzepte

Die Fallstudien von dm–drogerie markt, Procter & Gamble sowie Sara Lee zeigen, dass sich Vendor-Managed-Inventory-Konzepte ausbreiten. Der Hersteller liefert Nachschub nicht mehr auf der Basis von Bestellungen. Stattdessen erhält er vom Handel Informationen über Lagerbestände und Abverkäufe und berechnet unter

Berücksichtigung von Sicherheitsbeständen und Transportzeiten eine für ihn optimale Nachschubmenge. Der Hersteller kann so eine Menge bestimmen, die ihm logistische Vorteile bietet. Zudem werden Doppel- und Korrekturarbeiten in der Disposition verringert. Da jedoch viele Handelsunternehmen die Verantwortung über die Bestände nicht an die Hersteller delegieren möchten, gibt es neben dem Vendor-Managed-Inventory auch noch Co-Managed-Inventory-Konzepte.

Cross Docking

Ein weiteres Beispiel für effiziente Nachschubtechniken ist Cross Docking, bei dem die Bestände im Distributionslager im Extremfall auf Null reduziert werden. An- und Ausliefer-Lkw docken zeitlich abgestimmt am Lager an. Die Ware wird nicht mehr eingelagert sondern nur mehr umkomissioniert und innerhalb oft weniger Stunden auf die Ausliefer-Lkws wieder aufgeladen. Durch die Umfunktionierung des Lagers in einen höchst effizienten Umschlagplatz wird nicht nur die Durchlaufzeit gesenkt, es verringert sich auch der benötigte Lagerraum signifikant.

Transportoptimierung

Auch im Bereich Transportoptimierung liegen große Potenziale für Schnelle Supply Chains. Eine Optimierung der Transportlogistik muss unter Berücksichtigung von Befüllungsgrad, Leerfahrten und Zeitauslastung erfolgen. Voraussetzung sind zudem standardisierte Ladungseinheiten und effiziente Umschlagsprozesse. Sowohl Hersteller, Händler als auch Logistik-Dienstleister können bei der Optimierung der Transportnetze die Führung übernehmen. Daher erfolgt die Entscheidung oftmals auch aufgrund von strategischen Gesichtspunkten.

Category Logistics

Unter Herstellern gibt es Bemühungen, Category Logistics Systeme mit direkten Wettbewerbern aufzubauen, um Synergien im Warenfluss sinnvoll zu nutzen. Ziel ist vor allem die Bündelung von Warenanlieferungen innerhalb einer Warengruppe über möglichst viele Hersteller, um die Zahl der Anlieferungen sowie Wareneingänge beim Handel zu reduzieren und gleichzeitig das Transportvolumen pro Lieferung zu erhöhen.

5.3 Produktion

Zentralisierung der Produktion

Bei Herstellern von Non-Food oder Near-Food Produkten wie Haushaltsgeräten oder Wasch- und Reinigungsmittel findet seit einiger Zeit eine Zentralisierung der

Produktion statt. Bei Nahrungsmitteln hingegen waren bis vor einiger Zeit nationale Fabriken üblich, um die lokalen Bedürfnisse besser befriedigen zu können. Seit kurzem werden jedoch auch Fabriken für Lebensmittel, zunächst für relativ dauerhaft haltbare Produkte, zentralisiert. So erfolgen Produktion und Distribution von Toblerone aus einer Fabrik in der Schweiz. Pringles Kartoffelchips werden in nur zwei Fabriken in Belgien und den USA hergestellt

Internationalisierung der Produktion

Der Trend der Regionalisierung bei Food bzw. Globalisierung bei Near- und Non-Food zeigt sich bei vielen Unternehmen der Konsumgüterindustrie. Bei Sara Lee konzentriert sich die Produktion zunehmend auf sogenannte „Center of Excellence", die europaweit bzw. weltweit die Produktion bestimmter Produktkategorien übernehmen. Ähnliches gilt für Nestlé, die in den nächsten Jahren die Zahl ihrer gegenwärtig mehr als 500 Produktionsstätten weltweit reduzieren wollen. Dazu haben sie ihre Fabriken nach den Produktionsaufgaben in drei Typen segmentiert. „Source Fabriken" haben eine globale Produktionsaufgabe und streben eine hohe Kapazitätsauslastung und niedrige Stückkosten an. „Flexible Fabriken" haben eine akzeptierte niedrigere Kapazitätsauslastung und erfüllen ihre regionale Aufgabe bei höheren Stückkosten. „Lokale Fabriken" schließlich erstellen lokale und spezifische Produkte in Märkten mit hohen Handelshemmnissen.

Abbau Variantenvielfalt

Auch schnelle Supply Chains leiden unter der hohen Variantenvielfalt. Viele Unternehmen führen Einsparungsprojekte zur Komplexitätsreduktion in den Produktionsbetrieben durch. Procter & Gamble halbierte innerhalb kürzester Zeit die Anzahl der Artikel, um Kosten und Hersteller-Abgabepreise zu minimieren. Unilever will die Anzahl verschiedener Marken von 1.600 auf 400 reduzieren und hat die Hälfte des Zieles bereits erreicht. Ebenso hat Sara Lee im Bereich Sonnenpflege die Anzahl Schutzklassen für die verschiedenen Verbraucherbedürfnisse halbiert. Andere Unternehmen versuchen, die vielen landesspezifischen Varianten abzubauen mit dem Ziel, globale Produkte oder umfassende Markenfamilien, wie man sie oft bei Gillette oder Nivea findet, zu entwickeln.

5.4 Distribution

Category Management (Warengruppen-Management)

Category Management ermöglicht den Schritt von der internen Effizienz zur Konsumentennähe und bildet die „strategische Klammer" über die nachfrageseitigen ECR-Strategien effizientes Sortiment, effiziente Produkteinführung und effiziente Aktionen zur Verbesserung des Konsumentenwertes. Category Management unterstützt aber auch die Ausrichtung der angebotsseitigen Strategien elektronischer Datenaustausch, effiziente Ladungen sowie effizienter Nachschub und hilft bei der Integration von Angebots- und Nachfrageseite im Sinne einer durchgängigen Prozessorientierung. Category Management bezeichnet die Steuerung nach Kundenbedürfnissen zusammengefasster Warengruppen.

Efficient Assortment (Effiziente Sortimente)

Efficient Assortment ist ein gemeinsamer Prozess von Hersteller und Handel, um das optimale Sortiment eines Händlers innerhalb einer Warengruppe zu bestimmen, das die Zielkonsumenten zufriedenstellt und die Geschäftsergebnisse verbessert. Die Gestaltung effizienter Sortimente muss Konsumentenbedürfnisse, Handelsstrategien, Herstellererwartungen und Marktverhältnisse berücksichtigen. Vor allem muss sie sorgfältig mit dem Category Management Prozess abgestimmt werden. Die Vorteile von Efficient Assortment sind die Senkung von Prozesskosten, Beständen und Fehlmengen sowie die Erhöhung des Gewinns.

Efficient Promotions (Effiziente Aktionen und Verkaufsförderung)

Efficient Promotions ist ein gemeinsamer Prozess von Hersteller und Handel, um die Aktions- und Verkaufsförderungsaktivitäten verstärkt auf den Konsumentenwert auszurichten (effektive Aktionen) und dabei gleichzeitig die Logistikkette zu beruhigen (effiziente Aktionen). Mit Hilfe gemeinsam optimierter Aktionen können die absatzseitigen Prozesse massiv beruhigt werden. Es können nicht nur Absatzmengen besser vorhergesagt, sondern auch die Auftragsschwankungen durch einen optimaleren Informationsaustausch abgeschwächt werden.

Efficient Product Introduction (Effiziente Produkteinführung)

Efficient Product Introduction optimiert den Prozess der Entwicklung und Einführung neuer Produkte, die eine Lösung für vollständig oder teilweise unbefriedigte Kundenbedürfnisse darstellen. Das Ziel besteht darin, durch gemeinsame Aktivitäten Produkte mit höherem Konsumentenwert zu entwickeln. Untersuchungen von ECR-Europe zeigen, dass Konsumgüterhersteller zwischen 8 und 16 % ihrer Nettoeinkünfte für Produktinnovationen ausgeben. Dieser Prozess erstreckt sich vom Konzept bis zu dem Moment, in dem der Konsument das neue Produkt in den Händen hält. Allerdings ist dieser Prozess gerade in der Entwicklungsphase nicht einfach umzusetzen, da Informationen in dieser entscheidenden Phase häufig hoch sensibel sind. Auch in der besten Partnerschaft besteht die Gefahr, dass Konkurrenten frühzeitig von den Ideen erfahren und vergleichbare Produkte schneller auf den Markt bringen. Daher erfolgt die Entwicklung von Produkten selbst bei Handelsmarken oftmals noch wenig koordiniert.

Neue Preissysteme

Die ECR-Strategien gehen oft mit neuen Preissystemen einher. Viele Lieferanten setzen auf neue, übersichtliche und transparente Konditionensysteme. Darin sind Preisnachlässe festgelegt, mit der die Effizienz der Supply Chain verbessert werden kann. Dies betrifft bei Procter & Gamble beispielsweise Kunden, die z. B. volle Paletten und ganze Lkw-Ladungen bestellen, pünktlich eintreffende Lkws rasch abfertigen und elektronische Bestellungen, Rechnungen und Zahlungen akzeptieren. Diese Preissysteme ermöglichen vor allem die Optimierung der Logistik des Herstellers. Allerdings haben derartige Preis- und Konditionensysteme auch komerzielle Konsequenzen und sind deshalb aus Handelssicht nicht unumstritten.

5.5 Planung

Austausch von Logistik- und Marketingdaten

Voraussetzung für eine optimierte Planung ist der effiziente Austausch von Logistik- und Marketingdaten. Dies beinhaltet einerseits die elektronische Übermittlung von Bestellungen, Rechnungen oder Lieferscheinen. Die hierdurch erreichten Effizienzgewinne sind beeindruckend. Andererseits bieten derartige Systeme auch eine Plattform, um Statistiken, POS-Daten, Planungsdaten sowie weitere Informationen den Partnern in einer Supply Chain zur Verfügung zu stellen. Wichtig in diesem Zusammenhang ist, dass diese Daten stets auf dem aktuellen Stand sind und alle involvierten Parteien, die am Datenaustausch beteiligt sind, zu den gleichen Daten Zugriff haben.

Bedeutung von EDI und Web-EDI

Der momentan gängigste Ansatz zum Datenaustausch in der Konsumgüterindustrie ist Electronic Data Interchange (EDI). EDI ermöglicht strukturierte Geschäftsdaten zwischen räumlich getrennten Anwendungen (Computersystemen) derart auszutauschen, dass diese von den DV-Systemen des empfangenden EDI-Partners automatisch verarbeitet werden können. Um diese Art des Datenaustausches zu gewährleisten, werden standardisierte Datenformate genutzt, die sozusagen das Regelwerk für die Abbildung der Informationen bilden. In der Konsumgüterindustrie hat sich der branchenübergreifende Standard EDIFACT (Electronic Data Interchange For Administration, Commerce and Transport) weitgehend durchgesetzt.

Prognosedatenaustausch

Die Einführung von Vendor-Managed-Inventory ist aufwendig und erfordert hohe Investitionen, die für kleine und mittlere Unternehmen häufig nicht tragbar sind. Beim Prognosedatenaustausch behält der Händler die Bestellhoheit und damit die volle Verantwortung für sein Lager. Um dem Hersteller die Möglichkeit zu geben, seine Produktion und/oder Lieferbereitschaft besser zu planen, werden Bedarfsprognosen mit einer vorab definierten Eintrittswahrscheinlichkeit vom Händler übermittelt. Dies kann auch mehrmals und rollierend mit steigenden Wahrscheinlichkeiten erfolgen. Der Vorteil für den Händler liegt dabei in einer besseren Lieferfähigkeit seines Lieferanten und der Senkung der totalen Systemkosten. Der Hersteller strebt einen insgesamt stetigeren Produktionsablauf sowie kontinuierlichere Logistikflüsse an.

Die Genauigkeit der Prognosen sollte möglichst hoch und zuverlässig sein. Vor allem sind die Mengenprognosen des Handels auf Artikel- und Filialebene meist ungenau. Mit Hilfe von Scanner-Daten und Data Mining-Methoden kann die Qualität der Prognosen verbessert werden. Da jedoch auch die besten Prognosen nie völlig genau sein können, müssen beide Partner ihre Reaktionsfähigkeit durch flexible Organisationen verbessern. Die Vorteile des Prognosedatenaustausches für den Hersteller sind eine bessere Produktionsplanung, eine niedrigere Lagerhaltung, die schnellere Reaktion auf Marktveränderungen, frischere Ware sowie der Abbau von Retouren und Rechnungsdifferenzen. Für den Händler sind die Nutzeneffekte eine verbesserte Produktverfügbarkeit, eine bessere Reaktion auf künftige Lieferprobleme sowie frischere Ware für den Kunden.

Collaborative Planning, Forecasting and Replenishment (CPFR)

Die gemischten Erfahrungen mit Efficient Replenishment haben gezeigt, dass es nicht ausreicht, nur den Nachschub der Normalware zu steuern. Es müssen auch Aktionen und Neueinführungen berücksichtigt werden. Händler und Hersteller verfügten lange Zeit kaum über Instrumente, um auf Artikelebene fundierte Vorhersagen über Verkaufsmengen zu machen. Analysen zeigen, dass die Verfügbarkeit entscheidend verbessert werden kann, wenn Handel und Hersteller in diesem Bereich zusammenarbeiten.

Collaborative Planning, Forecasting and Replenishment (CPFR) steht daher für einen partnerschaftlichen Planungs-, Prognose- und Warenversorgungsprozess. Die Zusammenarbeit beginnt mit einem Geschäftsplan (Planning), den ein Handelsunternehmen und ein Lieferant gemeinsam entwickeln. Darauf basieren dann die Vorhersagen der Mengen (Forecasting), die bei zukünftigen Aktionen und Neueinführungen erwartet werden. Der reguläre Nachschub (Replenishment) erfolgt schließlich wieder über bekannte Efficient Replenishment Systeme.

Collaborative Systems

In Zukunft könnten durch Collaborative Systems (CS) weitere neue Kooperationsfelder für Schnelle Supply Chains aufgebaut werden. Procter & Gamble beschreibt Collaborative Systems als gemeinsame virtuelle Arbeitsplätze: Handel und Industrie arbeiten mit den gleichen Daten, Prozessen und Systemen. Beim Aufbau eines Collaborative Systems werden im ersten Schritt auf einer Extranet-Site statische Daten und Informationen ausgetauscht. In einer zweiten Phase geht es um Dynamic Information Sharing und um die Integration bestehender Anwendungen. Der Einsatz von Collaborative Systems wird bestehende Kooperationen effektiver und effizienter machen und neue Kooperationsbereiche erschließen.

Kundenorientierte Prozessorganisation

Unternehmen der Konsumgüterindustrie richten ihre Organisation zunehmend prozessorientiert aus. Viele Firmen haben ihre Organisation umgebaut und Category Management Teams oder Customer Business Development Teams eingeführt. Diese Teams sind jeweils für den Gesamtprozess verantwortlich und setzen sich häufig zusammen aus Verkäufern, Produktmanagern sowie Mitarbeitern aus den Bereichen Logistik, Finanz, Marketing und Informationstechnologie.

Schnelle Supply Chains	
Branche	„Dominant Design“-Industrie wie Nahrungs- und Konsumgüterindustrie
Beispiele	Procter & Gamble, Sara Lee, dm-drogerie markt, Nestlé, Wal-Mart, Unilever, Tesco
Zielsetzung	Gestaltung schneller, reaktiver Supply Chains für einfache Produkte mit eher kurzen Innovationszyklen.
Vorgaben Markt und Kunden	• Sinkende Anteile an Ausgaben • Zunehmender Wettbewerb • Steigende Konzentration und Internationalisierung des Handels • Hohe Bedeutung von Verfügbarkeit und Preis • Efficient Consumer Response
Vorgaben Produkt und Technologie	• Reife Technologien • Inkrementelle Innovationen • Denken in Kundenlösungen
Konsequenzen für die Beschaffung	• Zentralisierung der Beschaffung • Efficient Replenishment (Effizienter Nachschub) • Vendor-Managed-Inventory-Konzepte • Cross Docking • Transportoptimierung • Category Logistics
Konsequenzen für die Produktion	• Zentralisierung der Produktion • Internationalisierung der Produktion • Abbau Variantenvielfalt
Konsequenzen für die Distribution	• Category Management • Efficient Assortment (Effiziente Sortimente) • Efficient Promotions (Effiziente Aktionen) • Efficient Product Introduction • Neue Preissysteme
Konsequenzen für die Planung	• Austausch von Logistik- und Marketingdaten • Bedeutung von EDI und Web-EDI • Collaborative Planning, Forecasting and Replenishment • Collaborative Systems • Kundenorientierte Prozessorganisation

Tab. 19: Kennzeichen und Konsequenzen für die Gestaltung „Beweglicher Supply Chains”

III.4 Internet und Supply Chain Management*

1 Internet: Eine kritische Bestandsaufnahme

Lässt man die letzten knapp zwei Jahre Revue passieren erkennt man, dass der Internet-Hype inzwischen der Ernüchterung gewichen ist. Viel sollte das Internet bringen: Vom Ende des Handels, ja sogar vom Verschwinden der Zürcher Bahnhofsstrasse war die Rede. Disintermediation versprach das Ende des Mittelmanns. Elektronische Marktplätze sollten für jede Art von Gütern effiziente und damit günstigere Märkte bringen. Nationale Grenzen waren plötzlich ohne Bedeutung, sollte man doch überall auf der Erde rund um die Uhr beim günstigsten Lieferanten einkaufen können. Über allen Entscheidungen schwebte die Angst, zu spät zu kommen, den Wandel zum rein virtuellen Unternehmen nicht schnell genug zu schaffen.

Der Hype ist vorbei. Langsam beginnt sich der Nebel überambitionierter Vorankündigungen zu lichten und man bekommt einen Blick auf die sich entwickelnde Landschaft. Mit ein wenig nüchterner Betrachtung und gesundem Geschäftsverstand beginnen die meisten Unternehmen sich nun mit der Frage zu beschäftigen, inwieweit das Internet ihre individuelle Situation verbessern kann und wo sie selbst am ehesten Vorteile für sich realisieren können. Auch wenn die Veränderungen nicht so gross sind wie prophezeit, hat sich doch vor allem im Bereich des Business-to-Business (B2B), also des Geschäfts zwischen Unternehmen, vieles dauerhaft verändert.

Das Internet hat sich als neues Informations- und Kommunikationsmedium etabliert. Da der Austausch von Daten und Informationen sowie Wissen zwischen Unternehmen eine übergeordente Rolle spielt, wird das Supply Chain Management zukünftig enorm vom Internet profitieren.

---

* Wir danken Jan Felde für seine Mitarbeit an diesem Kapitel. Die Ergebnisse stammen vorwiegend aus dem Forschungsprojekt „Supply Chain Design @ Internet", das in den Jahren 2001-2002 vom Institut für Technologiemanagement an der Universität St. Gallen (HSG) durchgeführt wurde [www.supply-chain.ch]. An diesem Projekt beteiligten sich Siemens Mobile, 3M Deutschland, Hewlett-Packard CSDE, Schott Glas, Novartis Pharma, Bossard sowie die Swatch Group. Zielsetzung des Projektes war die Untersuchung der Chancen und Risiken sowie der Austausch von Successful-Practices im Hinblick auf die Nutzung der Internettechnologie im Supply Chain Management.

2 Zukünftige Entwicklungen

Die vom Institut für Technologiemanagement im Jahr 1999 durchgeführte Studie (vgl. dazu Kapitel I.4 Empirische Ergebnisse) zeigt deutlich, dass die Leistungsbeschaffung sowie –distribution in Zukunft beim Großteil der befragten Unternehmen im Mittelpunkt stehen wird (vgl. Abbildung 100). Die Optimierung der Schnittstellen zu den Lieferanten, Vertriebspartnern und Kunden gewinnt stark an Bedeutung, während der Stellenwert der Leistungserstellung den anderen Bereichen gegenüber abnimmt. Hieraus zeigt sich der Versuch vieler Unternehmen, eine Differenzierung über neue Leistungsfelder zu erreichen. Optimierungspotenziale werden nicht mehr innerhalb des eigenen Unternehmens gesehen, sondern insbesondere in der Nutzung der Fähigkeiten und Kompetenzen von externen Partnern bzw. in der partnerschaftlichen Kooperation über mehrere Stufen in der Supply Chain.

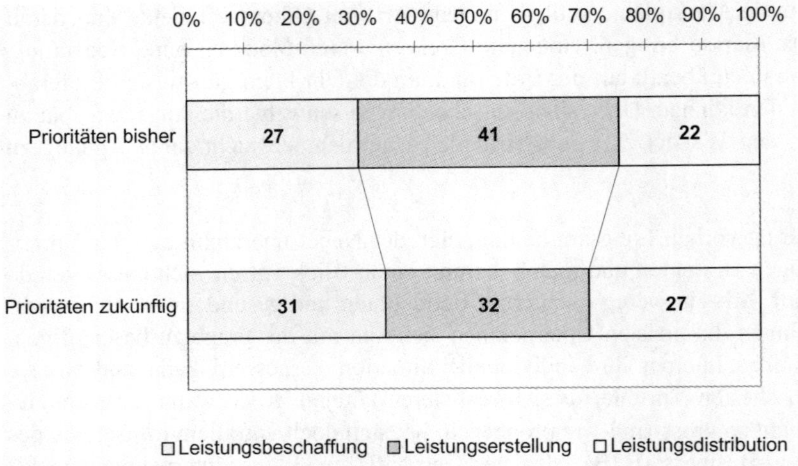

Abb. 100: Zukünftige Priorität: Optimierung der Beschaffungs- und Distributionskette

Gerade durch das Internet soll diese unternehmensübergreifende Kooperation vereinfacht und optimiert werden. Unternehmen erwarten sich durch diese neue Technologie eine einfache, schnelle und effiziente Übermittlung von Daten und Informationen innerhalb der Wertschöpfungskette und haben sich bereits intensiv mit den potenziellen Möglichkeiten des Interneteinsatzes im Supply Chain Management auseinandergesetzt. Die Ergebnisse der Studie verdeutlichen auch, dass der Großteil der befragten Unternehmen das Internet vor allem in der Optimierung der Beschaffungsprozesse einsetzen. So haben rund 18 Prozent erste Erfahrungen in Bezug auf den Einsatz des Internets in der Beschaffung gesammelt (vgl. Abbildung 101).

Dass das Internet gerade in diesem Bereich noch eine große Rolle spielen wird zeigt sich auch daran, dass knapp die Hälfte der Unternehmen plant, die Internet-Technologie zukünftig verstärkt in der Beschaffung einzusetzen. In der Distribution sieht die Situation ein wenig anders aus: So arbeitete im Jahr 1999 knapp ein Drittel bereits mit dem Internet, allerdings plant fast die Hälfte der befragten Unternehmen, die Internet-Technologie weniger intensiv in der Distribution einzusetzen.

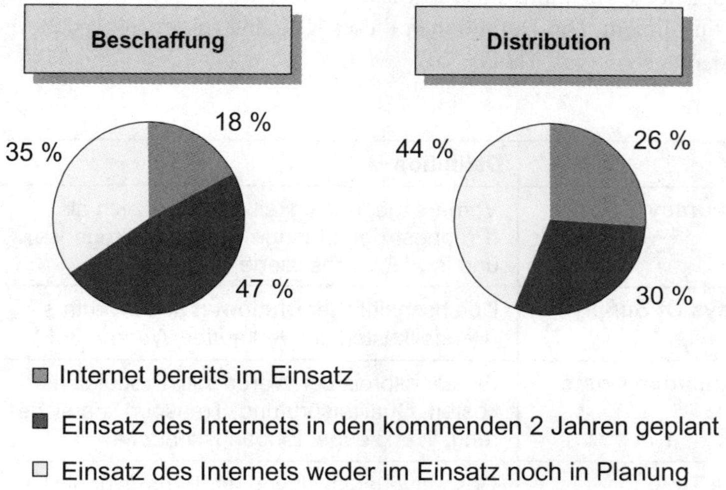

Abb. 101: Interneteinsatz in der Beschaffung und Distribution

3 Erfolgreiche Anwendungen des Internets im Supply Chain Management

3.1 Strukturierung mittels SCOR-Modell

Um die Erfolgspotenziale des Internets für das Supply Chain Management zu identifzieren, wurde das bereits erwähnte SCOR-Modell (vgl. dazu Kapitel III.3 in diesem Buch, S. 246) zur Strukturierung eingesetzt. Zunächst wurde untersucht, wie das Internet in der Beschaffung, Produktion, Distribution sowie Planung sinnvoll eingesetzt werden kann, welche Veränderungen sich dadurch im Supply Chain Management ergeben und welche erfolgreichen Lösungen bereits in Bezug auf die einzelnen SCOR-Prozesse existieren.

Gleichzeitig stellen sich Unternehmen immer wieder die Frage, was der Einsatz des Internets schlussendlich bringt. Die Zielsetzung ist deshalb herauszufinden, wie der Einsatz der Internet-Technologie bzw. die Implementierung Internet-basierter Konzepte ausgewählte Key Performance Indicators (KPI) beeinflusst. Die wichtigsten und aussagekräftigsten KPI aus dem SCOR-Modell, die im Supply Chain Management eine große Rolle spielen, sind Forecast Accuracy, Inventory Days of Supply, Product Acquisition Costs, Source Cycle Time, Total Source Lead Time, Capacity Utilization, Cash-to-Cash Cycle Time, Out-of-Stock sowie Perfect Order Fulfillment. Die Definitionen dieser KPI sind in der folgenden Tabelle kurz wiedergegeben (vgl. Tabelle 20).

KPI	**Definition**
Forecast Accuracy	Vorhersagegenauigkeit errechnet sich als (Prognostizierte Menge – Varianz Prognose und Ist) / Prognostizierte Menge.
Inventory Days Of Supply	Durchschnittlicher Bruttowert des Inventars / (Herstellkosten der verkauften Waren / 365).
Product Acquisition Costs	Einstandspreis der Waren inkl. Produktionskosten, Qualitätsprüfung, Transport, Versicherung, Werkzeuge, Eingangskontrolle.
Source Cycle Time	Gesamtvorlaufszeit von der Bedarfsidentifikation in der Produktion bis die Waren der Produktion zur Verfügung stehen.
Total Source Lead Time	Beschaffungsvorlaufzeit von der Bedarfsmeldung an den Einkauf bis zum Wareneingang.
Capacity Utilization	Maß für die Intensität der Nutzung einer Ressource für die Herstellung eines Produktes oder eines Service.
Cash-to-Cash Cycle Time	Zeitspanne, bis jenes Geld, welches für Rohmaterial ausgegeben wurde, wieder zurück an das Unternehmen fließt.
Out-of-Stock	Anzahl der Bestellpositionen, die nicht innerhalb der Lieferfrist aus dem Lager bedient werden können.
Perfect Order Fulfillment	Bestellung mit folgenden Anforderungen: vollständig, einwandfrei, weder zu früh noch zu spät, vollständig dokumentiert, richtig konfiguriert, korrekt installiert.

Tab. 20: Wichtige Key Performance Indicators des SCOR-Modells

3.2 Prozess-Performance-Matrix

Die Erfolgspotenziale durch den Einsatz der Internet-Technologie können in einer Prozess-Performance-Matrix (vgl. Abbildung 102) erfasst werden. Sie zeigt die Potenziale ausgewählter Internet-basierter Lösungen zusammen mit den Auswirkungen auf die wichtigsten Key Performance Indicators des SCOR-Modells.

Die größten Erfolgspotenziale eines Interneteinsatzes liegen bei gemeinsamer Planung (CPFR), durchgängiger Transparenz der Lagerbestände und Lieferantendaten (Inventory Visibility), Vendor Managed Inventory (VMI), Auctions sowie bei der Kapazitätsplanung und beim Scheduling. Die Qualität der Vorhersagen bzw. Prognosegenauigkeit (Forecast Accuracy), die Lagerbestandshöhe (Inventory Days of Supply) sowie die Zeit für die vollständige Bearbeitung einer Bestellung (Total Sourcing Lead Time) sind die KPIs, die durch den Einsatz des Internets am stärksten positiv beeinflusst werden. Insgesamt sieht man, dass die Unternehmen die größten Erfolge im Bereich der Planung und der Beschaffung erwarten. Die Einsatzmöglichkeiten der Internet-Technologie im Planungs-, Beschaffungs-, Produktions- sowie Distributionsprozess werden in weiterer Folge detailliert beschrieben und anhand von Praxisbeispielen erläutert. Gleichzeitig wird auch der Einfluss auf die einzelnen KPIs untersucht.

Konzepte und möglicher Einsatz des Internetes		Forecast Accuracy	Inventory days of supply	Product Acquisition Costs	Source Cycle Time	Total Sourcing Lead Time	Capacity Utilization	Cash-to-Cash Cycle Time	Out-of-Stock	Perfect Order Fulfillment
PLAN	**E-enabled Inventory Visibility**	◔	●		◔	◔	◕		◔	◔
	E-enabled VMI, CRP	◑	◕		◔			◔	◔	◔
	Web-EDI	◑	◑		◔	◑			◑	
	E-enabled CPFR / APS	●	◕			◑	◑		◑	◔
SOURCE	**Auctions**			◕	◕	◔			◔	
	Online Request for Quotation			◔	◕	◔				
	Pooling via Internet		◑	◕					◔	
	Risk-Pooling		◑	◔					◔	
MAKE	**Production Monitoring**		◔		◔	◔	●			
	E-Kanban & Automated Ordering		◔			◔		◔		◔
DELIVER	**Direct Order Entry**									◑
	Catalogs	◔		◔						◔
	Electronic Invoicing							◕		

Einflussnahme: ● Sehr stark ◕ Stark ◑ Mittelmässig ◔ Schwach

Abb. 102: Prozess-Performance-Matrix zur Identifikation der Potenziale des Internets

3.3 Einsatz des Internets in der Planung

Dem Internet kommt bei der gemeinsamen Planung die größte Bedeutung zu. Die Optimierung der Supply Chain über mehrere Stufen erfordert jedoch zunächst eine gemeinsame Ausgangsposition für alle beteiligten Unternehmen: Wichtigste Voraussetzung für eine unternehmensübergreifende Planung ist eine gemeinsame Datenbasis - alle Beteiligten in der Supply Chain sollten die Möglichkeit haben, Bestands- und Auftragsdaten online einsehen zu können, um die Aktivitäten in der Supply Chain effizient und koordiniert zu steuern.

3.3.1 Inventory Visibility

Inventory Visibility ist die zeitnahe Verfügbarkeit von Lagerbestandszahlen in allen Teilen des Unternehmens. Inventory Visibility wirkt am stärksten auf den Key Performance Indicator „Inventory Days of Supply". Zunächst mag es erstaunlich wirken, dass allein die Übersicht über aktuell vorhandene Lagerbestände schon zu einer Lagerbestandsreduktion führt. Hier sieht man die Wirkung des alten Grundsatzes „You get what you measure", dass nämlich allein die Verfügbarkeit und Messung einer Kennzahl bereits zu Verhaltensänderungen führen kann. Besonders im Rahmen von Veränderungsprozessen gilt, dass die Offenlegung der Daten es den einzelnen Teilbereichen im Unternehmen ermöglicht, die Daten zu vergleichen.

Inwieweit das Internet bei den Veränderungsprozessen ein echter Treiber sein kann, hängt stark von der Aktualität der Daten ab. So kann die Konsolidierung der einzelnen ERP-Systeme bis zu vier Wochen dauern. Die Daten sind dann entsprechend veraltet und können kaum noch ihre Steuerfunktion übernehmen. Grundsätzlich unterstützt die Sichtbarkeit der Bestandsdaten aber das Ziel, die Lagerbestände zu reduzieren, weil die Notwendigkeit von Bestellungen transparenter wird. Erst der aktuelle Datenbestand erlaubt auch eine effizientere Optimierung von Bestellzeitpunkten und -mengen.

3.3.2 Web-EDI

Web-EDI, also der Austausch von Anfrage-, Auftrags- und Rechnungsdaten über eine definierte Schnittstelle auf Basis von Internet-Technologien, hat positive Auswirkungen auf die Forecast Accuracy (Prognosegenauigkeit), Inventory Days of Supply (Lagerbestandshöhe), Sourcing Lead Time (Bestellvorlaufszeit) sowie die Reduktion bzw. Vermeidung von Out-of-Stock-Situationen (Lieferunfähigkeit). Ähnlich wie bei Inventory Visibility, eine rein nach innen gerichtete Maßnahme, kommt es bei der Nutzung von Web-EDI zu einer Verbesserung der Informationen zwischen zwei Unternehmen.

Durch den elektronischen Austausch stehen die Daten anschließend beiden Unternehmen zur Planung und Steuerung in ihren jeweiligen DV-Systemen zur Verfügung. Aus den beiden unabhängigen Unternehmen entsteht ein sogenanntes „virtuelles Unternehmen".

Echte Online-Schnittstellen mit direkter Verbindung zwischen den DV-Systemen der einzelnen Bereiche sind bei vielen Unternehmen noch selten. Bisher hat sich noch kein einheitlicher Standard für den Datenaustausch etabliert, so dass sich ein Großteil der zu erwartenden Effizienzsteigerungen erst einstellen dürfte, wenn auch ein einheitliches Datenformat vorhanden ist. Für einige Großkunden werden weiter EDI-Verbindungen genutzt bzw. in ein XML-Format (XML = Extensible Markup Language) konvertiert. Für die Masse der Beziehungen aber sind solche Anstrengungen aufgrund des hohen Abstimmungsaufwandes derzeit noch nicht lohnend. So ist beispielsweise Philips als wichtiger Kunde für die Schott-Bildröhrenproduktion über ein solches Interface direkt mit der Auftragsabwicklung von Schott verbunden. Wenn sich aber nicht bald Branchenstandards für die Datenformatierung und Semantik etablieren, drohen Web-EDI und XML an den gleichen Hürden zu scheitern, wie vormals EDI.

3.3.3 Vendor Managed Inventory

Vendor Managed Inventory (VMI) ist ein Konzept, bei welchem dem Lieferanten die Verantwortung für die Verfügbarkeit seiner Produkte im Lager des Kunden übertragen wird und er entsprechend die notwendigen Lagerdaten erhält. Bekannt geworden ist VMI durch Fallstudien von Campbell Soup oder der Printer-Division von Hewlett-Packard. Es ist ein Ansatz, der auch ohne den Einsatz des Internets große Erfolge bei der Reduktion des Peitscheneffekts verspricht, weil er aus der Supply Chain ein Glied, das die Informationen verfälschen könnte, hinausnimmt. VMI hat starke positive Auswirkungen auf Inventory Days of Supply.

> Um sich beim Kunden dauerhaft als Lieferant zu etablieren, nützt der Chemiekonzern BASF in Ludwigshafen das Konzept „Vendor Managed Inventory". Im Gegensatz zum bisherigen Prozess der Kundenauftragserfüllung wird im Rahmen von VMI die Verantwortung der Bestandsüberwachung und Prognose auf den Kunden übertragen. Der Kunde, der ein BASF-Produkt benötigt, gibt eine langfristige Bedarfsprognose ab. Die BASF liefert anschließend die notwendigen Bestände an. Beiden Seiten bringt dieses Konzept entscheidende Vorteile: Der Kunde hat weniger Bestellaufwand und keine Nachschubschwierigkeiten. BASF kann „Feuerwehr"-Aktionen (d. h. kurzfristige „ad-hoc"-Lieferungen) eliminieren, hebt sich positiv vom Wettbewerb ab und kann den Kunden langfristig an sich binden.

3.3.4 Collaborative Planning, Forecasting and Replenishment

Collaborative Planning, Forecasting and Replenishment (CPFR) wirkt am stärksten auf die Prognosegenauigkeit und damit auf den KPI „Inventory Days of Supply". CPFR ist ein softwaregestützter Prozess, bei dem alle an der Erfüllung des Kundenauftrags beteiligten Parteien gemeinsam die Planungsparameter für diesen Auftrag anpassen.

Eine gemeinsame Planung über Unternehmensgrenzen hinweg setzt voraus, dass alle Unternehmen in einer Supply Chain auf einen gemeinsamen Datenbestand zugreifen können. Neben EDI, das aber recht hohe Investitionen in einen gemeinsamen Datenstandard und gegebenenfalls auch Abogebühren bei einem der Anbieter von EDI-Diensten nach sich zieht, ist das Internet die einzige wirklich funktionierende Plattform für eine derartige kooperative Zusammenarbeit. Mit modernen Verschlüsselungsverfahren lassen sich mittlerweile ausreichend sichere Verbindungen zu allen Beteiligten aufbauen. Da die gesamten Daten bei einem der Unternehmen auf einem zentralen Rechner gespeichert werden, haben im Prinzip alle Beteiligten Zugriff auf den gleichen Datenbestand.

Die gemeinsame Planung erfolgt in solchen Systemen überwiegend zentral. Dabei wird das Internet, d.h. ein Webinterface, genutzt, um allen Bereichen, die zur Gesamtplanung beisteuern, den Zugriff auf die zentrale Datenbank zu ermöglichen. Keine der Unternehmen verfügt über ein einheitliches ERP-System, welches einen unternehmensweiten Überblick über Bestände und Aufträge ermöglicht. Vor allem jene Firmen, die durch Akquisition gewachsen sind, sehen sich einer Vielzahl von Systemen von teilweise konkurrierenden Herstellern gegenüber.

> Beim „Collaborative Planning"-Modell des Pharmakonzerns Novartis werden die Planungsdaten hauptsächlich von den vielen konzerneigenen Vertriebsgesellschaften geliefert. Bei der Swatch Gruppe sind es die konzerneigenen Verkaufsstellen, die sogenannten Swatch-Shops, aber auch eine Vielzahl unabhängiger Vertriebsgesellschaften, die ihre Absatzplanungen, Lagerbestände und Point-of-Sale-Daten in das zentrale System eingeben.

Der Sicherheitsaspekt ist in vielen Fällen sehr kritisch, da Planungsdaten zu den sensitivsten Firmendaten gehören. In der Regel werden daher keine Internet-, sondern überwiegend Intranet-Anwendungen genutzt, die aber mit geringem Mehraufwand global verfügbar gemacht werden könnten. Als Hemmnis für eine umfassende und unternehmensübergreifende Planung erweist sich nach wie vor die vorhandene Rechenkapazität. Algorithmisch sind die heute verfügbaren Advanced Planning Systeme (APS) nicht besonders anspruchsvoll. Jedoch erreicht der zu untersuchende Lösungsbaum bereits bei wenigen Hundert Komponenten eine derartige Größe sowie eine so hohe Berechnungszeit, dass eine Optimierung der Planung bei den heutigen Rechnerpreisen nur für die kritischen Komponenten machbar ist.

Der Siemens Konzern hat sich auf eine einheitliche E-Commerce Strategie mit einheitlichen Systemen festgelegt. Die Systemlandschaft steht dabei auf den drei Säulen Buy-Side auf Basis von Commerce-One, Sell-Side auf Basis einer IBM-Lösung verbunden durch die Planungssoftware i2-Rhythm. Auch bei Siemens Mobile wird an der Umsetzung der Konzern-Strategie gearbeitet. So können mit dem Collaborative Planner von i2 Kundenbestellungen mit den eigenen und den Produktionskapazitäten der Lieferanten abgeglichen werden. Mit den Daten des bestehenden ERP-Systems und den von den Lieferanten über ein Web-Frontend eingegebenen Planungen kann ein optimiertes Produktionsprogramm berechnet werden. Dabei umfasst die Kollaboration und Optimierung zur Zeit nur den Austausch von Planungsdaten, weitere Ausbaustufen sind aber in Planung. Durch die Komplexität des Optimierungsprogramms konnte auch Siemens nur die 100 wichtigsten und kritischsten Komponenten in sein APS System aufnehmen und optimieren. Zur Zeit sind die Lieferanten über ein reines Web-Interface angebunden. Sie erhalten so Informationen über die Bedarfe von Siemens Mobile und können ihrerseits Verfügbarkeiten und Lieferpläne eingeben. Dem Disponenten werden daraufhin nur noch die Ausnahmesituationen, die sogenannten Exceptions, angezeigt, bei denen ein weiteres Einschreiten notwendig ist, um gemeinsam die Prognosen erreichen zu können. In weiteren Ausbaustufen ist zusätzlich eine direkte und automatische Anbindung an die DV-Systeme weiterer Lieferanten vorgesehen. Ausgehend von wenigen Pilot-Nutzern wird das System aktuell auch bei den übrigen Lieferanten eingeführt. Als entscheidend für den Erfolg der Kollaboration sieht Siemens Mobile die aktive Zusammenarbeit und eine echte Einbeziehung beider Partner in den Planungsprozess an.

3.4 Einsatz des Internets in der Beschaffung

Die Nutzung der Internet-Technologie ist in der Beschaffung am weitesten fortgeschritten. Das Internet wird zum Marktplatz, Lieferanten treffen auf Einkäufer, Preisvergleiche können ohne Zeitaufwand getroffen sowie Kataloge virtuell durchgeblättert werden. Die größten Vorteile durch den Einsatz des Internets in der Beschaffung konnten bei vielen Unternehmen im Bereich der Prozessbeschleunigung realisiert werden. Preisreduktionen, wie sie regelmäßig plakativ vermeldet werden, sind selten oder haben sich oft als einmalige Effekte erwiesen.

3.4.1 Auktionen

Auktionen führen vor allem zu niedrigeren Produkteinstandskosten. Bei einer klassischen Auktion erhält der Bieter mit dem höchsten Angebot den Zuschlag. In der Beschaffung werden meist Reverse-Auctions durchgeführt, Auktionen, bei denen die Einkäufer den Bedarf ausschreiben und die Lieferanten mit entsprechenden Angeboten darauf reagieren. Der Einkäufer initiiert quasi einen direkten Wettbewerb unter den Lieferanten und bestimmt selbst, unter welchen Regeln dieser Wettbewerb stattfinden soll. Es wird nicht mit jedem Lieferanten einzeln verhandelt, sondern die Lieferanten bieten innerhalb eines vorbestimmten Zeitfensters gegeneinander, sodass der Einkäufer in kurzer Zeit einen genauen Überblick über die Angebotssituation und die Preis-/Leistungsverhältnisse erhält. Bei Reverse-Auctions erhält jener Lieferant den Zuschlag, der zum niedrigsten Preis die Waren liefern kann. Durch die Nutzung des Internets lassen sich Auktionen preisgünstig durchführen, da für alle Beteiligten das Führen von Telefonaten, das Vereinbaren von Terminen sowie das Anreisen und Abhalten von Besprechungen entfallen. Zusätzlich führen Auktionen im Internet zu einer größeren Bieterzahl und damit zu besseren Preisen.

Im August 2000 versteigerte die Beiersdorf AG den Quartalsbedarf von 50.000 Europaletten für den Bereich Norddeutschland im Internet. Hauptziel des Projektes war es, erste Erfahrungen mit Internetauktionen zu sammeln. Die Palettenauktion startete nach zweiwöchiger Vorbereitungszeit. Im Vorlauf hatte Beiersdorf die Anforderungen an die Ladungsträger genau beschrieben. Die Lieferanten hatten eine Woche Zeit, sich mit den technischen Gegebenheiten der Auktion auseinander zu setzen. Das Unternehmen erreichte eine Preisreduktion von rund 10 % sowie eine Verringerung der Prozesszeiten um bis zu 75 %. Das Einkaufsvolumen bei Beiersdorf beträgt im Jahr weltweit 2,3 Mrd. DM, in Deutschland sind es rund 1 Mrd. DM. Beiersdorf rechnet damit, dass der Einkauf via Internetauktion einmal einen Anteil von 10 – 25 % des gesamten Wertvolumens erreichen wird.

Ein Großteil der Unternehmen hat erste Experimente bezüglich des Einsatzes des Internets in der Beschaffung über Online-Auktionen gesammelt. Ein einfacher Weg, um erste Erkenntnisse zu gewinnen, ist der Kauf einiger Probeauktionen bei einem einschlägigen Anbieter. Damit lassen sich erste wertvolle Erfahrungen sammeln, ohne allzu viel Geld dafür investieren zu müssen.

Die Ergebnisse der ersten Auktionen bei der Bossard AG und bei Schott Glas waren recht unterschiedlich. Während die Bossard AG bei der Beschaffung des Jahresbedarfes an Schrauben eines Großkunden bei einer Auktion eine Preisreduktion von über 30 % erreichen konnte, verlief die erste Auktion von Verpackungsmaterial bei Schott Glas weniger erfolgreich. Die Ursachenanalyse ergab, dass zu dem Zeitpunkt der Auktion alle Anbieter voll ausgelastet und damit nicht auf den Auftrag angewiesen waren. Die immer wieder propagierte Erweiterung des Lieferantenstammes durch Online-Auktionen kam deshalb nicht zu Stande, weil alle Lieferanten erst einen Qualifizierungsprozess durchlaufen müssen, gänzlich unbekannte Lieferanten daher gar nicht mit in die Auktion einbezogen werden konnten. Zu einem späteren Zeitpunkt, als sich die Marktsituation konjunkturbedingt etwas mehr in Richtung eines Käufermarktes entwickelt hatte, wurde die Auktion des Verpackungsmaterials erneut durchgeführt. Beim zweiten Versuch kam es zu der erwünschten Preisreduktion, allerdings nicht in der Größenordnung wie im Beispiel von Bossard. Das größte Einsparungspotenzial sieht Schott Glas daher auch nicht beim Einstandspreis, sondern vor allem bei den geringeren Prozesskosten.

Die meisten Auktionsbetreiber bieten als Application Service Provider auf ihren Rechnern die für die Durchführung von Auktionen notwendige Infrastruktur sowie zusätzliche Dienstleistungen an.

An der Palettenauktion von Beiersdorf nahmen 13 Unternehmen teil. Zwei Drittel der Lieferanten waren den Beiersdorf-Einkäufern schon bekannt. Weitere Palettenhersteller lieferte der Auktionsdienstleister Goodax.com. Diese Erweiterung des Lieferantenspektrums gehört zu den wichtigen Vorteilen, die das Engagieren eines externen Auktionsdienstleisters bietet. Goodax.com führt jährlich zahlreiche Auktionen durch und verfügt damit über viel Erfahrung. Neben dem Bereitstellen des technischen Service bietet der Dienstleister zusätzliche Beratungsleistungen an. Eine Dienstleistung, die sehr wichtig ist, denn die meisten Einkäufer und Verkäufer besitzen heute noch wenig bis keine Erfahrungen mit Internetversteigerungen und können ohne Beratung Fehler machen. Die Kosten für die Dienstleistungen von Goodax.com betragen bei einem Palettenvolumen von 62.000 Stück durchschnittlich 2 - 3 % vom Einkaufspreis. Hinzu kommt eine Basisgebühr von 2.000 bis 5.000 Euro, die ausschließlich der Auktionsanbieter zahlt. Lieferanten haben keine Gebühr zu entrichten. Goodax.com will so seine Neutralität gewährleisten.

Von vielen Unternehmen wird die Tatsache herausgestrichen, dass eine Auktion den Beschaffungsprozess auf eine einzige Variable, nämlich den Preis, reduziert. Dies bedingt, dass alle anderen Variablen vorher im Rahmen der Ausschreibung festgelegt werden müssen. Insbesondere ist zu überprüfen, ob der Lieferant überhaupt in der Lage sein wird, den zu erteilenden Auftrag auszuführen, d.h., ob er über die Kapazitäten und das entsprechende Know-how verfügt sowie die Service- und Qualitätsanforderungen erfüllen kann.

Auch die Puma AG mit Sitz in Herzogenaurach machte ihre ersten Erfahrungen mit E-Procurement durch eine Reverse Auction von Schuhkartons auf der Plattform von Econia.com. Econia.com stellt sowohl die Technologie zur Ausführung einer Auktion im Netz als auch unterstützende Dienstleistungen bereit. Neben den 5 Altlieferanten von Puma wurden von Econia.com noch 20 neue Lieferanten aus Deutschland, Österreich und der Schweiz zur Auktion eingeladen. Den 25 potenziellen Lieferanten wurden über Econia.com Produktmuster der von Puma geforderten Schuhkartons zugesandt, um die genauen Spezifikationen deutlich zu machen. Letztendlich nahmen 11 Lieferanten an der Auktion teil. Der Endpreis unterbot letztendlich den Richtpreis von Puma um rund 30 %. Dieser Erfolg bestärkte Puma darin, weitere Auktionen, auch mit größerem Volumen zu tätigen. Alle bisher veranstalteten Auktionen haben Preisreduktionen zum Teil von erheblichen Umfang erbracht. Dass aber E-Procurement nicht immer ganz problemlos abläuft, hat Puma beispielsweise dadurch erfahren, dass bei einer Auktion der Lieferant, der den besten Preis abgab, trotz klarer Spezifikationen letztendlich nicht in der Lage war, den Artikel gemäß den Vorgaben zu produzieren. In diesem Fall musste Puma auf einen aktuellen Lieferanten zurückgreifen [vgl. Wöhrle 2001].

Die Nutzung von Marktplätzen wird in vielen Unternehmen mittlerweile wieder eher nüchtern betrachtet – negative Schlagzeilen über fehlgeschlagene Marktplätze haben die Skepsis in vielen Unternehmen anwachsen lassen. Dennoch erwartet man sich, dass zukünftig über Marktplätze erhebliche Kosteneinsparungen erzielt werden können. So befindet sich bei Siemens ein eigener Marktplatz in der Aufbauphase und auch die Bossard AG ist mit seinem Katalog auf einem Marktplatz vertreten.

Die Siemens AG will in drei Jahren über 50 % des Beschaffungsvolumens über den unternehmenseigenen Marktplatz „click2procure" abwickeln und externe Kunden an die Plattform anbinden. Das Einkaufsvolumen des Siemens-Konzerns beläuft sich auf rund 35 Mio. Euro. Derzeit werden bereits 10 % vollelektronisch abgewickelt. Der Anteil elektronischer Beschaffung soll in den nächsten Jahren deutlich erhöht werden. Über die Hälfte des Volumens, also rund 18 Mrd. Euro will Siemens dann über den neu geschaffenen Buy-Side-Marketplace „click2procure" beschaffen. Das Produktspektrum reicht dabei von Büromaterialien und –möbeln über Arbeitsschutzbedarf bis hin zu Installationsmaterial, Verbindungselementen oder Werkzeugen und C-Teilen/C-Artikeln. Der Marktplatz besteht im Wesentlichen aus katalogbasierten Bestellsystemen, elektronischen Ausschreibungs- und Auktions-Tools sowie einem breiten Spektrum an einkaufsrelevanten Informationsquellen wie beispielsweise der weltweiten interaktiven Lieferantendatenbank. Große Teile des Marktplatzes nutzt Siemens selbst bereits heute. So können Siemens-Einkäufer in Deutschland und USA – beide Länder decken rund 60 % des Siemens-Einkaufsvolumens ab – auf elektronische Kataloge mit mehr als 400.000 Artikeln zugreifen und dort Bestellungen durchführen. Neben der internen Anwendung erwartet sich Siemens zusätzliches Potenzial bei Fremdkunden. In Kürze soll der Marktplatz auch ausgewählten externen Partnern zur Verfügung stehen. Die Vorteile von „click2procure" sieht Siemens – neben einer höheren Tranparenz bezogen auf Lieferanten und Materialien – in erste Linie in der vereinfachten und schnelleren Prozessabwicklung sowie in zusätzlichen Materialkostensenkungen.

Für einen relativ kleinen Anbieter wie die Bossard AG, die sich für einen der Marktplatzanbieter entscheiden musste, ist es schwierig, die Vorteile klar zu benennen. Das über den Marktplatz abgewickelte Volumen ist noch vernachlässigbar klein; demgegenüber stehen die hohen Aufwendungen, um die Kataloge auf dem Marktplatz zu publizieren. Siemens hingegen hofft aufgrund seiner Größe, dass die Zulieferbetriebe nicht anders können, als den „hauseigenen" Marktplatz anzunehmen.

Bisher mangelt es den Marktplätzen noch zu oft an Liquidität und ähnlich wie bei den Auktionen sind kaum neue Lieferanten zu erwarten, so lange es sich nicht um standardisierte Commodities handelt. In jedem Fall müssen die Lieferanten vorher qualifiziert werden. Interessanterweise scheint es, dass die wenigsten Firmen ihre bekannten Lieferanten in „Arms's Length"-Manier behandeln wollen, da die Prozesskosten bei konfrontativen Beziehungen und häufigen Lieferantenwechseln bekanntlich sehr hoch sind.

3.4.2 Ausschreibungen

Ein „online“ durchgeführter Ausschreibungsprozess (Online-RFQ) führt vor allem zu einer Verkürzung der für die Abwicklung der Ausschreibung notwendigen Zeit. Verschiedene Ausbaustufen des Online-RFQ sind denkbar und werden eingesetzt. Der einfachste Fall, der allerdings nur die Laufzeiten der Dokumente verringern hilft, ist die Durchführung der Ausschreibung über E-Mail. Auch wenn der rechtliche Rahmen für elektronische Unterschriften zumindest in Deutschland inzwischen besteht, wird doch bei den meisten Firmen noch eine rechtsverbindliche Unterschrift auf Papier verlangt. Meist reicht es aber, wenn diese etwas später eintrifft.

In einer nächsten Ausbaustufe erfolgt die Aufbereitung der Ausschreibungsunterlagen durch die Ingenieure in einem Internet-basierten Ausschreibungssystem. Den Lieferanten können so alle notwendigen Designunterlagen elektronisch zur Verfügung gestellt werden. Arbeitet der Lieferant dann beispielsweise an den gleichen CAD-Zeichnungen, kann noch mehr Aufwand gespart werden.

> Schott Glas implementiert zur Zeit ein System, bei dem zuerst die Spezifikationen von den Entwicklern und Ingenieuren in einem speziellen Tool zentral erfasst werden. Die Anbieter können dann die Ausschreibungsdokumente auf Einladung hin ebenfalls über das Internet einsehen. Schott Glas verspricht sich davon vor allem bei wiederholten Auschreibungen eine Reduzierung der Prozesskosten, da alle Parameter einmal definiert und zentral abgelegt werden können.

3.4.3 Pooling

Pooling erfolgt bei den Unternehmen in zwei Formen. Beim Pooling von Einkaufsvolumen beschaffen mehrere Firmen ihre Bedarfe über eine gemeinsame Plattform. Sie können dadurch bessere Konditionen erzielen als wenn sie einzeln auf dem Markt auftreten würden. Pooling führt in diesem Fall zu niedrigeren Produkteinstandspreisen. Im Rahmen des Projektes „buy2gether“, das vom Institut für Technologiemanagement der Universität St. Gallen (HSG) mit kleinen und mittleren Unternehmen (KMU) aus der Bodensee-Region durchgeführt wurde, konnten erste Erfolge durch den gemeinsamen Einkauf über eine Internet-Plattform nachgewiesen werden. Gleichzeitig zeigte sich dabei, dass die Voraussetzung für internes oder externes Pooling professionelles Materialgruppenmanagement der Partner ist. Nur wenn die Materialgruppen über standardisierte Klassifikationen (z.B. BME-Cat) verglichen und aggregiert werden können, ist ein Pooling schnell und kostengünstig möglich.

Die andere Form des Pooling, die auch direkten Einfluss auf die Reduktion des Peitscheneffekts hat, ist die Verlagerung von Sicherheitsbeständen auf die nächsthöhere Ebene in der Supply Chain. Damit nicht jeder „Spieler“ in der Supply

Chain seinen eigenen Sicherheitsbestand hält, reicht auf einer höheren Stufe aufgrund von Portfolio-Effekten ein geringerer Sicherheitsbestand für beide (oder mehr) „Spieler".

Hewlett-Packard konnte die Lagerbestände dadurch verringern, dass ein Disponent jeweils ein SAP-Terminal für jede der Triadenregionen erhalten hat und so den Überblick über alle Bestände weltweit hatte. Wegen der kurzen Luftfracht-Lieferzeiten war der Disponent nun in der Lage, kurzfristig auftretende Extrabedarfe aus einem gemeinsamen virtuellen Sicherheitsbestand zu decken. Die gesamten Lagerbestände in der Supply Chain von Hewlett-Packard konnten so weiter gesenkt werden.

3.4.4 Elektronische Kataloge

Bei vielen Unternehmen gehört der katalogbasierte Einkauf von nicht-direkten Materialien (z.B. Büromaterial) über das Internet mittlerweile zur Routine. Diesem Tool wird deshalb kaum noch zugetraut, einen weiteren signifikanten Einfluss auf den Geschäftserfolg zu haben. In der Regel werden ein oder zwei Lieferanten je Standort oder Region ausgewählt, über die dann das gesamte Beschaffungsvolumen von bestimmten Artikeln abgewickelt wird. Je nach Lösung wird direkt auf den Katalog des Lieferanten zugegriffen oder der Lieferant stellt seine Daten in Form eines Kataloges beim Kunden zur Verfügung. Die meisten Unternehmen schließen ein Service Level Agreement mit dem Lieferanten ab, um die Lieferhäufigkeit sowie sonstige Modalitäten festzulegen. Die Bestellungen (beispielsweise von Büromaterial) werden häufig entweder von jedem Mitarbeiter in Eigenverantwortung erledigt oder über das Sekretariat gebündelt.

Zielsetzung des CPU (Corporate Purchasing)–Online Shops bei Schott Glas ist die Nutzung von Bündelungspotenzialen, die Stärkung der Marktposition durch eine gemeinsame Beschaffung sowie eine maximale Prozesseffizienz in der Beschaffung von C-Artikeln durch ein „Direct Purchasing System". Zeitgleich wurde durch den Online Shop inlandsweit eine Standardisierung der Artikel und eine Reduktion der Lieferantenanzahl ermöglicht sowie die Einkaufs- und Dispositionsabteilungen unterstützt. Durch die Inbetriebnahme des Online-Shop haben sich die Beziehungen zu externen Lieferanten positiv verändert. Gleichzeitig konnte eine Optimierung der Logistik durch kurze Lieferzeiten und Reduzierung der Lagerbestände erreicht werden. Die Kundenbeziehung (= Bedarfsträger intern) hat sich durch die sehr gute Akzeptanz dieses Tools verbessert und das verstaubte Einkaufsimage dramatisch verändert (Einkauf = Innovation). Durch die Standardisierung des Sortiments konnten Lagerbestände reduziert werden. Gleichzeitig erreichte man eine Beschleunigung der Bestellprozesse sowie eine Standardisierung der administrativen Tätigkeiten durch Prozessveränderungen.

3.5 Einsatz des Internets in der Produktion

In Produktionsprozessen ist der Einsatz des Internet weniger vielversprechend, da dort der Anteil informationsbasierter Aktivitäten am geringsten ist.

3.5.1 Kapazitätsplanung und Kanban

Ein Internet-basiertes Lagerbefüllungssystem, das auf dem Pull-System beruht, hat den Vorteil, dass ein echter Kundenauftrag die Bestellung auslöst. Dadurch verringert sich in häufig die Notwendigkeit von hohen Sicherheitsbeständen. Das Kanban-System beruht darauf, dass bei einer Massenproduktion die Handlager an der Montagestelle immer nur dann aufgefüllt werden, wenn sie bis zu einem bestimmten Punkt verbraucht sind. Ist dieser Punkt erreicht, legt der Montagearbeiter eine Kanban-Karte an eine bestimmte Stelle als Zeichen dafür, dass er jetzt neues Material benötigt. Die Karte löst dann den Lagerabruf oder die Bestellung aus.

Die Bossard AG bietet mit „SmartBin" eine Möglichkeit an, die Neubestellung automatisch anzustoßen. Die selbst entwickelte "ARIMS–Technologie" (Automated Remote Inventory Management System) stellt die Basis für SmartBin dar. SmartBin ist ein vollautomatisches Lagerbewirtschaftungssystem. In die SmartBin ist eine Waage integriert, die permanent den Füllstand überwacht. Bei Unterschreitung eines bestimmten Wertes wird automatisch über das Internet eine neue Bestellung ausgelöst. Der "ARIMS–Manager" bietet dem Benutzer die vollständige Übersicht über die aktuelle Lagersituation und managed die Wiederbeschaffung vollautomatisch. Auf der neuesten Internet-Technologie aufbauend, spielt weder der Standort der Lager noch Distanzen und Zeitzonen eine Rolle. Der Manager hat die aktuelle Information online, egal wo er sich gegenwärtig aufhält.

3.5.2 Produktionsmonitoring

Sind die Maschinen eines Produktionsbetriebes an das Internet angebunden, ergeben sich für den Maschinenhersteller verschiedene Möglichkeiten, das optimale Funktionieren seiner Produkte sicherzustellen. Eine Fernabfrage der Maschine über das Internet ermöglicht es dem Mechaniker, schon vorher festzustellen, welches Problem aufgetreten ist und welche Ersatzteile benötigt werden. Die Maschinenstillstandszeiten können durch das frühzeitige Monitoring verringert werden.

Einen Schritt weiter geht Hewlett-Packard bei seinen großen Serversystemen. Für einen Server ist die ausreichende Kühlung eine absolute Notwendigkeit. Leider sind die Ventilatoren relativ häufig von Störungen betroffen. Seit neuestem sind die Rechner bei einem Ausfall selbst in der Lage, einen HP-Wartungstechniker zu benachrichtigen. Ein Eingreifen des Kunden ist nicht mehr notwendig. Die Möglichkeit, ein kritisches Verhalten eines Bauteils zu entdecken, bevor es zu einer Störung kommt, ist der nächste Schritt hin zu einem noch kundenfreundlicheren System.

3.6 Einsatz des Internets in der Distribution

Die ersten Anwendungen des Internets waren nach der reinen Informationspräsentation und den Suchmaschinen, die das Auffinden der vielfältigen Informationsagebote ermöglichten, die sogenannten „e-Shops". So war es zu erwarten, dass bereits fast alle Unternehmen einen Teil ihres Angebotes an Waren- und Dienstleistungen auch über das Internet zugänglich machen. Gerade im Business-to-Business-(B2B-)-Bereich ist der Nutzen aber noch eher gering, was auch die Zurückhaltung der am Projekt beteiligten Unternehmen bei der Bewertung der Internetnutzung im Distributionsprozess erklärt. Das Internet wird vornehmlich zur günstigen Beschaffung eingesetzt. Entsprechend wenige Vorteile lassen sich erkennen, wenn ein Unternehmen auf der „falschen" Seite einer Auktion landet. Die insgesamt hinter den euphorischen Prognosen zurückbleibende Annahme des Internets als Handelsmedium mag zu einem großen Teil auf diese ungleichmäßige Verteilung der Benefits zurückzuführen sein. Systeme, die sowohl dem Käufer als auch dem Verkäufer Gewinne versprechen, sollten dem Internet zukünftig zum erhofften Durchbruch verhelfen.

3.6.1 Direkteingabe

Echte Effizienzgewinne erzielt ein Unternehmen, wenn der Kunde seine Aufträge (Orders) über das Internet direkt in die Auftragsabwicklungssysteme des Verkäufers eingibt. Diese sogenannten „Direct Order Entry"-Systeme erlauben eine günstige Überprüfung der Datenkonsistenz bei der Eingabe und führen so zu einer besseren Auftragsabwicklung (Order Fullfillment).

> Die Quelle AG erzielte im Jahr 2000 eine Online-Nachfrage von 650 Mio. DM. Dies entspricht einem Anteil von 9 % am Gesamtumsatz. Dabei verzeichnete quelle.de einen Besucherrekord mit 1,2 Mio. Besuchern in einem Monat. E-Commerce ist dabei integraler Bestandteil aller Vertriebs- und Marketingaktivitäten. Gekauft werden vor allem Produkte der Unterhaltungselektronik oder Textilien. Neben dem klassischen Hauptkatalog, der zweimal jährlich in einer Auflage von ca. 12 Mio. Exemplaren erscheint und zahlreichen Spezialkatalogen und Werbebriefen tritt nun das virtuelle Angebot der Produkte. Darin sind über 10.000 Artikel mit Bild und Text dargestellt. Sämtliche 160.000 Artikelpositionen sind durch den Kunden bestellbar. Für den Kunden kann damit das gleiche Medium als Werbemittel und Bestellweg genutzt werden. Durch den virtuellen Katalog im Internet ist eine Flexibilisierung des Geschäfts umsetzbar, da eine tägliche Änderung der Preise und Produkte möglich ist. Gerade in der Auftragsabwicklung liefert E-Commerce dem Versandhandel Kostensenkungspotenziale. Während die klassischen Bestellwege wie Briefpost, Telefon und Fax für den Versandhändler kostenintensiv sind, da sie personellen Aufwand verursachen, kann die Bestellannahme im Internet automatisiert werden. Zusätzlich kann die gesamte Kundenkommunikation wie Lieferanfragen, Servicekontakte und Reklamationen über den Online-Weg durchgeführt werden. [vgl. Mayer/Seebauer 2001].

Auch Mehrfacheingaben können durch das Direct Order Entry vermieden werden. Hinzu kommt, dass der Dateneingabeaufwand beim Kunden anfällt und der Lieferant so seine Effizienz steigern kann.

Das wohl bekannteste Beispiel für ein Direct Order Entry System hat der Computerhersteller Dell implementiert. Nachdem Dell bis Mitte der 90er-Jahre Bestellungen von Kunden nur über ein Call-Center telefonisch angenommen hat, so erfolgt ein Großteil des Verkaufs seit der breitflächigen Nutzung des Internets über das world wide web. Dadurch ist Dell nie in die Verlegenheit gekommen, einen indirekten Absatzkanal aufzubauen. Durch eine direkte Anbindung der Bestelleingabe an das Warenwirtschafts- und Produktionssteuerungssystem ist Dell in der Lage, ein echtes Pull-System aufzubauen. Dell erteilt seinen Vorlieferanten erst dann einen Auftrag, wenn bei Dell ein Kundenauftrag vorliegt. Dell schafft es so, einen nach Kundenwünschen konfigurierten PC innerhalb einer Woche an die Kunden auszuliefern. Da Dell von den Kunden mit der Verschiffung der Ware bezahlt wird, selbst aber längere Zahlungsziele mit den Lieferanten vereinbart hat, kommt Dell praktisch ohne eigenes Kapital aus. Auch das Hauptproblem aller Computerhersteller kann Dell so vermeiden: Der extrem kurze Innovationszyklus in der Computer- und Elektronikindustrie mit schnell fallenden Komponentenpreisen führt immer wieder zu veralteten Lagerbeständen, die nur gegen teilweise erhebliche Rabatte verkauft werden können.

Wenn ein Unternehmen dem Kunden ermöglicht, die Aufträge online zu erteilen, muss auch der dahinterliegende Warenfluss optimal gestaltet sein: Ohne vernünftige Logistik ist selbst der schönste und innovativste e-Shop zum Scheitern verurteilt. Denn erst nach Eingang einer Bestellung zeigt sich, wie innovativ und kundenfreundlich das Gesamtkonzept ist. Bereits beim Aufbau von Direct Order Entry Systemen muss auf ein effizentes Fulfillment-Konzept geachtet werden, damit die Online-Aufträge, die Warenwirtschaft, der zügige Versand, die Sendungsverfolgung sowie die Abrechnung optimal ineinander greifen. Eine von der Unternehmensberatung Accenture durchgeführte Untersuchung von 445 europäischen Online-Shops zeigte jedoch, dass 39 % der aufgegebenen Bestellungen nicht oder nicht vollständig geliefert wurden. Der regionalen Auswertung zufolge werden in Deutschland zwar am häufigsten exakte Liefertermine mit der Bestellung genannt, allerdings nur zu 28 % eingehalten. Schweden wird von Accenture die effizienteste Logistik bescheinigt, da 71 % der online bestellten Waren innerhalb von sieben Tagen ihr Ziel erreichen.

3.6.2 Elektronische Kataloge

Die Nutzung von elektronischen Katalogen für den Verkauf zeigt insbesondere positive Wirkungen auf Vorhersagegenauigkeit (Forecast Accuracy), Einstandskosten (Product Acquisition Costs) sowie perfekter Auftragsbearbeitung (Perfect Order Fulfillment).

Damit ein Verkäufer seine Produkte in einem Online-Shop anbieten kann, muss er zunächst sein Angebot in einer elektronisch zu verarbeitenden Form erstellen. Ähnlich wie bei der direkten Auftragseingabe über das Internet sollte die Qualität der Auftragsabwicklung verbessert werden, wenn der Kunde direkt aus dem Katalog die von ihm gewünschten Produkte auswählt. Leider benutzt derzeit noch fast jeder Marktplatzanbieter ein eigenes Datenformat. Da noch nicht klar ist, welche Marktplätze letztlich bestehen werden, ist es besonders für kleine und mittlere Unternehmen (KMU) ein ziemlich hoher Aufwand, das eigene Angebot in einem geeigneten Format zur Verfügung zu stellen, welches für alle Marktplätze und Großkunden relevant ist. Inzwischen haben sich zwar Dienstleister etabliert, die die Konvertierung und Pflege der entsprechenden Kataloge vornehmen. Einer der Gründe für die mangelnde Akzeptanz von Marktplätzen liegt allerdings immer noch in den zu hohen Anfangsaufwendungen. So lange sich nicht eine große Anzahl Anbieter für einen Marktplatz entscheidet, sind die postulierten Vorteile, nämlich große Auswahl bei niedrigen Preisen, nicht zu erreichen. Im Augenblick fristen die Kataloge und Marktplatzpräsenzen bei den Unternehmen ein absolutes Nischendasein. Kaum ein Unternehmen wäre mit ihrem Online-Shop allein lebensfähig. Die geringe Akzeptanz lässt auch darauf schließen, dass die Kunden in vielen Fällen nicht bereit sind, besonders beim Kauf von Spezialprodukten auf die Beratung zu verzichten.

3.6.3 Elektronische Rechnungen

Electronic Invoicing, hier stellvertretend für die verschiedenen EDI-Messages genannt, bietet Vorteile sowohl für den Lieferanten als auch für den Kunden. Im Falle des Electronic Invoicing liegt der Hauptvorteil für den Lieferanten bei der Verringerung der Zeit bis zum Erhalt des Geldes vom Kunden (Cash-to-Cash Cycle Time). Betrachtet man, dass Electronic Data Interchange als einziges Tool sowohl für den Käufer als auch für den Verkäufer als vorteilhaft erachtet wird, so zeigt sich die Dringlichkeit der Definition eines einheitlichen Datenformates, welches dann die Durchdringung von EDI weiter voranbringen könnte.

3.7 Change Management als Voraussetzung

Ingesamt zeigt sich, dass die größten Erfolgspotenziale bei gemeinsamer Planung, durchgängiger Transparenz der Lagerbestände und Lieferantendaten, Vendor Managed Inventory (VMI), Auktionen sowie bei der Kapazitätsplanung und beim Scheduling liegen. Die Qualität der Vorhersagen, der Lagerbestand und die Zeit für die vollständige Bearbeitung einer Bestellung sind die KPIs, die durch die Nutzung des Internets am stärksten positiv beeinflusst werden. Die Vorteile werden vornehmlich im Bereich der Planung und der Beschaffung gesehen.

Der Nutzen des Internets im Bereich der Produktion spielt derzeit noch eine untergeordnete Rolle. Im Bereich Absatz sind zwar Effizienzgewinne zu erwarten, allerdings überwiegt die Skepsis, wegen der Gefahr durch Auktionen, etc. in einen Preiswettbewerb hineingezogen zu werden.

Viele Unternehmen unterschätzen jedoch die Komplexität bei der Umsetzung des Internet-basierten Supply Chain Managements. Eine der wichtigsten Voraussetzungen ist dabei ein klares Verständnis, welchen Beitrag das Supply Chain Management zum Geschäftserfolgt bringt.

> Supply Chain Management wird bei 3M Deutschland als eine von drei Wachstumsinitiativen definiert. Durch die Supply Chain Excellence Initiative (SCE-Initiative) will 3M der bevorzugte Lieferant für seine Kunden werden. Die SCE-Initative zielt auf die Verbesserung der Geschäftsprozesse und Geschäftsaktivitäten ab, die den Fluss von Produkten, Dienstleistungen und Informationen zum Kunden sicherstellen. Zusammen mit den beiden anderen Wachstumsinitiativen (Earning Customer Loyalty und Pacing Plus) werden die SCM-Strategien in einem Top-Down-Approach an alle Mitarbeiter kommuniziert.

Darüber hinaus muss das Internet-basierte Supply Chain Management in einen umfassenden Veränderungsprozess eingefasst werden. Die Technologie verändert nicht nur Prozesse, sondern auch Menschen und somit deren Aufgaben, Kompetenzen und Verantwortungen. Die Veränderungsprozesse müssen sowohl „Top-down" als auch „Bottom-Up" verankert werden. Wichtig ist auch die ständige Information über den Projektstand an alle potenziell betroffenen Mitarbeiter, denn gerade die Rationalisierungsversprechen des Internets rufen große Unsicherheit und Bedenken hervor. Die Geschwindigkeit, mit der die Nutzung des Internets in die Geschäftslandschaft steigen sollte, wurde von den meisten Analysten überschätzt. Der Zeitraum für die Implementierung von Internet-basierten Anwendungen im Supply Chain Management für geschäftskritische Prozesse eines großen Unternehmens ist länger als angenommen. Trotzdem gleichen Internet und seine technischen Möglichkeiten einer Revolution. Unsere Erkenntnisse zeigen jedoch, dass die Umsetzung in den Unternehmen eher evolutionär, Schritt für Schritt, erfolgt. Dabei wird die Optimierung der Wertschöpfungskette mit den nun zur Verfügung stehenden Mitteln fortgesetzt.

> Mit dem Ziel, die weltweiten E-Business-Aktivitäten zu bündeln und eine durchgängige Standardisierung der Abläufe zu erreichen, hat die Siemens AG in Wien ein Competence Center E-Excellence (CEE) gegründet. Über das CEE sollen neue Konzepte entwickelt, unternehmensinterne Geschäftsprozesse analysiert und durch Internet-Technologien vereinfacht werden. Dabei will das Unternehmen sowohl alle betrieblichen Prozesse als auch Kunden und Lieferanten in das E-Business-Konzept integrieren. Für den Umbau der bereits in Wien ansässigen Programm- und Systementwicklung zur „E-Driven-Company" stellt Siemens einer Meldung der Zeitung „Handelsblatt" zufolge rund 1 Mrd. Euro zur Verfügung.

Der Einsatz des Internets steht erst am Anfang. Jetzt beginnt die eigentliche Umsetzungsarbeit. Hier sind weniger Weltveränderungsvisionen gefragt als ein klarer Kopf und gesunder Menschenverstand. Die Umsetzung des Supply Chain Managements wird von dieser neuen Technologie in Zukunft enorm profitieren!

III.5 Supplier Relationship Management*

1 Einleitung

Das umfassende Management der Kundenbeziehungen ist entscheidend für den Unternehmenserfolg. Dies hat zur herausragenden Position des Marketings im Unternehmen und in vielen Fällen zum Aufbau eines Systems zum Customer Relationship Management geführt. Der Hebel, der sich den Unternehmen bei einem erfolgreichen Management der Lieferantenbeziehungen bietet, wird dagegen erst langsam erkannt [vgl. dazu ausführlich Corsten/Felde 2002, S. 85 ff.].

Seit einigen Jahren erkennen Unternehmen die strategische Bedeutung ihrer Lieferanten. Viele haben Initiativen ergriffen, um im Zuge einer Fokussierung auf die eigenen Kernkompetenzen externe Lieferantenressourcen besser zu nutzen. Die Konzentration auf die Kernfähigkeiten hat bei vielen Unternehmen dazu geführt, dass Lieferanten die Hälfte, häufig sogar mehr als 70 % der Wertschöpfung des Unternehmens beitragen [vgl. Boutellier/Locker 1998, S. 15]. Die Auswirkungen der Kostensenkung im Einkauf auf das Ergebnis des Gesamtunternehmens sind häufig beschworen worden. Der mögliche Ergebnisbeitrag eines Lieferanten geht jedoch weit über die Kostenersparnis hinaus.

1.1 Der Begriff „Supplier Relationship Management"

In St. Gallen definieren wir „Supplier Relationship Management (SRM)" als das „proaktive Management aller Lieferantenbeziehungen über alle Unternehmensbereiche hinweg mit dem Ziel, Produkte zusammen mit den Lieferanten besser, schneller und zu niedrigeren Gesamtkosten zu entwickeln, einzukaufen und zu produzieren" [Corsten/Hofstetter 2001]. Der Gedanke der Zusammenarbeit (Collaboration) steht damit im Mittelpunkt des SRM. Gleichzeitig bildet SRM damit einen Gegenpol zur klassischen, allein preisorientierten Einkäufer-Lieferanten-Beziehung.

---

* Wir danken Jörg Hofstetter für seine Mitarbeit an diesem Kapitel.

Hersteller von Internet-Software verwenden den Begriff des SRM oft zu stark vereinfacht für internet-basierte Beschaffung [vgl. I2 2000]. SRM unterscheidet sich aber von eProcurement dadurch, dass es nicht nur die operativen Geschäftsabläufe betrachtet, sondern auch strategische Beschaffungsaufgaben wie Strategieentwicklung, Outsourcing-Entscheidungen, Lieferantenintegration und Materialgruppenmanagement unterstützt. Es dient insofern der Entwicklung strategischer Wettbewerbsvorteile durch externes Ressourcenmanagement. Nicht umsonst gelten SRM-Anwendungen als der Markt mit den größten Wachstumspotenzialen im gesamten B2B-Bereich.

Die Ursprünge des Supplier Relationship Management liegen insbesondere in der in den 80er-Jahren entwickelten „Relationship-Theory“ [vgl. Dwyer/Schurr/Oh 1987] sowie den Theorien der Prozessorganisation [vgl. Davenport 1993]. Neuere Impulse, die letztendlich zur Entwicklung des SRM geführt haben, basieren auf den Möglichkeiten des Internets, die den Schritt von bilateralen zu netzwerkartigen Lieferantenbeziehungen erlauben. Dazu zählen in der Konsumgüterbranche die zunehmende Akzeptanz globaler Kommunikationsstandards durch Organisationen wie der Global Commerce Initiative (GCI) und damit die Entwicklung von Extranets, Intranets und B2B-Marktplätzen [vgl. Corsten/Hofstetter 2001]

Der positive Nutzen einer Kollaboration kann also als die zentrale Arbeitshypothese von SRM bezeichnet werden. Der postulierte Vorteil liegt vor allem im Abbau von Reibungsverlusten und in der Möglichkeit, Ressourcen optimal einzusetzen. Außerdem werden kurzfristige Gewinne zu Gunsten einer mittel- und langfristigen Sichtweise aufgegeben (vgl. Abbildung 103).

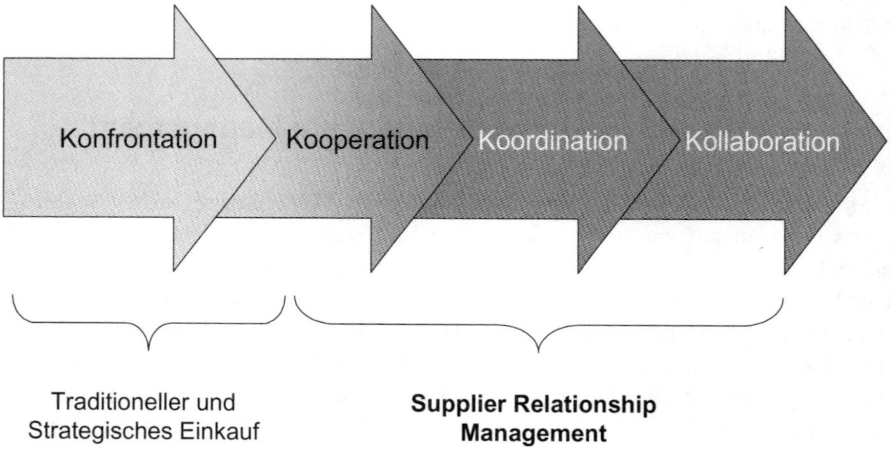

Abb. 103: SRM als zukünftige Strategie in der Zusammenarbeit mit Lieferanten

Dabei ist der Übergang von Konfrontation zu Kollaboration fließend. Kooperation beinhaltet die Reduzierung der Anzahl an Lieferanten und als Konsequenz umfassendere Beziehungen mit den verbleibenden Lieferanten. Langfristige Verträge erlauben dabei beiden Parteien, auch für den anderen spezifische Investitionen zu tätigen. In der Stufe der Kooperation werden Informationen an den Partner weitergegeben, ein expliziter Datenaustausch oder ein Feedback-Mechanismus besteht aber nicht. In der nächsten Stufe der Koordination versuchen die Unternehmen, ihre jeweiligen Aktionen besser aufeinander abzustimmen.

Dazu bedarf es der Unterstützung durch das Top-Management, echten Informationsaustausch über eine individuelle Schnittstelle und eine gemeinsame Technologieplanung. Kollaboration bedeutet eine weit fortgeschrittene Integration und Zusammenarbeit beider Unternehmen. Die Planung erfolgt gemeinsam und abgestimmt; Technologien werden geteilt und gemeinsam entwickelt. Die Mitarbeiter fühlen sich der Kollaboration ebenso verpflichtet, wie dem eigenen Unternehmen. Der Begriff der Kollaboration beschreibt dabei sehr treffend die Zusammenarbeit mit dem vormaligen „Feind“, dem Lieferanten [vgl. Spekman et al. 1998].

Immer mehr Unternehmen machen jedoch die Erfahrung, dass zur effektiven wie effizienten Integration der Prozesse mit Lieferanten neue Ansätze erforderlich sind. Diese unterscheiden sich je nach Branche. So können beispielsweise Automobilhersteller ihr Produkt in einzelne Subsysteme untergliedern, welche heute weitestgehend von einer exklusiven Gruppe großer Automobilzulieferer, den sogenannten „Tier-1-Suppliers“, beschafft werden. Im Gegenzug dazu kann der Einzelhandel seine Lieferantenanzahl kaum signifikant abbauen, denn erst die Vielfalt der kleinen Lieferanten bringt die Sortimentsbreite und –tiefe, die letztendlich seine Differenzierung am Markt erlaubt. Aber auch hier wurden von einigen Pionieren inzwischen andere Ansätze entwickelt und umgesetzt, die für viele andere Branchen beispielhaft sind.

1.2 Wettbewerbsverlagerung auf Lieferantennetzwerke

Bei genauer Betrachtung der Konsumgüterbranche fällt die klare Arbeitsteilung zwischen Herstellern, Handel und Dienstleistern auf. Zwar haben einige Händler oder Hersteller versucht, vor oder nachgelagerte Wertschöpfungsaufgaben zu übernehmen (vertikale Integration), um so die Kontrolle über Beschaffung oder Absatzkanal zu erzielen. Allerdings sind die meisten Bemühungen bis auf einzelne historisch begründete Spezialfälle wie Migros in der Schweiz oder Marks & Spencer in Großbritannien gescheitert [vgl. Pellegrini 2000].

Grund dafür ist die Tatsache, dass selbst große Hersteller wie Unilever oder Procter & Gamble unmöglich die Sortimentsvielfalt eines Händlers von oft mehr als 50.000 unterschiedlichen Produkten zu wettbewerbsfähigen Konditionen anbieten können. Andererseits reichen auch die Marktanteile und Absatzmengen eines Händlers im Normalfall nicht aus, um selbst alle Produkte in Eigenfertigung zu vergleichbaren Kosten wie die Markenartikelhersteller produzieren zu können. Hieraus erklärt sich die Rollenverteilung zwischen Hersteller und Handel: Der erste ist verantwortlich für Entwicklung, Marketing und Produktion und der letztere für Distribution, Präsentation und Verkauf. Diese Trennung der Aufgaben begründet auch, warum der Wettbewerb unter Herstellern wie unter Händlern bislang getrennt stattfand. Lange Jahre praktizierte der Handel eine einseitige Fokussierung auf Preisverhandlungen, die zu beträchtlichen Ineffizienzen in allen anderen Geschäftsaktivitäten wie Logistik und Produktion einerseits und stark rückläufiger Kundenloyalität und -begeisterung andererseits führte [vgl. Jones 2001].

1.3 Internet als Enabler

Kennzeichnend für den oft beschworenen Übergang zum Wettbewerb unter Wertschöpfungsketten ist, dass der Erfolg eines Unternehmens stark von der Leistungsfähigkeit aller Partner in der Wertschöpfungskette abhängt, einschließlich Zulieferer, Hersteller, Händler, Dienstleister, Shopper und Konsumenten. In diesen Wertschöpfungsketten spielen neue Konzepte zur Koordination und Information eine äußerst wichtige Rolle [vgl. Wagner 2001]. Durch die neuesten Entwicklungen der Informations- und Kommunikationstechnologie - allen voran das Internet - besteht heute die Möglichkeit, Wertschöpfungsketten aus eigenen Kompetenzen und Prozessen, aber auch denen von Lieferanten und Kunden, neu zu strukturieren und zusammenzusetzen [vgl. dazu ausführlich Kapitel III.4, S. 289 ff.]. Es erlaubt eine informationstechnische Vernetzung nicht nur innerhalb, sondern auch zwischen verschiedenen, örtlich getrennten Organisationen.

1.4 ECR als Enabler

Gleichzeitig reift durch die Efficient Consumer Response Initiative von Markenartikelherstellern und Einzelhändlern die Einsicht, dass durch Kooperation mehr zu erreichen ist als durch Einzelaktionen in traditionell eher gespannten Verhältnissen. Das Ziel von ECR ist die gemeinsame Optimierung der Wertschöpfungskette. Diesem folgend hat sich unter dem Namen ECR Europe ein Netzwerk aus Konsumgüterherstellern, Händlern, deren Verbänden und einer wissenschaftlichen Allianz unter der Mission gebildet: „Zusammenarbeiten, um die Bedürfnisse der Konsumenten besser, schneller und kostengünstiger zu befriedigen." ECR besteht im wesentlichen aus verschiedenen Teilstrategien, die sich unter der Vision nachhaltiger Schaffung von Kundenwert (Consumer Value) gruppieren [vgl. Corsten/Pötzl 2000 sowie Kapitel III.3, S. 77 ff.].

Gemeinsame Kennzeichen von ECR sind [vgl. Corsten/Rodens-Friedrich 2001]:

- **Prozessdenken**

  ECR impliziert Denken in Prozessen. Prozessdenken ist horizontales Denken und zwar im Unternehmen, aber eben auch über die Grenzen des eigenen Unternehmens hinaus.

- **Systemdenken**

  ECR rückt das Gesamtsystem in den Vordergrund. Nicht mehr einzelne Unternehmen werden optimiert, sondern der Wertschöpfungsprozess insgesamt, vom Rohstoff bis ins Handelsregal.

- **Konsumentenfokus**

  „Lean Production" und „Quick Response" ließen den Kunden weitgehend außen vor, während „Business Reengineering" und „Total Quality Management" ihm zumindest eine Nebenrolle zuwiesen. Anders ECR: Hier steht der Kunde im Mittelpunkt.

- **Informationstechnologie**

  Sie spielt eine tragende Rolle. Fortschritte bei Hard- und Software sowie neue statistisch-mathematische Verfahren helfen weiter in Richtung Gesamtoptimum. Die Verknüpfung von Abverkaufsdaten mit Konsumentendaten und Auftragsinformationen eröffnet neue Möglichkeiten. Internet und E-Business erhöhen die Effizienz und verändern die Geschäftslogik.

- **Geplanter Wandel**

  ECR steht für quasi-planmäßige Transformation einer ganzen Branche, die auf verschiedenen Ebenen von Handel und Hersteller, national und international, beschlossen und umgesetzt wird.

- **Wachstumsorientierung**

  Im Gegensatz zu anderen Konzepten ist ECR mehr als „Nennermanagement" (also Wertsteigerung via Reduzierung des Ressourceneinsatzes). Durch gemeinsames Steigern des Konsumentenwertes gibt ECR der Branche entscheidende Wachstumsimpulse.

2 Umsetzung von SRM bei Sainsbury's

2.1 Ausgangslage

Die Fallstudie von Sainsbury's zeigt, wie durch Anpassung von Geschäftsprozessen, einer standardisierten Bewertung von Zulieferanten, dem Einsatz moderner Informationstechnologie und, allem voran, einer kooperativen Unternehmenskultur entscheidende Verbesserungen erreicht werden können. Am Anfang steht sicherlich das Management der Schlüsselkunden – hört dort aber noch lange nicht auf.

In Europa gelten die britischen Einzelhändler, allen voran Sainsbury's und Tesco, als Vorreiter der ECR Bewegung. Straff geführt, innovativ und umsetzungsfreudig übernehmen sie eine Art „Lokomotivfunktion“ für die ECR-Bewegung. Sainsbury's ist seit Gründung von ECR Europe im Jahre 1994 mit großem Einsatz dabei, die Idee der Zusammenarbeit in Wertschöpfungsketten in die Tat umzusetzen - mit zunehmendem Erfolg. Das uneingeschränkte Bekenntnis zur ECR-Philosophie sowie umfangreiche Investitionen einerseits in die Anwendung kollaborativer Prozesse und andererseits in deren informationstechnischer Unterstützung macht Sainsbury's zu einem führenden ECR-Anwender. Zusammenfassend bedeutet Supplier Relationship Management für Sainsbury's die aktive Kooperation mit Lieferanten im Rahmen von ECR, die Vereinheitlichung von Prozessen und Schnittstellen und die Automatisierung des Informationsflusses über Internet und Extranet.

Begonnen hat alles 1995. Um Probleme wie hohe Lagerbestände bei oft fehlender Verfügbarkeit von Waren (Out-of-Stocks), hohe Kosten und fehlende Informationen in den Griff zu bekommen, definierte Sainsbury's u.a. verbindliche Geschäftsprinzipien, welche eine Streichung aller nicht wertschöpfenden Aktivitäten, ein besseres Warenflussmanagement, eine höhere Verfügbarkeit von Informationen für alle Beteiligten in der Wertschöpfungskette und eine Verringerung der Reaktionskosten vorsehen. Diese Prinzipien wurden in die Leitlinien des Unternehmens („The Way We Work“) aufgenommen und eine einflussreiche Logistikabteilung gegründet. Im darauf folgenden Jahr wurde zur gemeinsamen Überarbeitung der Zulieferkette die Arbeitsgruppe "Supply Chain Development Group (SCDG)“ zusammen mit Nestlé UK und Kraft Foods gegründet.

2.2 Parallele Strategien bei Sainsbury's

Prinzipiell verfolgt Sainsbury's vier parallele Strategien zur Schaffung nachhaltiger Effizienz und Effektivität innerhalb wie außerhalb seiner Organisation (vgl. Abbildung 104):

- Optimierung interner Prozesse
- Optimierung von Schnittstellen
- Optimierung externer Prozesse
- Schaffung neuer Netzwerke und Organisationen

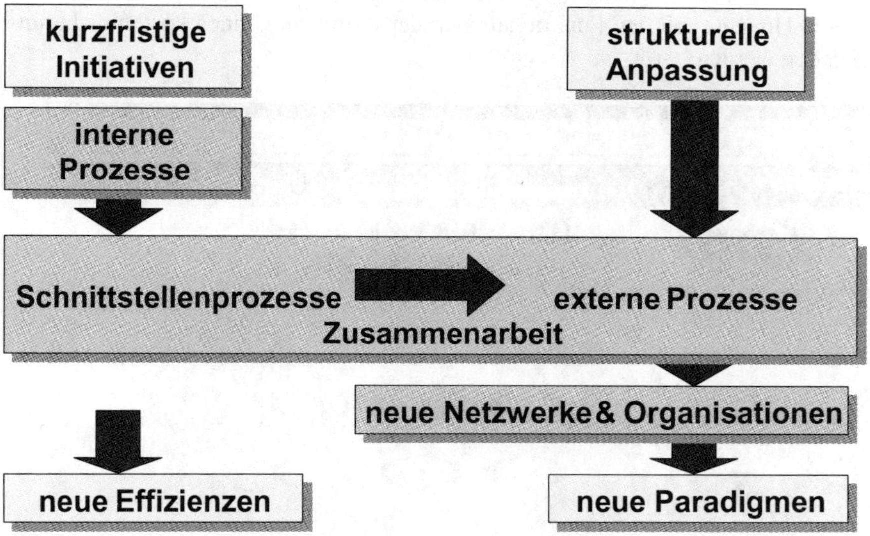

Abb. 104: Vier parallele Strategien bei Sainsbury's

Zunächst sichert Sainsbury's durch ständige Verbesserungen interner Prozesse im Sinne von Kaizen von innen heraus operative Wettbewerbsvorteile. Gleichzeitig optimiert das Unternehmen die Vielzahl an Schnittstellen mit externen Organisationen. Dies ist angesichts von 2.000 Lieferanten nur durch Standardisierung der Schnittstellen, insbesondere via IT-Unterstützung in Form von Extranets und Internet, erfolgreich möglich. Allerdings hat sich die vollkommene Automatisierung und damit gekoppelt die Anonymisierung der Lieferantenbeziehungen als nicht tragbares Modell entpuppt. Daneben verbessert man bei Sainsbury's durch vertrauensbasierte Zusammenarbeit mit Lieferanten die externen Prozesse. Das hierdurch aufgebaute Wissen der unterschiedlichen Partner über deren Prozesse, Praktiken und Taktiken schafft nachhaltiges Vertrauen das wiederum der Schaffung neuer kooperativer Prozesse und Netzwerke dient.

2.3 Lieferantenextranet: Sainsbury's Information Direct

Sainsbury's hat erkannt, dass wenn allen Partner in der gesamten Wertschöpfungskette dieselben Daten und Informationen zur Verfügung gestellt werden, eine nie dagewesene Exaktheit in der Steuerung von Prozessen möglich wird. Da sich die geläufigen Enterprise-Resource-Planning-Systeme auf die Unterstützung interner Prozesse beschränken, ist der Aufbau neuartiger, gemeinsamer, web-basierter Informationssysteme notwendig. Daher hat Sainsbury's - aber auch Tesco und dm-drogeriemarkt in Deutschland – eine umfassende Web-Site entwickelt. Die Nutzung dieser Web-Site ist für alle Lieferanten offen und im Fall von Sainsbury's für den Lieferanten mit keinerlei Kosten verbunden. Selbst die Applikationen zum besseren Umgang mit den Funktionalitäten der Extranets können kostenlos heruntergeladen werden.

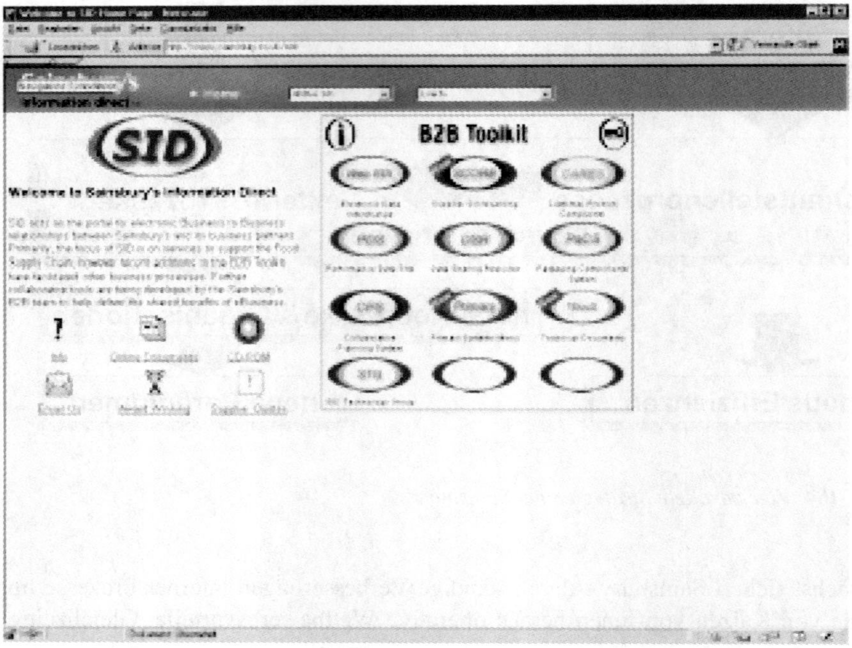

Abb. 105: Sainsbury's Information Direct (SID)

Sainsbury's begann im Sommer 1997 mit der Erstellung eines Extranets zur gemeinsamen Planung von Aktionen - dem sogenannten Collaborative Planning System. Doch bereits während diesem Pilotprojekt im Januar 1998 wurde dem gemeinsamen Entwicklungsteam aus Mitarbeitern von Sainsbury's und einiger Schlüssellieferanten bewußt, dass zur Verbesserung der Planung ein hohes Maß an Transparenz hinsichtlich der Abverkaufs- und Lagerdaten notwendig war.

Sainsbury's beschloss, hierfür eine zusätzliche Funktionalität zu entwickeln. Nur fünf Monate später kam der Pilot der "Performance Data Site" (PDS) zum SID-Extranet hinzu. Schließlich im Sommer 1998, nach einer Zeit intensiver Tests, führte Sainsbury's das SID unter seinen Lieferanten ein. Allerdings nicht gleichzeitig, sondern sukzessive, mit Schlüssellieferanten größerer Volumina beginnend. Seither wurde SID schrittweise um weitere acht Funktionalitäten zur besseren Zusammenarbeit ergänzt; darunter Web-EDI (internetbasierter Datenaustausch), Lieferantenbewertung (Supplier Scorecarding), Reklamationsweitergabe (Customer Product Complaint), Leistungscontrolling (Performance Data Site) sowie einer Lieferantenstammdatenbank (Data Sharing Resource).

Sainsbury's zufolge wurden im Jahr 2000 bereits 70% aller Verkaufsförderungsaktivitäten über SID abgewickelt; insgesamt über 4.500 Aktionen mit über 500 Lieferanten. Der Erfolg des Einsatzes von SID manifestiert sich nicht zuletzt in einer signifikanten Reduzierung der Nichtverfügbarkeit von Waren (Out-of-Stocks) um 25 % bei gleichzeitig reduziertem Lagerbestand.

SID ist über das Internet unter http://www.j-sainsbury.co.uk/sid für die Öffentlichkeit zugänglich. Allerdings erfordert die Nutzung der einzelnen Funktionen eine Zugangsberechtigung die jeder Lieferant von Sainsbury's von dem für ihn verantwortlichen Einkäufer erhält. Hierdurch ist die Vertraulichkeit der zur Verfügung stehenden Daten garantiert.

2.3.1 Collaborative Planning System (CPS)

Das Collaborative Planning System (CPS) unterstützt den gesamten Prozess der Durchführung von Verkaufsförderungsaktivitäten, angefangen bei der Planung über die Durchführung bis hin zur Leistungsmessung. Das System folgt einem sowohl zeitlich als auch von der Abfolge her fest definierten Prozess. Sämtliche Daten sind nur für Sainsbury's und den jeweiligen beteiligten Lieferanten abrufbar.

Der Prozess beginnt mit dem Erstellen eines Angebots, einem "Draft Offer". In ihm spezifiziert der Lieferant das Produkt, den Zeitraum und die Art der Aktion. Draft Offers sind für Sainsbury's nicht einsehbar. Der Lieferant sendet 9 - 14 Wochen vor der geplanten Aktion sein Angebot an Sainsbury's. Das Angebot nennt sich nun "Promotional Offer" und wird an den für den Lieferanten zuständigen Einkäufer weitergeleitet. Dieser geht das Angebot gemeinsam mit dem Lieferanten durch, präzisiert dabei die Prognose und entscheidet, ob die Aktion wie im Angebot beschrieben durchgeführt wird.

Wird das Angebot vom Einkäufer abgelehnt, erhält es den Status "Rejected Promotion". Zieht der Lieferant das Angebot zurück wird es zu einer "Cancelled Promotion". Beschließen beide, die Aktion durchzuführen, so tritt die Aktion in die Stufe "Planned Promotion", in der Lieferant und Einkäufer die Aktion nochmals durcharbeiten und entsprechend die Planung anpassen. Sobald die Aktion stattfindet, ist sie eine "Active Promotion". Insbesondere der Lieferant ist in dieser Stufe gefordert, den tatsächlichen Abverkauf mittels zeitgleich übertragener aggregierter POS-Abverkaufszahlen zu verfolgen und im Falle von sich andeutenden Engpässen in der Warenverfügbarkeit gemeinsam mit dem Einkäufer Lösungen zu finden. Nach Abschluss der Aktion tritt sie in die letzte Phase "Completed Promotion" zur Beurteilung ihres Erfolgs. Hierbei werden die während der Planungsphase definierten Ziele mit den tatsächlichen Zahlen verglichen und gemeinsam Lehren für zukünftige Aktionen gezogen.

Das System wird aktuell um zwei weitere Funktionalitäten erweitert: Die Durchführung von Neuprodukteinführungen und die finanzielle Abrechnung der Aktionen.

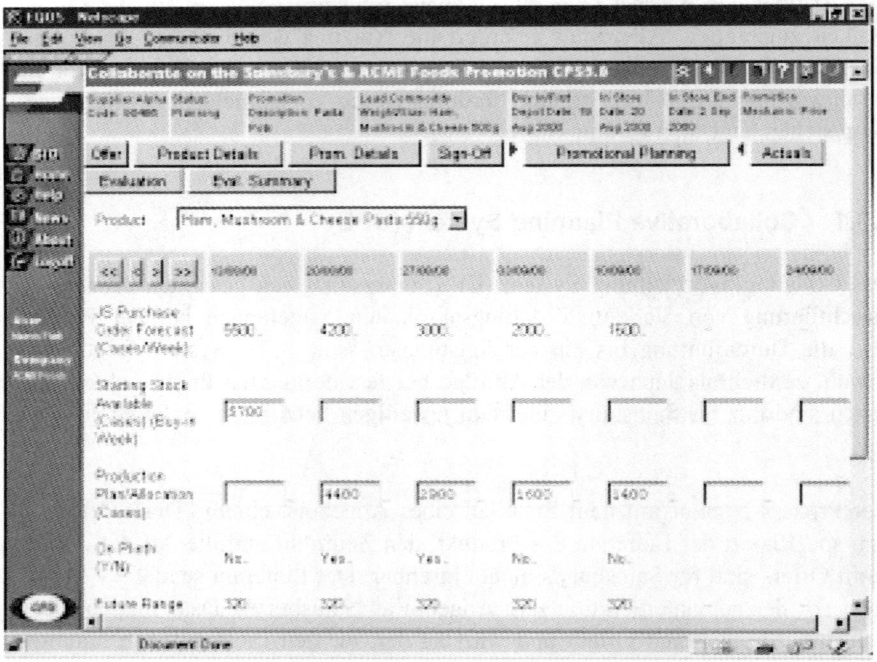

Abb. 106: Benutzeroberfläche des Collaborative Planning System

2.3.2 Performance Data Site (PDS)

Die Performance Data Site (PDS) stellt eine Plattform dar, über die jeder Lieferant für sämtliche seiner an Sainsbury's gelieferten Produkte aktuelle wie historische Daten abrufen kann. Dies erlaubt Lieferanten nachzuvollziehen, welche Umstände zu welchem Ergebnis geführt haben und diese Ergebnisse zu quantifizieren. So können Marketing und Verkauf eines Lieferanten erkennen, wie sich der Abverkauf der eigenen Produkte über einen bestimmten Zeitraum entwickelt hat. Logistik und Produktion ihrerseits können erkennen, wie sich die Lagerbestände über einen bestimmten Zeitraum verändert haben.

Sainsbury's hat mittlerweile festgestellt, dass nicht nur Schlüssellieferanten, sondern insbesondere kleine und mittelständische Lieferanten von PDS stark profitieren konnten. In den 3 Jahren Anwendung hat sich gezeigt, dass die von PDS bereitgestellten Daten den Lieferanten ermöglichten, ihre Produktion besser anzupassen, frühzeitiger Verbrauchertrends zu erkennen und schneller reagieren zu können.

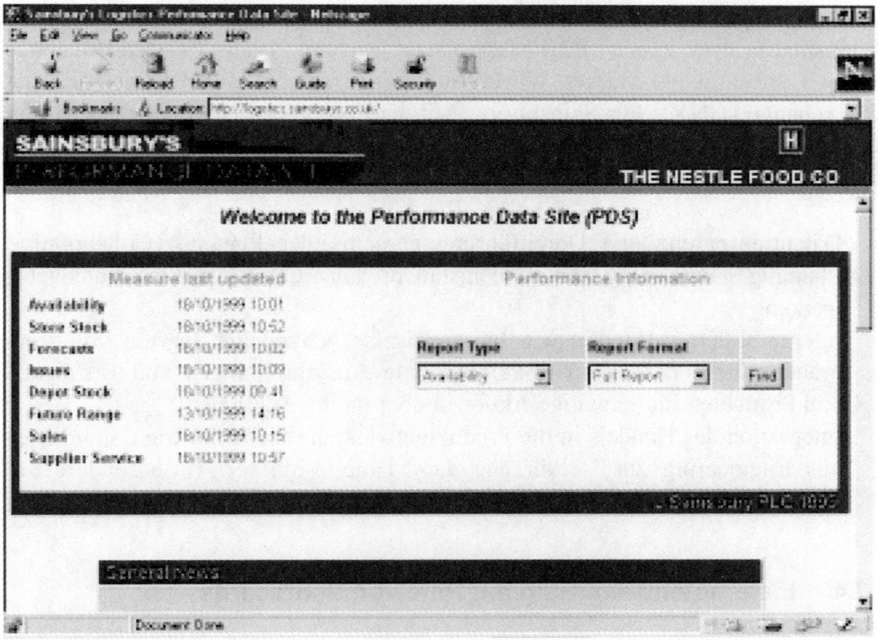

Abb. 107: Benutzeroberfläche der Performance Data Site (PDS)

PDS umfasst 8 verschiedene Parameter, die jeweils über der Zeitachse abgetragen abgefragt werden können:

- Ladenverfügbarkeit (% der Filialen, in denen das Produkt verfügbar war)
- Aggregierter Bestand in allen Verteilzentren
- Aggregierter Bestand in allen Filialen
- Aggregierte Auslieferung aus allen Verteilzentren
- Prognostizierte Filialenbelieferung (Anzahl der zu beliefernden Filialen)
- Aktuelle Filialenbelieferung (Anzahl der aktuell belieferten Filialen)
- Aggregierter Abverkauf (von Scannerkassen)
- Servicequalität des Lieferanten (Abweichung der Liefermenge von der Bestellmenge)
- Aggregierte Abverkaufsprognosen aller Filialen (nur für verderbliche Güter)

2.3.3 Lieferanten-Marktplätze: GlobalNetExchange

Das Jahr 2000 markierte einen weiteren Meilenstein in der Konsumgüterindustrie: Die Gründung von vier bedeutenden Informations-, Kommunikations- und Transaktionsplattformen, auch B2B-Marktplätze genannt [vgl. Corsten/Hofstetter 2001]: Transora, CPG-Market, WorldWideRetailExchange (WWRE) und GlobalNetExchange (GNX). Für Sainsbury's, Mitglied bei GlobalNetExchange, ist das Ziel der Beteiligung an den Marktplätzen die Erweiterung von SID in drei Gebieten, in denen Extranets, d.h. „private Marktplätze“, Schwächen aufweisen:

- Datentransparenz und Durchführung gemeinsamer Planung (Collaborative Planning, Forecasting and Replenishment; kurz CPFR) in Lieferantennetzwerken;
- Internetbasierter Handel, wie beispielsweise gebündelter Erwerb von Verbrauchsgütern (z.B. Büroartikel), globale Ausschreibungen und Ersteigern von Produkten für einmalige Aktionen über online Auktionen;
- Integration des Handels in die Produktentwicklung im Sinne von „Simultaneous Engineering zur Verkürzung der "Time-to-Market" (insbesondere bei Handelsmarken);

2.3.4 Lieferantenbewertung mit Hilfe von Scorecards

Im Gegensatz zu Routineprozessen lassen sich komplexe oder neuartige Prozesse, wie sie ECR vorsieht, durch Austausch von Daten mit Extranets und Internet kaum automatisieren. Mittlerweile zeichnet sich ab, dass sich viele Erfahrungen, die in aufwendigen Pilotprojekten mit einigen Schlüssellieferanten gewonnen wurden, vereinfacht auch auf kleinere Lieferanten anpassen lassen.

Sainsbury's ist Mitglied der von den Organisationen Global Commerce Initiative (GCI) und ECR Europe getragenen Global Scorecard Projektgruppe (http://www.ecrscorecard.com). Deren Ziel ist es, ein Lieferantenbewertungs-System zu entwickeln, um Lieferanten anhand der Kooperationsfähigkeit und dem Stand der Umsetzung kooperativer Prozesse zu unterscheiden (vgl. Abbildung 108).

Abb. 108: Lieferantenbeurteilung mit Hilfe der Global Scorecard

Sainsbury's nutzt diese Scorecard und unterteilt seine über 2.000 Lieferanten in drei Stufen:

- Die „Entwicklerstufe“ (20 Lieferanten), in der kooperative ECR-Prozesse gemeinsam und mit ausgewiesenen Ressourcen erarbeitet werden.
- Die „Vertiefungsstufe“ (200 Lieferanten), in der kooperative ECR-Prozesse vertieft und adaptiert werden.
- Die „Umsetzerstufe“ (1.800 Lieferanten), in der kooperative ECR-Prozesse umgesetzt werden, wenn sich diese zuvor als stabil herausgestellt haben.

Ergebnisse eines empirischen Forschungsprojekts am Institut für Technologiemanagement der Universität St. Gallen (HSG) mit Sainsbury's zeigen, dass die Lieferanten von Sainsbury's überzeugt sind, durch die ausgeprägten ECR-Beziehungen im Vergleich zu anderen Händlern bessere Erfolge zu erzielen. So gelingt es Sainsbury's, den für die Umsetzung kooperativer Prozesse erforderlichen Aufwand mit organisatorischer Effizienz in Einklang zu bringen.

2.4 Von der Idee zur Umsetzung

Untersucht man die Initiative von Sainsbury's und von anderen Pionieren des SRM wie Tesco oder dm-drogeriemarkt, so finden sich zentrale Übereinstimmungen sowohl in der Idee als auch bei der Umsetzung. Wir identifizieren acht grundlegende Elemente welche den Weg zum effektiven SRM markieren und wertvolle Hinweise für andere Unternehmen geben.

2.4.1 Projektstrategie

- **Formulierung einer Vision**
  Die niedergeschriebene, feste Überzeugung der Geschäftsführung, durch ein ganzheitliches SRM des gesamten Lieferantennetzwerks signifikante Optimierungspotenziale zu erschließen, definiert die Basis, Bedeutung und Richtung des Vorhabens.

- **Festlegung strategischer Ziele**
  Unternehmen sollten derartige strategische Ziele identifizieren, auf welche die Lieferanten maßgeblichen Einfluss haben. Für Sainsbury's war dies permanente Warenverfügbarkeit im Regal, konsumentenorientierte Warenpräsentation, effektivere Werbeaktivitäten und ein effizienterer Warenfluss.

- **Gründung eines Projektteams**
  SRM ist ein umfassendes Veränderungsprojekt, das nur ein mit entsprechenden Kompetenzen versehenes und von der Geschäftsleitung unterstütztes Projektteam umsetzen kann.

2.4.2 Kooperationswille

- **Einbettung des Projektes**
  Aufgrund der Komplexität und Langfristigkeit von Projekten, die eine grundlegende Änderung im Verhalten der Mitarbeiter (Veränderung der Unternehmenskultur) erfordern, ist es notwendig, kooperatives Verhalten gegenüber Lieferanten nicht als „Sonntagsrede", sondern als elementaren Bestandteil in die Unternehmensstrategie zu integrieren und zu leben.

2.4.3 Entwicklungspartner

- **Festlegung der Projektgruppe**
  Um durch zügige Erreichung erster messbarer Erfolge Schwung in den Pilotprojekten zu halten, sollten vorzugsweise Produktgruppen mit großem Verbesserungspotenzial gewählt werden.

- **Identifikation der Kooperationspartner**
  Aus diesen Produktgruppen sollten diejenigen Lieferanten ausgewählt werden, die größere Volumina liefern, über die erforderlichen, komplementären Kompetenzen verfügten und mit denen bereits ein konstruktives Verhältnis besteht.

- **Gemeinsame Ziele**
  Wichtig ist die Definition gemeinsamer Ziele und die Möglichkeit für alle Beteiligten, in diesem Projekt gemeinsam bislang ungenutzte Potenziale erschließen zu können. Auch ist es sinnvoll abzugrenzen, wo Ziele konfliktär sind und eine Zusammenarbeit nicht möglich ist.

2.4.4 Softwarepartner

- **Informationstechnische Unterstützung**
  Damit allen beteiligten internen und externen Organisationen die Informationen zur Verfügung stehen, muss das unterstützende IT-System eine größtmögliche Kompatibilität mit den bestehenden Systemen der Hersteller und Händler aufweisen. Diesem Anspruch genügen insbesondere internet-basierte Anwendungen.

- **Auswahl der Softwarepartner**
  Sofern nicht auf Standardsoftware zurückgegriffen werden kann ist bei der Auswahl der Softwarepartner vor allem die Bereitschaft der Softwarehersteller ausschlaggebend, gemeinsam mit dem Projektteam zu lernen, Testversionen schnell zur Verfügung zu stellen und neue Wege gehen zu wollen.

2.4.5 Prozess- und Software-Entwicklung (Pilot)

- **Definition eines praktikablen Idealprozesses**
  Bei der Konzeption eines Idealprozesses ist insbesondere bei den Schnittstellen zwischen den bislang isolierten Prozessen der beteiligten Parteien größte Aufmerksamkeit geboten. Die Definition eines Abstimmungsprozesses und seine Abbildung im IT-System bringen die gewünschte Effizienz in den Gesamtprozess.

- **Verfügbarkeit aller erforderlicher Daten**
  Die Durchführung effizienter Prozesse erfordert die permanente Verfügbarkeit aller relevanter Daten für alle Beteiligten. Bei der Konzeption des Idealprozesses müssen daher sämtliche von allen benötigten Daten identifiziert und bewertet werden. Der Entscheid, welche Daten aufgenommen werden, erfolgt unter Berücksichtigung von Aufwand und Kosten.

2.4.6 Ausbreitung

- **Testimplementation mit vertrauten Partnern**
  Um die Anwendbarkeit im größeren Stil vor der Ausbreitung über die gesamte Lieferantenbasis zu testen, bieten sich Lieferanten an, mit denen bereits ein gutes Kooperationsverhältnis besteht. Erst nach erfolgreichem Abschluss dieser Phase sollten die Anwendungen auf alle Lieferanten ausgedehnt werden.

2.4.7 Scorecards

- **Identifikation des Kooperationsniveaus**
  Die Identifikation von geeigneten Lieferanten für die Ausbreitung sollte gemeinsam anhand systematischer Lieferantenbewertungen (Scorecards) erfolgen. Die Eignung hängt dabei v.a. von den Kooperationsfähigkeiten, der aktuellen Qualität der Zusammenarbeit und der Relevanz des Geschäfts ab.

2.4.8 Kompetenzaufbau

- **Aufbau neuer Kompetenzen gemeinsam mit den Partnern**
  Die neuen Formen der Zusammenarbeit erfordern einerseits neue Kompetenzen wie im Bereich der Kommunikation und Koordination aber auch das bewußte Auf- bzw. Abgeben bisheriger Kompetenzen an diejenigen Partner, die eine bestimmte Aufgabe besser bearbeiten können. Dieser Prozess des Kompetenzumbaus sollte mit größter Sorgfalt durchgeführt werden, da hier insbesondere Einbindung und Selbstdefinitionen der eigenen Mitarbeiter zur Disposition gestellt werden. Eine eher langfristige Perspektive und neutrale Ausrichtung an den neuen Prozessen hat sich hier als erfolgsversprechend erwiesen.

2.5 Zusammenfassung

Die grundlegende Veränderung hin zu integrierten Wertschöpfungsketten erfordert hocheffiziente Methoden zur Bewältigung komplexer Zuliefernetzwerke und zur effizienten Durchführung der Kooperationsprozesse. Eine auf objektiver, gemeinsamer Bewertung basierende Gruppierung der Lieferanten nach deren Fähigkeiten und der aktuellen Kooperationsqualität hilft, ressourcenintensive Aktivitäten auf wenige Partner zu konzentrieren; ohne dabei die Zusammenarbeit mit den restlichen Lieferanten zu beeinträchtigen. Desweiteren erfordert Kooperation in Wertschöpfungsketten Datentransparenz unter allen Beteiligten. Vor allem stellt bei der Zusammenarbeit mit Lieferanten der langwierige und schwierige Aufbau von Vertrauen die größte Hürde dar. Pragmatisches Supplier Relationship Management bietet hier eine Chance!

Anhang

Literaturverzeichnis

Anderson, P.; Tushman, M.L. (1990): *Technological Discontinuities and Dominant Design: A Cyclical Model of Technological Change*, in: Administrative Science Quarterly 35, 1990, S. 604-633.

Arntzen, B.C.; Brown, G.G.; Harrison, T.P.; Trafton, L.L. (1995): *Global Supply Chain Management at Digital Equipment Corporation*, in: Interfaces, Vol. 1, 1995, S. 69-93.

Arthur D. Little (1999): *A European Supply Chain Survey*, Arthur D. Little, Brüssel, 1999.

Austin, T.A.; Lee, H.L.; Kopczak, L. (1997): *Unlocking Hidden Value in the Personal Computer Supply Chain*, Andersen Consulting, 1997.

Baldwin, C.Y.; Clark, K.B. (1997): *Managing in an age of Modularity*, in: Harvard Business Review, Vol. 75, Nr. 5, September-October 1997, S. 93.

Baldwin, C.Y.; Clark, K.B. (1998): *Modularisierung: Ein Konzept wird universell*, in: Harvard Business Manager, Nr. 2, 1998, S. 39-48.

Bassok, Y.; Bixby, A.; Srininvasan, R.; Wiesel, H. (1997): *Design of Component Supply Contract with Forecast Revision Flexibility*, in: IBM Journal of Research & Development, Vol. 41, Nr. 11, 1997, S. 693-703.

Bensaou, M. (1999): *Portfolios of Buyer-Supplier Relationships*, in: Sloan Management Review, Vol. 40, Nr. 4, Summer 1999, S. 35-44.

Boutellier, R.; Corsten, D. (1996): *Verborgenes Wissen mobilisieren*, in: Weinhold, H.; Reinecke, S.; Schögel, M. (Hrsg.): Marketing-Dynamik, Thexis-Fachbuch, St. Gallen, 1996.

Boutellier, R.; Corsten, D. (1998): *Wie Marketing und Logistik besser zusammenarbeiten*, in: Thexis - Fachzeitschrift für Marketing, Nr. 1, 1998, S. 2-7.

Boutellier, R.; Corsten, D. (2000): *Basiswissen Beschaffung*, Carl Hanser Verlag, München, Wien, 2000.

Boutellier, R.; Gabriel, C. (1999): *Konkurrenz der Logistikketten*, in: Logistik heute, Nr. 5, 1999, S. 66-69.

Boutellier, R.; Kobler, R. (1996): *Konzept-Benchmarking: Identifizierung von „Successful Practices"*, io Management 65, 11/1996, S. 29-33.

Boutellier, R.; Locker, A. (1998): *Beschaffungslogistik: Mit praxiserprobten Konzepten zum Erfolg*, Carl Hanser Verlag, München, Wien, 1998.

Bowersox, D.; Closs, D. (1996): *Logistical Management. The integrated Supply Chain Process*, New York: Mc Graw Hill Companies, 1996.

Burbidge, J.L. (1961): *The New Approach to Production*, in: Production Engineer, Vol. 40, Nr. 12, December 1961, S. 769-784.

Burgelmann, R.A.; Doz, Y.L. (2001): *The Power of Strategic Integration*, in: MIT Sloan Management Review, Spring 2001, S. 28-38.

Camp, R.C. (1995): *Business Process Benchmarking. Finding and implementing best practices*, Milwaukee, Wisconsin, ASQC Quality Press, 1995.

Christopher, M.J. (1992): *Logistics and Supply Chain Management*, Oxford, 1992.

Christopher, M.J. (1998): *Logistics and Supply Chain Management*, Financial Times Professional, London, 1998.

Christopher, M.J. (2000): *The agile supply chain: Competing in volatile markets*, in: Industrial Marketing Management, Vol. 29, Nr. 1, 2000, S. 37-44.

Cooper, M.C.; Ellram, L.M. (1993): *Characteristics of Supply Chain Management and the Implications for Purchasing and Logistics Strategy*, in: The International Journal of Logistics Management, Vol, 5, Nr. 2, 1993, S. 13-24.

Cooper, M.C.; Lambert, D.M.; Pagh, J.D. (1997): *Supply Chain Management: More Than a New Name for Logistics*, in: International Journal of Logistics Management, Nr. 1, 1997, S. 1-14.

Corbett, C.J.; Blackburn, J.D.; Van Wassenhove L.N. (1999): *Partnerships to Improve Supply Chains*, in: Sloan Management Review, Vol. 40, Nr. 4, Summer 1999, S. 71-82.

Corsten, D. (2000): *Gestaltungsprinzipien des Supply Chain Managements*, in: iO Management, Nr. 4, 2000, S. 36-41.

Corsten, D. (2000): *Implementing the New Logic of Consumer Value*, in: Corsten, D.; Jones, D. (Hrsg.): ECR in the third Millenium, ECR Europe Academic Partnership, Brüssel, 2000, S. 54-59.

Corsten, D.; Pötzl, J. (2000): *ECR – Efficient Consumer Response. Integration von Logistikketten*, Carl Hanser Verlag, München, Wien, 2000.

Corsten, D.; Hofstetter, J. (2001): *Supplier Relationship Management*, in: Belz, C.; Mühlmeyer, J. (Hrsg.): Key Supplier Management, Thexis, St. Gallen, 2001.

Corsten, D.; Rodens-Friedrich, B. (2001): *Efficient Consumer Response*, in: Hafemann, M. (Hrsg.): Consulting Jahrbuch 2001, FAZ-Verlag, Frankfurt/Main, 2001.

Corsten, D; Gabriel, C. (2002): *Benchmarking in der Logistik*, in: Fahrni, F; Völker, R.; Bodmer, C. (Hrsg.): Erfolgreiches Benchmarking in F&E, Beschaffung und Logistik, Hanser Verlag, München, 2002.

Corsten, D.; Gabriel, C.; Felde, J. (2002): *Internet-enabled Supply Chain Management*, in: Tomczak, T.; Schögel, M.; Belz, C. (Hrsg.): Roadmap to E-Business, Thexis, S. 802-821, 2002.

Corsten, D.; Felde, J. (2002): Supplier Collaboration: Eine Erfolgsstrategie? Ergebnisse einer empirischen Studie, in: Hildebrand, K. (Hrsg.): Supplier Relationship Management, HMD 228, Praxis der Wirtschaftsinformatik, Dezember, 2002, S. 85-93.

Corsten, D.; Felde, J.; Gabriel, C. (2002): *Internet-Technologien erfolgreich im Einkauf einsetzen*, in: Beschaffungsmanagement, Nr. 1, 2002, S. 6-8.

Corsten, D.; Kumar, N. (2003): *Profits in the Pie of the Beholder*, in: Harvard Business Review, May, 2001, S. 22-34.

Davis, T. (1993): *Effective Supply Chain Management*, in: Sloan Management Review, Nr. 4, Vol. 34, Summer 1993, S. 35-46.

Davenport, T. (1993): *Process Innovation: Reengineering Work through Information Technology*, Harvard Business School Press, Boston MA, 1993.

Deutsch, K.J.; Diedrichs, E.P. (1996): *Kernkompetenzen – Motor der Globalisierung*, in: Deutsch, K.J.; Diedrichs, E.P.; Raster, M.; Westphal, J.: Gewinnen mit Kernkompetenzen. Die Spielregeln des Marktes neu definieren, Carl Hanser Verlag, München, Wien, 1996, S. 168-181.

Dwyer, R; Schurr, P.; Oh, S. (1987): *Developing Buyer-Seller Relationships*, in: Journal of Marketing, April (24), S. 11-28.

Dyer, J.H. (1996): *How Chrysler created an American keiretsu, in: Harvard Business Review*, Vol. 74, Nr. 4, July-August 1996, S. 42-56.

Dyer, J.H.; Dong, S.C.; Wujin, C. (1998): *Strategic Supplier Segmentation: The next "Best Practice" in Supply Chain Management*, in: California Management Review, Vol. 40, Nr. 2, 1998, S. 57-77.

EAN Austria (1997): *ECR Handbuch Österreich*, Wien, 1997.

European Logistics Association (ELA); AT Kearney (1999): *Insight to Impact. Results of the Fourth Quinquennial European Logistics Study*, Brüssel, 1999.

Feitzinger, E.; Lee, H. (1997): *Mass Customization at Hewlett-Packard*, in: Harvard Business Review, Nr. 1-2, 1997, S. 116-121.

Fine, C.H. (1998): *Clockspeed: Winning Industry Control in the Age of Temporary Advantage*, Reading, 1998.

Fisher, M. (1997): *What is the Right Supply Chain for Your Product?*, in: Harvard Business Review, Nr. 2, 1997, S. 105-116.

Forrester, J.W. (1961): *Industrial dynamics*, M.I.T. Press, Cambridge, Mass., 1961.

Friedrich, S.A.; Rodens, B. (1996): *Wertschöpfungspartnerschaft Handel und Industrie: Gemeinsam Werte für den Kunden schaffen*, in: Hinterhuber H.H. et al. (Hrsg.): Das Neue Strategische Management, Wiesbaden, 1996, S. 245-275.

Friedrich, S.A.; Hinterhuber, H.H. (1999): *Wettbewerbsvorteile durch Wertschöpfungspartnerschaft?*, in: WiSt-Wirtschaftswissenschaftliches Studium, Nr. 1, 1999, S. 2-8.

Gesellschaft für Ausbildungsforschung und Berufsentwicklung – GAB (1999): *EU-Leonardo da Vinci Forschungsprojekt (Endbericht)*, 1999.

Goffin, K.; Szwejczewski, M.; New, C. (1997): *Managing Suppliers: When fewer can mean more* in: International Journal of Physical Distribution & Logistics Management, Vol. 27, Nr. 7, 1997, S. 422-436.

Göpfert, I. (1998): *Stand und Entwicklung der Logistik*, in: Logistikmanagement, Jg. 1, Nr. 1, S. 19-33.

Grove, A. (1997): *Nur die Paranoiden überlegen. Strategische Wendepunkte vorzeitig erkennen*, Campus Verlag, 1997.

Harland, C.M. (1996): *Supply Chain Management: Relationships, Chains and Networks*, in: British Journal of Management, Vol. 7, Special Issue, March 1996, S. 63-80.

Hayes, R.H.; Pisano, G.P. (1994): *Beyond World-Class: The New Manufacturing Strategy*, in: Harvard Business Review, January-February 1994, S. 77-86.

Hines, P.; Rich, N. (1997): *The seven value stream mapping tools*, in: International Journal of Operations & Production Management, Vol. 17, Nr. 1, 1997, S. 46-64.

Hinterhuber, H.H.; Friedrich, S.A. (1999): *Quo Vadis ECR? Von der Effizienzsteigerung zur Kundenorientierung*, in: Heydt, A. (Hrsg): Handbuch Efficient Consumer Response, München, 1999, S. 331-346.

Hinterhuber, H.H.; Levin, B.M. (1994): *Strategic Networks – The Organisation of the Future*, in: Long Range Planning, 27. Jg. Nr. 3, S. 43-53.

Houlihan, J.B. (1985): *International Supply Chain Management*, in: International Journal of Physical Distribution and Materials Management, Vol. 1, 1985, S. 22-38.

i2 Technologies (2001): Supplier Relationship Management (SRM), i2 White Paper, http://www.i2.com, January, 2001.

Isermann, H. (1996 Hrsg.): *Logistik: Gestaltung von Logistiksystemen*, 2. überarb. und erw. Auflage, mi Verlag Moderne Industrie, Landsberg/Lech, 1998.

Jarillo, J.C. (1993): *Strategic Networks – Creating the Borderless Organization*, Oxford, 1993.

Jones, D. (2001): *Thinking outside the box*, in: ECR Journal – International Commerce Review, Summer (1), 2001, S. 80-89.

Jones, T.C.; Riley, D.W. (1985): *Using Inventory for Competitive Advantage through Supply Chain Management*, in: International Journal of Physical Distribution Management, Vol. 15, Nr. 5, 1984, S. 16-26 sowie in: Christopher, M. (1992): Logistics. The strategic issues, Chapman and Hall, London, 1992, S. 87-100.

Kay, J. (1993): *Foundations of Corporate Success*, Oxford: Toronto, New York 1993.

Kodama, F. (1991): *Emerging Patterns of Innovation: Sources of Japan's technological edge*, Harvard Business School Press, Boston, 1991.

Kotter, J. (1997): *Kulturen und Koalitionen*, in: Gibson, R. (Hrsg.): Rethinking the Future. So sehen Vordenker die Zukunft von Unternehmen, mi Verlag Moderne Industrie, Landsberg/Lech, 1997, S. 242-261

Kumar, N. (1996): *The power of trust in manufacturer - retailer relationships*, in: Harvard Business Review, Vol. 74, Nr. 6, November-December 1996, S. 92–109.

Kurt Salmon Associates (1993): *Efficient Consumer Response*, Washington, 1993.

Lambert, D.M.; Cooper, M.C.; Pagh, J.D. (1998): *Supply Chain Management: Implementation Issues and Research Opportunities*, in: The International Journal of Logistics Management, Vol. 9, Nr. 2, 1998, S. 1-19.

Lee, H.L.; Billington, C. (1992): *Managing Supply Chain Inventory: Pitfalls and Opportunities*, in: Sloan Management Review, Vol. 33, Nr. 3, Spring 1992, S. 65-73.

Lee, H.L.; Billington, C. (1993): *Material Management in decentralized Supply Chains*, in: Operations Research, Vol. 41, Nr. 5, September-October 1993, S. 835-847.

Lee, H.L.; Billington, C.; Carter, B. (1993): *Hewlett-Packard Gains control of Inventory and Service through Design for Localization*, in: Interfaces, Vol. 23, Nr. 4, 1993, S. 1-11.

Lee, H.L.; Billington, C. (1995): *The Evolution of Supply Chain Management. Models and Practice at Hewlett-Packard*, in: Interfaces, Vol. 25, Nr. 5, 1995, S. 42-63.

Lee, H.L. (1996): *Effective Inventory and Service Management through Product and Process Redesign*, in: Interfaces, Vol. 25, Nr.1, 1996, S. 151-158.

Lee, H.L.; Padmanabhan, V.; Whang, S. (1997a): *The Bullwhip Effect in Supply Chains*, in: Sloan Management Review, Vol. 38, Nr. 1, 1997, S. 93-102.

Lee, H.L.; Padmanabhan, V.; Whang, S. (1997b): *Information Distortion in a Supply Chain: The Bullwhip Effect*, in: Management Science, Vol. 43, Nr. 4, 1997, S. 546-558.

Levy, D. (1997): *Lean Production in an international Supply Chain*, in: Sloan Management Review, Vol. 38, Nr. 1, 1997, S. 94-102.

Liker, J.K.; Wu, Y.C. (2000): *Japanese Automakers, U.S. Suppliers and Supply-Chain Superiority*, in: MIT Sloan Management Review, Fall 2000, S. 81-93.

Lin, G.; Ettl, M.; Buckley, S.; Bagchi, S.; Yao, D.D.; Naccarato, B.L.; Allan, R.; Kom, K.; Koenig, L. (2000): *Extended-Enterprise Supply-Chain Management at IBM Personal Systems Group and other Divisions*, in: Interfaces, Vol. 30, Nr. 1, January-February, 2000, S. 7-25.

Lines, A.H. (1996): *Forecasting – key to good service at low cost*, in: Logistics Information Management, Vol. 9, Nr. 4, 1996, S. 24-27.

Magretta, J. (1998a): *The Power of Virtual Integration: An Interview with Dell Computer's Michael Dell*, in: Harvard Business Review, March-April, 1998, S. 73-84.

Magretta, J. (1998b): *Fast, global, and entrepreneurial: Supply chain management, Hong Kong style*, in: Harvard Business Review, Vol. 76, Nr. 5, September-October 1998, S. 102-114.

MacDuffie, J.P.; Helper, S. (1997): *Creating Lean Suppliers: Diffusing Lean Production through the Supply Chain*, in: California Management Review, Vol. 39, Nr. 4, 1997, S. 118-151.

Mayer, S. (1999): *Erfolgsfaktoren für Supply Chain Management nach der Jahrtausendwende*, in: Pfohl, H.-Ch. (Hrsg.): Logistik 2000plus. Visionen – Märkte – Ressourcen, Berlin: Erich Schmidt, 1999, S. 1-20.

Mayer, S.; Seebauer, P. (2001): *E-Commerce im Versandhandel – Quelle trotzt dem Trend*, in: Logistik heute, Nr. 7-8, 2001, S. 18-20.

Mendelssohn, H.; Pillai, R. (1991): *Industry Clockspeed*, in: Manufacturing and Service Operations Management, Vol. 1, Nr. 1, S. 1-20.

Michel, B.M. (1999): *Die Marke als „Added Value" – Ein wirksames Additiv für ECR*, in: Heydt, A. (Hrsg): Handbuch Efficient Consumer Response, München, 1999, S. 419-433.

Miles, R.E.; Snow, C.C. (1992): *Causes of Failure in Network Organizations*, in: California Management Review, 34. Jg. Nr. 4, 1992, S. 53-72.

Müller, M. (2000): *Management der Entwicklung von Produktplattformen*, Dissertation, Universität St. Gallen, St. Gallen, 2000.

Nonaka, I.; Takeuchi, H. (1995): *The Knowledge-Creating Company*, Oxford, 1995.

Oliver R.K.; Webber, M.D. (1982): *Supply Chain Management: Logistics catches up with strategy*, in: Booz, Allen & Hamilton, Outlook, 1982 sowie in: Christopher, M.: Logistics. The strategic issues, Chapman and Hall, London, 1992, S. 61-75.

Otto, A.; Kotzab, H. (2001): *Der Beitrag des Supply Chain Management zum Management von Supply Chains – Überlegungen zu einer unpopulären Frage*, in: zfbf 53, März 2001, S. 157-176.

Österle, H.; Fleisch, E.; Alt, R. (2000 Hrsg.): *Business Networking. Shaping Collaboration between Enterprises*, 2., überarb. und erw. Aufl., Springer-Verlag, Heidelberg, 2000.

o.V. (1992a): *Laboss optimiert Bestellungen*, in: Lebensmittelzeitung, 03.04.1992, S. 67.

o.V. (1992b): *Laboss erleichtert die Disposition*, in: Lebensmittelzeitung, 08.08.1992, S. 58.

o.V. (1998): *dm-Manager: Kooperativ handeln ist ihr Geschäft*, in: Lebensmittelzeitung, 27.02.1998. S. 50-54.

o.V. (1999a): *Die 100 größten Unternehmen*, in: Frankfurter Allgemeine Zeitung, 06.06.1999, S. 100.

o.V. (1999b): *Gemeinsame Optimierungen*, in: Logistik heute, Nr. 10, 1999, S. 92-95.

Pelda, K. (2001): *Gilettes Gewinn sinkt im ersten Quartal um fast 30 Prozent*, in: Financial Times Deutschland, 19.04.2001, S. 8.

Pellegrini, L. (2000): *The Reason for the Success of ECR Europe*, in: Corsten, D.; Jones, D. (Hrsg.): ECR in the third Millennium, ECR Europe Academic Partnership, Brüssel, 2000, S. 8-12.

Pfohl, H.C. (1996): *Logistiksysteme. Betriebswirtschaftliche Grundlagen.* 5., überarb. und erw. Aufl., Springer Verlag, Heidelberg, 1996.

Pirron, J.; Reisch, O.; Kulow, B.; Hezel, H. (1998): *Werkzeuge der Zukunft*, in: Logistik heute, Nr. 11, 1998, S. 60-69.

Poirer, C.C.; Reiter, S.E. (1997): *Die optimale Wertschöpfungskette. Wie Lieferanten, Produzenten und Handel bestens zusammenarbeiten*, Campus Verlag, Frankfurt/Main, New York, 1997.

Prockl, G. (2001): *Enterprise Resource Planning und Supply Chain Management – Gemeinsamkeiten, Unterschiede, Zusammenhänge*, in: Walther, J.; Bund, M. (Hrsg.): Supply Chain Management. Neue Instrumente zur kundenorientierten Gestaltung integrierter Lieferketten, Frankfurter Allgemeine Buch, 2001, S. 59-78.

Quinn, J.R. (1999): *Strategic Outsourcing: Leveraging Knowledge Capabilities*, in: Sloan Management Review, Vol. 40, Nr. 4, Summer 1999, S. 9-22.

Rodens, B.; Kolodziej, M.J. (1992): *Eine neue Arbeitsteilung*, in: Logistik heute, Nr. 12, 1992, S. 10.

Rodens, B. (1993): *Gewinnen kann man nur gemeinsam*, in: Logistik heute, Nr. 9, 1993, S. 75-80.

Rodens, B.; Friedrich, S.A.; Hinterhuber, H.H. (1994): *Logistik: wieselflink und zuverlässig - Ganzheitliches Denken und Kundenorientierung sichern den Vorsprung*, in: Technische Rundschau, Nr. 25/26, 1994, S. 42-45.

Rodens, B. (1995): *Angst vor Kooperation überwinden*, in: Lebensmittelzeitung, 01.09.1995, S. 70-71.

Rodens-Friedrich, B.; Kolodziej, M.J. (1996): *Von Visionen und Illusionen - ECR-Erfahrungen aus Sicht von dm-drogerie markt*, in: Lebensmittelzeitung, 15.11.1996, S. 41-42.

Rodens-Friedrich, B. (1999): *ECR bei dm-drogerie markt – Unser Weg in die Wertschöpfungspartnerschaft*, in: Heydt, A. (Hrsg): Handbuch Efficient Consumer Response, München, 1999, S. 331-346.

Schneckenburger, T. (2000): *Prognosen und Segmentierung in der Supply Chain. Ein Vorgehensmodell zur Reduktion der Unsicherheit*, Dissertation, Universität St. Gallen, St. Gallen, 2000.

Siebert, G. (1998): *Prozessbenchmarking. Methode zum unabhängigen Vergleich von Prozessen*, Fraunhofer Institut für Produktionsanlagen und Kommunikationstechnik, IPK Berlin, Berlin, 1998.

Sherden, W.A. (1998): *The fortune sellers: the big business of buying and selling predictions*, Wiley, New York, 1998.

Spear, S.; Bowen, H.K. (1999): *Decoding the DNA of the Toyota Production System*, in: Harvard Business Review, September-October 1999, S. 97-106.

Spekman, R.E.; Kamauff, J.W.; Myhr, N. (1998): *An empirical investigation into supply chain management – a perspective on partnerships*, in: International Journal of Physical Distribution and Logistics Management, Nr. 28/8, 1998, S. 630-650.

Stalk, G. (1988): *Time – the next source of competitive advantage*, in: Harvard Business Review, Vol. 66, July-August 1988, S. 44-51.

Stalk, G.; Hout, T.M. (1990): *Competing against time: How time-based competition is reshaping global markets*, The Free Press, New York, 1990.

Statistisches Bundesamt Deutschland (2000 Hrsg.): *Datenreport 1999*, Bundeszentrale für politische Bildung, Schriftenreihe Band 365, Bonn, 2000.

Tappe, D.; Mussäus, K. (1999): *Efficient Consumer Response als Baustein im Supply Chain Management*, in: Handbuch der maschinellen Datenverarbeitung (HMD) – Praxis der Wirtschaftsinformatik, Nr. 207, 1999, S. 47-57.

Towill, D.R. (1996): *Industrial dynamics modelling of supply chains*, in: International Journal of Physical Distribution & Logistics Management, Vol. 26, Nr. 2, 1996, S. 23-42.

Ulrich, K.T.; Eppinger, S.D. (1995): *Product Design and Development*, McGraw-Hill, New York, 1995.

Utterback, J.M. (1994): *Mastering the Dynamics of Innovation: How Companies Can Seize Opportunities in the Face of Technological Change*, Harvard Business School Press, Boston, 1994.

Van Hoek, R.I.; Commandeur, H.R. ; Vos, B. (1998): *Reconfiguring Logistics Systems through Postponement Strategies*, in : Journal of Business Logistics, Vol. 19, Nr. 1, 1998, S. 33-54.

Vollmann, T.E.; Cordon, C. (1999): *Building a Smarter Demand Chain*, in: Financial Times-Series, Nr. 4: Mastering Information Management, 1999, S. 2-4.

Wagner, S. (2001): *Strategisches Lieferantenmanagement in Industrieunternehmen: Eine empirische Untersuchung von Gestaltungskonzepten*, Dissertation, Universität St. Gallen, St. Gallen, 2001.

Walther, J. (2001): *Konzeptionelle Grundlagen des Supply Chain Managements*, in: Walther, J.; Bund, M. (Hrsg.): Supply Chain Management. Neue Instrumente zur kundenorientierten Gestaltung integrierter Lieferketten, Frankfurter Allgemeine Buch, 2001, S. 11-31.

Werner, G.W. (1998): *Menschenbild und Unternehmenskultur*, Vortrag anlässlich des 36. MMM-Kongress, München, 1998.

Windsperger, J. (1995): *Die Entstehung der Netzwerkunternehmung*, in: Journal für Betriebswirtschaft, 45. Jg., Nr. 3, 1995, S. 190-200.

Wöhrle, T. (2001): *Schuhkartons aus dem World Wide Web*, in: Logistik heute, Nr. 6, 2001, S. 34.

Womack, J.P.; Jones, D.T.; Roos, D. (1990): *The Machine that changed the World, Harper Perennial*, New York, 1990.

Womack, J.P.; Jones, D.T. (1994): *From Lean Production to the Lean Enterprise*, in: Harvard Business Review, March-April 1994, S. 93-103.

Womack, J.P.; Jones, D.T. (1997): *Auf dem Weg zum perfekten Unternehmen*, Campus Verlag, 1997.

Zipkin, P. (2001): *The Limits of Mass Customization*, in: MIT Sloan Management Review, Spring 2001, S. 81-87.

Stichwortverzeichnis

Firmenverzeichnis

Autoren

Prof. Dr. Daniel Corsten

ist Vize-Direktor des Kühne-Instituts für Logistik (KLOG-HSG) (www.klog.unisg.ch) und Studienleiter des Executive MBA für Logistik (www.emba-logistik.unisg.ch) an der Universität St. Gallen (HSG). Er ist Visiting Professor an der INSEAD Singapore and Fontainebleau und hatte Lehraufträge an der Universität Luigi Bocconi in Mailand sowie der Universität Twente in Enschedde inne. Er studierte an der Universität Köln und promovierte an der Universität St. Gallen.

Daniel Corsten ist gleichzeitig Herausgeber des ECR-Journals „International Commerce Review" (www.ecr-journal.org), Mitglied im ECR Europe Academic Advisory Panel und Verfasser mehrerer Bücher und Artikel zu den Themen Supply Chain Management, Efficient Consumer Response und E-Business. Zu diesen Themen hält er regelmäßig Vorträge auf internationalen Kongressen und Konferenzen.

Dr. Christoph Gabriel

ist Consultant bei der Managementberatung ITEC AG im Fürstentum Liechtenstein und leitet dort seit April 2003 den Geschäftsbereich „Logistik- und Supply Chain Management". Vor dieser Tätigkeit war er von 1998-2002 Assistent am Institut für Technologiemanagement an der Universität St. Gallen (HSG). Neben der Leitung von zahlreichen Projekten in den Bereichen Supply Chain Management und E-Business war er für die Durchführung von Schulungen und Trainings verantwortlich. Er hält zudem regelmäßig Vorträge auf Konferenzen und internationalen Kongressen.

Christoph Gabriel studierte „Internationale Wirtschaftswissenschaften" an der Universität Innsbruck sowie an der Universidad de Granada in Spanien mit Vertiefungen in Produktions- und Logistikmanagement, Unternehmensführung und Internationales Management. Anschließend promovierte er an der Universität St. Gallen (HSG) zum Dr. oec. mit einer Arbeit zum Thema „Strategisches Supply Chain Design".

Autoren der Fallstudien

Burckhardt Bohm

war seit 1981 bei OSRAM im Bereich der Fertigung als Leiter der Produktionssteuerung tätig. Während dieser Zeit hat er berufsbegleitend das Kontaktstudium Management an der Universität Augsburg absolviert. Ab dem Jahr 1993 wurde er als Leiter der Logistik, Beschaffung und Disposition für die europaweite Sicherstellung des Kundenbedarfes verantwortlich. Gemeinsam mit der Geschäftsführung hat er das in diesem Buch beschriebene Projekt zur Verbesserung der Kundenbelieferung initiiert. Ab Anfang Juli 2001 übernahm er das „Order Processing World“ zur Sicherstellung der weltweiten Kundenanforderungen.

Dr. Stephan A. Friedrich v.d. Eichen

studierte Wirtschaftsingenieurwesen und Betriebswirtschaftlehre an den Universitäten Karlsruhe und Mannheim. Er war wissenschaftlicher Mitarbeiter am Institut für Unternehmensführung an der Universität Innsbruck (Prof. H. H. Hinterhuber). Forschungsaufenthalte führten ihn an die Universität St. Gallen (HSG) und an die University of California, Berkeley. Heute ist er Vice President der Cell Consulting AG, Frankfurt und Lehrbeauftragter für Strategisches Management an der European Business School in Östrich-Winkel.

Aribert Gerbode

Dipl.-Inf. (FH), studierte Informatik in Karlsruhe. Nach seinem Studium übernahm er verschiedene Management- und Beraterfunktionen bei den Firmen CIBA-GEIGY in Basel sowie UNIFACE-COMPUWARE. Im Jahr 1994 trat er in die Firma DANZAS ein. Dort übernahm er zunächst als Projektleiter die Verantwortung über die Realisierung einer weltweiten EDI-Umgebung sowie von unterschiedlichen internationalen Kundenprojekten auf Konzernebene. Von 1997 bis 2003 leitete Herr Gerbode die weltweite „Customer IT-Projects“-Organisation, die alle Aufgaben, angefangen vom Sales Support bis hin zur Implementierung, übernimmt und kontrolliert. Im April 2003 übernahm er die Verantwortung für „Customer Integration Europe and Emerging Markets“ innerhalb des neuen, migrierten Logistikunternehmens DHL.

Dr.-Ing. Hartmut Graf

studierte Maschinenbau an der Technischen Universität Hannover. Er begann seine berufliche Laufbahn 1968 bei der EDV-Systemplanung der Volkswagen AG in Wolfsburg. Ab 1972 war Herr Graf als wissenschaftlicher Mitarbeiter und Gruppenleiter für Unternehmensorganisation am Frauenhofer-Institut IPA in Stuttgart und von 1974 bis 1997 Lehrbeauftragter an der Universität Stuttgart, wo er 1977 promovierte. Heute arbeitet Herr Graf bei der DaimlerChrysler AG in Sindelfingen, wo er verschiedene Positionen ausübte, bevor er 1993 Centerleiter Logistik des weltweit agierenden Konzerns wurde. Darüber hinaus ist er Mitglied des Beirates VDI-FML und des Vorstandes der Bundesvereinigung der Logistik.

Kurt Hoffmann

studierte Wirtschaftsingenieurwesen an der TU Darmstadt. Nach seinem Studium arbeitete er als Kosteningenieur bei Hartmann & Braun in Frankfurt. Nach dieser Tätigkeit trat er im Jahre 1977 in das Unternehmen Merck KGaA in Darmstadt ein. Zunächst war er für Wirtschaftlichkeitsrechnungen von Investitionen und Ergebnisplanung verantwortlich. Anschließend übernahm er die Leitung der zentralen Disposition und war von 1989 bis 1991 für den Aufbau eines Logistikcontrollings bei Merck zuständig. Herr Hoffmann ist derzeit Hauptabteilungsleiter bei Merck und leitet mehrere Projekte im Bereich Supply Chain Management.

Eberhard Hofmann

studierte Wirtschaftspädagogik an der Johannes-Gutenberg-Universität Mainz und trat Mitte 1981 in das Unternehmen Merck ein. Von 1981 bis 1982 nahm er an einem kaufmännischen Trainee-Programm teil. Danach war er DV-Organisator im Bereich Materialwirtschaft/Produktion für eigenentwickelte Systeme und im Anschluss Gruppenleiter der Organisation/DV. Außerdem war er zwischen 1992 und 1994 zusätzlich Projektleiter bei der Implementierung des PPS-Moduls im Rahmen der Einführung von SAP-R/2. Heute ist Herr Hofmann Leiter der Abteilung Produktionslogistik im Werk Gernsheim.

PD Dr. Andreas Hunziker

ist seit 2003 Mitglied des Vorstandes der Unternehmensberatungsgesellschaft „The Information Management Group (IMG)“ und dort unter anderem für den Bereich Supply Chain Management verantwortlich. Vorher war er im Danzas Konzern als Vorstand und CIO tätig. Als Lehrbeauftragter hält er seit dem Jahr 1992 Vorlesungen im Bereich der Wirtschaftsinformatik an der Universität St. Gallen (HSG). Vor seiner Tätigkeit bei Danzas arbeitete Herr Hunziker in verschiedenen Berater- und Managementfunktionen bei der Digital Equipment Corp. AG und der ACU AG.

Peter A. Knorst

Dipl.-Betr.-Wirt, leitet die Materialplanung & Logistik im Ford-Focus-Werk Saarlouis, in dem Ford sein Lean-Logistics-Konzept realisiert hat. Peter Knorst war im JV mit Volkswagen maßgeblich am Aufbau des Werkes in Portugal beteiligt. Danach übernahm er die Werkslogistik-Leitung im Stammwerk Köln. Mit Produktionsanlauf des Ford Focus wechselte Peter Knorst auf die derzeitige Position. Er befasst sich seit geraumer Zeit mit der Aufgabe, den Stellenwert der Logistik in zukunftsorientierten Unternehmen zu definieren. Das Werk Saarlouis ist inzwischen die Lean Learning Academy für die weltweite Fertigungsorganisation von Ford.

Reinhard Meiler

Dipl.-Wirtschaftsingenieur (FH), ist derzeit Leiter des Distributions-Service-Center von OSRAM in Augsburg. Vor dieser Tätigkeit arbeitete er in der Arbeitsvorbereitung, im Controlling und Organisation in einem Maschinenwerk. Zudem war Herr Meiler mehrere Jahre in der Konzernrevision und -organisation tätig. Darüber hinaus war Herr Meiler Leiter der gesamten Exportauftragsabwicklung für Lampen, Vorerzeugnisse und Maschinen sowie verantwortlich für die Durchführung von Projekten im Bereich Supply Chain Management.

Thomas Meurer

Dipl.-Kfm., war von 1994 bis 1996 in der BASF zunächst als Disponent und Projektkoordinator am Aufbau des Materialwirtschaftszentrums Polystyrol beteiligt. Anschließend leitete er in der Einheit Logistikberatung und Controlling Projekte im Rahmen strategischer und operativer Aspekte des SCM. Als Unternehmensberater beriet er anschließend für MANAGEMENT ENGINEERS Großunternehmen der Chemie- und Pharmaindustrie in Fragen der organisatorischen Neuausrichtung von Rohstoff- und Technischem Einkauf. Für die AESCOLOGIC AG verantwortete er als Vorstand für Marketing und Vertrieb die erfolgreiche Markteinführung eines B2B basierten Versorgungskonzeptes im Gesundheitswesen. Gegenwärtig treibt er für die TECHNOLOGIE MANAGEMENT GRUPPE – Stuttgart Aktivitäten hinsichtlich neuer Konzepte und Technologien im Umfeld des Supply Managements voran.

Stefan Putzlocher

Dipl.-Ing. (FH), studierte Feinwerktechnik, Fachrichtung Produktions- und Automatisierungstechnik an der Fachhochschule Nürnberg. 1992 absolvierte er ein Praktikum bei der Freightliner Corporation in Portland, Oregon, U.S.A. Im Oktober 1994 stieg Herr Putzlocher in die Nachwuchsgruppe der damaligen Mercedes-Benz AG ein. Nach verschiedenen Stationen als Logistikplaner, Assistent des Centerleiters Logistik und Projektleiter SCM/E-Supply ist er seit November 2000 Leiter des Teams Supply Chain Management Methoden in Sindelfingen und baute das Center of Competence SCM/E-Supply innerhalb der DaimlerChrysler AG auf.

Brigitta Friedrich v.d. Eichen

Dipl.-Kffr., studierte Sprachen und Betriebswirtschaft. Frau Friedrich war 14 Jahre lang für dm-drogerie markt tätig, zuletzt als Mitglied der Geschäftsleitung. Heute ist sie Director Consumer Products Industry bei der SAP AG in Walldorf.

Udo Scharr

Wirt.-Ing., begann nach dem Studium seine Karriere bei Procter & Gamble. Nach Tätigkeiten in den Bereichen IT, Verkauf und Produktion im In- und Ausland ist Herr Scharr heute in einem multifunktionalen Verkaufsteam für die auf ECR basierende Zusammenarbeit mit Handelskunden in den Feldern IT und E-Business auf globaler Ebene verantwortlich. Erste Erfahrungen mit ECR hatte Herr Scharr bereits im Jahr 1994, seitdem ist er auf dem Gebiet ECR sowohl auf der Supply- als auch auf der Demand-Side aktiv. Er ist Mitglied in verschiedenen Gremien von ECR Deutschland, Österreich und Schweiz.

Heinz Schmid

Dipl.-Ing., ist Partner der Unternehmensberatung Schmid & Wolff in Herrenberg. Bis Ende des Jahres 2002 war er Leiter des SCM von CSDE bei der Hewlett-Packard GmbH. Nach Abschluss des Studiums der Elektrotechnik an der Universität Stuttgart begann er 1977 bei HP im Bereich der Materialwirtschaft der Computerfertigung. Danach erfolgte die Übernahme von verschiedenen Führungsaufgaben im Bereich dieser Fertigung. Von 1984 bis 1988 war er maßgeblich am Aufbau einer neuen Fabrik von HP in Spanien beteiligt. Nach der Rückkehr nach Deutschland war er Mitglied des Management Teams von CSDE. Im Jahr 1995 übernahm er die Projektleitung für die Planung und Umsetzung der im Beitrag beschriebenen neuen Fabrik.

Dr.rer.pol. Angela Stieglitz

studierte Betriebswirtschaftslehre in Mannheim und England und promovierte als wissenschaftliche Mitarbeiterin am Lehrstuhl BWL und Logistik an der Universität Mannheim im Fach Logistik. 1998 trat sie als Assistentin der Bereichsleitung des Zentralbereichs Logistik und Informatik in die BASF AG ein. In dieser Funktion war sie unter anderem für mehrere Projekte im Rahmen der Reorganisation des Bereichs verantwortlich. Im Anschluss daran übernahm Frau Stieglitz die Projektkoordination für die Einführung eines globalen Supply Chain Planungs- und Informationssystems. Seit 2001 ist sie im technischen Einkauf der BASF und verantwortet die Weiterentwicklung der strategischen Beschaffung, die Einführung von eProcurement sowie das ERP-Development/-Support in der technischen Beschaffung.

Klaus Strefling

Dipl.-Kfm., MBA, war von 1996 bis 2000 bei der BASF AG im Bereich Logistik tätig. Als Projektleiter war er verantwortlich für Beratungsprojekte zur Supply Chain Restrukturierung und Optimierung in der NAFTA-Region, Südamerika und Westeuropa. Im September 2000 wechselte er in die interne Management-Beratung der Heidelberger Druckmaschinen AG. Seit Januar 2002 ist er für das Beteiligungscontrolling der Sparte Rollenoffset verantwortlich. Herr Strefling ist zertifizierter Production & Inventory Manager (CPIM) der American Production & Inventory Control Society (APICS).

Frank Vetter

Dipl.-Kfm. trat nach seinem Studium der Betriebswirtschaftslehre als Sales Management Trainee bei Lingner + Fischer ein. Anschließend wurde er Customer Service Manager bei SmithKline Beecham, Austria in Wien. In 1995 wurde er Sales Technology Manager bei SmithKline Beecham Central Europe. Anfang 1997 übernahm Herr Vetter bei Sara Lee die Leitung der ECR-Projekte und hatte seit 1998 die Leitung des Bereichs Supply Chain Services inne. Seit Ende 2000 verantwortet Herr Vetter den Bereich Customer Logistics & Support Europe für die SCA Hygiene Products AB.

Dieter Wunderlich

Diplom-Psychologe, arbeitete von 1973 bis 2001 bei Procter & Gamble in mehreren Werken und Verwaltungen in Deutschland und England. Nach Management-Tätigkeiten in den Bereichen Personal, Training, Lager, Produktion und Planung war es in den letzten drei Jahren seine Aufgabe, in Zusammenarbeit mit zwei bedeutenden deutschen Handelsunternehmen die Supply Chain für die von Procter & Gamble vertriebenen Produkte zu optimieren. Vor einigen Jahren fing er an, Biografien außergewöhnlicher Persönlichkeiten zu schreiben. Die ersten beiden Bände erschienen in den Jahren 1999 und 2000; das nächste Buch folgte im Frühjahr 2001 [www.dieterwunderlich.de].

Druck: betz-druck GmbH, D-64291 Darmstadt
Verarbeitung: Buchbinderei Schäffer, D-67269 Grünstadt